江苏省高等学校重点教材

无线电能传输技术

主编　金　科

参编　周玮阳　刘福鑫

科学出版社

北　京

内 容 简 介

本书是江苏省高等学校重点教材(编号：2021-2-242)。

本书系统阐述了四种主要的无线电能传输方式(超声波式、磁耦合式、微波式和激光式)，以效率优化为主线，介绍了各种无线电能传输技术的理论基础、工作原理和具体实现方式。全书共6章，包括绪论、超声波无线电能传输技术、磁场耦合无线电能传输技术、微波无线电能传输技术、激光无线电能传输技术和无线电能传输技术的应用。

本书可作为高等学校电气类专业高年级本科生和研究生的教材，也可作为从事电力电子技术及相关领域研究的工程技术人员的参考书。

图书在版编目(CIP)数据

无线电能传输技术 / 金科主编. -- 北京 : 科学出版社, 2024. 6. -- (江苏省高等学校重点教材). -- ISBN 978-7-03-078949-5

Ⅰ. TM724

中国国家版本馆 CIP 数据核字第 2024NQ0127 号

责任编辑：余　江 / 责任校对：王　瑞
责任印制：师艳茹 / 封面设计：马晓敏

科 学 出 版 社 出版
北京东黄城根北街 16 号
邮政编码：100717
http://www.sciencep.com
三河市骏杰印刷有限公司印刷
科学出版社发行　各地新华书店经销
*
2024 年 6 月第　一　版　开本：787×1092　1/16
2024 年 6 月第一次印刷　印张：14 1/4
字数：343 000

定价：65.00 元

前　言

创新驱动发展，科技引领未来。100 多年前，交流电的发明者尼古拉·特斯拉提出无线电能传输，并建立了著名的特斯拉塔，开启了人们对无线电能传输技术的探索。无线电能传输技术可使用电设备摆脱电气接触的束缚，实现随时随地的不间断供电，具有移动灵活性高、环境适应性强的特点，是一种安全、有效的电能传输技术。无线电能传输技术在国防工业、生物医疗、电力传输和工业工程等领域具有广阔的应用前景。党的二十大报告提出："加快推动产业结构、能源结构、交通运输结构等调整优化。"研究和发展无线电能传输技术对于推动能源结构优化，具有重要意义。

现有无线电能传输技术可以分为近距离无线传能和远距离无线传能两类，但是目前鲜有一本全面介绍近距离和远距离无线电能传输的教材，为此作者编写了本书。本书共 6 章：第 1 章主要对无线电能传输技术的定义、分类、发展历史和应用进行了阐述。第 2～5 章根据不同电能传输载体的频率从低到高进行编排，其中，第 2 章介绍了超声波无线电能传输技术的基本原理、模型以及系统的设计方法；第 3 章介绍了磁耦合感应和磁耦合谐振两种无线电能传输的特性分析，并给出了系统的建模和设计方法；第 4 章介绍了微波无线电能传输的基础理论，在此基础上分析了系统特性和设计要点；第 5 章介绍了激光无线电能传输技术。第 6 章介绍了无线电能传输技术在消费/医疗电子、轨道交通、水下设备、航空航天飞行器中的应用研究成果。

本书由南京航空航天大学金科教授主编，周玮阳副教授、刘福鑫教授参与编写。具体分工如下：金科教授撰写第 1、2、4 章，并对全书进行了统稿；周玮阳副教授撰写第 5、6 章；刘福鑫教授撰写第 3 章。

由于作者水平有限，书中难免存在疏漏之处，敬请读者批评指正。

作　者

2023 年 9 月于南京航空航天大学

目　录

第 1 章　绪论 …… 1
1.1　无线电能传输技术的定义和分类 …… 1
1.2　无线电能传输技术的发展历史 …… 2
1.3　无线电能传输技术的应用 …… 7
1.4　本书的章节安排 …… 8
习题 …… 9
第 2 章　超声波无线电能传输技术 …… 10
2.1　引言 …… 10
2.2　超声波无线电能传输的工作原理 …… 10
2.2.1　基本结构 …… 10
2.2.2　超声波在介质中的传播特性 …… 11
2.3　压电换能器原理 …… 12
2.3.1　压电材料 …… 12
2.3.2　压电效应 …… 13
2.3.3　压电换能器选取原则 …… 14
2.4　超声波无线电能传输系统建模与特性分析 …… 15
2.4.1　压电换能器电路模型 …… 15
2.4.2　压电换能器阻抗特性 …… 17
2.4.3　超声电源电路 …… 18
2.4.4　超声接收电路 …… 20
2.4.5　超声波无线能量传输系统电路模型 …… 22
2.5　超声波无线电能传输系统效率分析与优化 …… 24
2.5.1　压电换能器损耗分析 …… 24
2.5.2　超声波传输效率 …… 25
2.5.3　系统效率优化方法 …… 26
习题 …… 30
第 3 章　磁场耦合无线电能传输技术 …… 31
3.1　引言 …… 31
3.2　电磁场和电路的基础知识 …… 31
3.2.1　电磁场基础知识 …… 31
3.2.2　电路基础知识 …… 36
3.3　工作原理与基本电路结构 …… 38
3.3.1　工作原理 …… 38
3.3.2　基本电路结构 …… 38

3.4 系统建模与传输特性分析 …… 41
3.4.1 系统建模 …… 41
3.4.2 传输特性分析 …… 60
3.5 具体电路实现与设计 …… 68
3.5.1 采用 S-S 型补偿的磁耦合式无线电能传输电路 …… 68
3.5.2 采用 LCC-S 型补偿的磁耦合式无线电能传输电路 …… 76
3.5.3 采用 LCC-LCC 型补偿的磁耦合式无线电能传输电路 …… 82
3.5.4 传输线圈与补偿电容设计 …… 90
3.6 磁场耦合与电场耦合无线电能传输技术的区别与联系 …… 93
习题 …… 94
第 4 章 微波无线电能传输技术 …… 95
4.1 引言 …… 95
4.2 微波无线电能传输基础理论 …… 95
4.2.1 传输线理论 …… 95
4.2.2 二端口网络 …… 97
4.2.3 史密斯圆图 …… 98
4.2.4 阻抗匹配理论 …… 100
4.3 射频功率放大器及其幅相控制 …… 101
4.3.1 射频功率放大器的分类及分析 …… 102
4.3.2 射频功率放大器的设计方法 …… 103
4.3.3 功率放大器幅相控制 …… 109
4.4 MWPT 系统功率定向发射技术 …… 114
4.4.1 MWPT 系统定向发射方法分类 …… 114
4.4.2 相控阵波束定向原理 …… 115
4.4.3 相控阵定向发射技术 …… 120
4.4.4 相控阵天线回溯式定向发射技术 …… 123
4.5 MWPT 系统接收端整流技术 …… 124
4.5.1 MWPT 系统接收端结构分析 …… 124
4.5.2 微波整流器 …… 125
4.5.3 DC-DC 阻抗匹配变换器及其 MPPT 控制策略 …… 136
4.6 MWPT 多波束形成技术及多目标能量管理 …… 142
4.6.1 MWPT 多波束形成技术 …… 142
4.6.2 MWPT 多目标能量管理 …… 144
习题 …… 147
第 5 章 激光无线电能传输技术 …… 148
5.1 引言 …… 148
5.2 激光无线电能传输的工作原理 …… 148
5.2.1 系统基本架构 …… 148
5.2.2 LWPT 系统中激光器和光伏电池的特征 …… 149

5.2.3 激光器-光伏电池组的选型 …… 151
5.3 系统建模与传输特性分析 …… 152
5.3.1 激光器工作原理与模型建立 …… 152
5.3.2 光伏阵列工作原理与模型建立 …… 154
5.3.3 系统效率特性 …… 158
5.4 系统效率优化方法 …… 163
5.4.1 激光器脉冲模式效率优化方法 …… 164
5.4.2 高斯激光辐照下光伏阵列效率优化方法 …… 165
5.5 具体电路实现与设计 …… 174
习题 …… 192
第6章 无线电能传输技术的应用 …… 193
6.1 消费/医疗电子无线供电 …… 193
6.1.1 小功率电子设备 …… 193
6.1.2 中大功率家用电器 …… 196
6.2 轨道交通无线供电 …… 198
6.2.1 电动汽车静态无线供电 …… 199
6.2.2 电动汽车动态无线供电 …… 202
6.3 水下设备无线供电 …… 204
6.3.1 AUV 无线供电技术 …… 205
6.3.2 船舶无线供电技术 …… 208
6.4 航空航天飞行器无线供电 …… 210
6.4.1 无人机蜂群供电技术 …… 210
6.4.2 航天器供电技术 …… 212
习题 …… 215
参考文献 …… 216

第 1 章　绪　　论

1.1　无线电能传输技术的定义和分类

无线电能传输(wireless power transfer, WPT)技术是指无需导线或其他物理接触，直接将电能转换成电磁波、声波、光波等形式，通过空间将能量从电源传递到负载的电能传输技术，因此又称为非接触电能传输(contactless power transfer, CPT)技术。该技术实现了电源与负载之间的完全电气隔离，具有安全、可靠、灵活等优点，可以有效地解决裸露导体造成的用电安全、接触式供电火花、接触机构磨损等问题，并能够避免在潮湿、水下、含易燃易爆气体的工作环境中，因导线式或接触式供电引起的触电、爆炸、火灾等事故，因此得到了国内外学者的广泛关注。无线电能传输作为多学科交叉的前沿技术，涉及电学、物理学、材料学、生物学、控制科学等多个学科和领域。无线电能传输技术的出现为航空航天、高压输电、智能电网、植入式医疗、家用电器、电动汽车等领域技术和装备发展注入新动力。例如，电动汽车无线充电技术的发展，在实现充电便利性的同时，也有望缓解电动汽车的里程焦虑。而在太空领域，可通过无线电能传输为航天器的电能供给提供一条新途径，甚至还可以通过无线电能传输的方式把外太空的太阳能传输到地面，以解决地球能源短缺问题。在军事领域，无线电能传输技术可以有效地提高武器装备的作战灵活性和续航能力。因此，世界主要发达国家都十分重视无线电能传输技术的研究，美国麻省理工学院主办的 *MIT Technology Review* 杂志还将无线电能传输技术列为引领世界未来的十大科学技术之一。

现有 WPT 技术按照传输距离的不同可以分为以下两类：近距离 WPT 技术和远距离 WPT 技术。在近距离 WPT 技术中，主要有超声波无线电能传输(ultrasonic wireless power transfer, UWPT)和磁场耦合式无线电能传输(magnetically coupled wireless power transfer, MCWPT)，其中 UWPT 是以超声波(频率高于 20kHz 的机械波)作为能量载体进行无线传能的技术。而 MCWPT 又可分为磁耦合感应式无线电能传输(magnetically coupled inductive wireless power transfer, MCIWPT)和磁耦合谐振式无线电能传输(magnetically coupled resonant wireless power transfer, MCRWPT)。MCIWPT 是在较近距离条件下，利用松耦合变压器原、副边之间的磁场耦合来实现电能的无线传输。MCRWPT 是利用两个或多个具有相同谐振频率及高品质因数的线圈，在共振激励条件下(激励频率等于绕组的固有谐振频率)，将能量从发射端传输到接收端的技术。在远距离 WPT 技术中，主要有微波无线电能传输(microwave wireless power transfer, MWPT)和激光无线电能传输(laser wireless power transfer, LWPT)。MWPT 是利用微波作为能量载体在自由空间进行无线传能的技术，而 LWPT 是利用激光作为能量载体在自由空间进行无线传能的技术。尽管上述 WPT 技术的电能传输介质各不相同，但其本质上都属于机械波或者电磁波，图 1.1 给出了不同 WPT 技术电能传输介质的频率分布。

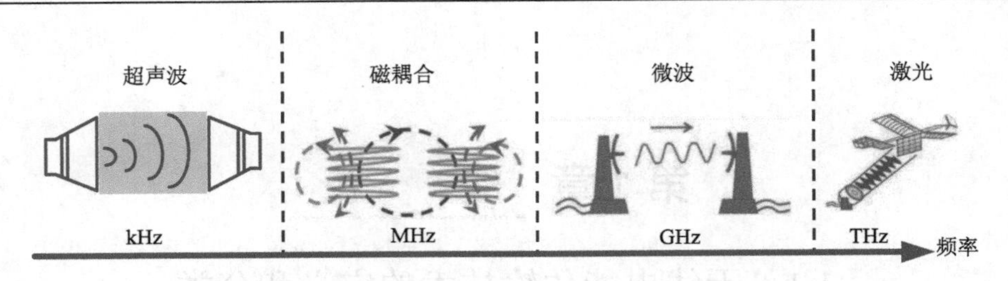

图 1.1　WPT 技术电能传输介质频率分布示意图

不同 WPT 技术由于电能传输介质不同，其电能传输特性存在差异，表 1.1 给出了不同 WPT 技术的特点。UWPT 技术具有方向性好，能量容易集中，可在金属、水下等介质中传播，且不受电磁干扰影响的特点，但其传输功率、传输距离和传输效率均较低。MCIWPT 技术较成熟，传输功率大，近距离下传输效率高，可达 90%以上，但传输距离通常较短，且传输效率随传输距离的增大迅速减小，而且对原、副边铁心的形状和对齐方式要求高。MCRWPT 技术相比于 MCIWPT 技术可以在米级的传输范围内实现较大功率和较高效率的电能传输，且收发两端移动性较好，但由于系统工作时要求收发线圈的谐振频率一致，因此 MCRWPT 技术对系统参数的变化较敏感。MWPT 技术传输距离较远，且微波在大气传输中的损耗小，但整体电能传输效率不高，导致系统传输功率较小。LWPT 技术具有传输距离远、定向性好、能量密度高和发射接收口径小的特点，但在大气层内的传输损耗相对较大，且对跟瞄精度要求高，技术尚不成熟。

表 1.1　WPT 技术分类及其相应特点

参数	UWPT	MCWPT		MWPT	LWPT
		MCIWPT	MCRWPT		
传输距离	短(厘米级)	短(厘米级)	中(米级)	远(千米级)	远(千米级)
功率等级	小(百瓦级)	大(千瓦级)	小(百瓦级)	大(千瓦级)	大(千瓦级)
传输效率	低(30%～70%)	高(70%～90%)	中(40%～60%)	低(10%～15%)	低(10%～40%)
体积重量	小	中	中	小	大
受电端位置	相对静止	相对静止(收发线圈须精确对准)	移动性较好(接收线圈可在一定范围移动)	移动灵活性好(可为快速移动目标供电)	相对静止(设备体积、重量大，移动性差)

1.2　无线电能传输技术的发展历史

WPT 技术的起源可以追溯到电磁波的发现，1865 年，麦克斯韦在前人实验的基础上归纳出著名的麦克斯韦方程组，理论上预见了电磁波的存在。1888 年，赫兹通过实验成功地捕获到电磁波，为电能的无线传输奠定了基础。在电磁波被发现后不久，作为 WPT 的理论开拓者和技术奠基者的特斯拉就开始对 WPT 技术的探索。1893 年，特斯拉在哥伦比亚世界博览会上隔空点亮了一盏磷光照明灯。在此之后，特斯拉在科罗拉多州开展了大规模 WPT 的尝试，发明了谐振频率为 150kHz 的特斯拉线圈，并在长岛建造了著名的特斯拉塔，如图1.2所示。虽然最终资金问题导致利用特斯拉塔进行WPT实验没有实现，但留给人们无限的遐想。特斯拉甚至还设想以地球为内导体，以地球电离层为外导体，在它们之间建立起8Hz的低频电磁共振来实现全球的无线电能传输。随着技术的进步，特斯拉的无线充电梦想正逐渐成为现实，下面将对几种主要的WPT技术的发展历史进行介绍。

图1.2　特斯拉塔模型

1. *超声波无线电能传输技术*

超声波对无线电能传输的应用开始于1956年，Rosen利用PZT(锆钛酸铅)材料设计出了压电换能器，首次使用声波实现了电能的传输。但在接下来的一段时间，由于学者们把研究的重点放在了电磁耦合式无线电能传输技术上，UWPT技术发展相对缓慢。1985年，科研人员将超声波转化为微弱的电信号，用于加速骨折愈合的实验并取得了成功，此实验表明了UWPT技术的可行性，具有重要意义。

之后，学者们致力于UWPT技术的性能提升，从不同角度对UWPT技术进行了研究，例如，对换能器的结构进行优化来提升电-超声波和超声波-电的转换效率；利用超声波进行电能传输的同时实现信号传递，以拓展其应用场合；通过对比不同介质下的超声波传能特性，发现超声波定向性好，能在均匀介质中沿直线传播，更加适用于存在金属介质的场合，尤其是对金属密闭容器内部设备的无线供电。

当前植入式医疗是UWPT技术应用的一个重要方向，2010年，伦敦帝国理工学院探究了超声波和电感耦合两种方式的植入式供电效率。2013年，韩国科学技术学院研究了皮下超声波传输引起的热量分布情况，研究结论表明，基于UWPT的皮下植入式微电子系统产生的热效应不会对动物造成危害，并在此基础上研究了UWPT在有限输入电压条件下的最大功率传输问题。

国内研究机构在UWPT领域的研究起步比较晚，2003年，华中科技大学采用机电等效压电耦合的方法，对传能系统进行了分析，描述了系统机械能和电能两者之间的关系。2010年，广东省人民医院通过实验验证了超声波对起搏器电路进行无创式充电的可行性。接下来，东南大学、四川大学、重庆大学等高校对UWPT技术从传输介质阻抗特性、超声波衰减特性、换能器频率特性与系统效率优化等方面展开了研究。

2. 磁耦合感应式无线电能传输技术

20世纪40年代，MCIWPT技术开始在植入式医疗供电中应用，并在对发射线圈和接收线圈串联电容进行无功补偿，以提高系统电能传输效率，且从理论上证明了其可行性。到20世纪70年代，给动物体进行MCIWPT供电的可行性也得到了验证，此后陆续出现了电动牙刷MCIWPT技术和电动汽车MCIWPT技术，特别是电动汽车MCIWPT技术的出现引起了人们极大的关注。20世纪90年代，新西兰奥克兰大学的Boy教授申请了“感应配电系统”专利，该专利首次系统地提出了MCIWPT装置的结构和设计方法，是MCIWPT技术发展史上里程碑式的成果。图1.3为该系统的结构示意图，发射线圈由三相交流电供电，具有并联补偿的接收线圈接收能量后，经整流和功率变换模块给负载供电，该结构在轨道非接触供电和电动汽车充电中成功应用。

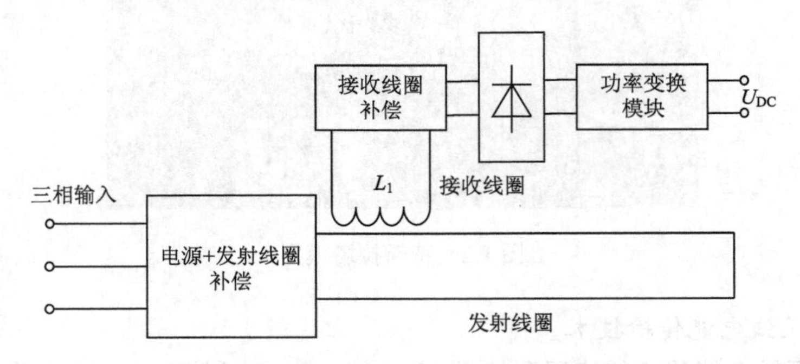

图1.3　磁耦合感应式无线电能传输装置

21世纪以来，MCIWPT开始走向商品化。意大利都灵建立了60kW无线充电城市公交车队，每辆电动车配备56×6V的电池。2005年，英国SplashPower公司研制的无线充电器“SplashPad”上市，它可以实现1mm内的无线充电。同年，美国WildCharge公司开发的无线充电系统输出功率达到90W，可以为多数笔记本电脑以及各种小型电子设备充电。2008年，无线充电联盟(wireless power consortium，WPC)成立，是首个以MCIWPT技术为基础的无线充电技术标准化组织。2010年7月，WPC发布了Qi标准，同年9月，Qi标准被引入中国。

国内关于MCIWPT技术的研究起步较晚，有文献可查最早是2001年，西安石油学院的李宏教授介绍了MCIWPT相关概念。此后，华南理工大学、重庆大学、天津工业大学、哈尔滨工业大学、中国科学院电工研究所、西安交通大学、浙江大学、南京航空航天大学等高校和科研院所围绕磁耦合机构设计、补偿网络设计以及系统控制策略等方面陆续开展了大量的研究。

3. 磁耦合谐振式无线电能传输技术

目前MCIWPT技术相对成熟，能够在近距离下实现大功率电能高效传输，但在较远距离时其传输效率将会明显降低。为了增加利用磁场进行无线电能传输的距离，2006年，美国麻省理工学院的Marin Soljacic教授首次提出MCRWPT技术理论并进行了实验验证，图1.4为他们的实验装置，包括两个相同谐振频率的螺旋式发射和接收线圈，能够在2m外点亮60W的灯泡，传输效率为40%左右。2007年，该成果被刊登在*Science*杂志上，掀起了MCRWPT技术的研究热潮。

图 1.4　麻省理工学院磁耦合谐振式无线电能传输装置

为了减小装置体积，Intel 公司率先采用平面型 MCRWPT 装置实现了 60W /1m 无线电能传输的同时，还保持了 75%的效率，是 MCRWPT 技术的又一进步。2009 年，日本东京大学进行了电动汽车 MCRWPT 无线充电实验，其谐振频率为 15.9MHz，传输距离为 2m，传输功率为 100W，效率达到 97%。同年，马里兰大学首次提出用超导体实现长距离 MCRWPT，并对此进行了详细的理论分析，之后韩国学者通过实验验证了两个超导线圈间的 MCRWPT 传输机理。此外，日本富士通公司利用 MCRWPT 技术在 15cm 左右距离实现了多个用电设备同时充电。2012 年 6 月，三星公司发布了采用 MCRWPT 技术的无线充电手机 Galaxy SIII，实现了 MCRWPT 技术在商业上的首次成功应用。同年，以 MCRWPT 技术为基础的无线充电联盟(alliance for wireless power，A4WP)成立，并于第二年推出了 Rezence 无线充电标准。

在国内，以哈尔滨工业大学、东南大学、华南理工大学、天津工业大学、重庆大学以及中国科学院电工研究所等为代表的高校和科研院所也陆续开展了 MCRWPT 技术研究，所取得的成果主要涉及耦合线圈设计、谐振补偿结构及系统频率控制与优化等方面，对 MCRWPT 技术的发展与进步具有十分重要的意义。

4. *微波无线电能传输技术*

MWPT 技术开始于 20 世纪 30 年代初。1937 年，美国物理学家瓦里安兄弟研制出了速调管，1939 年，哈利·布特和约翰·兰道尔研制出了可实用的多腔磁控管，这两个微波功率源的出现，极大地促进了 MWPT 技术的发展，使得大功率微波传输成为可能。20 世纪 50 年代末，Goubau 和 Schwering 进行了 MWPT 技术的探索，从理论上推算了自由空间波束导波可以达到 100%的传输效率，并在反射波束导波系统上得到验证。

20 世纪 60 年代开始，在美国空军和美国国家航空航天局的资助下，美国国防企业雷神公司主导了一系列 MWPT 的研究，这部分研究持续了数十年，至今仍是 MWPT 技术发展史上最具里程碑意义的一轮研究。1975 年，喷气动力实验室资助的 Goldstone 项目大获成功，实验装置如图 1.5 所示，采用 288ft^2 (1ft^2=9.290304×10^{-2}m^2)的巨型整流天线，在莫哈韦沙漠中实现了 2.388GHz/距离 1mile(1mile=1.609344km)/接收端负载功率 30kW 的 MWPT 的系统验证，这也是 MWPT 领域目前实现过的最大功率传输，但系统效率仅为 6.7%。

图 1.5 Goldstone 项目微波无线电能传输实验装置

20 世纪 80 年代，加拿大和日本两国加大了对 MWPT 技术的研究，其中加拿大通信研究中心研制出第一个由微波供电的高空永久平台，而日本采用探测火箭在太空中进行了首次微波电能传输实验并取得成功。1992 年，日本首次采用相控阵利用 2.411GHz 的微波波束进行移动目标供电实验；此后日本京都大学首次实现了全集成太阳能-微波能量发射装置，将接收到的 166W 太阳能转换为 5.77GHz/25W 的微波功率并发射，再由 1848 个独立整流天线实现微波功率接收和整流，并点亮 LED 阵列。2015 年，日本宇航局 JAXA 成功地将 1.8kW 的电力精准传输到 55m 外的接收装置，这次实验是 MWPT 领域第一次真正实现极高精度定向发射。

国内 MWPT 相关的研究始于 20 世纪 90 年代。1994 年，林为干院士在国内首次介绍了 MWPT 的概念，并分析了其应用前景。同年，中国科学院电工研究所首次研究了 MWPT 系统，并分析了将 MWPT 技术应用于磁悬浮列车供电的可行性。1998 年，上海大学开始对 MWPT 技术进行研究，并将其应用于管道探测微型机器人的供电。目前，国内开展相关研究的团队包括中国航天科技集团有限公司、中国工程物理研究院、西安电子科技大学、四川大学、重庆大学、哈尔滨工业大学、华南理工大学、上海大学、南京航空航天大学等单位，在射频功率放大器设计、功率放大器幅相控制、系统功率定向发射及接收端整流等关键技术研究方面已经取得了一定的进展。

5. *激光无线电能传输技术*

在 20 世纪 70 年代，LWPT 技术伴随着激光器的发展而产生，最初为实现太空无线电能传输而提出，主要围绕空间太阳能电站的电能回传、空间探测器的能量补给等方面展开研究。但当时受限于激光器和光伏电池等器件效率低，LWPT 技术发展较慢，难以实际应用。直到 21 世纪初，随着高功率激光器和高效率光伏电池技术的长足发展，LWPT 技术再次得到关注。

2002 年，欧洲宇航防务集团进行了远距离的地面激光能量传输实验。实验在自动跟瞄系统的控制下，为相距 250m 远的微型小车供能(接收功率约为 1W)。该实验标志着 LWPT 技术开始得到初步应用。次年，NASA 首次进行了微型飞行器的激光无线供能飞行实验。实验装置如图 1.6 所示，采用 500W 激光(波长 940nm)对 15m 外微型飞行器上的光伏阵列(光-电转换效率为 17.7%)进行照射，使其持续飞行时间超过 15min。

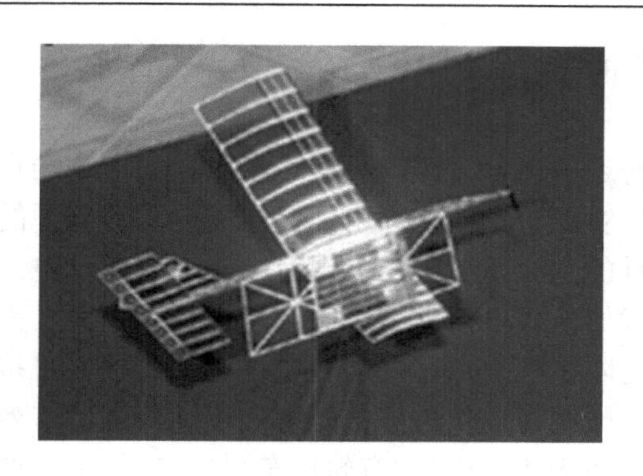

图 1.6 NASA 微型飞行器 LWPT 实验装置

2009 年，美国 Laser-Motive 公司开展了激光驱动太空电梯的实验，实验中激光功率为 1kW，传输距离为 1km，系统整体效率超过了 10%；次年，该公司对 1.1kg 重的四旋翼无人机进行了激光无线供能实验，使得无人机持续飞行时间超过 12h，创造了小型无人机滞空时间的世界纪录。2012 年，Laser-Motive 公司与洛克希德 • 马丁公司合作，将 LWPT 系统应用于美军“Stalker”无人机上，分别成功完成了激光无线供能的室内测试和外场实验，其中在室内测试时，无人机的续航时间提高了 24 倍(持续飞行超过 48h)。2016 年，俄罗斯“能源”火箭航天集团公司利用一种将红外激光转变成电能的光电接收-转换装置(光-电转换效率约为 60%)，将 1.5km 外发射的激光转换成电能并成功为一部手机充电，使 LWPT 技术距离实际应用又近了一步。

相比于国外的研究，国内的研究还处于起步阶段。近年来，武汉大学、南京航空航天大学、中国科学院上海光学精密机械研究所、西安光学精密机械研究所、苏州纳米技术与纳米仿生研究所和合肥物质科学研究院等高校和科研院所在大功率激光器、高效率光伏电池和激光大气传输等方面进行了研究。

1.3 无线电能传输技术的应用

在当今科技水平及人类发展需求条件下，WPT 较传统输电方式具备许多不可取代的优势，应用前景十分广阔。不同种类的无线电能传输技术由于自身特点不同，具有不同的应用场合，下面对几个主要的应用领域进行简要叙述。

1. 消费/医疗电子

手机、数码相机、蓝牙耳机等各种便携式消费电子产品已经成为人们生活中的必需品，但是它们最大的缺点是需要使用不同接口和充电器，而且存在线缆老化的问题，当多个设备同时充电时，线缆冗杂，用户体验感较差。而采用无线电能传输技术的充电器，可以彻底摆脱传统充电线缆对电器互连的限制和束缚，从而适用于各种消费电子产品的充电，体现出更大的便捷化和人性化。随着无线电能传输技术的发展，未来各种便携式消费电子产品，有可能实现随时随地的充电。现代医学上采用越来越多的电子设备来弥补人体器官的缺陷，如心脏起搏器、人工耳蜗、人工心脏等，这些设备的共同缺点是需要电池供电。当需要更换电池时，患者将承受手术带来的风险和痛苦，而无线电能传输技术能够实现对医疗电子设备进行安全可靠的充电。

2. 轨道交通

轨道交通作为一种普遍的出行方式，具有运量大、安全、准点、节约能源等特点。近年来，轨道交通已经基本实现了电气化牵引，以电能为动力来源的电动汽车和有轨电车被认为是今后轨道交通载具的主要发展方向。现有的轨道交通供电方式主要为车载储能式供电以及接触式供电，车载储能式供电存在车载储能设备体积大、充电插拔频繁、对运行距离、载客数量等存在一定限制的缺点，接触式供电存在易损耗、接触火花、积碳、维修困难、施工成本高等缺点。无线充电供电方式是解决上述问题的有效方案，因此静态无线充电(如电动汽车)技术和动态无线供电(如有轨电车)技术在轨道交通领域的应用是目前研究的热点，其中，静态无线充电较为成熟，并且部分技术已实现产品转化。相比之下，在移动状态下的动态无线供电研究由于系统的复杂性、应用环境的多变性以及实验成本高等因素进展较为缓慢，目前还处于样机和示范工程阶段。

3. 水下设备

海洋资源的探测和开发需要借助水下设备，所以水下潜航器和水下机器人等水下设备的持续供电一直是军用和民用领域研究的重要问题。在水下作业中，如果直接由电缆供电，会导致设备工作不灵活，工作范围也会受到限制；另外，由于海水具有腐蚀性和导电性，电缆接头容易受到腐蚀，长期在水下工作的设备存在短路漏电的风险，供电安全性得不到保证。另一种供电方式是依靠设备自身电池供电，因为水下设备体积限制，自身携带的电池容量有限，需要经常充电，采用湿插拔方式，会对接口产生磨损，缩短设备使用寿命，存在很多安全隐患。而采用无线电能传输技术对水下设备供电，则可以实现无接触充电，很好地解决了水下设备充电的难题，因此，无线电能传输技术在这种特殊环境下的应用具有不可代替的优势。

4. 航空航天飞行器

近年来，随着航空航天技术的飞速发展，如无人机、飞艇、卫星等电力驱动的航空航天飞行器在敌情侦察、远程打击、情报收集、抗险救灾和电力巡检等军事和民用领域具有广阔的发展前景。但受限于当前能量密度较低的储能装置和灵活性、时效性较差的人工充换电方式等，全电航空航天飞行器的续航能力受到严重制约，其续航时间往往只有十几分钟到几小时不等，不到传统燃油动力续航时间的 1/10，是目前全电航空航天飞行器发展的“卡脖子”问题。无线电能传输具有距离远、供电灵活性高等优点，在实现飞行器无缆化不间断供电、突破续航瓶颈方面具有突出优势，对延长全电航空航天飞行器续航时间，乃至实现“无限续航”具有重要的军事意义和社会效益。

1.4 本书的章节安排

本书以电能传输效率优化为切入点，从无线电能传输基本原理出发，拓展到关键技术和具体设计方法，总体遵循“注重基础，知识面广”的教学特点。全书包含 6 章：第 1 章是绪论，主要介绍了无线电能传输的分类、发展历史和应用；第 2 章是超声波无线电能传输技术；第 3 章介绍了磁场耦合无线电能传输技术；第 4 章是微波无线电能传输技术；第 5 章介绍了激光无线电能传输技术；第 6 章分别介绍了无线电能传输技术在消费/医疗电子、轨道交通、水下设备、航空航天飞行器等方面的应用情况。图 1.7 给出了本书的整体架构布局。

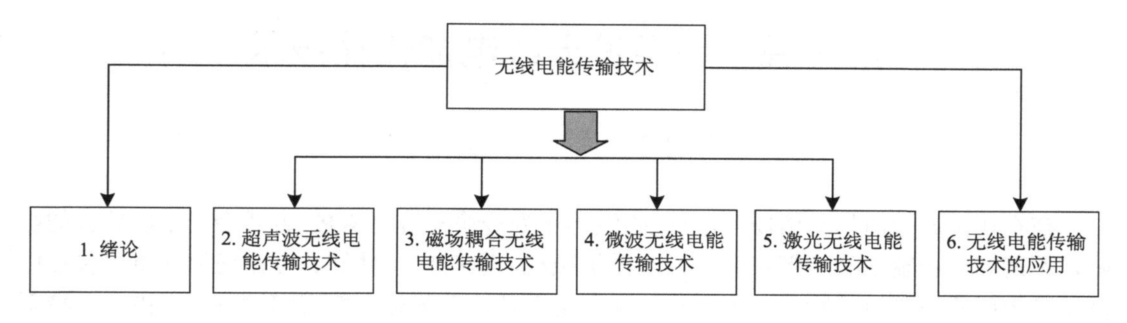

图 1.7 本书整体架构布局

习 题

1. 无线电能传输技术的定义是什么?
2. 无线电能传输技术可根据什么进行分类? 分成哪几类? 各自的工作原理是什么?
3. 请绘制表格，详细列举各种无线电能传输的优缺点及其应用场合。
4. 磁耦合感应式无线电能传输系统的结构是怎样的? 请绘图并详细说明其工作原理。
5. 请简要叙述微波无线电能传输的发展历史。
6. 无线电能传输技术的应用前景体现在哪些方面?

第 2 章　超声波无线电能传输技术

2.1　引　　言

在存在金属介质的应用场合，以电磁波等作为传输介质的 WPT 方式会受电磁感应的影响，不能有效传输能量。超声波作为一种机械波，具有定向性好、可在任何介质中传播以及不受电磁感应影响的特点，为一些特殊用电设备，尤其是金属密闭设备，提供了一种新型安全可靠的近场供电方式。压电换能器是 UWPT 系统中实现电能-机械能-电能转换的重要组件，本章介绍了压电换能器的原理，并通过机电类比的方法，推导了压电换能器的等效电路。根据 UWPT 系统的特点，介绍了超声电源和接收电路的原理与电路设计，建立了 UWPT 系统的传输特性模型，给出了系统损耗分布情况，并介绍了 UWPT 系统效率优化的方法。

2.2　超声波无线电能传输的工作原理

2.2.1　基本结构

图 2.1 为 UWPT 系统结构示意图，UWPT 系统由超声波发射端、超声波接收端和传输介质三个部分组成。其中，超声波发射端主要包括两个部分，分别是超声波电源和发射换能器。超声波电源提供频率可调的正弦波电压，匹配发射换能器的谐振频率。该电源由输入直流电源、高频逆变电路、PWM 控制器及隔离驱动电路组成，对系统的输入电压和工作频率进行控制。发射换能器将电能转化为超声波，在传输介质中进行超声波的传输。

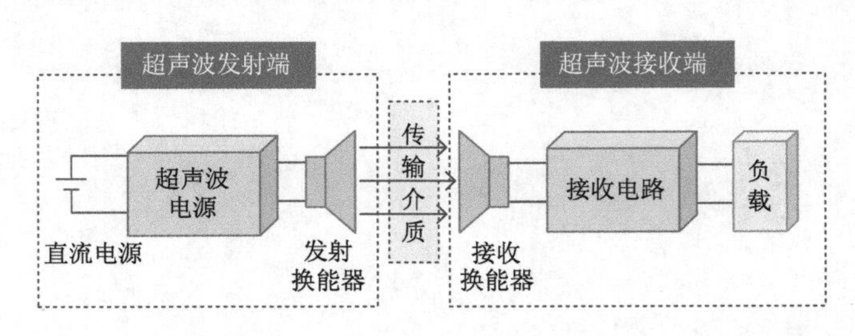

图 2.1　UWPT 系统结构

传输介质是超声波传输的路径，超声波可在固体、液体、气体等任何介质中进行传播，但其在不同介质中的衰减系数不同，这也是影响 UWPT 系统传输效率的重要因素。在固体金属中，超声波衰减系数最小，即传输损耗最小，因此 UWPT 系统更加适用于存在金属介质的场合，尤其是对金属密闭容器内部设备的无线充电。下面对 UWPT 系统的具体工作进行介绍。

在超声波发射端，超声电源将直流电转换成频率可调且与系统谐振频率相近的交流电，以此来驱动发射换能器。发射换能器、传输介质和接收换能器通过螺杆、专用胶水等紧密相连，发射换能器通过逆压电效应将电能转换为机械能，以机械波(超声波)的形式传递到传输介质。当超声波从发射端透射进入耦合介质时，会发生反射、衍射等现象。为了获得更高的传输效率，发射的超声波应当尽可能集中，或者尽量减少超声波的衍射。传输介质将机械能(超声波)传递到接收换能器上，接收换能器通过压电效应将机械能转化为电能，向负载供电。能量以“电能-机械能-电能”的形式进行无线传输。

超声波接收端包括两个部分，分别是接收换能器和接收电路。接收换能器将接收到的超声波振动转换成同等频率下的正弦电压输出至接收电路。接收电路则对该正弦电压进行整流，将其转化为稳定的直流电压输出，以供给负载。

系统中，两级超声波换能器是实现电能和机械能之间相互转化的主要器件。在超声波发射端，换能器将电能转换成机械能(超声波)进行传播；在接收端，实现机械能对电能的再次转化。超声波换能器可由多种材料和方式实现，因此衍生出很多种类，如磁致伸缩换能器、压电换能器、机械性换能器等，其中压电换能器具有结构简单、机电转换效率高、激励电路简单易行等优点，广泛应用于 UWPT 系统。

工作频率是 UWPT 系统的关键参数，一般为 20kHz～500MHz，属于超声波频率范围。当超声电源输出交流电的频率 f 与超声换能器谐振频率 f_s 以及传输介质的固有频率 f_m 相同时，换能器与耦合介质发生共振，此时可以实现最大能量传输。

2.2.2　超声波在介质中的传播特性

UWPT 系统性能与传递超声波的传输介质的状态和特性具有非常密切的关系。传输介质种类繁多，就性质而言，分为固体、液体、气体，就状态而言，分为无限大介质、有限体积介质、均匀介质、分层介质、非均匀介质等。要深入了解 UWPT 系统能量传输的机理，首先必须理解超声波在耦合介质中的传播特性。

1. 超声波的物理特性

超声波是声波的一种，其频率一般大于 20kHz。超声波具有良好的方向性，穿透能力较强，基本上可以在各种介质中传播，广泛应用于医学、军事、工业等领域。

超声波在介质中的传播速度是表征介质声学特点的关键参数，和介质弹性模量与密度有关。对于固定介质，弹性模量与密度是常数，因此声速通常也是常数。介质不同，声速不同；波型不同，介质弹性变形方式会出现差异，声速也不一样。

超声波在介质中的传播具有以下几个特点。

(1) 可在固体、液体、气体等任何介质中传播，在不同介质中的衰减系数大小排列为气体>液体>固体，即超声波在固体中的传输损耗最小；

(2) 定向性好，超声波的衍射现象不显著，在均匀介质中能够沿直线传播，容易得到定向而集中的超声波束；

(3) 在介质中传播不会受到电磁感应的影响。

由于在固体中传输损耗更小的特点，对于一些金属密闭的军工场合，如核潜艇、压力容器、导弹等，UWPT 技术因其独特的优势有着不可取代的作用。同时，由于超声波具有定向性好、对人体无辐射的特点，其在植入式医疗领域也具有良好的应用前景。

在理想传输介质中，超声波的传输是没有损耗的，但是理想介质并不存在。在非理想介质中，超声波在传输介质中的传播效率受影响，进而影响UWPT系统效率的主要是传输介质的声阻抗和超声波在介质中的声衰减，下面将对其进行介绍。

2. 介质的声阻抗

声阻抗是采用集中参数分析声学系统时引入的一个物理量，与电路中的电阻抗性质一致。电阻抗反映了物体对电路电流的阻碍作用，声阻抗反映了介质对声波传递的阻碍作用。声阻抗是 UWPT 系统中一个重要参数，其定义为

$$Z_{\alpha}=\frac{p}{v}=\rho_0 c_0 \tag{2.1}$$

其中，p 为声场中某位置的声压；v 为该位置质点的振动速度；ρ_0 为传输介质的密度；c_0 为声速。声阻抗的单位为 Pa·s/m，也称为声欧姆。声阻抗通常是复数，其实数部分反映了该处声能的损耗。

声阻抗是传输介质固有的特性，只与介质材质有关。空气的声阻抗非常小，其次是水，金属固体的声阻抗比较大。金属固体的声阻抗与压电陶瓷的声阻抗更加接近，水和空气则相差非常大。

3. 声衰减规律分析

声波在传输介质中传播时，因产生散射、吸收、反射等现象，出现声能逐渐减弱的现象，称为声衰减。

声衰减分为三类：吸收衰减、散射衰减和扩散衰减。吸收衰减和散射衰减由介质自身的特性决定，而扩散衰减由声源特性引起，通常情况下忽略不计。吸收衰减和散射衰减都遵循随距离的指数衰减规律。传输介质的质量因数和声速越小，频率越高，声衰减系数越大。通常，耦合介质的质量因数和声速固定，所以在 UWPT 系统中，系统工作频率不宜太高。

2.3 压电换能器原理

超声压电换能器是 UWPT 系统的核心装置，它的作用是将能量从一种形式(电能)转换到另一种形式(机械能)，所以掌握超声压电换能器的工作原理，对 UWPT 系统的分析和实现非常重要。

2.3.1 压电材料

压电材料是压电换能器研制、应用和发展的关键，它受到压力作用时会在其两端面间出现电压。根据材料种类的不同可以将压电材料分成有机压电材料、无机压电材料和复合压电材料三种。其中，有机压电材料也称压电聚合物，如偏聚氟乙烯(PVDF 薄膜)有机压电材料；无机压电材料又可以分成压电陶瓷和压电晶体两种，压电陶瓷泛指压电多晶体，压电晶体一般指压电单晶体；复合压电材料则是在有机聚合物基底材料中嵌入片状、棒状、杆状或粉末状压电材料形成的。

压电应变常数 d、机电耦合系数 K 等参数是决定压电材料压电性能的主要参数，在选择压电材料的过程中，主要参照这些数据进行选择。

1. 压电应变常数 d

压电应变常数是指当压电体处于恒定应力作用下时，电场强度变化所产生的应力变化与电场强度变化之比；或在恒定电场作用时，应力变化所产生的电位移变化与应力变化之比。

2. 机电耦合系数 K

机电耦合系数是反映压电体机械能和电能之间耦合和转换程度的参数。通常情况下，机电耦合系数越大的材料，其能量转化率越高。

3. 机械品质因数 Q_m

机械品质因数 Q_m 表征压电体在谐振时因克服内摩擦而消耗的能量，定义为压电振子在谐振时储存的机械能与在一个周期内损耗的机械能之比，反映压电材料的机械损耗大小。Q_m 值越大，机械损耗越小。

4. 居里温度 T_c

压电材料只有工作于一定的温度范围内才会具有压电效应，当工作温度高于某一临界值时，压电材料会失去压电性能，这一临界温度值称为居里温度，因此居里温度决定了压电换能器正常工作的最大温度。通常情况下，压电器件的工作温度一般为 0℃至 $T_c/2$。

2.3.2　压电效应

图 2.2(a)和(b)分别给出了压电换能器的实物图和结构图，压电换能器包括前端盖板、压电陶瓷、电极片、预紧螺栓、后端盖板、绝缘套管等部分。压电陶瓷是压电换能器的核心部分，前后盖板和预紧螺栓共同作用，将压电换能器连成一体，可避免压电陶瓷在作为弹性体的交变振动过程中发生破裂损坏。外部电场可通过电极片施加到压电陶瓷上，使其产生振动，同时电极片可将压电陶瓷产生的电能传输到功率变换电路中。

(a) 压电换能器实物图

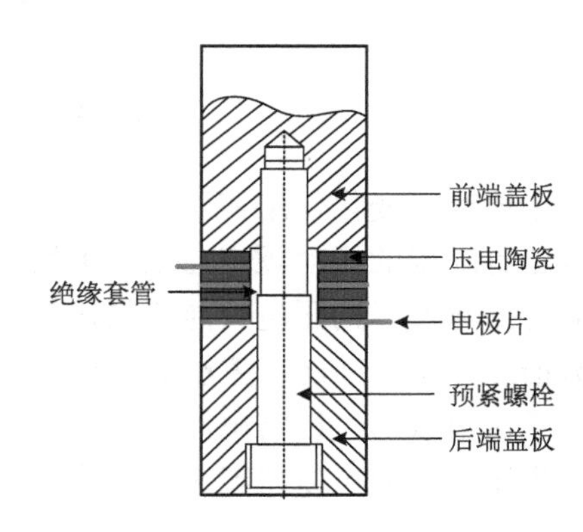

(b) 压电换能器结构图

图 2.2　压电换能器

压电换能器利用压电陶瓷的压电效应实现机电转换，压电效应包括正压电效应和逆压电效应。

1. 正压电效应

正压电效应是指当压电陶瓷经受某一特定方向的外力而发生形变时，其内部会产生极化现象，并在压电陶瓷的两个相对表面上形成与所受外力大小成正比而极性相反的电荷，如图 2.3(a)所示，对压电陶瓷施加使其压缩的外力，会形成与极化方向相反的电荷。当改变外力的方向时，电荷极性也随之改变，如图 2.3(b)所示。去掉外力后，压电陶瓷恢复不带电状态。

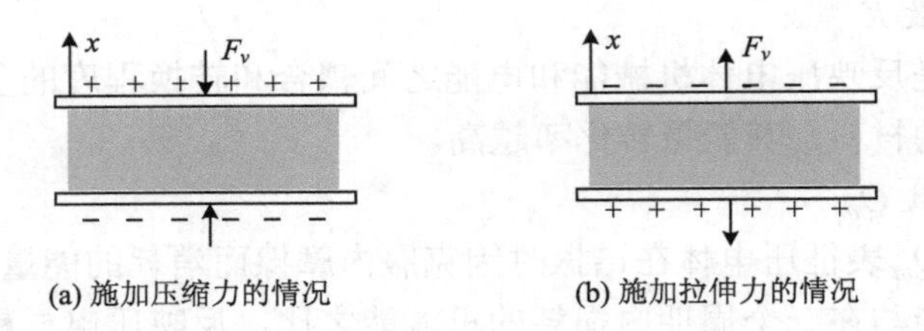

图 2.3　正压电效应示意图

2. 逆压电效应

逆压电效应是指在压电材料极化方向上施加一定电荷时，压电材料产生机械形变的现象。图 2.4(a)为压电陶瓷的正常状态，当施加电场的方向与压电陶瓷的极化方向一致时，外加电场的作用会进一步增大压电陶瓷的极化强度，使其产生如图 2.4(b)所示的拉伸形变。当施加电场的方向与压电陶瓷的极化方向相反时，外加电场的作用会削弱压电陶瓷的极化强度，使其产生如图 2.4(c)所示的压缩形变。

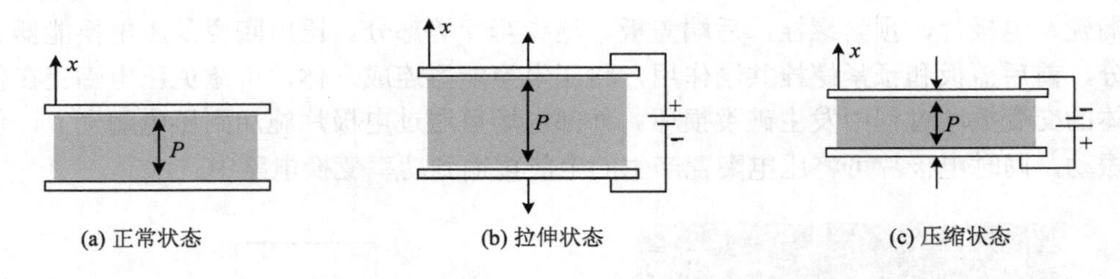

图 2.4　逆压电效应示意图

随着电场交替变化作用在压电陶瓷上，极化后的压电陶瓷会产生与之相应的交变伸缩运动，且压电陶瓷的振动频率与施加电场的频率相同。因此，若施加电场的频率等于压电换能器的谐振频率，则压电换能器的振动频率恰好等于其谐振频率，此时压电换能器会工作在机械谐振状态，其前后盖板的振动位移最大，声辐射最强烈。

利用逆压电效应可以将电能转换成超声波，因此发射换能器利用的是压电材料的逆压电效应；正压电效应可以将超声波转换成电能，因此接收换能器利用的是压电材料的正压电效应。

2.3.3　压电换能器选取原则

在选取压电换能器时，需要综合考虑压电换能器频率特性、转换效率、发射及接收灵敏度等多方面的影响因素。

压电换能器的谐振频率对 UWPT 系统的影响是多方面的。首先是设备体积，当系统工作频率较高时，超声电源和接收电路体积会减小。同时，由于压电换能器多为半波长结构，随换能器谐振频率的增加，换能器自身体积也会相应减小。因此，为减小 UWPT 系统体积，压电换能器的谐振频率应适当提高。其次是转换效率，由于压电换能器是利用自身振动实现机械能和电能之间的转换的，所以单位时间内振动次数越多，产生的机械损耗越大，换能器的转换效率就越低。因此，为提高转换效率，需要适当减小压电换能器的谐振频率。综上所述，设备体积和转换效率对于谐振频率的要求是相互矛盾的，需要根据系统的需求进行折中设计。

此外，不同用途的换能器对性能参数的要求也不同。例如，对于发射换能器，要求换能器应具有高功率和高效率；对于接收换能器，则要求其应具有宽频带、高灵敏度和高分辨率等。因此，在换能器的设计过程中，必须根据具体应用，对换能器的有关参数进行合理设计。

2.4　超声波无线电能传输系统建模与特性分析

2.4.1　压电换能器电路模型

UWPT 系统的核心是压电换能器，因此要分析 UWPT 系统的特性，首先需要对压电换能器进行建模，从其机械谐振模型推导电路模型，以方便后续特性分析。当交变电场作用在压电换能器上时，逆压电效应会使压电陶瓷产生相应的弹性形变。压电换能器工作在机械谐振状态时的振动规律如下：

$$m\frac{\mathrm{d}^2 x}{\mathrm{d}t^2}+R_m\frac{\mathrm{d}x}{\mathrm{d}t}+kx=F(t) \tag{2.2}$$

$$F(t)=AV(t) \tag{2.3}$$

$$A=\frac{e_{11}S}{d} \tag{2.4}$$

其中，m 为压电陶瓷质量；R_m 为压电陶瓷机械阻尼；k 为弹性系数；A 为力电转换系数；e_{11} 为压电材料纵向应力常数；S 为压电陶瓷截面积；d 为压电陶瓷厚度；$V(t)$ 为压电陶瓷两端电压；$F(t)$ 为压电陶瓷所受随时间变化的外力。

从纯电学角度来看，压电换能器呈现电容特性，若用万用表测量，其电阻为无穷大，测量其电容值为几百到几千皮法不等。为了便于系统特性分析，通过机械-电类比的方法处理压电陶瓷的振动方程，即式(2.2)，将位移量 x 类比为电荷量 q，压电陶瓷所受外力 $F(t)$ 类比为电压 $V(t)$，将其转换为相应的电路方程：

$$L\frac{\mathrm{d}^2 q}{\mathrm{d}t^2}+R\frac{\mathrm{d}q}{\mathrm{d}t}+\frac{q}{C}=V(t) \tag{2.5}$$

其中，q 为电荷量；L、R、C 为定义的动态阻抗中的电感、电阻和电容。

下面对 L、R、C 进行求解。首先，由于压电陶瓷的电位移矢量大小 D_0 随时间的变化量正比于机械位移 x 随时间的变化量，即

$$\frac{\mathrm{d}D_0}{\mathrm{d}t}\propto\frac{\mathrm{d}x}{\mathrm{d}t} \tag{2.6}$$

通过压电陶瓷的位移电流 I_d 是电荷量对时间的导数，则有

$$I_d = \frac{\mathrm{d}q}{\mathrm{d}t} \propto \frac{\mathrm{d}D_0}{\mathrm{d}t} \tag{2.7}$$

因此位移电流 I_d 正比于机械位移 x 随时间的变化量：

$$I_d = \frac{\mathrm{d}q}{\mathrm{d}t} = A\frac{\mathrm{d}x}{\mathrm{d}t} \tag{2.8}$$

将式(2.8)代入式(2.5)，并类比式(2.2)与式(2.5)可得

$$L = \frac{m}{A^2} \tag{2.9}$$

$$C = \frac{A^2}{k} \tag{2.10}$$

$$R = \frac{R_m}{A^2} \tag{2.11}$$

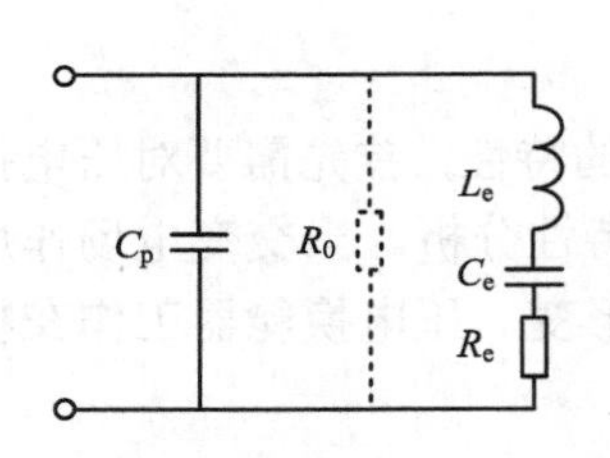

图 2.5 压电换能器等效电路模型

L、C、R 在谐振频率附近可视为常数，设为 L_e、C_e 和 R_e。图 2.5 给出了压电换能器的等效电路模型，L_e、C_e 和 R_e 所在支路称为串联支路或动态支路，L_e、C_e 和 R_e 分别为动态电感、动态电容和动态电阻，这条支路表征压电换能器的机械特性，又称机械臂。此外，从电学角度而言，压电换能器在没有任何激励电压的情况下，其外特性为容性，可用静态电容 C_p 表示，C_p 所在支路称为并联支路或静态支路，又称电学臂。R_0 为介电损耗电阻，阻值很大，一般认为开路，图中用虚线表示。串联支路谐振频率用 f_s 表示，称为串联谐振频率；并联支路谐振频率用 f_p 表示，称为并联谐振频率。两者的计算公式分别为

$$f_s = \frac{1}{2\pi\sqrt{L_e C_e}} \tag{2.12}$$

$$f_p = \frac{1}{2\pi}\sqrt{\frac{C_e + C_p}{L_e C_e C_p}} \tag{2.13}$$

此外，压电换能器本身存在谐振频率 f_r 和反谐振频率 f_a，谐振频率即压电换能器的固有频率，此时压电换能器工作在机械谐振状态，其振动位移最大。反谐振频率则是压电换能器在外力作用下振动位移最小的频率。在频率点 f_r 和 f_a 处，换能器两端电压与其电流同相。当换能器机械阻抗较小时，f_s、f_p 与 f_r、f_a 有以下关系：

$$f_s \approx f_r \tag{2.14}$$

$$f_p \approx f_a \tag{2.15}$$

因此，为方便分析，一般用 f_s 和 f_p 代替 f_r 和 f_a，即认为在 f_s 和 f_p 处，换能器两端电压和电流同相位。

通过以上对压电换能器等效电路模型的分析，可以将 UWPT 系统中发射换能器和接收换能器分别等效为图 2.6(a)和(b)，其中 M 为控制系数，与介质机械摩擦、介质黏滞性和热传导等物理现象有关，控制电流为发射换能器动态支路电流。

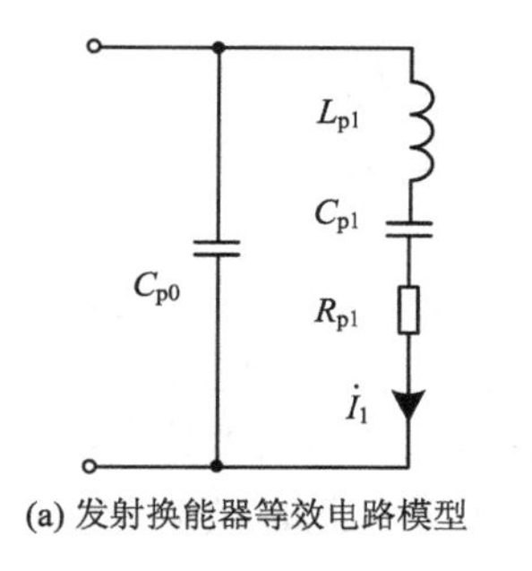

(a) 发射换能器等效电路模型

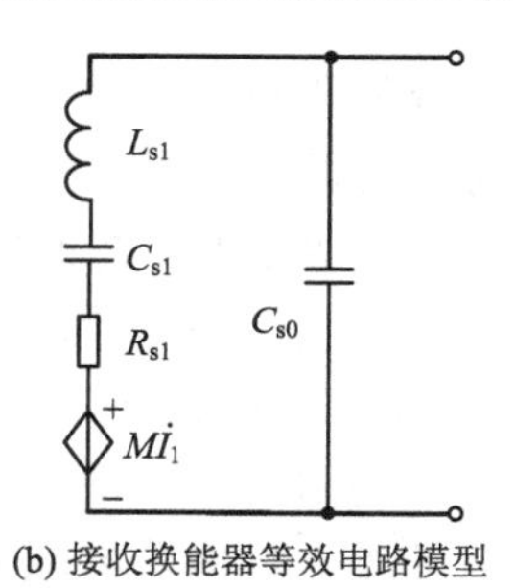

(b) 接收换能器等效电路模型

图 2.6　发射和接收换能器等效电路

当接收换能器接收到的超声波频率等于接收换能器本身的谐振频率时，换能器工作在机械谐振状态，与发射换能器形成共振，此时接收换能器的振动位移最大，能够最大限度地实现机械能到电能的转换。因此，在设计发射和接收换能器时，要求二者的谐振频率应基本一致。

2.4.2　压电换能器阻抗特性

阻抗也是影响压电换能器转换效率的重要特性之一，因此需要对其阻抗特性进行分析。由图 2.5 中压电换能器等效电路模型可以得到压电换能器等效阻抗：

$$Z=\frac{\dfrac{1}{\mathrm{j}\omega C_{\mathrm{p}}}\left(\mathrm{j}\omega L_{\mathrm{e}}+\dfrac{1}{\mathrm{j}\omega C_{\mathrm{e}}}+R_{\mathrm{e}}\right)}{\dfrac{1}{\mathrm{j}\omega C_{\mathrm{p}}}+\mathrm{j}\omega L_{\mathrm{e}}+\dfrac{1}{\mathrm{j}\omega C_{\mathrm{e}}}+R_{\mathrm{e}}}=|Z|\mathrm{e}^{\mathrm{j}\varphi} \tag{2.16}$$

其中，ω 为电路工作频率；φ 为阻抗角。

从压电换能器等效电路模型可得到换能器的工作频率与等效阻抗和阻抗角的关系曲线，如图 2.7 所示，其中图 2.7(a)为阻抗与频率关系曲线，图 2.7(b)为阻抗角与频率关系曲线。

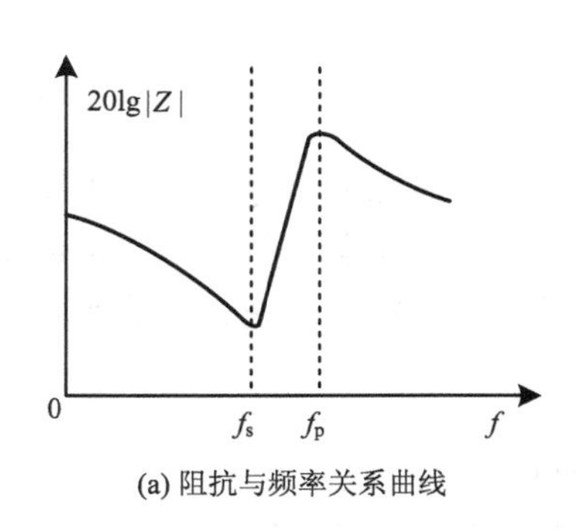

(a) 阻抗与频率关系曲线

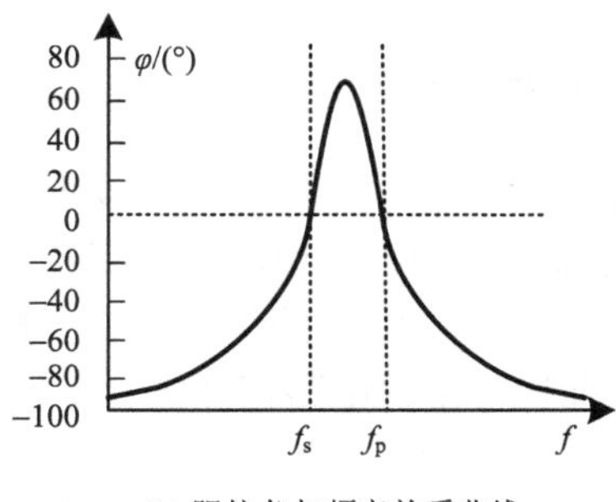

(b) 阻抗角与频率关系曲线

图 2.7　压电换能器阻抗特性曲线

从图 2.7(a)中可以看出，在谐振频率 f_s 处，换能器等效阻抗呈现最小值，在反谐振频率 f_p 处，换能器等效阻抗呈现最大值。从图 2.7(b)中可以看出，当工作频率低于谐振频率 f_s 时，换能器阻抗角为负，对外表现的阻抗特性为容性；当工作频率处于谐振频率 f_s 和反谐

振频率 f_p 之间时，换能器阻抗角变为正，阻抗特性变为感性；当工作频率超过反谐振频率 f_p 时，换能器阻抗角又由正变为负，阻抗特性从感性又变为容性。因此，为减小机械损耗和无功功率，一般希望换能器工作在谐振频率处。

图 2.8 和表 2.1 给出了谐振频率为 40kHz 的压电换能器实测阻抗特性。图 2.8 为压电换能器的阻抗特性图，从图中可以看出，在谐振频率 f_s 处，换能器的阻抗呈现最小值，在反谐振频率 f_p 处，换能器的阻抗呈现最大值，与图 2.7(a) 中的理论曲线一致。同时，在谐振频率 f_s 和反谐振频率 f_p 处，换能器的阻抗角均等于零，此时换能器的端电压与电流同相；在谐振频率 f_s 与反谐振频率 f_p 之间，换能器的阻抗角大于零，对外表现为感性；在小于谐振频率 f_s 或大于反谐振频率 f_p 处，换能器的阻抗角小于零，对外表现为容性。上述结论均与图 2.7(b) 中的理论曲线基本一致。

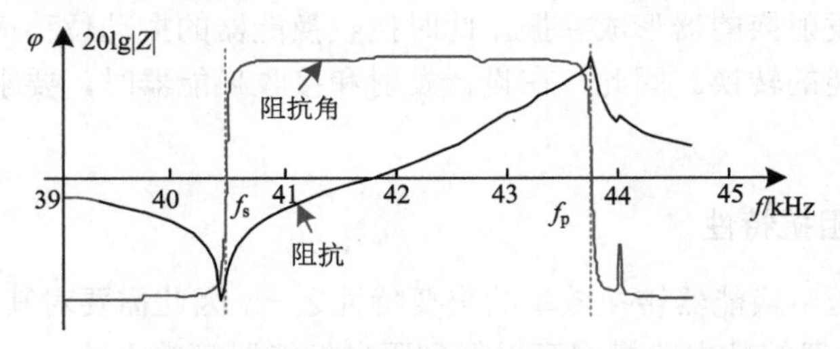

图 2.8　压电换能器实测阻抗特性

表 2.1　压电换能器实测等效电路参数

等效电路参数	谐振频率 f_s/Hz	反谐振频率 f_p/Hz	动态电阻 R_e/Ω	动态电感 L_e/mH	动态电容 C_e/nF	静态电容 C_p/nF
数值	40450	43830	12.3374	52.1762	0.3013	5.0311

表 2.1 为压电换能器实测等效电路参数值，从表中可以看出，换能器的谐振频率为 40450Hz，反谐振频率为 43830Hz，表格中其余数值分别对应图 2.5(换能器等效电路图)中的动态电阻、动态电感、动态电容及静态电容。

2.4.3　超声电源电路

除了压电换能器以外，超声波发射端的另一个重要组成部分是超声电源电路。超声电源的作用是将输入的直流电转换为高频交流电以激励发射换能器，其主电路由逆变器和滤波电路两部分构成。常用的逆变器有全桥逆变器、半桥逆变器、推挽逆变器等多种类型，表 2.2 对这几种常用的电路拓扑进行了比较。

表 2.2　常用逆变电路比较

拓扑结构	全桥逆变器	半桥逆变器	推挽逆变器
开关管数目	4	2	2
开关管电压应力	U_{in}	U_{in}	$2U_{in}$
功率等级	中大功率场合	中等功率场合	中小功率场合

如表 2.2 所示，全桥逆变器有 4 个开关管，电压应力为输入直流电压 U_{in}，在中大功率场合应用广泛；半桥逆变器有 2 个开关管，电压应力与全桥电路相同，均为 U_{in}，适合于中等功率场合；推挽逆变器有 2 个开关管，电压应力为全桥逆变器和半桥逆变器的两倍，为 $2U_{in}$，应力较大，适合于中小功率场合。本节以全桥逆变器为例，对超声电源特性进行分析。

滤波电路的作用是滤除逆变器输出电压方波中的高次谐波，使压电换能器的激励电压尽可能为正弦电压，提高机电转换效率，减小电路和换能器损耗。常用的滤波电路有 π 型滤波、T 型滤波、LC 型滤波等多种形式，图 2.9 给出了上述滤波电路拓扑图。

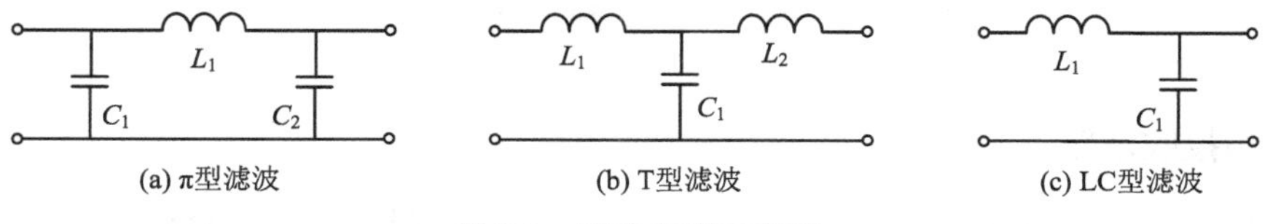

图 2.9　滤波电路示意图

图 2.10 给出了采用全桥逆变器和 LC 型滤波器的超声电源主电路拓扑，其中开关管 Q_1、Q_2、Q_3、Q_4 组成全桥逆变器，L_r 和 C_r 组成滤波电路，u_{AB} 为全桥逆变器桥臂中点电压，u_1 为发射换能器两端电压。

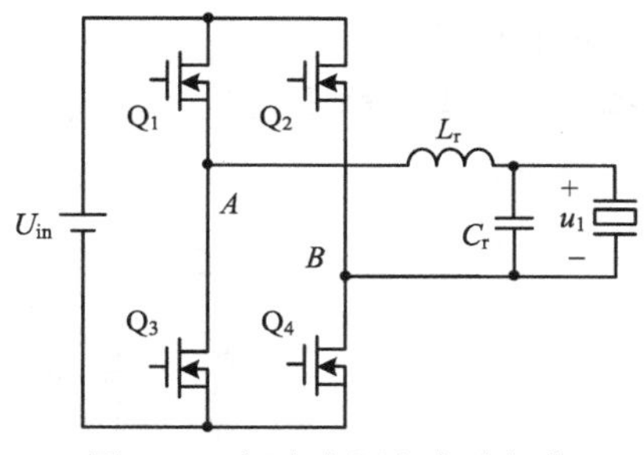

图 2.10　超声电源主电路拓扑

图 2.11 给出了全桥逆变器的典型工作模态图，相应的工作波形图如图 2.12 所示。

如图 2.11 和图 2.12 所示，在 t_0～t_1 时段，开关管 Q_1 和 Q_4 同时导通，Q_2 和 Q_3 关断，AB 两点间电压等于输入直流电压 U_{in}； t_1～t_2 时段为死区时间，其作用是避免桥臂直通，此时四个开关管均关断；在 t_2～t_3 时段，开关管 Q_2 和 Q_3 同时导通，Q_1 和 Q_4 关断，AB 两点间电压等于$-U_{in}$；t_3～t_4 时段仍为死区时间，至此一个完整的周期结束。假设 u_{AB} 的高次谐波被滤波电路完全滤除，换能器两端电压为 u_{AB} 的基波分量，如图 2.12 中 u_1 所示，其有效值约为 0.9 U_{in}。

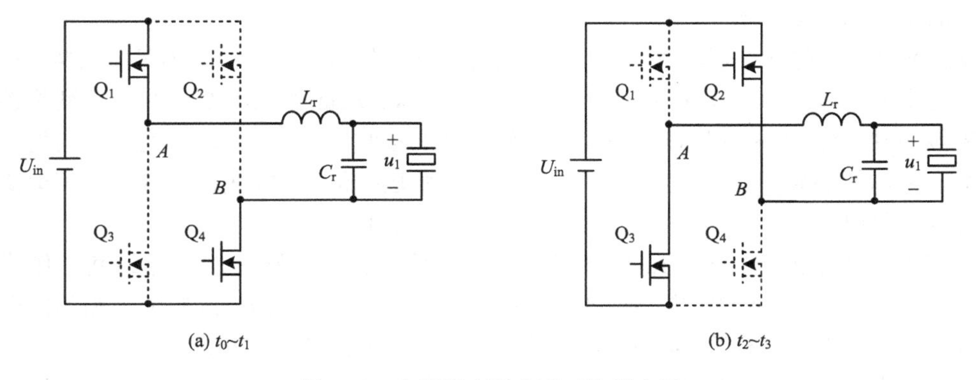

图 2.11　全桥逆变器典型工作模态图

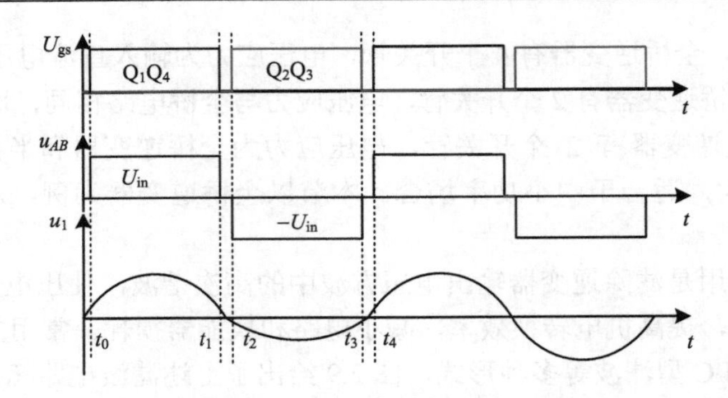

图 2.12　全桥逆变器工作波形图

2.4.4　超声接收电路

在 UWPT 系统接收端，除了压电换能器以外，还包括超声接收电路，其作用是根据负载的需求将接收换能器输出的交流电转换成相应的电压或电流。不同负载所对应的接收电路也有所差异，以直流负载为例，采用的接收电路一般由整流电路和 DC-DC 变换器两部分构成，其电路框图如图 2.13 所示。

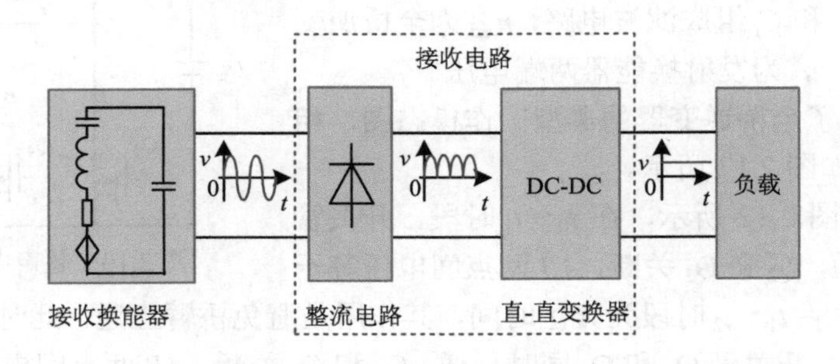

图 2.13　超声波接收端电路框图

整流电路有多种类型，如桥式整流、半波整流、全波整流、倍流整流等，其中桥式整流电路简单可靠，易于实现，是目前最常用的整流电路。

DC-DC 变换器按输入与输出是否实现电气隔离可分为非隔离型与隔离型两类。基本的非隔离型变换器包括 Buck、Boost、Buck-Boost、Cuk、Zeta 和 SEPIC 六种单管变换器，其中，Buck 变换器为降压变换器，Boost 变换器为升压变换器，其他四种变换器均为升降压变换器。基本的隔离型变换器有正激变换器、反激变换器、推挽变换器等，隔离型变换器不仅可以实现电气隔离，还可以通过匝比实现输入输出电压匹配。

本节以桥式整流电路和 Buck 变换器组合而成的接收电路为例，介绍其工作原理。图 2.14 给出了接收电路的主电路拓扑，其中 D_1、D_2、D_3、D_4 为桥式整流电路的四个整流二极管，开关管 Q、二极管 D_f、电感 L_f 及电容 C_f 共同组成 Buck 变换器。

该接收电路基本工作原理如下：桥式整流电路将接收换能器输出的正弦交流电转换为直流电，但该直流电压存在脉动，因此在整流电路后加入滤波电容，将脉动的直流电压变为较为恒定的直流电压。Buck 变换器的作用是将整流后的直流电压转换成负载所需的直流电压。

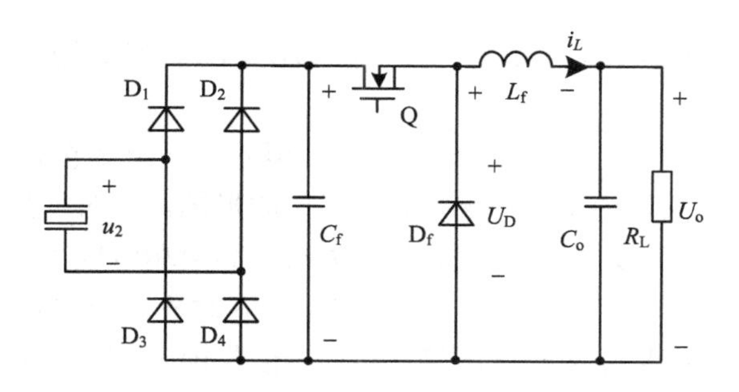

图 2.14　接收电路主电路拓扑

当超声波频率等于接收换能器谐振频率时，图 2.6 中动态电感和动态电容相互抵消，此时，图 2.15 给出了简化后的接收换能器与接收电路拓扑，其中 R_i 为 Buck 变换器等效输入阻抗，U_{cf} 为 Buck 变换器输入电压，相应的电压和电流波形如图 2.16 所示。

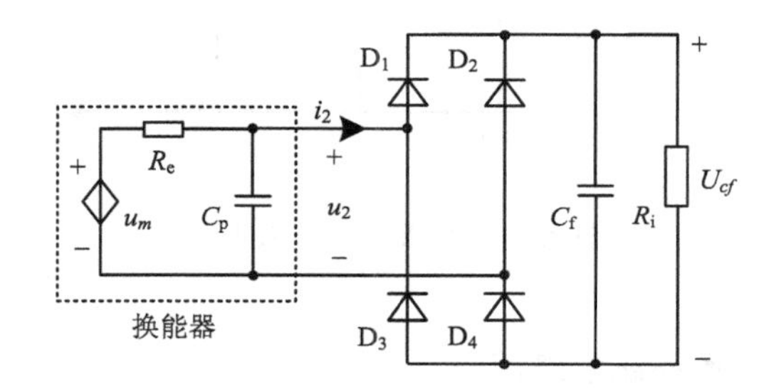

图 2.15　简化后的接收换能器与接收电路拓扑

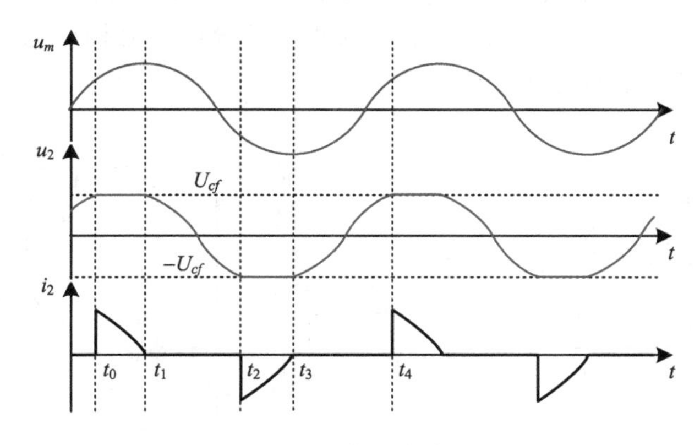

图 2.16　整流电路波形图

接收换能器与桥式整流电路的具体工作原理描述如下。

(1) $t_0 \sim t_1$ 时段，u_2 等于 U_{cf}，D_1 和 D_4 同时导通，D_2 和 D_3 同时关断，i_2 流经 D_1 和 D_4，方向为正。

(2) $t_1 \sim t_2$ 时段，电压 u_2 的绝对值小于 U_{cf}，四个二极管均关断，i_2 为零，静态电容 C_p 与动态电阻 R_e 分压，此时 u_2 的表达式为

$$\dot{u}_2 = \frac{\dot{u}_m}{1 + \mathrm{j}\omega R_e C_p} \tag{2.17}$$

(3) t_2～t_3时段，电压u_2的绝对值等于U_{cf}，D_2和D_3同时导通，D_1和D_4同时关断，i_2流经D_2和D_3，方向为负。

(4) t_3～t_4时段，与t_1～t_2时段工作原理相同。至此，一个完整开关周期结束。

图 2.17 为一个开关周期内 Buck 变换器的工作波形图，此时变换器工作在电流连续模式。在t_0～t_1时段，开关管 Q 导通，二极管 D 关断，其两端电压U_D为输入电压U_{cf}，电感L_o两端电压等于U_{cf}–U_o，电感电流线性上升；在t_1～t_2时段，开关管 Q 关断，二极管 D 导通，其两端电压为零，电感L_o两端电压等于–U_o，电感电流线性下降。

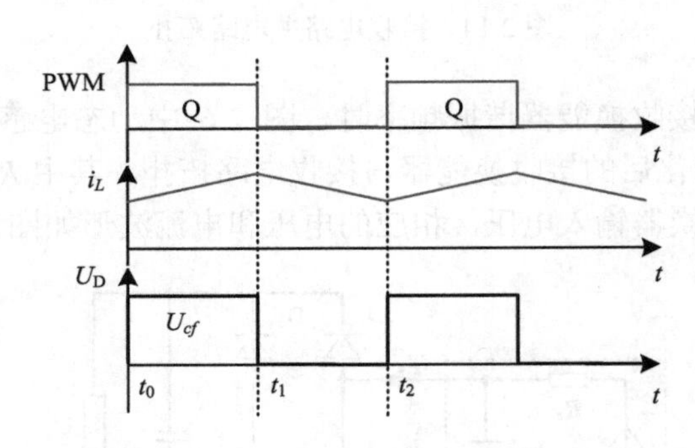

图 2.17　Buck 变换器波形图

2.4.5　超声波无线能量传输系统电路模型

图 2.18 给出了完整的 UWPT 系统电路结构，其中超声波发射端采用桥式逆变器作为超声电源，超声波接收端采用桥式整流电路和 Buck 变换器级联结构作为超声接收电路。下面对 UWPT 系统整体特性进行分析。

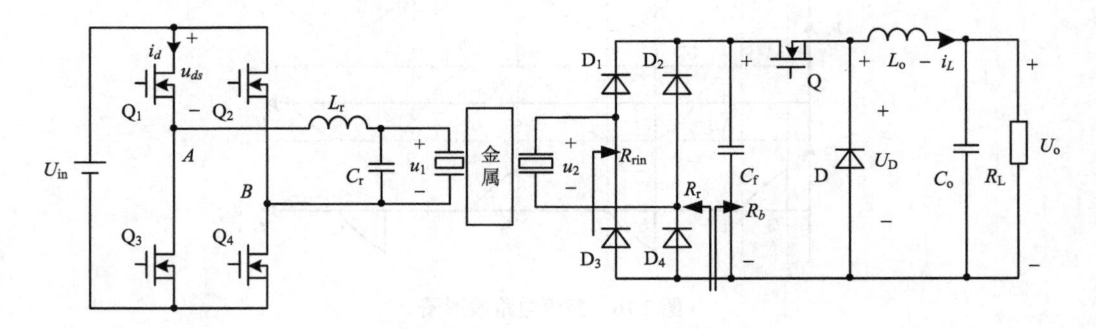

图 2.18　UWPT 系统电路图

为方便分析，根据图 2.6，将超声电源和接收电路进行简化，此时系统等效电路如图 2.19 所示。其中，U_1为超声电源输出的正弦电压有效值；U_2为接收换能器输出电压有效值；M为控制系数，与介质机械摩擦、介质黏滞性和热传导等物理现象有关；R_i为接收电路等效输入电阻。

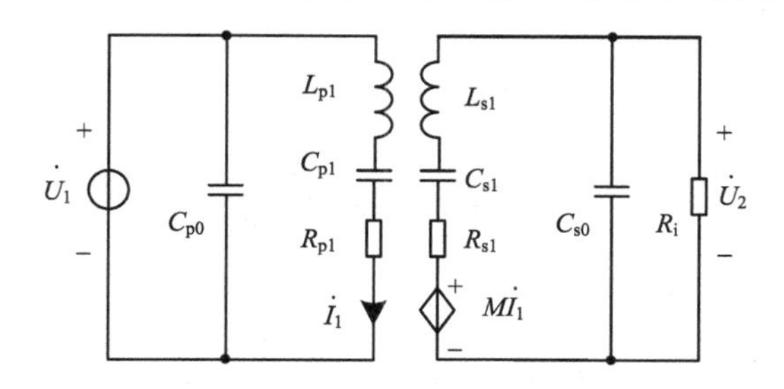

图2.19　UWPT系统等效电路图

发射换能器两端电压为全桥逆变器输出方波电压的基波分量，则 U_1 与输入电压 U_{in} 的关系为

$$U_1 = 0.9U_{in} \tag{2.18}$$

Buck 变换器输入电压 U_{cf} 与输出电压 U_o 之间存在以下关系：

$$U_o = DU_{cf} \tag{2.19}$$

其中，D 为 Buck 变换器开关管 Q 的占空比。

在理想条件下，Buck 变换器输入电阻 R_b 与负载电阻 R_L 的关系为

$$R_b = \frac{R_L}{D^2} \tag{2.20}$$

桥式整流电路输入电压 U_2 与桥式整流电路输出电压 U_{cf} 之间的关系为

$$U_2 = \frac{2\sqrt{2}}{\pi}U_{cf} \tag{2.21}$$

在不考虑整流电路损耗的理想情况下，桥式整流电路的输入电阻 R_{rin} 与输出电阻 R_r 之间的关系为

$$R_{rin} = \frac{8}{\pi^2}R_r \tag{2.22}$$

由于

$$R_b = R_r \tag{2.23}$$

联立式(2.20)、式(2.22)、式(2.23)可得，接收电路等效输入电阻 R_i 与实际负载电阻 R_L 之间的关系：

$$R_i = R_{rin} = \frac{8}{\pi^2 D^2}R_L \tag{2.24}$$

由图2.19可得 UWPT 系统的电压增益为

$$\frac{U_2}{U_1} = M\left|\frac{Z_i}{(Z_i + Z_s)Z_p}\right| \tag{2.25}$$

其中，Z_i 为接收电路等效输入电阻 R_i 和动态电容 C_{s0} 的并联阻抗；Z_s 为接收换能器串联支路阻抗；Z_p 为发射换能器串联支路阻抗。可通过下式计算：

$$Z_i = \frac{R_i}{1 + j\omega R_i C_{s0}} \tag{2.26}$$

$$Z_s = R_{s1} + j\omega L_{s1} + \frac{1}{j\omega C_{s1}} \tag{2.27}$$

$$Z_p = R_{p1} + j\omega L_{p1} + \frac{1}{j\omega C_{p1}} \tag{2.28}$$

其中，ω 为谐振角频率，其计算公式为

$$\omega = \frac{1}{2\pi\sqrt{L_{p1}C_{p1}}} = \frac{1}{2\pi\sqrt{L_{s1}C_{s1}}} \tag{2.29}$$

由 2.3 节对换能器的原理分析可知，当换能器工作在谐振频率点时，其等效阻抗最小，系统效率最高，因此要求系统工作频率等于换能器谐振频率。假设在理想条件下，发射和接收换能器谐振频率完全一致，此时系统等效电路图如图 2.20 所示。

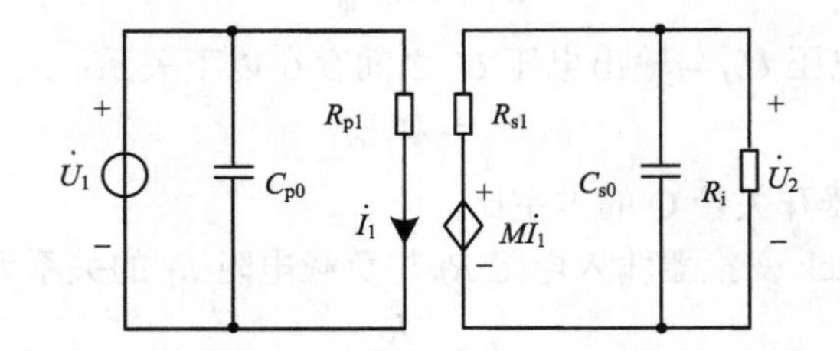

图 2.20　谐振频率处系统等效电路

由图 2.20 可求出谐振状态下的系统电压增益为

$$G = \frac{U_2}{U_1} = \frac{MR_i}{R_{p1}[(\omega R_i R_{s1} C_{s0})^2 + (R_{s1} + R_i)^2]} \tag{2.30}$$

由式(2.30)可知，当输入电压 U_1 及系统其他参数均确定时，输出电压 U_2 的大小与控制系数 M 成正比关系。

2.5　超声波无线电能传输系统效率分析与优化

UWPT 系统的整体效率主要由换能器效率和传输效率决定，若要提高 UWPT 系统效率，需首先对系统进行损耗分析，找到影响其效率的关键因素，并对其进行优化。本节首先对 UWPT 系统各部分的效率进行分析，针对系统各部分损耗对效率的影响，介绍一种自适应控制策略，实现对发射换能器谐振频率的实时跟踪，减小换能器损耗，从而提高 UWPT 系统的整体效率。

2.5.1　压电换能器损耗分析

根据 2.4.2 节对换能器阻抗特性的分析，当压电换能器工作在谐振频率时，换能器等效阻抗最小，其机电转换效率最高。因此，当激励电压频率增大或减小时，发射换能器的电能-机械能转换效率均随之降低。同理，当接收换能器上超声波频率增大或减小时，其机械能-电能的转换效率也随之降低。当换能器工作在谐振频率时，引起换能器损耗的主要因素有介电损耗和机械损耗两种，下面分别对这两种损耗进行介绍。

1. 介电损耗

介电损耗是指压电陶瓷在交变电场的激励下，因漏电和极化弛豫现象引起的损耗，此部分损耗可由图 2.5 中的介电损耗电阻 R_0 表示。表征换能器介电损耗大小的计算公式为

$$\tan\delta_e = \frac{1}{\omega_s C_p R_0} \tag{2.31}$$

其中，$\tan\delta_e$ 为介电损耗因子；ω_s 为电场角频率；C_p 为压电换能器静态电容。从式(2.31)中可以看出，介电损耗大小与电阻 R_0 为反比关系，由于 R_0 值较大，因此换能器介电损耗一般较小。

2. 机械损耗

机械损耗是指当压电换能器振动时，其前后盖板和压电陶瓷产生应变，组成换能器的微小单元之间产生摩擦挤压而损耗的能量，反映了换能器振动时因克服内部机械摩擦而产生的损耗大小，此部分损耗可由图 2.5 中机械损耗电阻 R_e 表示。表征换能器机械损耗大小的计算公式为

$$\tan\delta_m = 2\pi f_s C_e R_e \tag{2.32}$$

其中，$\tan\delta_m$ 为机械损耗因子；f_s、C_e、R_e 分别是压电换能器的谐振频率、动态电容和机械损耗电阻。从式(2.32)中可以看出，机械损耗与谐振频率 f_s 为正比关系，当换能器振动频率增大时，其机械损耗随之增加。

2.5.2　超声波传输效率

UWPT 系统的效率还取决于超声波在介质中的传输效率 η_α，可通过发射点和接收点的声强大小计算：

$$\eta_\alpha = \frac{I_1}{I_0} \tag{2.33}$$

其中，I_0 为发射点的声强；I_1 为接收点的声强。

声强与超声波振幅之间存在以下关系：

$$I_n = \frac{1}{2}\rho c \omega^2 A_n^2 \tag{2.34}$$

其中，I_n 为任意点的声强；A_n 为该点的振幅；ρ 为介质密度；c 为超声波在介质中的传播速度；ω 为超声波角频率。

由式(2.34)可以看出，在某一点处超声波声强的大小与振幅的平方成正比。同时，发射点和接收点振幅之间的关系为

$$A_1 = A_0 \mathrm{e}^{-\alpha x} \tag{2.35}$$

$$\alpha = \alpha_0 \omega^y \tag{2.36}$$

其中，A_0 为发射点振幅；A_1 为接收点振幅；x 为传输距离；α 为衰减系数；介质参数 α_0 为大于 0 的实数，y 为 0～2 的任意实数，对于理想固体和液体材料，y 的值分别为 0 和 2。

联立式(2.33)～式(2.36)可得

$$\eta_\alpha = \mathrm{e}^{-2\alpha_0 \omega^y x} \tag{2.37}$$

以铝介质为例，图 2.21 给出了通过 MATLAB 计算得到的介质传输效率与频率和传输距离之间的关系曲线。由于铝介质为刚性材料，因此 γ 值和 α_0 值均较小，取 γ=0.2，α_0=0.01。从图中可以看出，超声波在介质中的传输效率与超声波频率和传输距离有关。在频率相同时，超声波的介质传输效率随传输距离的增加逐渐降低；在传输距离相同时，超声波频率越高，介质传输效率越低。

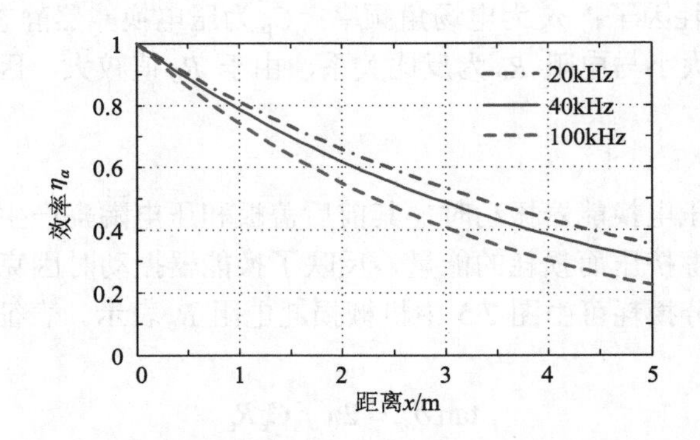

图 2.21　超声波传输效率 η_α 与距离 x 和频率 f 的关系图

2.5.3　系统效率优化方法

通过对 UWPT 系统各部分的损耗分析可知，换能器转换效率是决定 UWPT 系统效率的关键因素，因此保持压电换能器工作在最高效率点即可实现 UWPT 系统的效率最优。当换能器工作在谐振频率点时，其等效电阻呈现最小值，机械损耗最小，机电转换效率最高。为减少换能器损耗，提高其转换效率，本节介绍一种基于频率跟踪的自适应控制策略，实现对发射换能器谐振频率的实时跟踪，从而提高 UWPT 系统的整体效率。

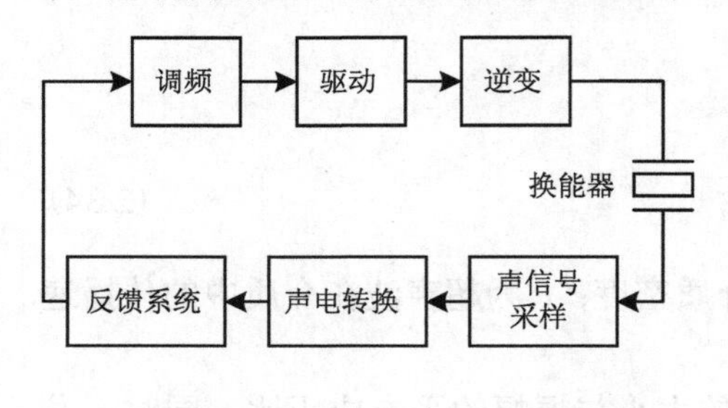

图 2.22　声频率跟踪原理框图

频率跟踪的方法主要分为声频率跟踪和电频率跟踪两种类型。声频率跟踪原理框图如图 2.22 所示，通过采样换能器发射出的超声波信号，将声信号转换成电信号后送入反馈系统中，反馈系统对该电信号进行分析处理，从而调整超声电源的频率，实现电源与换能器的自适应匹配，但是，声频率跟踪方法设备复杂，不易实现。

电频率跟踪方法是通过采样换能器两端电压或电流，将其送至反馈电路中，从而调整驱动脉冲频率，达到控制超声电源频率的目的。相比声频率跟踪而言，该方法设备简单，安全可靠，成本低，易于实现。因此，实际场景中一般采用电频率跟踪方法。电频率跟踪有三种常用的方案：电流控制、功率控制和相位控制。

电流控制是对流经发射换能器的电流采样，再通过模拟或数字控制的方法搜索到最大电流值对应的频率。根据前面对换能器等效电路的介绍，当换能器两端电压恒定时，换能器功率、电流与频率的关系曲线如图 2.23 所示。当换能器工作频率等于谐振频率 f_s 时，换能器处于谐振状态，其等效阻抗最小，为纯阻性，此时流过压电换能器的电流达到最大，控制电路通过改变开关频率搜索电流最大值，并将超声电源输出电压频率调整至换能器谐振频率。

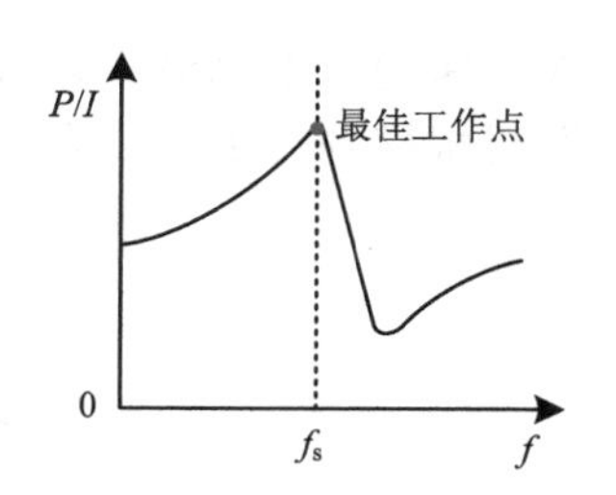

图 2.23　换能器功率、电流与频率关系曲线

功率控制是对换能器两端电压和电流进行采样，通过乘法器得到功率信号，其控制过程与电流控制类似。电流控制和功率控制方案均具有原理简单、易于实现的优点，但存在频率跟踪精度低、动态响应速度慢、对电压和电流波形质量要求较高等缺点。

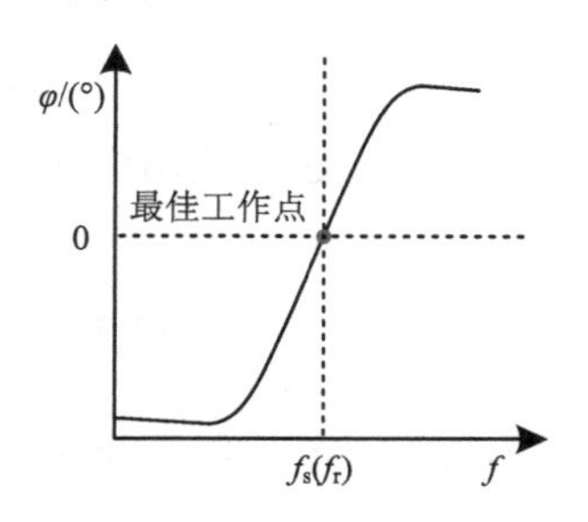

图 2.24　换能器阻抗角与频率关系曲线

相位控制是对换能器两端电压和电流进行采样，将二者信号进行处理比较后，得到电压和电流的相位差信息。图 2.24 为换能器阻抗角与频率的关系曲线，从图中可以看出，当换能器处于谐振状态时，其阻抗角为零，电压和电流不存在相位差，所以控制电路可通过鉴别电压和电流之间的相位差信息来改变开关频率，直至二者相位差为零，从而使换能器工作在最佳工作点处。该方案中，由于只需通过比较电路得到电压和电流之间的相位差信息，所以换能器电压和电流波形质量对采样没有影响，控制精度较高。同时，相位控制可调节频率跟踪范围，不会出现误跟踪现象，且原理简单，易于实现。

锁相环是实现相位控制的常用方法，通过相位差控制环路对电压和电流之间的相位差信息进行负反馈，实现二者之间相位的同步。模拟锁相环控制电路组成框图如图 2.25 所示，其电路包括电压电流采样与整形、相位比较、低通滤波、压控振荡器和 PWM 控制几部分。下面分别对各个部分进行介绍。

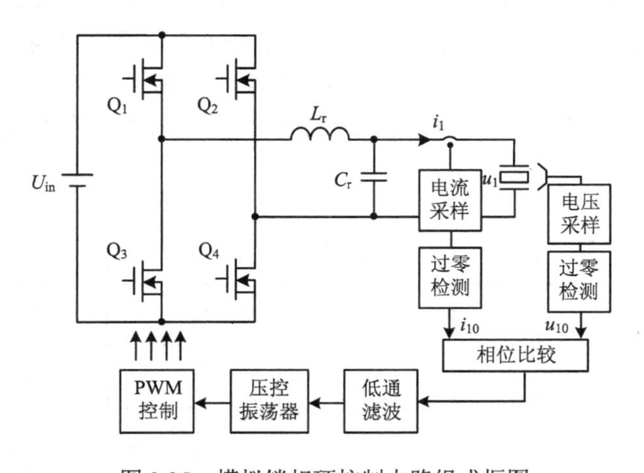

图 2.25　模拟锁相环控制电路组成框图

(1) 电压采样与整形。

图 2.26 给出了电压采样与整形的具体实现电路，其中电压采样是通过分压电阻按一定

比例实现对电压信号的采集，电压整形是对采样到的电压波形进行处理，通过过零检测电路将采样到的正弦交流电压信号转换为方波信号，以便相位比较。

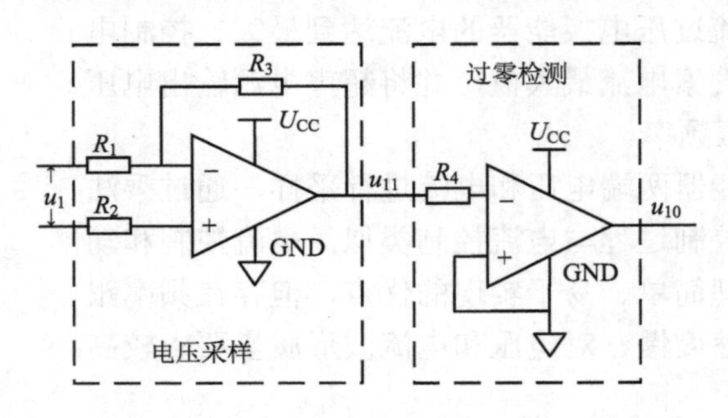

图 2.26　电压采样与整形

电压采样芯片可采用运算放大器构成电压采样电路，采样电压 u_1 与采样芯片输出电压 u_{11} 之间的关系为

$$u_{11} = Gu_1 = \frac{R_3}{R_1}u_1 \tag{2.38}$$

电压过零检测芯片可采用电压比较器，当采样输出电压 u_{11} 大于零时，过零检测输出电压 u_{10} 为低电平，当 u_{11} 小于零时，输出电压 u_{10} 为高电平。

(2) 电流采样与整形。

电流采样是通过采样电阻和采样芯片按一定比例实现对电流信号的采集，电流整形是对采样到的电流波形进行处理，通过过零检测电路将采样到的电流信号转换为方波信号，以便与电压方波信号进行相位比较。具体实现方法和电压采样与整形类似，这里不再赘述。

(3) PWM 控制。

PWM 控制主要由三部分组成，分别是 D 触发器、死区电路和驱动电路。

D 触发器的作用是将集成锁相芯片输出的单路 PWM 信号转换成占空比为 50%的两路互补方波信号，如图 2.27 所示。全桥逆变器的四个开关管导通时序为：Q_1 和 Q_4 同时导通，Q_2 和 Q_3 同时关断；半个周期后，Q_2 和 Q_3 同时导通，Q_1 和 Q_4 同时关断。因此，需将集成锁相芯片输出的单路 PWM 信号转换成两路互补信号，分别为开关管 Q_1 和 Q_4、Q_2 和 Q_3 提供驱动信号。

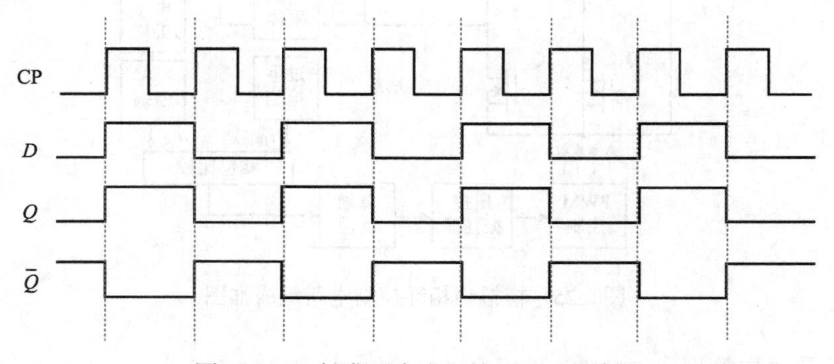

图 2.27　D 触发器生成互补 PWM 方波图

死区电路是在两路互补的 PWM 信号中加入死区时间，避免全桥逆变器出现桥臂直通，其具体实现电路如图 2.28 所示，其中采用的比较器型号为 TLV3501。

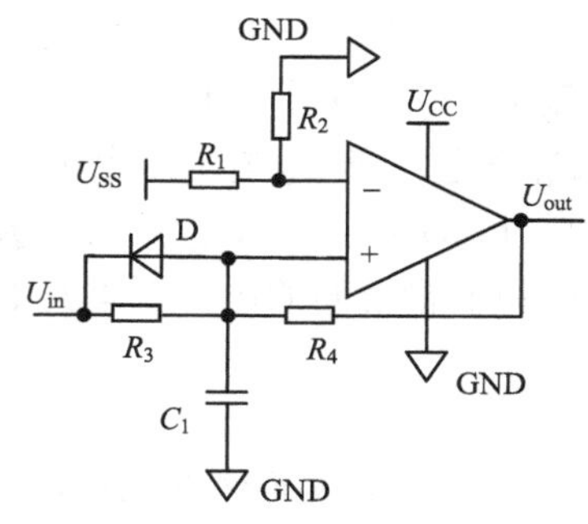

图 2.28　死区电路

该电路基本原理为：通过电阻 R_1 和 R_2 对基准电压 U_{SS} 分压，作为比较器的反相输入端，当 PWM 上升沿来临时，输入电压 U_{in} 通过 R_3 为电容 C_1 充电，当 C_1 两端电压大于反向输入端电压 U_-时，比较器输出高电平。通过设置分压电阻可以控制电容 C_1 的充电时间，从而调节死区时间，其计算公式为

$$U_{in\max}\{1-\exp[-t/(R_3C_1)]\}=\frac{U_{SS}R_2}{R_1+R_2} \tag{2.39}$$

$$t_{dead}=R_3C_1\ln\frac{U_{in\max}(R_1+R_2)}{U_{in\max}(R_1+R_2)-U_{SS}R_2} \tag{2.40}$$

其中，$U_{in\max}$ 为 D 触发器输出 PWM 信号电压最大值；t_{dead} 为死区时间。对于不同的开关频率可设置不同的死区时间，若死区时间太长，会影响系统效率；若死区时间太短，则容易出现桥臂直通问题。

驱动电路位于主电路和控制电路之间，是用来对控制信号进行放大的中间电路，其作用是将控制电路输出的 PWM 脉冲放大到足以驱动功率开关管。图 2.29 给出了全桥逆变器同一桥臂驱动电路的具体电路图，其中桥臂下管为共地驱动，上管为浮地驱动。u_{pulse1} 和 u_{pulse2} 分别为 S_u 和 S_d 的驱动信号，控制电路的工作电压为 U_{DD}。开关管 S_u 是桥臂上管，因此需要采用浮地驱动电路，其中，Q_{T1} 和 Q_{T2} 构成图腾柱，D_B 为自举二极管，C_B 为自举电容，U_{CC} 为驱动电路的供电电压。开关管 S_d 是桥臂下管，可以采用共地驱动电路，其中，Q_{T3} 和 Q_{T4} 构成图腾柱。u_{pulse1} 和 u_{pulse2} 分别经过 U_{DD}/U_{CC} 电平移位电路，得到与上管源极和 U_{CC} 共地的驱动信号。如果控制电路的供电电压 U_{DD} 和驱动电路的供电电压 U_{CC} 的大小相等，

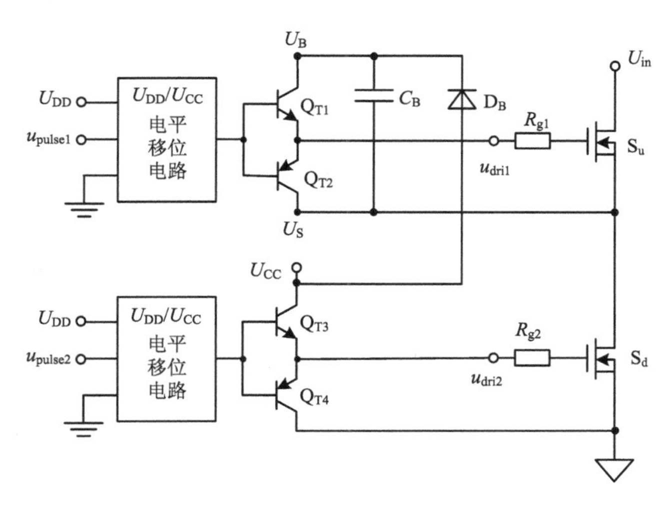

图 2.29　桥臂驱动电路图

可以采用同一个电压来供电。当下管驱动信号为高电平，上管驱动信号为低电平时，Q_{T1}截止，Q_{T2}导通，Q_{T3}导通，Q_{T4}截止，下管 S_d 导通，U_{CC} 通过自举二极管 D_B 给自举电容 C_B 充电，使 C_B 电压为上正下负的 U_{CC}。当下管驱动信号为低电平，上管驱动信号为高电平时，Q_{T1} 导通，Q_{T2} 截止，Q_{T3} 截止，Q_{T4} 导通，由于自举电容电压不能突变，上管 S_u 的 G 极和 S 极之间的电压被举到 U_{CC}，上管导通。

习　题

1. 超声波无线电能传输系统是由哪几部分构成的？各自的作用是什么？请详细说明。
2. 详述超声波无线电能传输系统的工作原理。
3. 超声波在介质中传播时有哪些特点？
4. 超声波无线电能传输系统适用于哪些应用场合？
5. 研究超声波无线电能传输时，为何要引入介质的声阻抗？声阻抗的定义是什么？
6. 声衰减有哪些分类？声衰减有何规律？
7. 压电效应分为哪几种？各自的含义是什么？发射换能器和接收换能器利用的是哪种压电效应？
8. 推导换能器的等效电路模型，并绘制电路拓扑图。
9. 选取压电换能器时，需要考虑的因素有哪些？
10. 超声波无线电能传输系统效率中的关键影响因素是哪一部分的效率？如何减少此部分的损耗？
11. 频率跟踪的方法有哪些？并阐述其跟踪原理。

第 3 章　磁场耦合无线电能传输技术

3.1　引　　言

磁场耦合无线电能传输包括磁耦合感应式和磁耦合谐振式两类。尽管在具体应用时，根据发射端或接收端是否工作在谐振状态，两者存在区别，但从本质上看，两者实现机理相同，均基于电磁感应原理，利用磁场传递能量。因此，本章将上述两类方法统一进行讲述，详细介绍磁场耦合无线电能传输的工作原理、电路拓扑、系统建模和传输特性，进而介绍该技术的一些扩展应用和具体电路实现方法。

3.2　电磁场和电路的基础知识

在对磁场耦合无线电能传输进行分析时，涉及电磁场和电路的一些基础知识，因此有必要对这些知识做一些介绍和复习。

3.2.1　电磁场基础知识

1. *磁感应强度、磁场强度和磁通*

磁感应强度是表征磁场中某点的磁场强弱和方向的基本物理量，用符号 B 表示，单位是 T(特斯拉)，是一个矢量。磁感应强度也称为磁通量密度或磁通密度。

磁场中各点磁感应强度的大小与介质的性质有关，因此磁场的计算显得比较复杂。为了简化计算，便引入磁场强度这一物理量，它与周围介质无关。磁场强度用符号 H 表示，单位是 A/m(安/米)，它也是一个矢量。

磁场强度与磁感应强度之间的关系为

$$B = \mu H \tag{3.1}$$

其中，μ 为磁导率，是表征材料导磁性能的一个重要物理量，可用相对磁导率 μ_r 和真空磁导率 μ_0 来表示：

$$\mu = \mu_0 \mu_r \tag{3.2}$$

真空中，$\mu = \mu_0 = 4\pi \times 10^{-7}$ H/m。对于磁芯材料，$\mu \gg \mu_0$，而且 μ 不是一个常数。

设在磁感应强度为 B 的匀强磁场中，有一个面积为 S 且与磁场方向垂直的平面，磁感应强度 B 与面积 S(有效面积，即垂直通过磁场线的面积)的乘积，称为穿过这个平面的磁通量，简称磁通(magnetic flux)，它是一个标量，用符号 Φ 表示，其表达式为

$$\Phi = BS \tag{3.3}$$

2. 毕奥-萨伐尔定律和安培环路定理

1）毕奥-萨伐尔定律

磁场是由电流产生的，磁场与电流同时存在。如果已知电流在真空中的分布，即可应用毕奥-萨伐尔定律计算它在某点产生的磁感应强度，即

$$\boldsymbol{B}=\frac{\mu_0}{4\pi}\int_V \frac{\boldsymbol{\delta}\times\boldsymbol{r}_0}{r^2}\mathrm{d}V \tag{3.4}$$

其中，$\mathrm{d}V$为体积单元(m³)；该处的电流密度为$\boldsymbol{\delta}$(A/m²)；r为$\mathrm{d}V$至观察点的距离(m)；$\boldsymbol{r}_0$是$\mathrm{d}V$指向观察点的单位矢量(m)。

对于线状电流I，由于$\boldsymbol{\delta}\mathrm{d}V=I\mathrm{d}\boldsymbol{l}$，$\mathrm{d}\boldsymbol{l}$为长度元，式(3.4)可写为

$$\boldsymbol{B}=\frac{\mu_0 I}{4\pi}\int_l \frac{\mathrm{d}\boldsymbol{l}\times\boldsymbol{r}_0}{r^2} \tag{3.5}$$

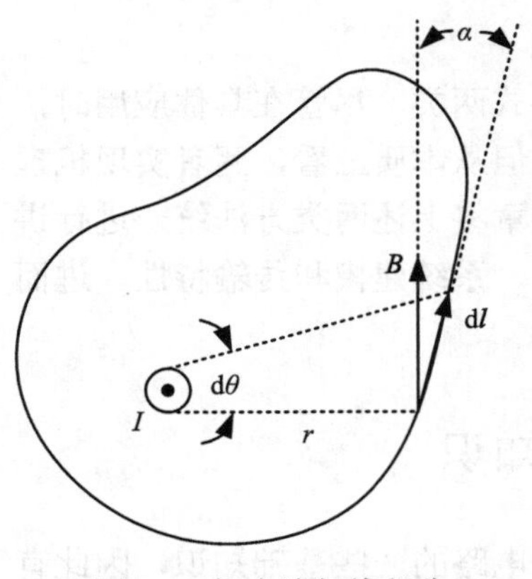

图 3.1　闭合路径线积分

2）安培环路定理

设在真空中有一载有电流I的无限长直导线，根据毕奥-萨伐尔定律可计算出在距离轴线r处的磁感应强度为$B=\dfrac{\mu_0 I}{2\pi r}$。在磁场中作任意积分路径$l$，如图3.1所示。设积分路径上$\mathrm{d}\boldsymbol{l}$段到电流$I$的距离为$r$，$\mathrm{d}\boldsymbol{l}$对轴线所张的角为$\mathrm{d}\theta$，$\boldsymbol{B}$与$\mathrm{d}\boldsymbol{l}$的夹角为$\alpha$，则环路积分为

$$\oint_l \boldsymbol{B}\cdot\mathrm{d}\boldsymbol{l}=\oint_l \boldsymbol{B}\cdot\mathrm{d}\boldsymbol{l}\cos\alpha=\oint_l \frac{\mu_0 I}{2\pi r}r\cdot\mathrm{d}\theta=\frac{\mu_0 I}{2\pi}\int_0^{2\pi}\mathrm{d}\theta=\mu_0 I \tag{3.6}$$

可见，只要闭合路径绕电流一次，这一环路积分的值总是$\mu_0 I$，而与路径形状无关。如果积分路径没有包围电流，则

$$\oint_l \boldsymbol{B}\cdot\mathrm{d}\boldsymbol{l}=0 \tag{3.7}$$

式(3.6)中，若积分路径的绕行方向与电流方向满足右手螺旋定则，则式右端电流为正；若积分路径的绕行方向与电流方向不满足右手螺旋定则，则式右端电流为负。

上述结论是通过特例说明的，它也适合一般情况，因此可将式(3.6)写成一般的表达式：

$$\oint_l \boldsymbol{B}\cdot\mathrm{d}\boldsymbol{l}=\mu_0\sum I \tag{3.8}$$

式(3.8)即为真空中的安培环路定理，也称全电流定律。

仿照真空中的情况，在稳恒磁介质中的安培环路定理为

$$\oint_l \frac{\boldsymbol{B}}{\mu}\cdot\mathrm{d}\boldsymbol{l}=\oint_l \boldsymbol{H}\cdot\mathrm{d}\boldsymbol{l}=\sum I \tag{3.9}$$

式(3.9)表明，在稳恒磁场中，磁感应强度$\boldsymbol{H}$沿任何闭合路径的线积分，等于闭合路径所包围的各个电流的代数和，若电流方向与曲线绕行方向符合右手螺旋定则，则电流为正，否则为负。

3. 电磁感应定律

在时变场中，电现象与磁现象密切联系，电磁场是统一的、不可分割的。磁场的变化产生电场，电场的变化产生磁场。

法拉第通过大量的实验总结出了电磁感应定律，即当穿过导体回路所界定的面积中的磁通发生变化时，在回路中将产生感应电势，感应电势的大小与穿过回路的磁通量的变化率成正比，即

$$e = -\frac{\mathrm{d}\Phi}{\mathrm{d}t} \tag{3.10}$$

感应电势的方向符合楞次定律，即感应电势所引起的感应电流总是企图阻止回路中磁通的变化。

麦克斯韦进一步认为，电磁感应定律不仅适用于导体回路，而且适用于理想电介质中任意假想回路，即在任意假想闭合回路内，若磁通发生变化，则该假想回路内将产生感应电势。

4. 线圈自感

线圈中的磁通 Φ 或磁链 Ψ 是流过线圈的电流 i 产生的。当线圈中磁介质的磁导率 μ 是常数时，Φ 或 Ψ 与 i 成正比关系。如果磁通全部匝链有 N 匝线圈，则

$$L = \frac{\Psi}{i} = \frac{N\Phi}{i} \tag{3.11}$$

式中，L 为线圈的自感系数，简称自感，也就是通常所说的电感。

图 3.2 给出了电感模型，其两端电压 u 和电流 i 为关联参考方向。根据电磁感应定律可得

$$u = -e = N\frac{\mathrm{d}\Phi}{\mathrm{d}t} \tag{3.12}$$

其中，e 为电感两端的感应电势。

将式(3.11)代入式(3.12)，可以得到

$$u = -e = L\frac{\mathrm{d}i}{\mathrm{d}t} \tag{3.13}$$

式(3.13)表明，e 总是阻止电感电流的变化。当电流增大时，感应电势与电流方向相反；当电流减小时，感应电势与电流方向相同。电感总是试图维持其电流不变，这是电感的基本特性。

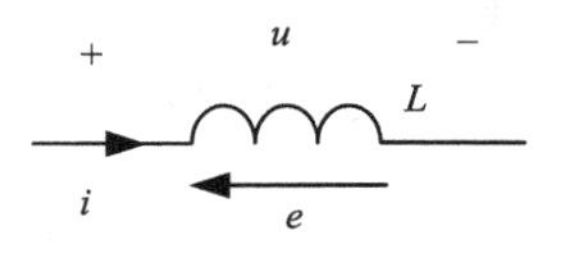

图 3.2　电感模型

5. 线圈互感和耦合系数

如果绕在同一个磁芯上的两个线圈匝数分别是 N_1 和 N_2，这两个线圈之间将有磁通匝链，如图 3.3(a)所示。当 N_1 中的电流 i_1 发生变化时，此电流产生的磁通 Φ_{11} 也发生变化。根据电磁感应定律，在 N_1 中产生感应电势 e_{M1}，这就是自感电势，如图 3.3(b)所示。由于 N_1 和 N_2 磁通匝链，即磁通 Φ_{11} 不仅穿过 N_1，而且其中一部分 Φ_{12} 穿过 N_2，i_1 变化时，Φ_{12} 也随之变化，因此在 N_2 中也产生感应电势 e_{M2}。反之，当 N_2 中的电流 i_2 发生变化时，同样也在 N_1 中产生感应电势，这种现象称为互感现象。由互感现象产生的感应电势称为互感电势。由 $i_1(i_2)$ 变化在 $N_2(N_1)$ 中产生的磁通 $\Phi_{12}(\Phi_{21})$ 称为互感磁通。各线圈之间磁通相互匝链的关系称为磁耦合。

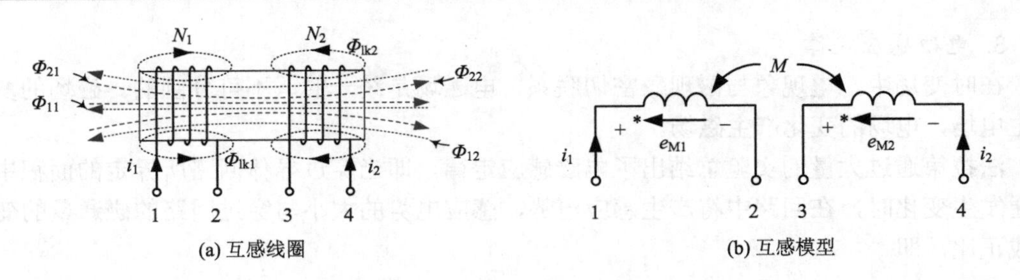

图 3.3　互感线圈及其模型

Φ_{11}中的一部分磁通Φ_{12}与线圈N_2匝链，其磁链为$\Psi_{12}=N_2\Phi_{12}$。因磁通Φ_{12}与电流i_1的大小成正比，对于固定匝数N_2，Ψ_{12}也与电流i_1成正比，可表示为$\Psi_{12}=M_{12}i_1$。该比例系数M_{12}称为线圈N_1和N_2之间的互感系数，简称互感，其表达式为

$$M_{12}=\frac{\Psi_{12}}{i_1} \tag{3.14}$$

同理，N_2和N_1之间的互感系数为M_{21}。一般认为$M_{12}=M_{21}=M$，定义其为线圈之间的互感。互感M是线圈间的固有参数，它与两线圈的匝数、几何尺寸、相互位置等有关。

如图 3.3(a)所示，Φ_{11}分为两个部分：一部分是同时匝链两个线圈的互感磁通Φ_{12}，另一部分磁通Φ_{lk1}只与励磁线圈N_1匝链，而不与N_2匝链，称为漏磁通，其大小与线圈间耦合紧密程度、线圈绕制工艺等因素有关。漏磁通表征的电感即为漏感，它是相对互感存在的，独立电感不存在漏感问题。

将互感磁通与总磁通之比定义为线圈N_2与线圈N_1的耦合系数k_1，即$k_1=\Phi_{12}/\Phi_{11}$。同理，将线圈N_2的电流产生的互感磁通Φ_{21}与总磁通Φ_{22}之比定义为线圈N_1与线圈N_2的耦合系数k_2，即$k_2=\Phi_{21}/\Phi_{22}$。如果两个线圈都有电流流通，且通过互感相互影响，为了表示耦合程度，通常用k_1和k_2的几何平均值k来表示，即

$$k=\sqrt{k_1k_2}=\sqrt{\frac{\Phi_{12}}{\Phi_{11}}\cdot\frac{\Phi_{21}}{\Phi_{22}}} \tag{3.15}$$

由于$\Phi_{12}<\Phi_{11}$，$\Phi_{21}<\Phi_{22}$，所以$k<1$。在没有漏磁通的情况下，$k=1$，此时称为全耦合。

由式(3.11)可得线圈N_1与N_2的自感分别为

$$L_1=\frac{N_1\Phi_{11}}{i_1},\quad L_2=\frac{N_2\Phi_{22}}{i_2} \tag{3.16}$$

由式(3.14)和互感定义可得

$$M=\sqrt{M_{12}M_{21}}=\sqrt{\frac{N_2\Phi_{12}}{i_1}\cdot\frac{N_1\Phi_{21}}{i_2}} \tag{3.17}$$

由式(3.15)～式(3.17)可得

$$k=\frac{M}{\sqrt{L_1L_2}} \tag{3.18}$$

全耦合时，互感M最大，其大小为$M_{\max}=\sqrt{L_1L_2}$。因此，耦合系数可表示为实际互感

和最大互感的比值，即

$$k = \frac{M}{M_{\max}} \tag{3.19}$$

6. 奈曼公式(推导电感)

在分析磁场耦合无线电能传输系统的功率和效率时，通常需要计算线圈互感和自感，这里介绍计算互感和自感的一般公式，即奈曼(Neyman)公式。

图 3.4(a)所示为两个由细导线构成的回路，其距离为 D。设导线及周围介质的磁导率均为 μ_0。回路 1 中电流 I_1 在 $\mathrm{d}l_1$ 处产生的磁矢位为

$$\boldsymbol{A}_1 = \frac{\mu_0 I_1}{4\pi}\oint_{l_1}\frac{\mathrm{d}\boldsymbol{l}_1}{D} \tag{3.20}$$

由回路 1 中电流产生而和回路 2 相交链的互感磁链为

$$\Psi_{21} = \Phi_{\mathrm{m}21} = \oint_{l_2}\boldsymbol{A}_1\cdot\mathrm{d}\boldsymbol{l}_2 = \frac{\mu_0 I_1}{4\pi}\oint_{l_2}\oint_{l_1}\frac{\mathrm{d}\boldsymbol{l}_2\cdot\mathrm{d}\boldsymbol{l}_1}{\mathrm{D}} \tag{3.21}$$

因此，两单匝线圈回路间的互感为

$$M_{21} = \frac{\Psi_{21}}{I_1} = M_{12} = \frac{\mu_0}{4\pi}\oint_{l_2}\oint_{l_1}\frac{\mathrm{d}\boldsymbol{l}_1\cdot\mathrm{d}\boldsymbol{l}_2}{D} \tag{3.22}$$

若回路 1、2 分别由 N_1 和 N_2 匝的细导线紧密绕制而成，则互感为

$$M_{21} = \frac{\Psi_{21}}{I_1} = M_{12} = \frac{N_1 N_2 \mu_0}{4\pi}\oint_{l_2}\oint_{l_1}\frac{\mathrm{d}\boldsymbol{l}_1\cdot\mathrm{d}\boldsymbol{l}_2}{D} \tag{3.23}$$

式中，l_1、l_2 分别为单匝线圈的周长。式(3.23)就是通过磁矢位来计算电感的一般公式，称为奈曼公式。

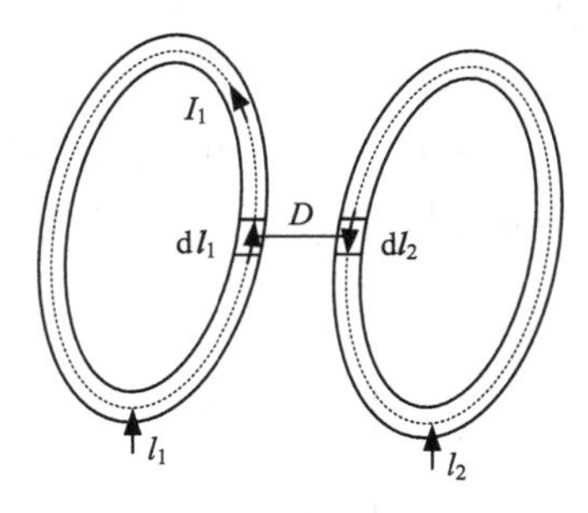

(a) 两个细导线构成的回路

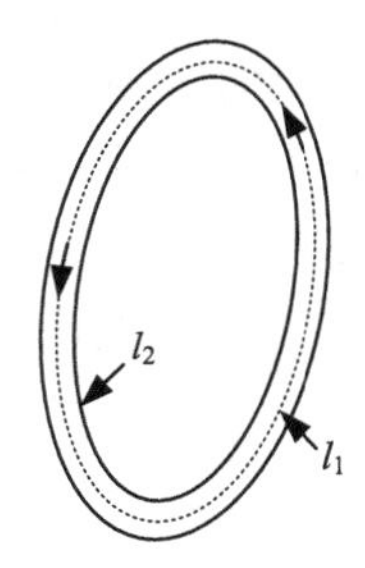

(b) 两个线圈重叠构成的回路

图 3.4　线圈构成回路

应用奈曼公式也可计算线圈的电感。设图 3.4(a)中的两个线圈的形状和尺寸相同，将它们重叠起来，便成为如图 3.4(b)所示的导线回路。仍然研究匝数为 1 的情况。此时可将线圈的外自感等效为由 l_1、l_2 所构成回路间的互感，由此可以直接应用式(3.23)，即

$$L_{\mathrm{o}} = \frac{\mu_0}{4\pi}\oint_{l_2}\oint_{l_1}\frac{\mathrm{d}\boldsymbol{l}_1\cdot\mathrm{d}\boldsymbol{l}_2}{D} \tag{3.24}$$

对于匝数为 N 的紧密绕制的线圈来说，其外自感可表示为

$$L_o = \frac{N^2 \mu_0}{4\pi} \oint_{l_2} \oint_{l_1} \frac{\mathrm{d}\boldsymbol{l}_1 \cdot \mathrm{d}\boldsymbol{l}_2}{D} \tag{3.25}$$

一般来说，线圈的内自感远小于外自感，因此线圈自感可近似为$L \approx L_o$。

3.2.2　电路基础知识

1. 串联谐振

对于图 3.5 所示的 RLC 串联电路，在正弦电压$\dot{U}$激励下，其复阻抗为

$$Z = R + \mathrm{j}\left(\omega L - \frac{1}{\omega C}\right) = R + \mathrm{j}\left(X_C + X_L\right) = R + \mathrm{j}X \tag{3.26}$$

若电感电容满足下述关系式：

$$\omega_0 L - \frac{1}{\omega_0 C} = 0 \tag{3.27}$$

则有$Z = R$，为纯电阻，端电流$\dot{I}$与电压$\dot{U}$同相，这时电路的工作状态称为谐振状态。由于谐振发生在 RLC 串联电路中，所以称为串联谐振(series resonance)。由式(3.27)可得出串联谐振的角频率为

$$\omega_0 = \frac{1}{\sqrt{LC}} \tag{3.28}$$

谐振频率为

$$f_0 = \frac{1}{2\pi\sqrt{LC}} \tag{3.29}$$

由式(3.29)可知，串联电路的谐振频率只与L、C有关，它反映了串联电路的一种固有的性质。当外加激励信号的频率与电路的谐振频率一致时，电路才发生谐振，因此改变ω、L或C可使电路发生谐振或消除谐振。

在图 3.6 中可以看出，串联电路谐振时，虽然$X = X_C + X_L = 0$，但感抗和容抗均不为零。当$\omega < \omega_0$时，$|X_C| > X_L$，电路呈容性；当$\omega > \omega_0$时，$|X_C| < X_L$，电路呈感性；当$\omega = \omega_0$时，$|X_C| = X_L$，$Z = R$，电路呈纯电阻性。

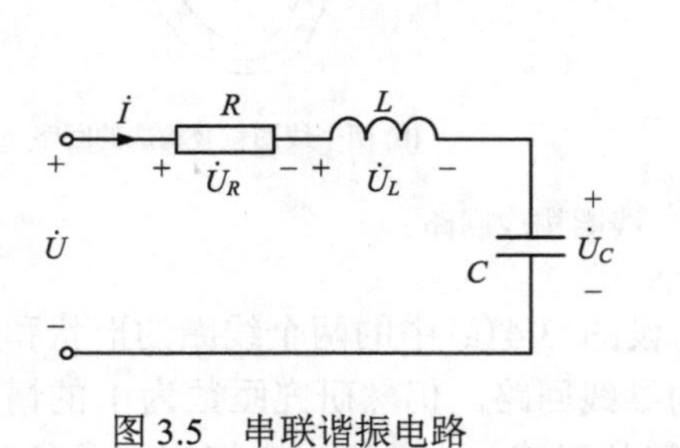

图 3.5　串联谐振电路

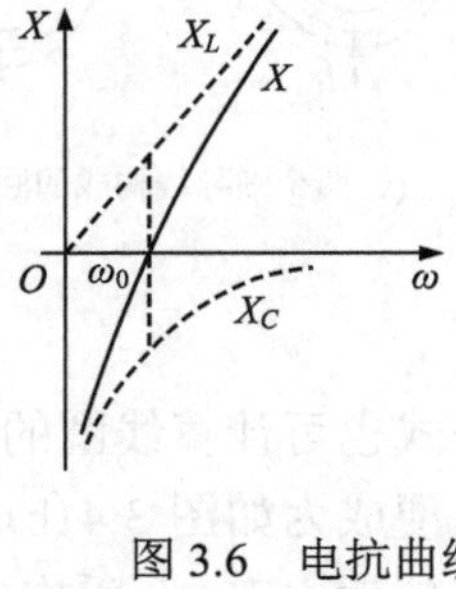

图 3.6　电抗曲线

谐振时，由于$X = 0$，故电路中的电流为$\dot{I}_0 = \dot{U} / Z = \dot{U} / R$，此时电流与电压同相，电路阻抗最小，所以当电压一定时，电流有效值最大。

2. 并联谐振

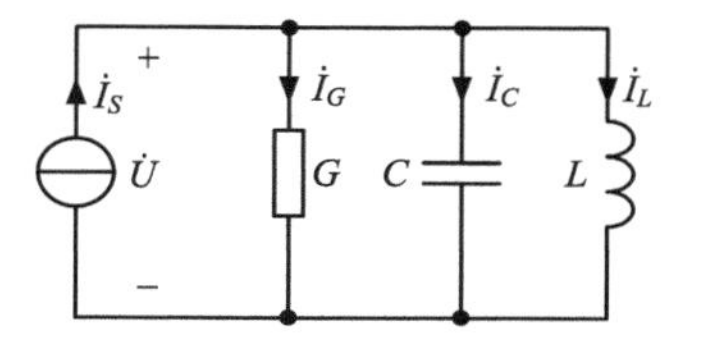

图 3.7　并联谐振电路

图 3.7 为 G、C、L 并联于电流源，它与电压源作用下的 RLC 串联电路互为对偶，所以 GCL 并联电路的谐振条件及特点，可以在串联谐振电路分析的基础上，根据对偶关系得出。GCL 并联电路的复导纳 $Y = G + \mathrm{j}\left(\omega C - \dfrac{1}{\omega L}\right)$，谐振时 $B = \omega_0 C - \dfrac{1}{\omega_0 L} = 0$，由此得到谐振角频率 $\omega_0 = \dfrac{1}{\sqrt{LC}}$；并联谐振(parallel resonance)时，$Y = G$，导纳最小，当 $\dot{I}_S$ 一定时，电压 U 最大。

实际工程中，常遇到电感线圈与电容并联的谐振电路，如图 3.8 所示，其中电感线圈用 R 和 L 的串联组合来表示，与电容并联后的复导纳为

$$Y = \frac{1}{R + \mathrm{j}\omega L} + \mathrm{j}\omega C = \frac{R}{R^2 + \omega^2 L^2} + \mathrm{j}\left(\frac{-\omega L}{R^2 + \omega^2 L^2} + \omega C\right) = G_{\mathrm{eq}} + \mathrm{j}B_{\mathrm{eq}} \tag{3.30}$$

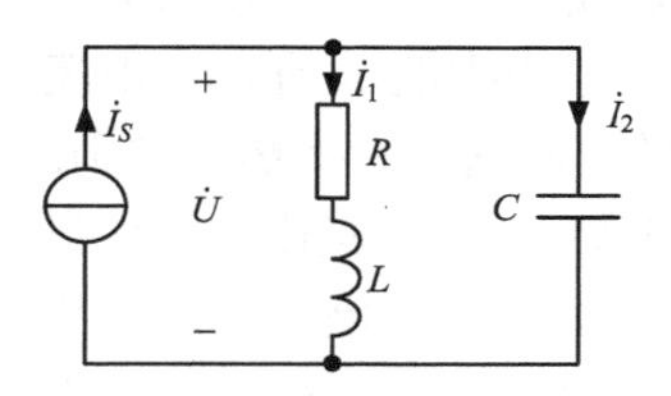

图 3.8　常用并联谐振电路

当端口电压与电流同相时，发生并联谐振。此时

$$B_0 = \frac{-\omega_0 L}{R^2 + \omega_0^2 L^2} + \omega_0 C = 0 \tag{3.31}$$

由式(3.31)可得电路的谐振角频率为

$$\omega_0 = \sqrt{\frac{L - CR^2}{L^2 C}} = \frac{1}{\sqrt{LC}}\sqrt{1 - \frac{CR^2}{L}} \tag{3.32}$$

谐振频率为

$$f_0 = \frac{1}{2\pi\sqrt{LC}}\sqrt{1 - \frac{CR^2}{L}} \tag{3.33}$$

可见，电路的谐振频率取决于电路的参数，而且只有当 $1 - \dfrac{CR^2}{L} > 0$，即 $R < \sqrt{\dfrac{L}{C}}$ 时，ω_0 才是实数。如果 $R > \sqrt{\dfrac{L}{C}}$，ω_0 为虚数，电路不发生谐振。

并联谐振时，由于导纳等于零，故复导纳为

$$Y_0 = G_0 = \frac{R}{R^2 + \omega_0^2 L^2} = \frac{CR}{L} \tag{3.34}$$

这时，整个电路相当于一个电阻，若用 R_0 表示，则

$$R_0 = \frac{1}{Y_0} = \frac{1}{G_0} = \frac{L}{CR} \tag{3.35}$$

端电压为

$$\dot{U}_0 = \frac{\dot{I}_S}{Y_0} = \frac{L}{CR}\dot{I}_S \tag{3.36}$$

所以谐振时各支路电流为

$$
\begin{cases}
\dot{I}_{10} = \dot{U}_0 Y_1 = \dfrac{L}{CR}|Y_1|\dot{I}_S\angle(-\varphi_1) \\
\dot{I}_{20} = \dot{U}_0 \mathrm{j}\omega_0 C = \dfrac{L}{CR}\omega_0 C\dot{I}_S\angle\dfrac{\pi}{2}
\end{cases}
\tag{3.37}
$$

3.3　工作原理与基本电路结构

3.3.1　工作原理

磁场耦合无线电能传输系统，无论是磁感应式还是磁谐振式，都是基于电磁感应定律，通过发射线圈和接收线圈之间的交变磁场耦合来实现电能的变换和传输的。利用安培环路定理和电磁感应定律，可以解释如何通过电磁感应实现能量的无线传输。

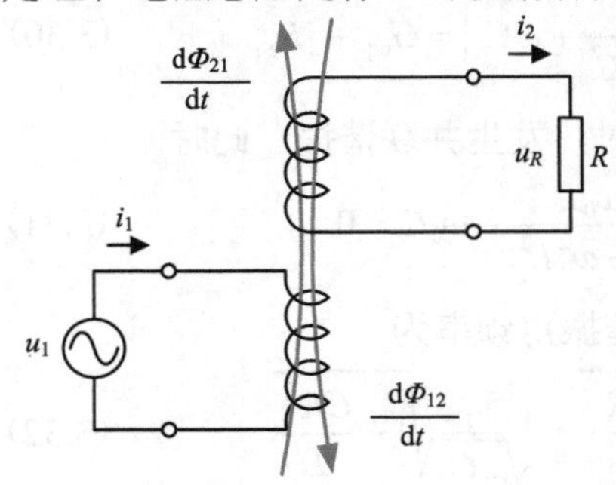

图 3.9　利用电磁感应实现能量无线传输

图 3.9 给出一个利用电磁感应实现能量无线传输的简单实例，当对原边发射线圈施加交变激励电压 u_1 后，产生交变电流 i_1。根据安培环路定理，该电流将产生变化磁场 $\mathrm{d}\Phi$，且磁场方向满足右手螺旋定则。由于发射线圈和接收线圈磁通匝链，i_1 变化时，Φ 也随之变化，根据电磁感应定律，接收线圈中将产生感应电势 e_{M2}。由于接收端线圈连接负载，因此负载中将产生电流 i_2，从而完成能量的无线传输。

假设发射线圈和接收线圈中的耦合交流磁场为 $\Phi = \Phi_m \sin\omega t$，则在接收线圈中产生的感应电势为

$$
e_{\mathrm{M2}} = -N_2\frac{\mathrm{d}\Phi}{\mathrm{d}t} = -2\pi f_m N_2 \Phi_m \cos\omega t \tag{3.38}
$$

式中，f_m 为磁场交变频率；N_2 为接收线圈匝数。

由式(3.38)可知，发射线圈和接收线圈中的耦合磁通越大，即互感越大，Φ_m 就越大，从而感应电势 e_{M2} 越大，电能传输特性越好。如果发射线圈和接收线圈之间没有铁磁材料，则漏磁较大，磁通耦合受到影响，导致 Φ_m 和 e_{M2} 减小，电能传输将受到限制。因此，在发射线圈和接收线圈尺寸固定以及输出功率一定的前提下，发射线圈和接收线圈的距离将受到限制，电能只能在相对较近的距离进行传输。如果在发射线圈和接收线圈之间增加铁磁材料构建低磁阻路径，则可以提高线圈之间的耦合系数，提升能量传输性能。但当两线圈之间的距离增大时，增加铁磁材料的效果会随之下降。

3.3.2　基本电路结构

磁场耦合无线电能传输系统一般用于直流/直流变换场合，包括发射侧功率变换电路、发射侧补偿电路、电磁耦合线圈、接收侧补偿电路和接收侧功率变换电路，其中电磁耦合线圈包括发射线圈和接收线圈，系统结构如图 3.10 所示。

发射侧功率变换电路的主要功能是将输入电源变换成高频交流电，并激励发射线圈产生高频交变磁场。因此该电路本质上是一个逆变器，当输入电源为直流电时，可采用推挽、

半桥、全桥等逆变电路或 D 类、E 类功率放大器；当输入电源为交流电时，一般先将交流电整流为直流电，再进行逆变。

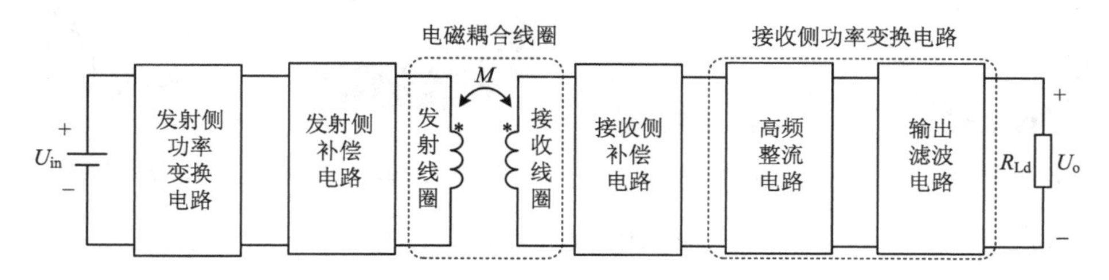

图 3.10　系统结构图

电磁耦合线圈是实现能量传输的重要环节。从能量传输的观点出发，至少需要两个线圈才能进行电能传输。利用两个线圈进行无线电能传输是磁场耦合式系统最简单的结构，称为两线圈结构。此外，还有加中继线圈的三线圈结构、四线圈结构和多线圈结构等，如图 3.11 所示。

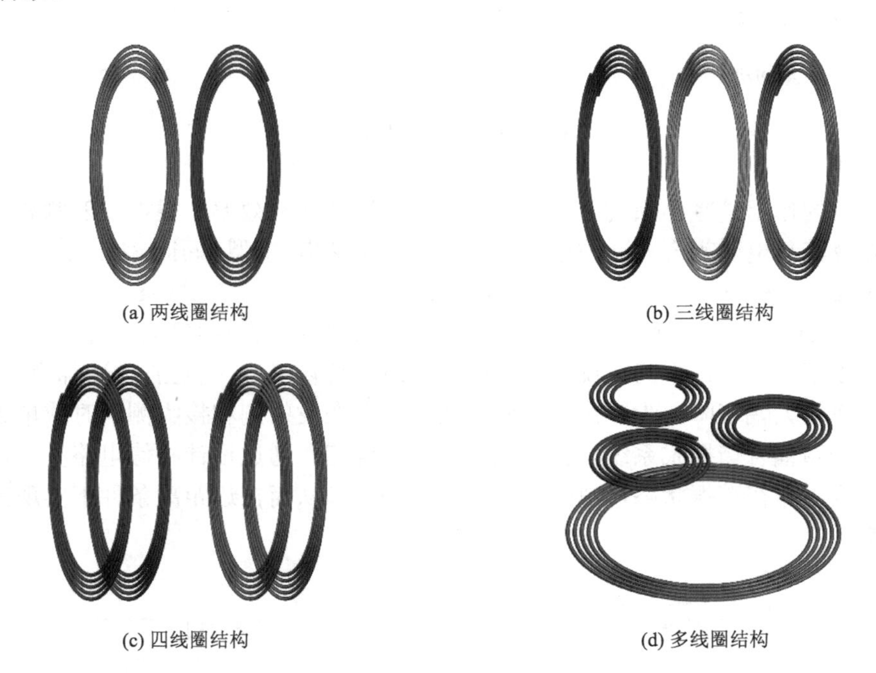

图 3.11　基本线圈结构图

基本的线圈形状包括平面圆形、平面方形、螺线管圆形、螺线管方形等，如图 3.12 所示。为提高线圈耦合系数或线圈抗偏移能力，也有一些结构略复杂的线圈形状，如 DD 形、三叶草形、六边形等，如图 3.13 所示。在磁耦合感应式系统中，线圈一般绕制在磁芯上，构成一个松耦合变压器，以提高耦合系数，减小漏磁通。在磁耦合谐振式系统中，一般采用空心线圈。为增加线圈自感或耦合系数，也会在线圈背面放置磁芯，如图 3.12(a)所示。但当线圈传输距离较远时，利用磁芯来提高耦合系数的效果有限。

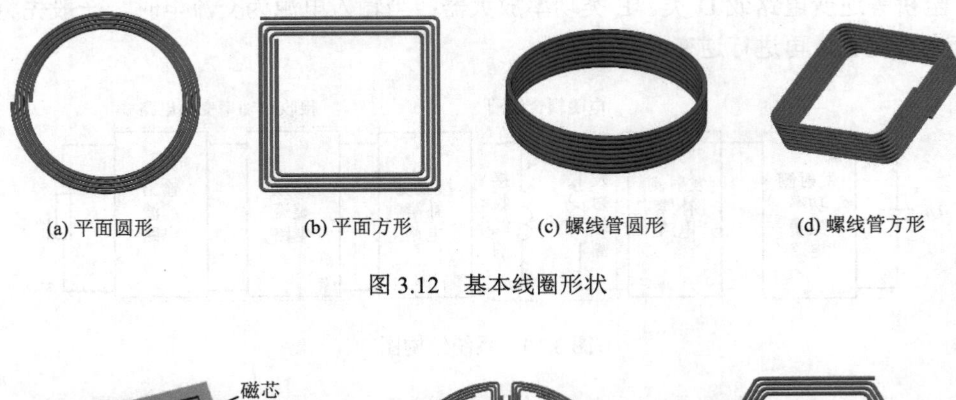

(a) 平面圆形 (b) 平面方形 (c) 螺线管圆形 (d) 螺线管方形

图 3.12 基本线圈形状

(a) DD形 (b) 三叶草形 (c) 六边形

图 3.13 改进线圈形状

补偿电路的作用是减小系统无功功率，提高传输功率和效率。根据发射侧和接收侧补偿网络拓扑及其与电磁耦合线圈的连接方式，通常包括串-串型(series-series, S-S)、串-并型(series-parallel, S-P)、并-并型(parallel-parallel, P-P)、并-串型(parallel-series, P-S)、LCL-LCL 型、LCC-LCC 型和 LCC-S 型等，如图 3.14 所示。需要特别说明的是，磁耦合感应式系统可以不采用补偿电路，仅依靠电磁耦合线圈传输能量，但当传输距离较远时，系统功率和效率将大幅下降。为解决该问题，通常需要在发射侧和接收侧同时或单独引入补偿电路。对于磁耦合谐振式系统，则必须采用补偿电路，通过设计补偿电路参数，使发射侧和接收侧均工作在谐振状态，消除系统的无功功率，从而在远距离条件下实现高功率传输和高效率。

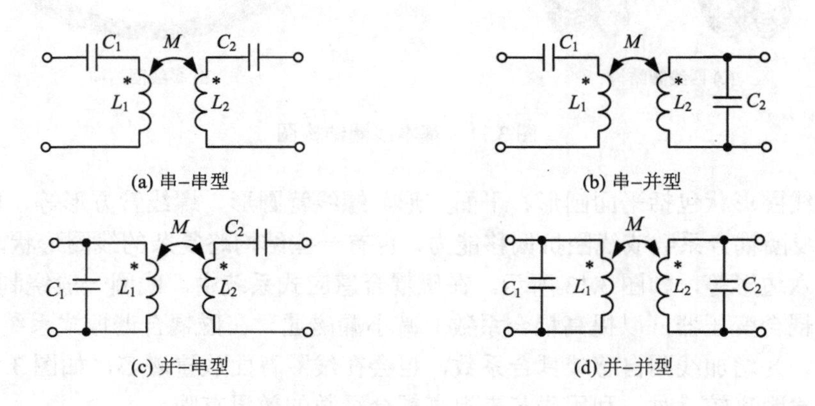

(a) 串-串型 (b) 串-并型

(c) 并-串型 (d) 并-并型

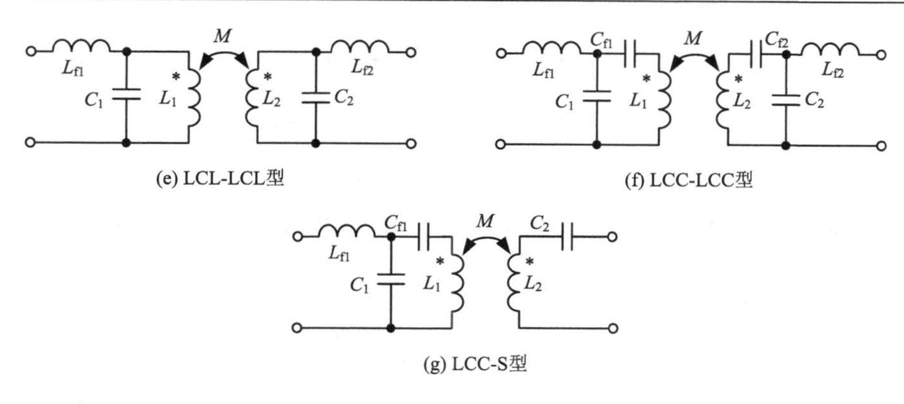

图 3.14　补偿电路结构图

接收侧功率变换电路通常包括高频整流与变换、输出滤波电路等，其作用是将接收侧线圈所感应的交流电变换为稳定的直流电，供给用电设备。接收侧功率变换电路一般有两种结构，一种是单级式整流滤波电路，功率可以单向或双向传递，输出侧的控制由发射侧功率变换电路来完成；另一种是两级式电路，即高频整流后级联 DC-DC 变换器，输出侧控制由 DC-DC 变换器完成。

3.4　系统建模与传输特性分析

3.4.1　系统建模

磁场耦合无线电能传输系统的传输特性一般指的是输出功率、传输效率与系统参数(如工作频率、负载、耦合系数等)之间的关系，是系统参数设计的重要依据。为得到系统传输特性，首先需要对系统进行建模。磁感应式和磁谐振式系统均可采用等效电路理论进行建模，即建立系统的互感模型，并结合基尔霍夫电压和电流定律求解电路中线圈电压、电流、等效输入输出阻抗以及输出功率和传输效率等参数，其求解过程直观，易于理解和实际操作。在采用等效电路建模时，由于线圈激励电压通常为方波，含有高次谐波分量，为简化分析，一般只考虑激励电压的基波分量，这种分析方法称为基波分析法(fundamental harmonic analysis, FHA)。但由于仅考虑了基波分量，所以分析计算结果存在误差。除 FHA 外，也可以利用时域分析法(time domain analysis, TDA)准确计算出线圈电压、电流等的表达式，进而提高分析计算的精度，但求解过程相对复杂。除等效电路理论外，磁谐振式系统还可以采用耦合模理论进行建模。耦合模理论是从能量角度描述谐振系统耦合情况的一种微扰分析理论，可以很直观地反映 MCRWPT 系统的能量交换情况，但无法揭示电路具体参数之间的关系，且求解复杂，因此应用比较少。本节将基于等效电路理论对磁场耦合式 WPT 系统进行建模，重点求解系统的传输特性。

1. *无补偿电路系统建模*

图 3.15 给出了不考虑线圈内阻情况下无补偿电路的两线圈结构系统等效电路模型，其中 L_1 和 L_2 分别为发射线圈和接收线圈的自感，M 为发射线圈和接收线圈之间的互感，R_{Ld} 为负载电阻，u_{in} 为施加在发射线圈的交变激励电压，u_{o} 为在负载端得到的输出电压，同样也是交变电压。

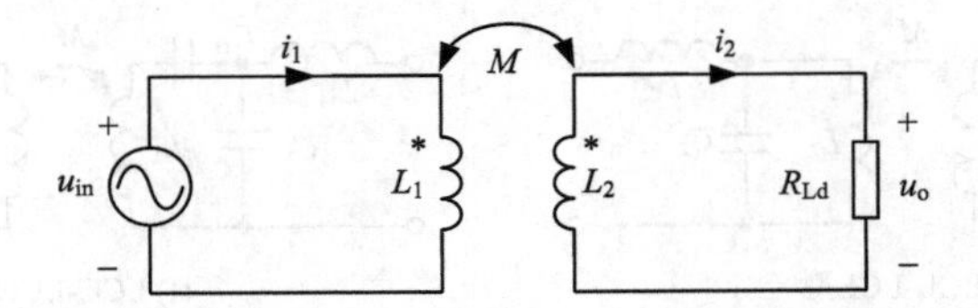

图 3.15　不考虑线圈内阻情况下无补偿电路的两线圈结构系统等效电路模型

根据电磁感应定律和互感模型，可得如下表达式：

$$\begin{cases} u_{in} = L_1 \dfrac{di_1}{dt} - M \dfrac{di_2}{dt} \\ u_o = M \dfrac{di_1}{dt} - L_2 \dfrac{di_2}{dt} \\ u_o = i_2 R_{Ld} \end{cases} \tag{3.39}$$

根据式(3.39)，可得由相量表示的电压回路方程为

$$\begin{cases} \dot{U}_{in} = j\omega L_1 \dot{I}_1 - j\omega M \dot{I}_2 = Z_{11}\dot{I}_1 - Z_{12}\dot{I}_2 \\ \dot{U}_o = j\omega M \dot{I}_1 - j\omega L_2 \dot{I}_2 = Z_{21}\dot{I}_1 - Z_{22}\dot{I}_2 \\ \dot{U}_o = R_{Ld}\dot{I}_2 \end{cases} \tag{3.40}$$

式中，Z_{11}为发射端阻抗，$Z_{11} = j\omega L_1$；Z_{12}和Z_{21}为互感阻抗，$Z_{12} = Z_{21} = Z_M = j\omega M$；$Z_{22}$为接收端阻抗，$Z_{22} = j\omega L_2$；$\dot{U}_{in}$、$\dot{U}_o$、$\dot{I}_1$和$\dot{I}_2$分别为$u_{in}$、$u_o$、$i_1$和$i_2$的相量形式(以下同)。

因此，发射端输入阻抗为

$$Z_{in} = \frac{\dot{U}_{in}}{\dot{I}_1} = Z_{11} + \frac{-Z_{12}Z_{21}}{Z_{22}+R_{Ld}} = Z_{11} + Z_f = j\omega L_1 + \frac{\omega^2 M^2}{j\omega L_2 + R_{Ld}} \tag{3.41}$$

其中，$Z_f = \dfrac{\omega^2 M^2}{j\omega L_2 + R_{Ld}}$，为接收线圈反射至发射线圈的阻抗。

接收端与发射端的电流传输比为

$$\frac{\dot{I}_2}{\dot{I}_1} = \frac{Z_{21}}{Z_{22}+R_{Ld}} = \frac{j\omega M}{j\omega L_2 + R_{Ld}} \tag{3.42}$$

接收端与发射端的电压传输比为

$$\frac{\dot{U}_o}{\dot{U}_{in}} = \frac{Z_{21}R_{Ld}}{(Z_{22}+R_{Ld})(Z_{11}+Z_f)} = \frac{j\omega M R_{Ld}}{(j\omega L_2 + R_{Ld})\left(j\omega L_1 + \dfrac{\omega^2 M^2}{j\omega L_2 + R_{Ld}}\right)} \tag{3.43}$$

接收端的输出功率为

$$P_o = \left|\dot{U}_o \dot{I}_2\right| = \left|\frac{U_{in}^2 Z_{21}^2 R_{Ld}}{\left[(Z_{22}+R_{Ld})Z_{11} - Z_{12}Z_{21}\right]^2}\right| = \left|\frac{-U_{in}^2 \omega^2 M^2 R_{Ld}}{\left[(j\omega L_2 + R_{Ld})j\omega L_1 + \omega^2 M^2\right]^2}\right| \tag{3.44}$$

传输效率为

$$\eta=\left|\frac{\dot{U}_{\mathrm{o}}\dot{I}_2}{\dot{U}_{\mathrm{in}}\dot{I}_1}\right|=\left|\frac{Z_{21}^2R_{\mathrm{Ld}}}{\left(Z_{22}+R_{\mathrm{Ld}}\right)^2\left(Z_{11}+Z_{\mathrm{f}}\right)}\right|=\left|\frac{\omega^2M^2R_{\mathrm{Ld}}}{\left(\mathrm{j}\omega L_2+R_{\mathrm{Ld}}\right)^2+\left(\mathrm{j}\omega L_1+\dfrac{\omega^2M^2}{\mathrm{j}\omega L_2+R_{\mathrm{Ld}}}\right)}\right| \tag{3.45}$$

由式(3.42)和式(3.43)可知，电流传输比主要与接收端阻抗 Z_{22}、负载 R_{Ld} 和互感阻抗 Z_M 有关，电压传输比主要与发射端阻抗 Z_{11}、接收端阻抗 Z_{22}、负载 R_{Ld} 和互感阻抗 Z_M 有关。一般情况下，Z_{11} 和 Z_{22} 均远大于 Z_M，由式(3.44)和式(3.45)可知，系统输出功率和传输效率均很低。

在实际情况下，传输线圈均存在内阻。图 3.16 给出了考虑线圈内阻情况下无补偿电路的两线圈结构系统等效电路模型，其中 R_1 和 R_2 分别为发射线圈和接收线圈的内阻。

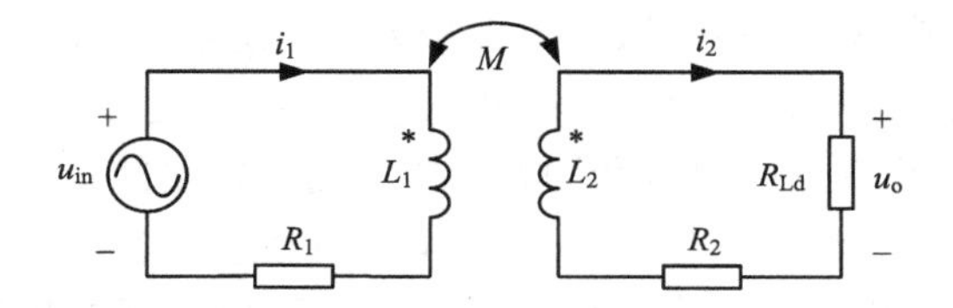

图 3.16　考虑线圈内阻情况下无补偿电路的两线圈结构系统等效电路模型

图 3.16 中，由相量表示的电压回路方程为

$$\begin{cases}\dot{U}_{\mathrm{in}}=\left(R_1+\mathrm{j}\omega L_1\right)\dot{I}_1-\mathrm{j}\omega M\dot{I}_2=Z_{11}\dot{I}_1-Z_{12}\dot{I}_2\\\dot{U}_{\mathrm{o}}=\mathrm{j}\omega M\dot{I}_1-\left(R_2+\mathrm{j}\omega L_2\right)\dot{I}_2=Z_{21}\dot{I}_1-Z_{22}\dot{I}_2\\\dot{U}_{\mathrm{o}}=R_{\mathrm{Ld}}\dot{I}_2\end{cases} \tag{3.46}$$

式中，$Z_{11}=R_1+\mathrm{j}\omega L_1$；$Z_{12}=Z_{21}=Z_M=\mathrm{j}\omega M$；$Z_{22}=R_2+\mathrm{j}\omega L_2$。

因此，发射端输入阻抗为

$$Z_{\mathrm{in}}=\frac{\dot{U}_{\mathrm{in}}}{\dot{I}_1}=Z_{11}+\frac{-Z_{12}Z_{21}}{Z_{22}+R_{\mathrm{Ld}}}=Z_{11}+Z_{\mathrm{f}}=R_1+\mathrm{j}\omega L_1+\frac{\omega^2M^2}{R_2+\mathrm{j}\omega L_2+R_{\mathrm{Ld}}} \tag{3.47}$$

其中，$Z_{\mathrm{f}}=\dfrac{\omega^2M^2}{R_2+\mathrm{j}\omega L_2+R_{\mathrm{Ld}}}$，为反射阻抗。

电流传输比为

$$\frac{\dot{I}_2}{\dot{I}_1}=\frac{Z_{21}}{Z_{22}+R_{\mathrm{Ld}}}=\frac{\mathrm{j}\omega M}{R_2+\mathrm{j}\omega L_2+R_{\mathrm{Ld}}} \tag{3.48}$$

电压传输比为

$$\frac{\dot{U}_{\mathrm{o}}}{\dot{U}_{\mathrm{in}}}=\frac{Z_{21}R_{\mathrm{Ld}}}{\left(Z_{22}+R_{\mathrm{Ld}}\right)\left(Z_{11}+Z_{\mathrm{f}}\right)}=\frac{\mathrm{j}\omega MR_{\mathrm{Ld}}}{\left(R_2+\mathrm{j}\omega L_2+R_{\mathrm{Ld}}\right)\left(R_1+\mathrm{j}\omega L_1+\dfrac{\omega^2M^2}{R_2+\mathrm{j}\omega L_2+R_{\mathrm{Ld}}}\right)} \tag{3.49}$$

接收端的输出功率为

$$P_{\mathrm{o}}=\left|\dot{U}_{\mathrm{o}}\dot{I}_2\right|=\left|\frac{U_{\mathrm{in}}^2 Z_{21}^2 R_{\mathrm{Ld}}}{\left[\left(Z_{22}+R_{\mathrm{Ld}}\right)Z_{11}-Z_{12}Z_{21}\right]^2}\right|=\left|\frac{-U_{\mathrm{in}}^2\omega^2 M^2 R_{\mathrm{Ld}}}{\left[\left(R_2+\mathrm{j}\omega L_2+R_{\mathrm{Ld}}\right)\cdot\left(R_1+\mathrm{j}\omega L_1\right)+\omega^2 M^2\right]^2}\right| \tag{3.50}$$

传输效率为

$$\eta=\left|\frac{\dot{U}_{\mathrm{o}}\dot{I}_2}{\dot{U}_{\mathrm{in}}\dot{I}_1}\right|=\left|\frac{Z_{21}^2 R_{\mathrm{Ld}}}{\left(Z_{22}+R_{\mathrm{Ld}}\right)^2\left(Z_{11}+Z_{\mathrm{f}}\right)}\right|=\left|\frac{\omega^2 M^2 R_{\mathrm{Ld}}}{\left(R_2+\mathrm{j}\omega L_2+R_{\mathrm{Ld}}\right)^2+\left(R_1+\mathrm{j}\omega L_1+\dfrac{\omega^2 M^2}{R_2+\mathrm{j}\omega L_2+R_{\mathrm{Ld}}}\right)}\right| \tag{3.51}$$

与式(3.45)相比，传输功率除了消耗在线圈感抗以外，还消耗在传输线圈内阻上。为了提高输出功率和传输效率，一般采取以下几种方法：①增大 Z_M，即增大发射侧激励电压工作频率或增加传输线圈之间的互感；②减小 Z_{11}，即减小发射线圈回路阻抗和回路内阻；③减小 Z_{22}，即减小接收线圈回路阻抗和回路内阻。需要指出的是，减小发射线圈和接收线圈回路阻抗不能减小线圈自感，否则将会减小线圈间互感，进一步降低传输效率。为解决上述问题，一般引入补偿电路，使发射侧和接收侧均工作在谐振状态，降低线圈的回路阻抗，减小系统的无功功率。

2. 采用基本补偿电路的系统建模

1) 串-串型(S-S)系统建模

将两个传输线圈各自串联补偿电容，即构成串-串型磁耦合式无线电能传输系统，其等效电路模型如图 3.17 所示，其中 C_1 和 C_2 分别为发射侧和接收侧的补偿电容。

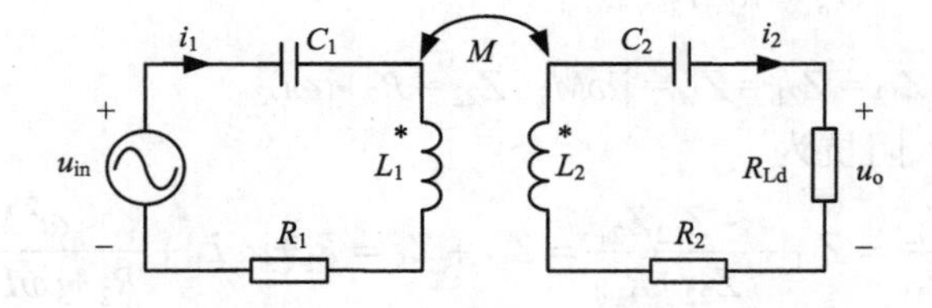

图 3.17　串-串型系统等效电路

根据图 3.17 所示的系统等效电路，结合基尔霍夫电压定律(Kirchhoff voltage law, KVL)可得

$$\begin{cases}\dot{U}_{\mathrm{in}}=\left(R_1+\mathrm{j}\omega L_1+\dfrac{1}{\mathrm{j}\omega C_1}\right)\dot{I}_1-\mathrm{j}\omega M\dot{I}_2=Z_{11}\dot{I}_1-Z_{12}\dot{I}_2\\ \dot{U}_{\mathrm{o}}=\mathrm{j}\omega M\dot{I}_1-\left(R_2+\mathrm{j}\omega L_2+\dfrac{1}{\mathrm{j}\omega C_2}\right)\dot{I}_2=Z_{21}\dot{I}_1-Z_{22}\dot{I}_2\\ \dot{U}_{\mathrm{o}}=R_{\mathrm{Ld}}\dot{I}_2\end{cases} \tag{3.52}$$

其中，$Z_{11}=R_1+\mathrm{j}\omega L_1+\dfrac{1}{\mathrm{j}\omega C_1}$，为发射端回路阻抗；$Z_{22}=R_2+\mathrm{j}\omega L_2+\dfrac{1}{\mathrm{j}\omega C_2}$，为接收端回路阻抗；$Z_{12}=Z_{21}=Z_M=\mathrm{j}\omega M$。

由式(3.52)可求得 $\dot{I}_1$ 和 $\dot{I}_2$ 分别为

$$\dot{I}_1 = \frac{\dot{U}_{\text{in}}}{Z_{11} + \dfrac{(\omega M)^2}{Z_{22}+R_{\text{Ld}}}} \tag{3.53}$$

$$\dot{I}_2 = \frac{\text{j}\omega M}{Z_{22}+R_{\text{Ld}}}\dot{I}_1 \tag{3.54}$$

令

$$X_1 = \omega L_1 - \frac{1}{\omega C_1}\ ,\quad X_2 = \omega L_2 - \frac{1}{\omega C_2} \tag{3.55}$$

串-串型系统的输出功率为

$$P_{\text{o}} = \left|\dot{U}_{\text{o}}\dot{I}_2\right| = I_2^2 R_{\text{Ld}} = \frac{U_{\text{in}}^2 \cdot (\omega M)^2 R_{\text{Ld}}}{\left[R_1(R_2 + R_{\text{Ld}}) - X_1X_2 + (\omega M)^2\right]^2 + \left[R_1X_2 + (R_2 + R_{\text{Ld}})X_1\right]^2} \tag{3.56}$$

忽略系统的辐射损耗和功率损耗，则串-串型系统的传输效率为

$$\eta = \left|\frac{\dot{U}_{\text{o}}\dot{I}_2}{\dot{U}_{\text{in}}\dot{I}_1}\right| = \frac{(\omega M)^2 R_{\text{Ld}}}{R_1\left[(R_2 + R_{\text{Ld}})^2 + X_2^2\right] + (\omega M)^2(R_2 + R_{\text{Ld}})} \tag{3.57}$$

由式(3.56)和式(3.57)可知，系统输出功率 P_{o} 与 X_1、X_2 均有关，而传输效率 η 只与 X_2 有关。换言之，发射端谐振与否只影响系统输出功率，而接收端谐振与否将同时影响输出功率和传输效率。当对系统进行完全补偿，即系统满足谐振条件时，有

$$\begin{cases} \text{j}\omega L_1 + \dfrac{1}{\text{j}\omega C_1} = 0 \\ \text{j}\omega L_2 + \dfrac{1}{\text{j}\omega C_2} = 0 \end{cases} \tag{3.58}$$

这样，式(3.52)可以简化为

$$\begin{cases} \dot{U}_{\text{in}} = R_1\dot{I}_1 - \text{j}\omega M\dot{I}_2 \\ \dot{U}_{\text{o}} = \text{j}\omega M\dot{I}_1 - R_2\dot{I}_2 = R_{\text{Ld}}\dot{I}_2 \end{cases} \tag{3.59}$$

因此，发射端输入阻抗为

$$Z_{\text{in}} = \frac{\dot{U}_{\text{in}}}{\dot{I}_1} = R_1 + Z_{\text{f}} = R_1 + \frac{\omega^2 M^2}{R_2+R_{\text{Ld}}} \tag{3.60}$$

其中，$Z_{\text{f}} = \dfrac{\omega^2 M^2}{R_2+R_{\text{Ld}}}$，为反射阻抗。

电流传输比为

$$\frac{\dot{I}_2}{\dot{I}_1} = \frac{\text{j}\omega M}{R_2+R_{\text{Ld}}} \tag{3.61}$$

电压传输比为

$$\frac{\dot{U}_{o}}{\dot{U}_{in}}=\frac{j\omega MR_{Ld}}{R_1\left(R_2+R_{Ld}\right)+\omega^2M^2} \tag{3.62}$$

接收端的输出功率为

$$P_o=\left|\dot{U}_o\dot{I}_2\right|=\frac{U_{in}^2\cdot(\omega M)^2R_{Ld}}{\left[R_1\left(R_2+R_{Ld}\right)+(\omega M)^2\right]^2} \tag{3.63}$$

传输效率为

$$\eta=\left|\frac{\dot{U}_o\dot{I}_2}{\dot{U}_{in}\dot{I}_1}\right|=\frac{(\omega M)^2R_{Ld}}{R_1\left(R_2+R_{Ld}\right)^2+(\omega M)^2\left(R_2+R_{Ld}\right)} \tag{3.64}$$

2) 串-并型(S-P)系统建模

将发射线圈串联补偿电容，接收线圈并联补偿电容，即构成串-并型磁耦合式无线电能传输系统，其等效电路模型如图 3.18 所示，其中 C_1 和 C_2 分别为发射侧和接收侧的补偿电容。

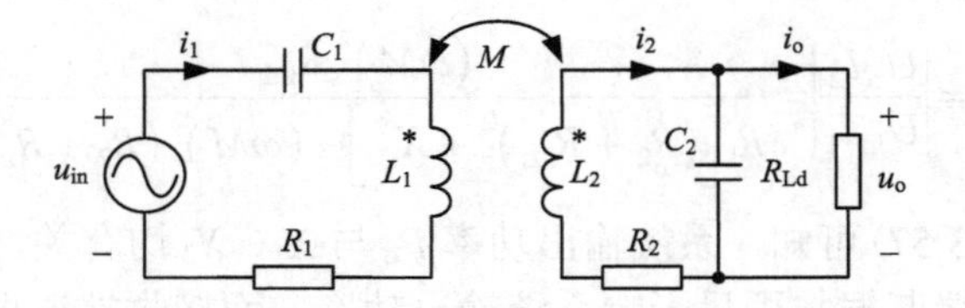

图 3.18　串-并型系统等效电路

图 3.18 中，由相量表示的电压回路方程为

$$\begin{cases}\dot{U}_{in}=\left(R_1+\dfrac{1}{j\omega C_1}+j\omega L_1\right)\dot{I}_1-j\omega M\dot{I}_2=Z_{11}\dot{I}_1-Z_{12}\dot{I}_2\\0=j\omega M\dot{I}_1-\left(R_2+j\omega L_2+\dfrac{R_{Ld}}{1+j\omega C_2R_{Ld}}\right)\dot{I}_2=Z_{21}\dot{I}_1-Z_{22}\dot{I}_2\\\dot{U}_o=\left(\dot{I}_2-\dot{I}_o\right)\dfrac{1}{j\omega C_2}=R_{Ld}\dot{I}_o\end{cases} \tag{3.65}$$

其中

$$\begin{cases}Z_{11}=R_1+\dfrac{1}{j\omega C_1}+j\omega L_1\\Z_{12}=Z_{21}=j\omega M\\Z_{22}=R_2+j\omega L_2+\dfrac{R_{Ld}}{1+j\omega C_2R_{Ld}}\\\quad\;=R_2+\dfrac{R_{Ld}}{1+(\omega C_2R_{Ld})^2}+j\omega\left[L_2-\dfrac{R_{Ld}^2C_2}{1+(\omega C_2R_{Ld})^2}\right]\end{cases} \tag{3.66}$$

对于接收侧并联补偿，一般情况下，由于接收线圈内阻 $R_2\ll R_{Ld}$ 且 $R_2\ll\omega L_2$，对输

出功率影响较小，为了简化分析，将 R_2 忽略不计，故接收线圈谐振条件可以简化为 $\omega L_2 = \dfrac{1}{\omega C_2}$。

系统的等效输入阻抗为

$$Z_{\text{in}} = Z_{11} + \frac{(\omega M)^2}{Z_{22}} = \left(R_1 + \frac{M^2 R_{\text{Ld}}}{L_2^2}\right) + \text{j}\left(\omega L_1 - \frac{1}{\omega C_1} - \frac{\omega M^2}{L_2}\right) \tag{3.67}$$

当对系统进行完全补偿，即系统等效输入阻抗呈阻性时，得到系统的谐振条件为

$$\begin{cases} \omega L_1 = \dfrac{1}{\omega C_1} + \dfrac{\omega M^2}{L_2} \\ \omega L_2 = \dfrac{1}{\omega C_2} \end{cases} \tag{3.68}$$

由式(3.68)可解出

$$\omega = \frac{1}{\sqrt{L_2 C_2}} = \sqrt{\frac{L_2}{C_1\left(L_1 L_2 - M^2\right)}} \tag{3.69}$$

发射端谐振电容的取值为

$$C_1 = \frac{1}{\omega^2 L_1 - \dfrac{\omega^2 M^2}{L_2}} \tag{3.70}$$

因此，发射端输入阻抗为

$$Z_{\text{in}} = Z_{11} + Z_{\text{f}} = R_1 + \frac{M^2 R_{\text{Ld}}}{L_2^2} \tag{3.71}$$

其中，$Z_{\text{f}} = \dfrac{(\omega M)^2}{Z_{22}} = \dfrac{M^2 R_{\text{Ld}} - \text{j}\omega M^2 L_2}{L_2^2}$，为反射阻抗。

电流传输比为

$$\frac{\dot{I}_{\text{o}}}{\dot{I}_1} = \frac{M}{L_2} \tag{3.72}$$

电压传输比为

$$\frac{\dot{U}_{\text{o}}}{\dot{U}_{\text{in}}} = \frac{M L_2 R_{\text{Ld}}}{M^2 R_{\text{Ld}} + L_2^2 R_1} \tag{3.73}$$

在计算输出功率和传输效率时，需考虑 R_2。此时，接收端仍满足式(3.68)，发射端补偿电容需要重新设计，以保证系统输入阻抗呈阻性。在该情况下，接收端的输出功率为

$$P_{\text{o}} = \left|\dot{U}_{\text{o}} \dot{I}_{\text{o}}\right| = \frac{(\omega M)^2 U_{\text{in}}^2 R_{\text{Ld}}}{\left(R_{\text{A}}^2 + X_{\text{A}}^2\right)\left(1 + \omega^2 C_2^2 R_{\text{Ld}}^2\right)} \tag{3.74}$$

其中

$$\begin{cases} R_{\mathrm{A}} = R_1 R_{22} - \dfrac{(\omega M)^2 X_{22}^2}{R_{22}^2 + X_{22}^2} + (\omega M)^2 \\ X_{\mathrm{A}} = R_1 X_{22} + \dfrac{(\omega M)^2 X_{22} R_{22}}{R_{22}^2 + X_{22}^2} \\ R_{22} = \mathrm{Re}(Z_{22}) = R_2 + \dfrac{R_{\mathrm{Ld}}}{1 + (\omega C_2 R_{\mathrm{Ld}})^2} \\ X_{22} = \mathrm{Im}(Z_{22}) = \dfrac{\omega L_2}{1 + (\omega C_2 R_{\mathrm{Ld}})^2} \end{cases} \tag{3.75}$$

传输效率为

$$\eta = \left| \frac{\dot{U}_{\mathrm{o}} \dot{I}_{\mathrm{o}}}{\dot{U}_{\mathrm{in}} \dot{I}_1} \right| = \frac{(\omega M)^2 R_{\mathrm{Ld}}}{\sqrt{(R_{\mathrm{A}}^2 + X_{\mathrm{A}}^2)(R_{22}^2 + X_{22}^2)}(1 + \omega^2 C_2^2 R_{\mathrm{Ld}}^2)} \tag{3.76}$$

3) 并-串 (P-S) 型系统建模

将发射线圈并联补偿电容，接收线圈串联补偿电容，即构成并-串型磁耦合式无线电能传输系统，其等效电路模型如图 3.19 所示，其中 C_1 和 C_2 分别为发射侧和接收侧的补偿电容。

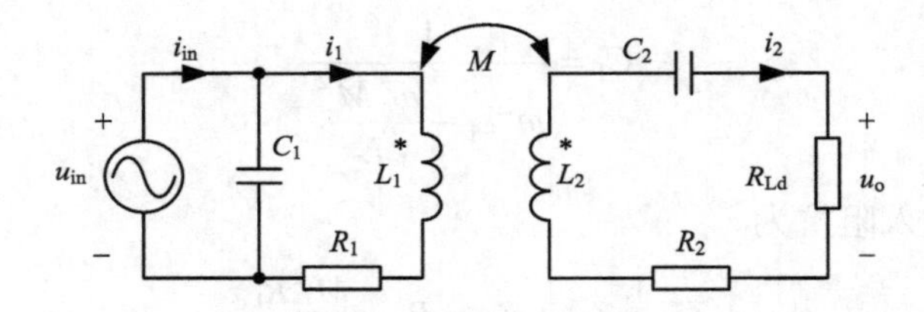

图 3.19　并-串型系统等效电路

图 3.19 中，由相量表示的电压回路方程为

$$\begin{cases} \dot{U}_{\mathrm{in}} = (R_1 + \mathrm{j}\omega L_1)\dot{I}_1 - \mathrm{j}\omega M \dot{I}_2 = Z_{11}\dot{I}_1 - Z_{12}\dot{I}_2 \\ 0 = \mathrm{j}\omega M \dot{I}_1 - \left(R_2 + R_{\mathrm{Ld}} + \mathrm{j}\omega L_2 + \dfrac{1}{\mathrm{j}\omega C_2} \right)\dot{I}_2 = Z_{21}\dot{I}_1 - Z_{22}\dot{I}_2 \\ \dot{U}_{\mathrm{in}} = (\dot{I}_{\mathrm{in}} - \dot{I}_1)\dfrac{1}{\mathrm{j}\omega C_1} \\ \dot{U}_{\mathrm{o}} = R_{\mathrm{Ld}}\dot{I}_2 \end{cases} \tag{3.77}$$

其中

$$\begin{cases} Z_{11} = R_1 + \mathrm{j}\omega L_1 \\ Z_{21} = Z_{12} = \mathrm{j}\omega M \\ Z_{22} = R_2 + R_{\mathrm{Ld}} + \mathrm{j}\omega L_2 + \dfrac{1}{\mathrm{j}\omega C_2} \end{cases} \tag{3.78}$$

接收端谐振条件为 $\omega L_2 = \dfrac{1}{\omega C_2}$，因此，系统的等效输入阻抗为

$$
\begin{aligned}
Z_{\text{in}} &= \frac{1}{\dfrac{1}{Z_{11}+\dfrac{(\omega M)^2}{Z_{22}}}+\mathrm{j}\omega C_1} \\
&= \frac{\left[R_1\left(R_{\text{Ld}}+R_2\right)+\omega^2 M^2\right]R_{\text{Ld}}}{\left(R_{\text{Ld}}+R_2\right)^2\left(1-\omega^2 L_1 C_1\right)^2+\omega^2 C_1^2\left[R_1\left(R_{\text{Ld}}+R_2\right)+\omega^2 M^2\right]^2} \\
&\quad +\mathrm{j}\frac{\omega\left[L_1\left(R_{\text{Ld}}+R_2\right)^2\left(1-\omega^2 L_1 C_1\right)-C_1\left(R_1 R_{\text{Ld}}+R_1 R_2+\omega^2 M^2\right)^2\right]}{\left(R_{\text{Ld}}+R_2\right)^2\left(1-\omega^2 L_1 C_1\right)^2+\omega^2 C_1^2\left[R_1\left(R_{\text{Ld}}+R_2\right)+\omega^2 M^2\right]^2}
\end{aligned}
\tag{3.79}
$$

当对系统进行完全补偿，即系统等效输入阻抗呈阻性时，得到系统的谐振条件：

$$
\begin{cases}
\omega L_1=\dfrac{1}{\omega C_1}-\dfrac{\left[R_1\left(R_2+R_{\text{Ld}}\right)+(\omega M)^2\right]^2}{\omega L_1\left(R_2+R_{\text{Ld}}\right)^2} \\
\omega L_2=\dfrac{1}{\omega C_2}
\end{cases}
\tag{3.80}
$$

由式(3.80)可解出

$$
\omega=\frac{1}{\sqrt{L_2 C_2}}=\frac{\sqrt{1-C_1\left[R_1\left(R_2+R_{\text{Ld}}\right)+(\omega M)^2\right]\Big/\left[L_1\left(R_2+R_{\text{Ld}}\right)^2\right]}}{\sqrt{L_1 C_1}}
\tag{3.81}
$$

发射端谐振电容的取值为

$$
C_1=\frac{L_1\left(R_{\text{Ld}}+R_2\right)^2}{\omega^2 L_1^2\left(R_{\text{Ld}}+R_2\right)^2+\left[R_1\left(R_2+R_{\text{Ld}}\right)+(\omega M)^2\right]^2}
\tag{3.82}
$$

因此，发射端输入阻抗为

$$
Z_{\text{in}}=\frac{1}{\dfrac{1}{Z_{11}+Z_{\text{f}}}+\mathrm{j}\omega C_1}=\frac{\left(R_1 R_{\text{Ld}}+R_1 R_2+\omega^2 M^2\right)^2+\omega^2 L_1^2\left(R_2+R_{\text{Ld}}\right)^2}{\left(R_2+R_{\text{Ld}}\right)\left(R_1 R_{\text{Ld}}+R_1 R_2+\omega^2 M^2\right)}
\tag{3.83}
$$

其中，$Z_{\text{f}}=\dfrac{\omega^2 M^2}{R_{\text{Ld}}+R_2}$，为反射阻抗。

电流传输比为

$$
\frac{\dot{I}_2}{\dot{I}_{\text{in}}}=\frac{\omega M\left[\omega L_1\left(R_2+R_{\text{Ld}}\right)+\mathrm{j}\left(R_1 R_{\text{Ld}}+R_1 R_2+\omega^2 M^2\right)\right]}{\left(R_2+R_{\text{Ld}}\right)\left(R_1 R_{\text{Ld}}+R_1 R_2+\omega^2 M^2\right)}
\tag{3.84}
$$

电压传输比为

$$
\frac{\dot{U}_{\text{o}}}{\dot{U}_{\text{in}}}=\frac{\omega M R_{\text{Ld}}\left[\omega L_1\left(R_2+R_{\text{Ld}}\right)+\mathrm{j}\left(R_1 R_{\text{Ld}}+R_1 R_2+\omega^2 M^2\right)\right]}{\left(R_1 R_{\text{Ld}}+R_1 R_2+\omega^2 M^2\right)^2+\omega^2 L_1^2\left(R_2+R_{\text{Ld}}\right)^2}
\tag{3.85}
$$

接收端的输出功率为

$$P_{\mathrm{o}}=\left|\dot{U}_{\mathrm{o}}\dot{I}_2\right|=\frac{(\omega M)^2U_{\mathrm{in}}^2R_{\mathrm{Ld}}}{\left(R_1R_{\mathrm{Ld}}+R_1R_2+\omega^2M^2\right)^2+\omega^2L_1^2\left(R_2+R_{\mathrm{Ld}}\right)^2} \tag{3.86}$$

传输效率为

$$\eta=\left|\frac{\dot{U}_{\mathrm{o}}\dot{I}_2}{\dot{U}_{\mathrm{in}}\dot{I}_{\mathrm{in}}}\right|=\frac{\omega^2M^2R_{\mathrm{Ld}}}{\left(R_1R_{\mathrm{Ld}}+R_1R_2+\omega^2M^2\right)\left(R_{\mathrm{Ld}}+R_2\right)} \tag{3.87}$$

4) 并-并(**P-P**)型系统建模

将发射线圈并联补偿电容，接收线圈并联补偿电容，即构成并-并型磁耦合式无线电能传输系统，其等效电路模型如图3.20所示，其中 C_1 和 C_2 分别为发射侧和接收侧的补偿电容。

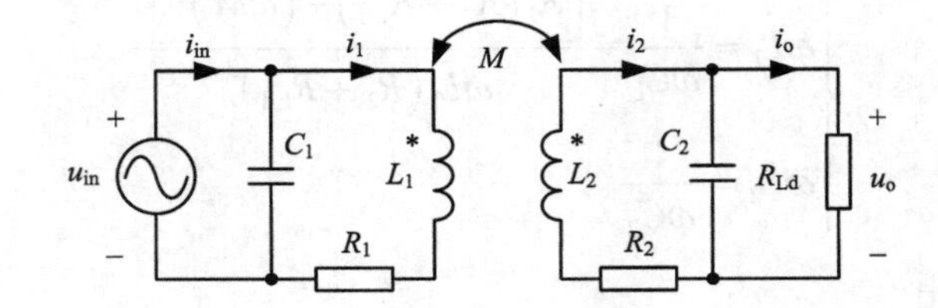

图3.20　并-并型系统等效电路

图3.20中，由相量表示的电压回路方程为

$$\begin{cases}\dot{U}_{\mathrm{in}}=\left(R_1+\mathrm{j}\omega L_1\right)\dot{I}_1-\mathrm{j}\omega M\dot{I}_2=Z_{11}\dot{I}_1-Z_{12}\dot{I}_2\\0=\mathrm{j}\omega M\dot{I}_1-\left(R_2+\mathrm{j}\omega L_2+\dfrac{R_{\mathrm{Ld}}}{1+\mathrm{j}\omega C_2R_{\mathrm{Ld}}}\right)\dot{I}_2=Z_{21}\dot{I}_1-Z_{22}\dot{I}_2\\\dot{U}_{\mathrm{in}}=\left(\dot{I}_{\mathrm{in}}-\dot{I}_1\right)\dfrac{1}{\mathrm{j}\omega C_1}\\\dot{U}_{\mathrm{o}}=\left(\dot{I}_2-\dot{I}_{\mathrm{o}}\right)\dfrac{1}{\mathrm{j}\omega C_2}=R_{\mathrm{Ld}}\dot{I}_{\mathrm{o}}\end{cases} \tag{3.88}$$

其中

$$\begin{cases}Z_{11}=R_1+\mathrm{j}\omega L_1\\Z_{21}=Z_{12}=\mathrm{j}\omega M\\Z_{22}=R_2+\mathrm{j}\omega L_2+\dfrac{R_{\mathrm{Ld}}}{1+\mathrm{j}\omega C_2R_{\mathrm{Ld}}}\\\quad\;\;=R_2+\dfrac{R_{\mathrm{Ld}}}{1+\left(\omega C_2R_{\mathrm{Ld}}\right)^2}+\mathrm{j}\omega\left[L_2-\dfrac{R_{\mathrm{Ld}}^2C_2}{1+\left(\omega C_2R_{\mathrm{Ld}}\right)^2}\right]\end{cases} \tag{3.89}$$

忽略 R_2 时，接收端的谐振条件可以简化为 $\omega L_2=\dfrac{1}{\omega C_2}$，系统的等效输入阻抗为

$$
\begin{aligned}
Z_{\text{in}} &= \frac{1}{\dfrac{1}{Z_{11}+\dfrac{(\omega M)^2}{Z_{22}}}+\mathrm{j}\omega C_1} \\
&= \frac{\left(L_2^2R_1+M^2R_{\text{Ld}}\right)L_2^2}{\left[L_2^2-\omega^2C_1L_2\left(L_1L_2-M^2\right)\right]^2+\omega^2C_1^2\left(L_2^2R_1+M^2R_{\text{Ld}}\right)^2} \\
&\quad +\mathrm{j}\frac{\omega L_2^2\left(L_2-\omega^2C_1L_1L_2+\omega^2M^2C_1\right)\left(L_1L_2-M^2\right)-\omega C_1\left(M^2R_{\text{Ld}}+R_1L_2^2\right)^2}{\left[L_2^2-\omega^2C_1L_2\left(L_1L_2-M^2\right)\right]^2+\omega^2C_1^2\left(L_2^2R_1+M^2R_{\text{Ld}}\right)^2}
\end{aligned} \tag{3.90}
$$

当对系统进行完全补偿，即系统满足谐振条件时，有

$$
\begin{cases}
\omega L_1 = \dfrac{1}{\omega C_1}+\dfrac{\omega M^2}{L_2}-\dfrac{R_{\text{eq}}^2}{\omega L_{\text{eq}}} \\
\omega L_2 = \dfrac{1}{\omega C_2}
\end{cases} \tag{3.91}
$$

其中，$R_{\text{eq}}=R_1+\dfrac{M^2R_{\text{Ld}}}{L_2^2}$；$L_{\text{eq}}=L_1-\dfrac{M^2}{L_2}$。

由式(3.91)可解出

$$
\omega=\frac{1}{\sqrt{L_2C_2}}=\frac{\sqrt{1-C_1R_{\text{eq}}^2/L_{\text{eq}}}}{\sqrt{L_{\text{eq}}C_1}} \tag{3.92}
$$

发射端谐振电容的取值为

$$
C_1=\frac{L_{\text{eq}}}{\omega^2L_{\text{eq}}^2+R_{\text{eq}}^2} \tag{3.93}
$$

因此，发射端输入阻抗为

$$
Z_{\text{in}}=\frac{1}{\dfrac{1}{Z_{11}+Z_{\text{f}}}+\mathrm{j}\omega C_1}=\frac{\omega^2L_{\text{eq}}^2+R_{\text{eq}}^2}{R_{\text{eq}}} \tag{3.94}
$$

其中，$Z_{\text{f}}=\dfrac{(\omega M)^2}{Z_{22}}=\dfrac{M^2R_{\text{Ld}}-\mathrm{j}\omega M^2L_2}{L_2^2}$，为反射阻抗。

电流传输比为

$$
\frac{\dot{I}_{\text{o}}}{\dot{I}_{\text{in}}}=\frac{M\left(R_{\text{eq}}-\mathrm{j}\omega L_{\text{eq}}\right)}{L_2R_{\text{eq}}} \tag{3.95}
$$

电压传输比为

$$
\frac{\dot{U}_{\text{o}}}{\dot{U}_{\text{in}}}=\frac{M\left(R_{\text{eq}}-\mathrm{j}\omega L_{\text{eq}}\right)R_{\text{Ld}}}{L_2\left(\omega^2L_{\text{eq}}^2+R_{\text{eq}}^2\right)} \tag{3.96}
$$

在计算输出功率和传输效率时，需考虑 R_2。此时，接收端仍满足式(3.68)，发射端补偿电容需要重新设计，以保证系统输入阻抗呈阻性。在该情况下，接收端的输出功率为

$$P_{\mathrm{o}}=\left|\dot{U}_{\mathrm{o}}\dot{I}_{\mathrm{o}}\right|=\frac{\omega^2M^2U_{\mathrm{in}}^2R_{\mathrm{Ld}}}{\left(R_{\mathrm{B}}^2+X_{\mathrm{B}}^2\right)\left(1+\omega^2C_2^2R_{\mathrm{Ld}}^2\right)} \tag{3.97}$$

其中

$$\begin{cases}R_{\mathrm{B}}=R_1R_{22}-\omega L_1X_{22}+\left(\omega M\right)^2\\ X_{\mathrm{B}}=R_1X_{22}+\omega L_1R_{22}\\ R_{22}=\mathrm{Re}\left(Z_{22}\right)=R_2+\dfrac{R_{\mathrm{Ld}}}{1+\left(\omega C_2R_{\mathrm{Ld}}\right)^2}\\ X_{22}=\mathrm{Im}\left(Z_{22}\right)=\dfrac{\omega L_2}{1+\left(\omega C_2R_{\mathrm{Ld}}\right)^2}\end{cases} \tag{3.98}$$

传输效率为

$$\eta=\left|\frac{\dot{U}_{\mathrm{o}}\dot{I}_{\mathrm{o}}}{\dot{U}_{\mathrm{in}}\dot{I}_{\mathrm{in}}}\right|=\frac{\left(\omega M\right)^2R_{\mathrm{Ld}}}{\left(1+\omega^2C_2^2R_{\mathrm{Ld}}^2\right)\left[R_1\left(R_{22}^2+Z_{22}^2\right)+\left(\omega M\right)^2R_{22}\right]} \tag{3.99}$$

对比上述四种基本补偿电路拓扑可知，无论是系统发射端还是接收端，当采用并联补偿时，补偿电容的取值都与电路负载或线圈互感有关，只有串-串型系统的补偿电容与负载或线圈互感无关。由前面的分析可知，如果负载阻抗或线圈互感发生变化，会导致系统谐振频率发生变化，影响系统传输特性。因此，为了保证系统稳定性，两线圈结构多采用串-串型补偿电路。

3. 采用复合型补偿电路的系统建模

在串-串型系统中，发射侧存在线圈内阻，由式(3.53)可知，发射侧线圈电流由线圈内阻和接收侧反射阻抗决定。当传输线圈的互感降低时，接收侧的反射阻抗会减小，进而导致发射侧的线圈电流增大。复合型补偿电路兼具串联补偿和并联补偿各自的优点：①发射侧输入功率因数接近 1，具有比基本补偿更小的频率漂移；②在相同功率等级下，开关器件的电压、电流应力更小，从而降低损耗，提高传输效率；③采用不同复合型补偿电路，可分别实现恒压或恒流输出。复合型补偿电路主要包括 LCL 和 LCC 两种，发射侧和接收侧可以采用同样的电路结构，也可以采用不同的电路结构，常用的复合补偿电路有 LCL-LCL 型、LCC-S 型、LCC-LCC 型等。

1) LCL-LCL 型系统建模

在发射侧和接收侧并联补偿的基础上加入附加谐振电感，即组成 LCL-LCL 型磁耦合式无线电能传输系统，其等效电路模型如图 3.21 所示，其中 C_1 和 C_2 分别为发射侧和接收侧的补偿电容，R_1 和 R_2 分别为发射侧和接收侧线圈内阻，L_{f1} 和 L_{f2} 分别为发射侧和接收侧的附加谐振电感，R_{f1} 和 R_{f2} 分别为附加谐振电感的等效电阻。

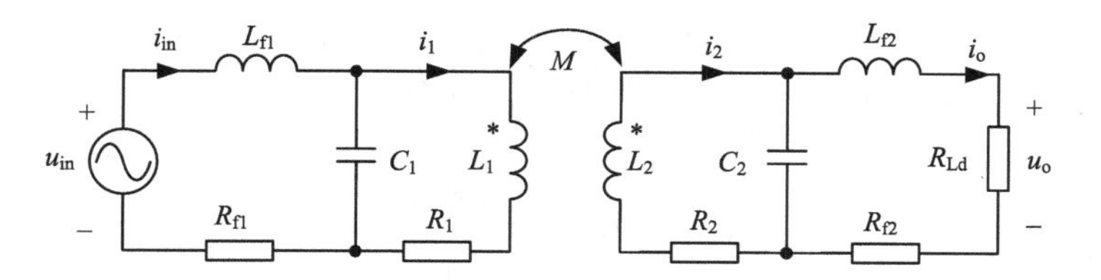

图 3.21　LCL-LCL 型系统等效电路

图 3.21 中，由相量表示的电压回路方程为

$$\begin{cases}\dot{U}_{in}=(R_{f1}+j\omega L_{f1})\dot{I}_{in}+(R_1+j\omega L_1)\dot{I}_1-j\omega M\dot{I}_2\\(R_1+j\omega L_1)\dot{I}_1-j\omega M\dot{I}_2=\dfrac{1}{j\omega C_1}(\dot{I}_{f1}-\dot{I}_1)\\\dot{U}_o=j\omega M\dot{I}_1-(R_{f2}+j\omega L_{f2})\dot{I}_o+(R_2+j\omega L_2)\dot{I}_2=R_{Ld}\dot{I}_o\\j\omega M\dot{I}_1-(R_2+j\omega L_2)\dot{I}_2=\dfrac{1}{j\omega C_2}(\dot{I}_2-\dot{I}_o)\end{cases}\tag{3.100}$$

由式(3.100)可得

$$\begin{cases}\dot{U}_{in}=\left(R_{f1}+j\omega L_{f1}+\dfrac{1}{j\omega C_1}\right)\dot{I}_{in}-\dfrac{1}{j\omega C_1}\dot{I}_1\\\dot{U}_o=\dfrac{1}{j\omega C_2}\dot{I}_2-\left(R_{f2}+j\omega L_{f2}+\dfrac{1}{j\omega C_2}\right)\dot{I}_o\\\left(R_1+j\omega L_1+\dfrac{1}{j\omega C_1}\right)\dot{I}_1-j\omega M\dot{I}_2=\dfrac{1}{j\omega C_1}\dot{I}_{in}\\j\omega M\dot{I}_1-\left(R_2+j\omega L_2+\dfrac{1}{j\omega C_2}\right)\dot{I}_2=-\dfrac{1}{j\omega C_2}\dot{I}_o\end{cases}\tag{3.101}$$

为对系统进行完全补偿，且实现发射侧和接收侧恒流特性，需使 $L_{f1}=L_1$，$L_{f2}=L_2$。此时

$$\omega=\frac{1}{\sqrt{L_1C_1}}=\frac{1}{\sqrt{L_{f1}C_1}}=\frac{1}{\sqrt{L_2C_2}}=\frac{1}{\sqrt{L_{f2}C_2}}\tag{3.102}$$

即

$$\begin{cases}j\omega L_1+\dfrac{1}{j\omega C_1}=0\\j\omega L_{f1}+\dfrac{1}{j\omega C_1}=0\\j\omega L_2+\dfrac{1}{j\omega C_2}=0\\j\omega L_{f2}+\dfrac{1}{j\omega C_2}=0\end{cases}\tag{3.103}$$

因此，式(3.101)可改写为

$$\begin{cases} \dot{U}_{\text{in}} = R_{\text{f1}}\dot{I}_{\text{in}} - \dfrac{1}{\text{j}\omega C_1}\dot{I}_1 \\ \dot{U}_{\text{o}} = \dfrac{1}{\text{j}\omega C_2}\dot{I}_2 - R_{\text{f2}}\dot{I}_{\text{o}} \\ R_1\dot{I}_1 - \text{j}\omega M\dot{I}_2 = \dfrac{1}{\text{j}\omega C_1}\dot{I}_{\text{in}} \\ \text{j}\omega M\dot{I}_1 - R_2\dot{I}_2 = -\dfrac{1}{\text{j}\omega C_2}\dot{I}_{\text{o}} \end{cases} \tag{3.104}$$

如果忽略传输线圈内阻 R_1、R_2 和谐振电感内阻 R_{f1}、R_{f2}，则式(3.104)可改写为

$$\begin{cases} \dot{U}_{\text{in}} = -\dfrac{1}{\text{j}\omega C_1}\dot{I}_1 = \text{j}\omega L_1\dot{I}_1 \\ \dot{U}_{\text{o}} = \dfrac{1}{\text{j}\omega C_2}\dot{I}_2 = -\text{j}\omega L_2\dot{I}_2 \\ -\text{j}\omega M\dot{I}_2 = \dfrac{1}{\text{j}\omega C_1}\dot{I}_{\text{in}} = -\text{j}\omega L_1\dot{I}_{\text{in}} \\ \text{j}\omega M\dot{I}_1 = -\dfrac{1}{\text{j}\omega C_2}\dot{I}_{\text{o}} = \text{j}\omega L_2\dot{I}_{\text{o}} \end{cases} \tag{3.105}$$

式(3.105)还可继续改写为

$$\begin{cases} \dot{I}_1 = \dfrac{\dot{U}_{\text{in}}}{\text{j}\omega L_1} \\ \dot{I}_2 = -\dfrac{\dot{U}_{\text{o}}}{\text{j}\omega L_2} \\ \dot{I}_{\text{in}} = -\dfrac{M\dot{U}_{\text{o}}}{\text{j}\omega L_1 L_2} \\ \dot{I}_{\text{o}} = \dfrac{M\dot{U}_{\text{in}}}{\text{j}\omega L_1 L_2} \end{cases} \tag{3.106}$$

由式(3.105)和式(3.106)可得电流传输比为

$$\frac{\dot{I}_{\text{o}}}{\dot{I}_{\text{in}}} = -\frac{\text{j}\omega L_1 L_2}{MR_{\text{Ld}}} \tag{3.107}$$

电压传输比为

$$\frac{\dot{U}_{\text{o}}}{\dot{U}_{\text{in}}} = \frac{MR_{\text{Ld}}}{\text{j}\omega L_1 L_2} \tag{3.108}$$

发射侧等效输入阻抗为

$$Z_{\text{in}} = \frac{\dot{U}_{\text{in}}}{\dot{I}_{\text{in}}} = \frac{\omega^2 L_1^2 L_2^2}{M^2 R_{\text{Ld}}} \tag{3.109}$$

接收侧的输出功率为

$$P_{\mathrm{o}}=\left|\dot{U}_{\mathrm{o}}\dot{I}_{\mathrm{o}}\right|=\frac{\left(\omega^3 ML_1L_2\right)^2 U_{\mathrm{in}}^2 R_{\mathrm{Ld}}}{\alpha^2} \tag{3.110}$$

其中，α 可表示为

$$\alpha=\omega^2L_1^2\left[\omega^2L_2^2+\left(R_{\mathrm{f2}}+R_{\mathrm{Ld}}\right)R_2\right]+R_{\mathrm{f1}}\left[\omega^2L_2^2R_1+\left(R_{\mathrm{f2}}+R_{\mathrm{Ld}}\right)\left(R_1R_2+\omega^2M^2\right)\right] \tag{3.111}$$

传输效率为

$$\eta=\left|\frac{\dot{U}_{\mathrm{o}}\dot{I}_{\mathrm{o}}}{\dot{U}_{\mathrm{in}}\dot{I}_{\mathrm{in}}}\right|=\frac{\left(\omega^3ML_1L_2\right)^2R_{\mathrm{Ld}}}{\alpha\left[\omega^2L_2^2R_1+\left(R_{\mathrm{f2}}+R_{\mathrm{Ld}}\right)\left(R_1R_2+\omega^2M^2\right)\right]} \tag{3.112}$$

2）LCC-S 型系统建模

在发射侧采用LCC补偿结构，在接收侧采用S补偿结构，即组成LCC-S型（也称LCCL-S型）磁耦合式无线电能传输系统，其等效电路模型如图 3.22 所示，其中 C_{s1} 为发射侧的谐振电容，C_1 和 C_2 分别为发射侧和接收侧的补偿电容，R_1 和 R_2 分别为发射侧和接收侧的线圈内阻，L_{f1} 为发射侧的附加谐振电感，R_{f1} 为附加谐振电感 L_{f1} 的等效电阻。

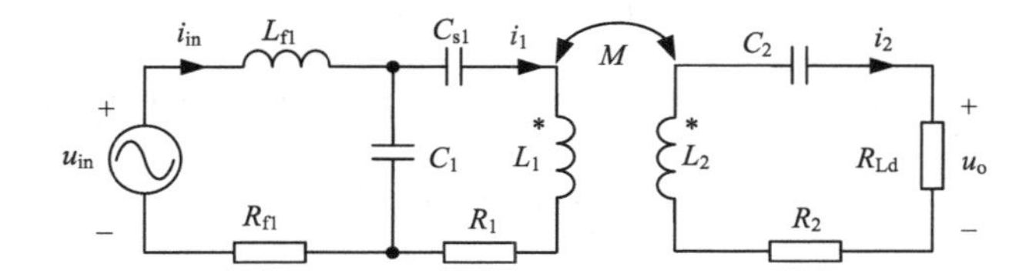

图 3.22　LCC-S 型系统等效电路

图 3.22 中，由相量表示的电压回路方程为

$$\begin{cases}\dot{U}_{\mathrm{in}}=\left(R_{\mathrm{f1}}+\mathrm{j}\omega L_{\mathrm{f1}}\right)\dot{I}_{\mathrm{in}}+\left(R_1+\mathrm{j}\omega L_1+\dfrac{1}{\mathrm{j}\omega C_{\mathrm{s1}}}\right)\dot{I}_1-\mathrm{j}\omega M\dot{I}_2\\ \left(R_1+\mathrm{j}\omega L_1+\dfrac{1}{\mathrm{j}\omega C_{\mathrm{s1}}}\right)\dot{I}_1-\mathrm{j}\omega M\dot{I}_2=\dfrac{1}{\mathrm{j}\omega C_1}\left(\dot{I}_{\mathrm{in}}-\dot{I}_1\right)\\ \mathrm{j}\omega M\dot{I}_1-\left(R_2+\mathrm{j}\omega L_2+\dfrac{1}{\mathrm{j}\omega C_2}\right)\dot{I}_2=R_{\mathrm{Ld}}\dot{I}_2=\dot{U}_{\mathrm{o}}\end{cases} \tag{3.113}$$

由式(3.113)可得

$$\begin{cases}\dot{U}_{\mathrm{in}}=\left(R_{\mathrm{f1}}+\mathrm{j}\omega L_{\mathrm{f1}}+\dfrac{1}{\mathrm{j}\omega C_1}\right)\dot{I}_{\mathrm{in}}-\dfrac{1}{\mathrm{j}\omega C_1}\dot{I}_1\\ \dot{U}_{\mathrm{o}}=\mathrm{j}\omega M\dot{I}_1-\left(R_2+\mathrm{j}\omega L_2+\dfrac{1}{\mathrm{j}\omega C_2}\right)\dot{I}_2=R_{\mathrm{Ld}}\dot{I}_2\\ \left(R_1+\mathrm{j}\omega L_1+\dfrac{1}{\mathrm{j}\omega C_{\mathrm{s1}}}+\dfrac{1}{\mathrm{j}\omega C_1}\right)\dot{I}_1-\mathrm{j}\omega M\dot{I}_2=\dfrac{1}{\mathrm{j}\omega C_1}\dot{I}_{\mathrm{in}}\end{cases} \tag{3.114}$$

为实现发射侧恒流和接收侧恒压特性，对系统进行完全补偿，此时系统需要满足以下谐振条件：

$$\begin{cases} j\omega L_1 + \dfrac{1}{j\omega C_{s1}} = j\omega L_{f1} \\ j\omega L_{f1} + \dfrac{1}{j\omega C_1} = 0 \\ j\omega L_2 + \dfrac{1}{j\omega C_2} = 0 \end{cases} \tag{3.115}$$

即

$$\omega = \frac{1}{\sqrt{(L_1 - L_{f1})C_{s1}}} = \frac{1}{\sqrt{L_{f1}C_1}} = \frac{1}{\sqrt{L_2C_2}} \tag{3.116}$$

因此，式(3.114)可改写为

$$\begin{cases} \dot{U}_{in} = R_{f1}\dot{I}_{in} - \dfrac{1}{j\omega C_1}\dot{I}_1 \\ \dot{U}_o = j\omega M\dot{I}_1 - R_2\dot{I}_2 = R_{Ld}\dot{I}_2 \\ R_1\dot{I}_1 - j\omega M\dot{I}_2 = \dfrac{1}{j\omega C_1}\dot{I}_{in} \end{cases} \tag{3.117}$$

如果忽略传输线圈内阻 R_1、R_2 和谐振电感内阻 R_{f1}，则式(3.117)可改写为

$$\begin{cases} \dot{U}_{in} = -\dfrac{1}{j\omega C_1}\dot{I}_1 = j\omega L_{f1}\dot{I}_1 \\ \dot{U}_o = j\omega M\dot{I}_1 = R_{Ld}\dot{I}_2 \\ j\omega M\dot{I}_2 = -\dfrac{1}{j\omega C_1}\dot{I}_{in} = j\omega L_{f1}\dot{I}_{in} \end{cases} \tag{3.118}$$

式(3.118)还可继续改写为

$$\begin{cases} \dot{I}_1 = \dfrac{\dot{U}_{in}}{j\omega L_{f1}} \\ \dot{I}_2 = \dfrac{\dot{U}_o}{R_{Ld}} = \dfrac{j\omega M\dot{I}_1}{R_{Ld}} = \dfrac{M\dot{U}_{in}}{L_{f1}R_{Ld}} \\ \dot{I}_{in} = \dfrac{M\dot{I}_2}{L_{f1}} = \dfrac{M^2\dot{U}_{in}}{L_{f1}^2R_{Ld}} \end{cases} \tag{3.119}$$

由式(3.119)可得电流传输比为

$$\frac{\dot{I}_2}{\dot{I}_{in}} = \frac{L_{f1}}{M} \tag{3.120}$$

电压传输比为

$$\frac{\dot{U}_o}{\dot{U}_{in}} = \frac{M}{L_{f1}} \tag{3.121}$$

发射侧等效输入阻抗为

$$Z_{in} = \frac{\dot{U}_{in}}{\dot{I}_{in}} = \frac{L_{f1}^2R_{Ld}}{M^2} \tag{3.122}$$

接收侧的输出功率为

$$P_o = \left|\dot{U}_o \dot{I}_2\right| = \frac{U_{in}^2 \left(\omega^2 M L_{f1}\right)^2 R_{Ld}}{\left[R_{f1}\beta + \omega^2 L_{f1}^2 \left(R_2 + R_{Ld}\right)\right]^2} \tag{3.123}$$

其中

$$\beta = R_1\left(R_2 + R_{Ld}\right) + \omega^2 M^2 \tag{3.124}$$

传输效率为

$$\eta = \left|\frac{\dot{U}_o \dot{I}_2}{\dot{U}_{in} \dot{I}_{in}}\right| = \frac{\left(\omega^2 M L_{f1}\right)^2 R_{Ld}}{\left[R_{f1}\beta + \omega^2 L_{f1}^2 \left(R_2 + R_{Ld}\right)\right]\beta} \tag{3.125}$$

3) LCC-LCC 型系统建模

在 LCL-LCL 型系统发射线圈和接收线圈支路上分别串入谐振电容 C_{s1} 和 C_{s2}，即组成 LCC-LCC 型(也称 LCCL-LCCL 型)磁耦合式无线电能传输系统，其等效电路模型如图 3.23 所示，其中 C_{s1} 和 C_{s2} 分别为发射侧和接收侧的谐振电容，C_1 和 C_2 分别为发射侧和接收侧的补偿电容，R_1 和 R_2 分别为发射侧和接收侧线圈内阻，L_{f1} 和 L_{f2} 分别为发射侧和接收侧的附加谐振电感，R_{f1} 和 R_{f2} 分别为附加谐振电感的等效电阻。

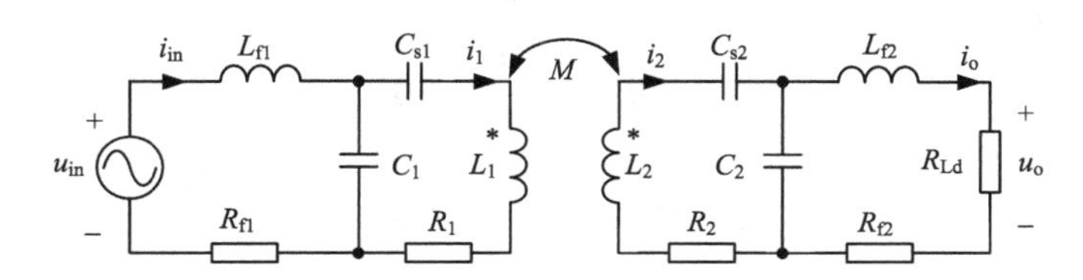

图 3.23　LCC-LCC 型系统等效电路

在发射线圈和接收线圈串入谐振电容后，为对系统进行完全补偿，即系统工作在谐振状态，需满足以下条件：

$$\begin{cases} \omega L_1 - \dfrac{1}{\omega C_{s1}} = \dfrac{1}{\omega C_1} = \omega L_{f1} \\ \omega L_2 - \dfrac{1}{\omega C_{s2}} = \dfrac{1}{\omega C_2} = \omega L_{f2} \end{cases} \tag{3.126}$$

在式(3.126)所述条件下，图 3.23 可进一步简化为图 3.24。

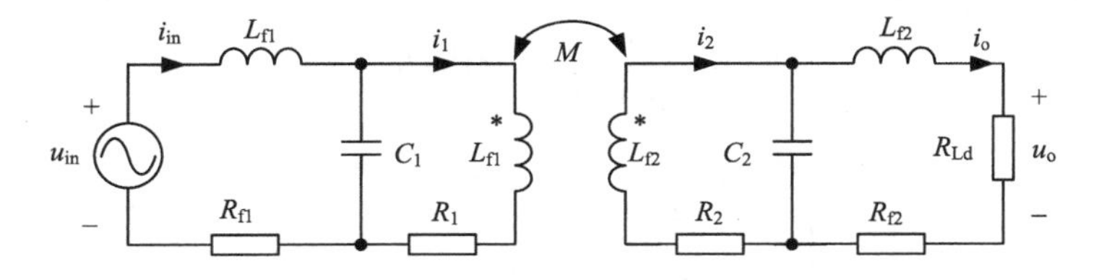

图 3.24　LCC-LCC 型系统简化等效电路模型

图 3.24 中，由相量表示的电压回路方程为

$$\begin{cases}\dot{U}_{\text{in}}=\left(R_{\text{f1}}+\text{j}\omega L_{\text{f1}}\right)\dot{I}_{\text{in}}+\left(R_1+\text{j}\omega L_{\text{f1}}\right)\dot{I}_1-\text{j}\omega M\dot{I}_2\\\left(R_1+\text{j}\omega L_{\text{f1}}\right)\dot{I}_1-\text{j}\omega M\dot{I}_2=\dfrac{1}{\text{j}\omega C_1}\left(\dot{I}_{\text{in}}-\dot{I}_1\right)\\\dot{U}_{\text{o}}=\text{j}\omega M\dot{I}_1-\left(R_{\text{f2}}+\text{j}\omega L_{\text{f2}}\right)\dot{I}_{\text{o}}+\left(R_2+\text{j}\omega L_{\text{f2}}\right)\dot{I}_2=R_{\text{Ld}}\dot{I}_{\text{o}}\\\text{j}\omega M\dot{I}_1-\left(R_2+\text{j}\omega L_{\text{f2}}\right)\dot{I}_2=\dfrac{1}{\text{j}\omega C_2}\left(\dot{I}_2-\dot{I}_{\text{o}}\right)\end{cases}\tag{3.127}$$

由式(3.127)可得

$$\begin{cases}\dot{U}_{\text{in}}=\left(R_{\text{f1}}+\text{j}\omega L_{\text{f1}}+\dfrac{1}{\text{j}\omega C_1}\right)\dot{I}_{\text{in}}-\dfrac{1}{\text{j}\omega C_1}\dot{I}_1\\\dot{U}_{\text{o}}=\dfrac{1}{\text{j}\omega C_2}\dot{I}_2-\left(R_{\text{f2}}+\text{j}\omega L_{\text{f2}}+\dfrac{1}{\text{j}\omega C_2}\right)\dot{I}_{\text{o}}\\\left(R_1+\text{j}\omega L_{\text{f1}}+\dfrac{1}{\text{j}\omega C_1}\right)\dot{I}_1-\text{j}\omega M\dot{I}_2=\dfrac{1}{\text{j}\omega C_1}\dot{I}_{\text{in}}\\\text{j}\omega M\dot{I}_1-\left(R_2+\text{j}\omega L_{\text{f2}}+\dfrac{1}{\text{j}\omega C_2}\right)\dot{I}_2=-\dfrac{1}{\text{j}\omega C_2}\dot{I}_{\text{o}}\end{cases}\tag{3.128}$$

由式(3.126)可得

$$\begin{cases}\text{j}\omega L_{\text{f1}}+\dfrac{1}{\text{j}\omega C_1}=0\\\text{j}\omega L_{\text{f2}}+\dfrac{1}{\text{j}\omega C_2}=0\end{cases}\tag{3.129}$$

因此，式(3.128)可改写为

$$\begin{cases}\dot{U}_{\text{in}}=R_{\text{f1}}\dot{I}_{\text{in}}-\dfrac{1}{\text{j}\omega C_1}\dot{I}_1\\\dot{U}_{\text{o}}=\dfrac{1}{\text{j}\omega C_2}\dot{I}_2-R_{\text{f2}}\dot{I}_{\text{o}}\\R_1\dot{I}_1-\text{j}\omega M\dot{I}_2=\dfrac{1}{\text{j}\omega C_1}\dot{I}_{\text{in}}\\\text{j}\omega M\dot{I}_1-R_2\dot{I}_2=-\dfrac{1}{\text{j}\omega C_2}\dot{I}_{\text{o}}\end{cases}\tag{3.130}$$

如果忽略传输线圈内阻 R_1、R_2 和谐振电感内阻 R_{f1}、R_{f2}，则式(3.130)可改写为

$$\begin{cases}\dot{U}_{\text{in}}=-\dfrac{1}{\text{j}\omega C_1}\dot{I}_1=\text{j}\omega L_{\text{f1}}\dot{I}_1\\\dot{U}_{\text{o}}=\dfrac{1}{\text{j}\omega C_2}\dot{I}_2=-\text{j}\omega L_{\text{f2}}\dot{I}_2\\-\text{j}\omega M\dot{I}_2=\dfrac{1}{\text{j}\omega C_1}\dot{I}_{\text{f1}}=-\text{j}\omega L_{\text{f1}}\dot{I}_{\text{in}}\\\text{j}\omega M\dot{I}_1=-\dfrac{1}{\text{j}\omega C_2}\dot{I}_{\text{f2}}=\text{j}\omega L_{\text{f2}}\dot{I}_{\text{o}}\end{cases}\tag{3.131}$$

式(3.131)还可继续改写为

$$\begin{cases} \dot{I}_1 = \dfrac{\dot{U}_{\text{in}}}{\text{j}\omega L_{\text{f1}}} \\ \dot{I}_2 = -\dfrac{\dot{U}_{\text{o}}}{\text{j}\omega L_{\text{f2}}} \\ \dot{I}_{\text{in}} = -\dfrac{M\dot{U}_{\text{o}}}{\text{j}\omega L_{\text{f1}} L_{\text{f2}}} \\ \dot{I}_{\text{o}} = \dfrac{M\dot{U}_{\text{in}}}{\text{j}\omega L_{\text{f1}} L_{\text{f2}}} \end{cases} \tag{3.132}$$

由式(3.132)可得电流传输比为

$$\frac{\dot{I}_{\text{o}}}{\dot{I}_{\text{in}}} = -\frac{\text{j}\omega L_{\text{f1}} L_{\text{f2}}}{MR_{\text{Ld}}} \tag{3.133}$$

电压传输比为

$$\frac{\dot{U}_{\text{o}}}{\dot{U}_{\text{in}}} = \frac{MR_{\text{Ld}}}{\text{j}\omega L_{\text{f1}} L_{\text{f2}}} \tag{3.134}$$

发射侧等效输入阻抗为

$$Z_{\text{in}} = \frac{\dot{U}_{\text{in}}}{\dot{I}_{\text{in}}} = \frac{\omega^2 L_{\text{f1}}^2 L_{\text{f2}}^2}{M^2 R_{\text{Ld}}} \tag{3.135}$$

接收侧的输出功率为

$$P_{\text{o}} = \left|\dot{U}_{\text{o}} \dot{I}_{\text{o}}\right| = \frac{\left(\omega^3 M L_{\text{f1}} L_{\text{f2}}\right)^2 U_{\text{in}}^2 R_{\text{Ld}}}{\gamma^2} \tag{3.136}$$

其中，γ 可表示为

$$\gamma = \omega^2 L_{\text{f1}}^2 \left[\omega^2 L_{\text{f2}}^2 + \left(R_{\text{f2}} + R_{\text{Ld}}\right) R_2\right] + R_{\text{f1}} \left[\omega^2 L_{\text{f2}}^2 R_1 + \left(R_{\text{f2}} + R_{\text{Ld}}\right)\left(R_1 R_2 + \omega^2 M^2\right)\right] \tag{3.137}$$

传输效率为

$$\eta = \left|\frac{\dot{U}_{\text{o}} \dot{I}_{\text{o}}}{\dot{U}_{\text{in}} \dot{I}_{\text{in}}}\right| = \frac{\left(\omega^3 M L_{\text{f1}} L_{\text{f2}}\right)^2 R_{\text{Ld}}}{\gamma\left[\omega^2 L_{\text{f2}}^2 R_1 + \left(R_{\text{f2}} + R_{\text{Ld}}\right)\left(R_1 R_2 + \omega^2 M^2\right)\right]} \tag{3.138}$$

研究结果表明，LCL 结构相比于串-串型结构，在一些特殊工况下具有更好的鲁棒性，即对耦合系数变化或负载变化等不太敏感，但在相同参数下其传输功率相对较低。LCC 结构来源于 LCL 结构，因此继承了 LCL 结构的鲁棒性优势，同时在保持相同线圈参数、耦合系数、谐振频率和激励电压的情况下，LCC 结构可以通过调节谐振参数，得到与串-串型结构相等甚至更高的最大传输功率，弥补了 LCL 结构传输功率偏小的缺点。进一步地，若保证相同的最大传输功率，LCC 结构具有和串-串型结构相等的线圈电流以及更低的补偿电容电压，因此具有更好的应用前景。

3.4.2 传输特性分析

磁场耦合无线电能传输系统传输特性，是指系统输出功率、传输效率与系统参数(线圈耦合系数、工作频率、负载等)之间的关系，是衡量系统性能的重要指标，也是系统设计与控制的重要参考依据。由前面的分析可知，不同补偿结构系统的传输特性存在差异，为简单起见，本节以串-串型系统为例，详细分析该系统的传输特性。

1. 输出功率、传输效率与频率、互感和负载的关系

结合式(3.56)和式(3.57)可知，当 U_{in}、R_1 和 R_2 一定时，系统输出功率 P_o 和传输效率 η 是关于工作频率 f_s、线圈互感 M 和负载 R_{Ld} 的函数。图 3.25 和图 3.26 分别绘制了不同互感情况下 P_o 和 η 关于 f_s 和 R_{Ld} 的关系曲线，所用参数如下：U_{in}=100V，谐振频率 f_r=100kHz，$R_1=R_2=1\Omega$，$L_1=L_2=20\mu H$，$C_1=C_2=126.7nF$。

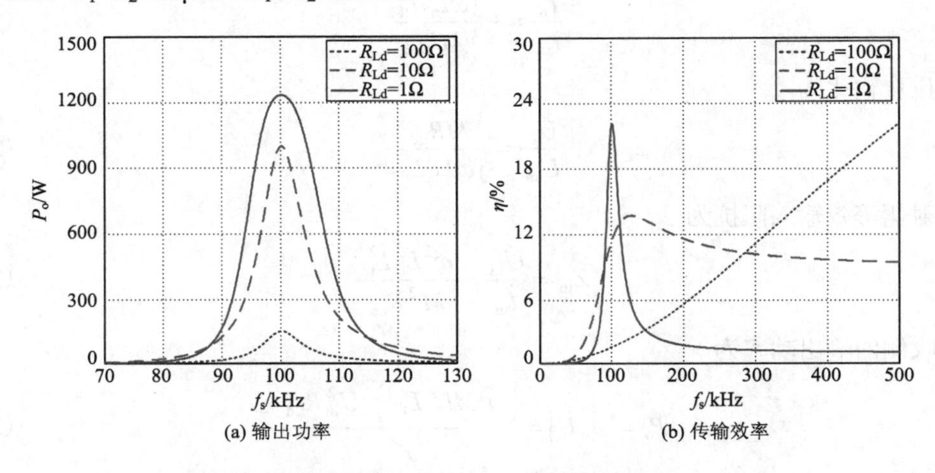

(a) 输出功率　(b) 传输效率

图 3.25　不同工作频率和负载下的系统传输特性(M=2μH)

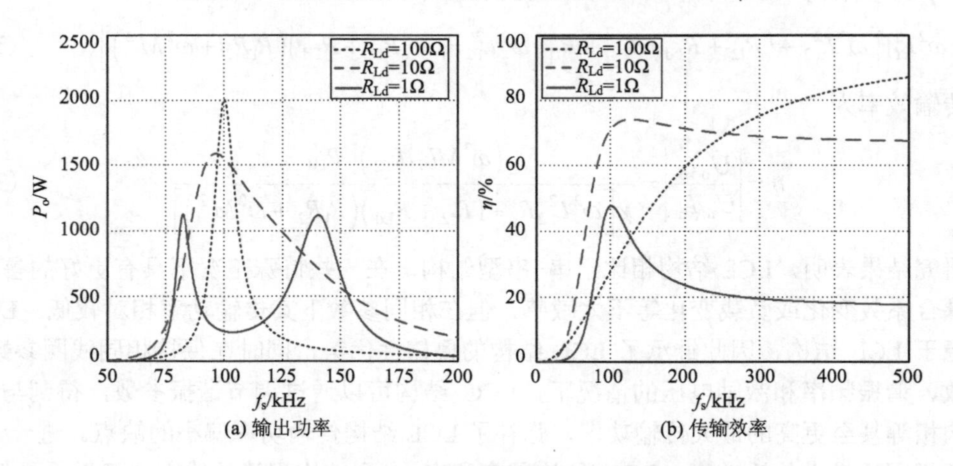

(a) 输出功率　(b) 传输效率

图 3.26　不同工作频率和负载下的系统传输特性(M=10μH)

对比图 3.25 和图 3.26 可知，系统输出功率呈现单峰值特征，在谐振频率处输出功率最大。但在某些互感和负载参数条件下，输出功率会表现出双峰值特征，如图 3.26(a)所示，这就是“频率分裂”现象。随着互感的增加，系统传输效率随之增加，一般情况下也呈现

单峰值特点，在谐振频率处取得最大值，但在某些负载条件下，传输效率呈现单调增加的趋势，不存在峰值点。

结合式(3.63)和式(3.64)可知，当 U_{in}、R_1 和 R_2 一定时，谐振状态下输出功率 P_o 和传输效率 η 是关于线圈互感 M 和负载 R_{Ld} 的函数。图 3.27 给出了 P_o 和 η 关于 M 和 R_{Ld} 的关系曲线，所用参数如下：U_{in}=100V，f_s=100kHz，R_1=R_2=1Ω。

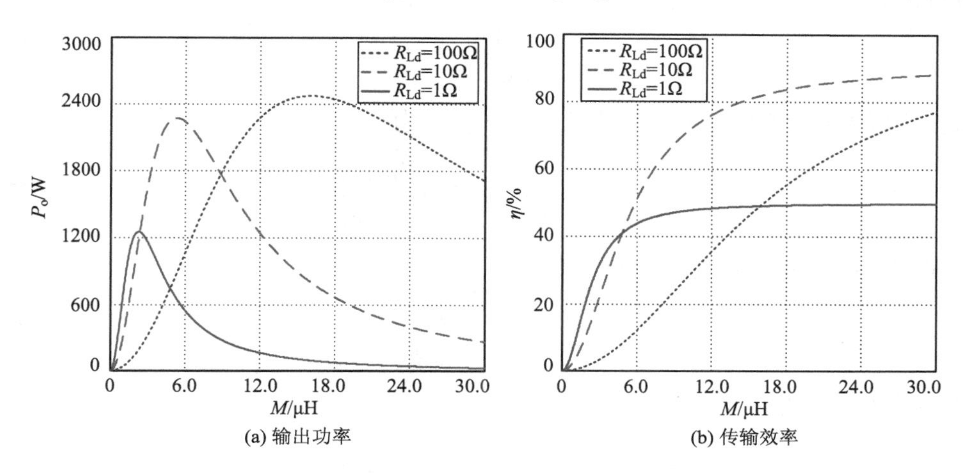

图 3.27　谐振状态下不同互感和负载下的系统传输特性

由图 3.27(a)可知，线圈互感的变化会对系统输出功率产生显著影响，随着线圈互感值的增加，输出功率先增大后减小，即存在最优互感使输出功率达到峰值。将 P_o 对 M 进行求导，并令其等于零：

$$\frac{\partial P_o}{\partial M}=0 \tag{3.139}$$

可求得谐振状态下 P_o 曲线峰值点横、纵坐标分别为

$$M_{OPT}=\frac{\sqrt{R_1\left(R_2+R_{Ld}\right)}}{\omega} \tag{3.140}$$

$$P_{omax}=\frac{U_{in}^2 R_{Ld}}{4R_1\left(R_2+R_{Ld}\right)} \tag{3.141}$$

由式(3.141)可以看出，输出功率峰值 P_{omax} 和 U_{in} 的平方有关，即 U_{in} 可以决定系统的输出功率等级，其峰值点横、纵坐标与负载电阻有关。R_{Ld} 增大，M_{OPT} 增大，P_{omax} 微增。当 $R_2 \ll R_{Ld}$ 时，$\frac{R_{Ld}}{R_2+R_{Ld}}\approx 1$，$P_{omax}\approx\frac{U_{in}^2}{4R_1}$，此时 P_{omax} 受 R_{Ld} 的影响不大。由图 3.27(b)可知，系统传输效率关于线圈互感呈单调关系，随着互感值的增加，传输效率单调递增，并最终趋于平缓。

2. 不同负载条件下的最大效率传输和最大功率传输

由式(3.57)可知，当系统工作频率固定时，假设发射端电阻 R_1 和接收端电阻 R_2 为常数，则系统传输效率 η 是关于线圈接收端电抗 X_2、线圈间互感 M 和负载电阻 R_{Ld} 的函数。为了实现系统最大效率传输，先将 η 对 X_2 求导，并令其等于零，即

$$\frac{\partial \eta}{\partial X_2}=0 \tag{3.142}$$

求得最大传输效率所对应的线圈接收端最优电抗 $X_{2\_\mathrm{OPT}\_\eta}$ 为

$$X_{2\_\mathrm{OPT}\_\eta}=0 \tag{3.143}$$

再将传输效率 η 对 R_{Ld} 求导，并令其等于零，即

$$\frac{\partial \eta}{\partial R_{\mathrm{Ld}}}=0 \tag{3.144}$$

求得最高传输效率所对应的最优负载 $R_{\mathrm{Ld\_OPT}\_\eta}$ 为

$$R_{\mathrm{Ld\_OPT}\_\eta}=\sqrt{R_2^2+X_2^2+\frac{(\omega M)^2 R_2}{R_1}} \tag{3.145}$$

将 $X_2=X_{2\_\mathrm{OPT}\_\eta}=0$ 代入式(3.145)，令

$$\lambda_M=\sqrt{1+\frac{(\omega M)^2}{R_1 R_2}} \tag{3.146}$$

则式(3.145)可简化为

$$R_{\mathrm{Ld\_OPT}\_\eta}=R_2\sqrt{1+\frac{(\omega M)^2}{R_1 R_2}}=R_2\lambda_M \tag{3.147}$$

相对应的传输效率峰值 $\eta_{\max}$ 的表达式为

$$\eta_{\max}=\frac{(\omega M)^2\lambda_M}{R_1R_2(1+\lambda_M)^2+(\omega M)^2(1+\lambda_M)} \tag{3.148}$$

λ_M 是关于 M 的函数，由式(3.147)和式(3.148)可知，当系统其他参数确定时，$R_{\mathrm{Ld\_OPT}\_\eta}$ 和 $\eta_{\max}$ 均与 M 有关。为了进一步验证理论分析，图 3.28 绘制了 $X_2=X_{2\_\mathrm{OPT}\_\eta}=0$ 时系统传输效率 η 关于 M 和 R_{Ld} 的三维曲面图，其中所用参数如下：f_s=100kHz，$R_1=R_2=1\Omega$。由图 3.28 可知，在不同互感条件下，总存在某一 R_{Ld} 使得传输效率存在最大值。线圈互感变化除了会引起传输效率的波动外，还会引起最高传输效率所对应的最优工作点的偏移，即 $R_{\mathrm{Ld\_OPT}\_\eta}$ 和 $\eta_{\max}$ 发生变化。

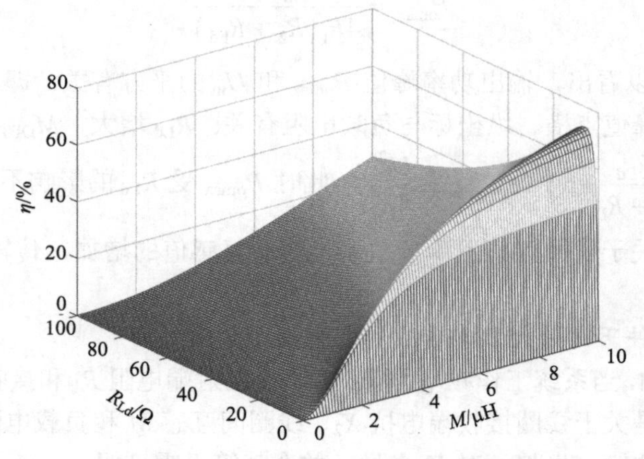

图 3.28 不同互感和负载下的传输效率

由式(3.56)可知，当系统工作频率固定，并假设 R_1 和 R_2 为常数时，系统输出功率 P_o 是关于线圈发射端电抗 X_1、接收端电抗 X_2、线圈间互感 M 和负载电阻 R_{Ld} 的函数。由前面的分析可知，为实现高效率，$X_2=X_{2\_OPT\_\eta}=0$，式(3.56)可化简为

$$P_o=\frac{U_{in}^2\cdot(\omega M)^2R_{Ld}}{\left[R_1(R_2+R_{Ld})+(\omega M)^2\right]^2+(R_2+R_{Ld})^2X_1{}^2} \tag{3.149}$$

为了实现系统最大功率输出，先将 P_o 对 X_1 求导，并令其等于零，即

$$\frac{\partial P_o}{\partial X_1}=0 \tag{3.150}$$

求得最大输出功率所对应的线圈发射端最优电抗 $X_{1\_OPT\_Po}$ 为

$$X_{1\_OPT\_Po}=0 \tag{3.151}$$

再将 P_o 对 R_{Ld} 求导，并令其等于零，即

$$\frac{\partial P_o}{\partial R_{Ld}}=0 \tag{3.152}$$

可求得最大输出功率所对应的最优负载 $R_{Ld\_OPT\_Po}$ 为

$$R_{Ld\_OPT\_Po}=\sqrt{\frac{\left[(\omega M)^2+R_1R_2\right]^2+R_2^2X_2^2}{R_1{}^2+X_1{}^2}} \tag{3.153}$$

将式(3.151)代入式(3.153)，结合式(3.146)可得

$$R_{Ld\_OPT\_Po}=R_2\left[1+\frac{(\omega M)^2}{R_1R_2}\right]=R_2\cdot\lambda_M^2 \tag{3.154}$$

相对应的输出功率峰值 P_{omax} 表达式为

$$P_{omax}=\frac{U_{in}^2(\omega M)^2R_2\lambda_M^2}{\left[R_1R_2(1+\lambda_M^2)+(\omega M)^2\right]^2} \tag{3.155}$$

由式(3.154)和式(3.155)可知，当系统其他参数确定时，输出功率峰值 P_{omax} 以及相对应的最优负载 $R_{Ld\_OPT\_Po}$ 均与 M 有关。图 3.29 绘出了 $X_1=X_2=0$ 时 P_o 关于 M 和 R_{Ld} 的三维曲面图，其中 U_{in}=100V，f_s=100kHz，$R_1=R_2=1\Omega$。由图 3.29 可知，在不同互感条件下，总存在某一 R_{Ld} 使得输出功率存在最大值。线圈互感变化会影响系统输出功率，并引起最大输出功率所对应的最优工作点的偏移，即 $R_{Ld\_OPT\_Po}$ 和 P_{omax} 发生变化。

由前面的分析可知，在任意互感 M 下，系统总存在最优负载 R_{Ld_OPT} 使得输出功率或传输效率最大。为了使系统获得最优传输特性，一般会在接收侧级联 DC-DC 变换器，通过闭环控制使电路等效阻抗 R_{Ld_eq} 与最优负载 R_{Ld_OPT} 相等，实现阻抗匹配，进而实现最大效率或最大功率传输。

3. 变空间尺度下的系统传输特性

发射线圈和接收线圈间空间尺度(主要指线圈间的距离、中心轴线偏移和角度偏移)的变化会直接影响线圈互感，进而影响系统的传输特性。为了研究变空间尺度条件下系统输

出功率和传输效率的变化趋势，首先需要推导出线圈互感与空间尺度之间的关系。

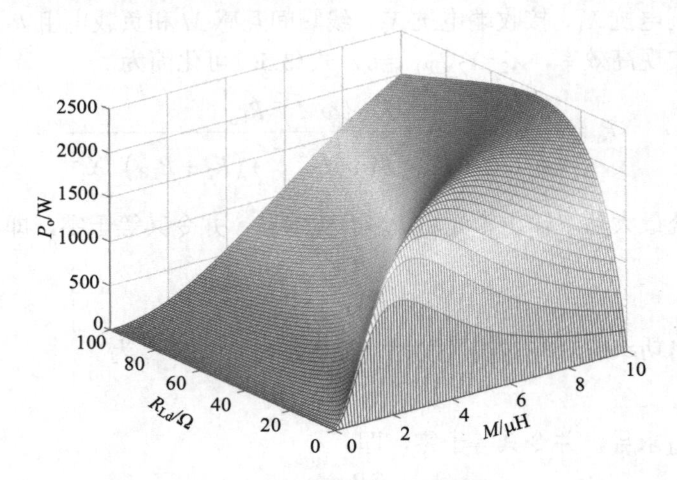

图 3.29　不同互感和负载下的输出功率

对于多匝螺线管线圈间的互感分析，一般先从单匝线圈着手。假设发射线圈和接收线圈分别由 N_1 和 N_2 匝的细导线紧密绕制而成，线圈各匝所交链的磁通相同，则多匝线圈间的互感磁通链与单匝线圈间的互感磁通可简单理解为匝数乘积的倍数关系。线圈互感与线圈间互感磁通链成正比。假设两单匝线圈间的互感为 M_0，则 N_1 匝发射线圈和 N_2 匝接收线圈间的互感 M 为

$$M = N_1 N_2 M_0 \tag{3.156}$$

由于导线半径远小于线圈半径，且导线为多股并绕的利兹线，因此导线内的电流可近似认为均匀分布。根据奈曼公式可得

$$M = \frac{\mu_0 N_1 N_2}{4\pi} \oint \oint \frac{\mathrm{d}\boldsymbol{l}_1 \cdot \mathrm{d}\boldsymbol{l}_2}{d_{12}} \tag{3.157}$$

其中，l_1、l_2 分别为单匝发射线圈和单匝接收线圈的周长；$\mathrm{d}\boldsymbol{l}_1$、$\mathrm{d}\boldsymbol{l}_2$ 分别为 l_1、l_2 的长度矢量元；d_{12} 为 $\mathrm{d}\boldsymbol{l}_1$ 和 $\mathrm{d}\boldsymbol{l}_2$ 之间的距离；μ_0 为真空磁导率。

如上所述，N_1 匝发射线圈和 N_2 匝接收线圈间的互感 M 为两单匝线圈间互感 M_0 的 N_1N_2 倍，为了清楚起见，图 3.30 以单匝线圈为例，列举了发射线圈和接收线圈间所有可能出现的空间位置关系。根据相对位置的不同，可将传输线圈的空间结构分为以下四种情况：①接收线圈相对于发射线圈无偏移；②接收线圈相对于发射线圈发生中心轴线偏移；③接收线圈相对于发射线圈发生角度偏移；④接收线圈相对于发射线圈同时发生中心轴线偏移和角度偏移。其中，r_1、r_2 分别为发射线圈和接收线圈的半径，d 为两线圈之间的传输距离，Δ 为接收线圈相对于发射线圈的中心轴线偏移量，α 为接收线圈相对于发射线圈的角度偏移量。

(1) 接收线圈相对于发射线圈无偏移的理想情况，即两线圈共轴平行(Δ=0，α=0)，线圈空间相对位置关系如图 3.30(a) 所示，对其进行分析可得无偏移情况下的互感公式为

$$M_{\mathrm{ori}} = \frac{\mu_0 N_1 N_2 r_1 r_2}{4\pi} \oint \mathrm{d}\phi \oint \frac{\sin\theta\sin\phi + \cos\theta\cos\phi}{d_{12}} \mathrm{d}\theta \tag{3.158}$$

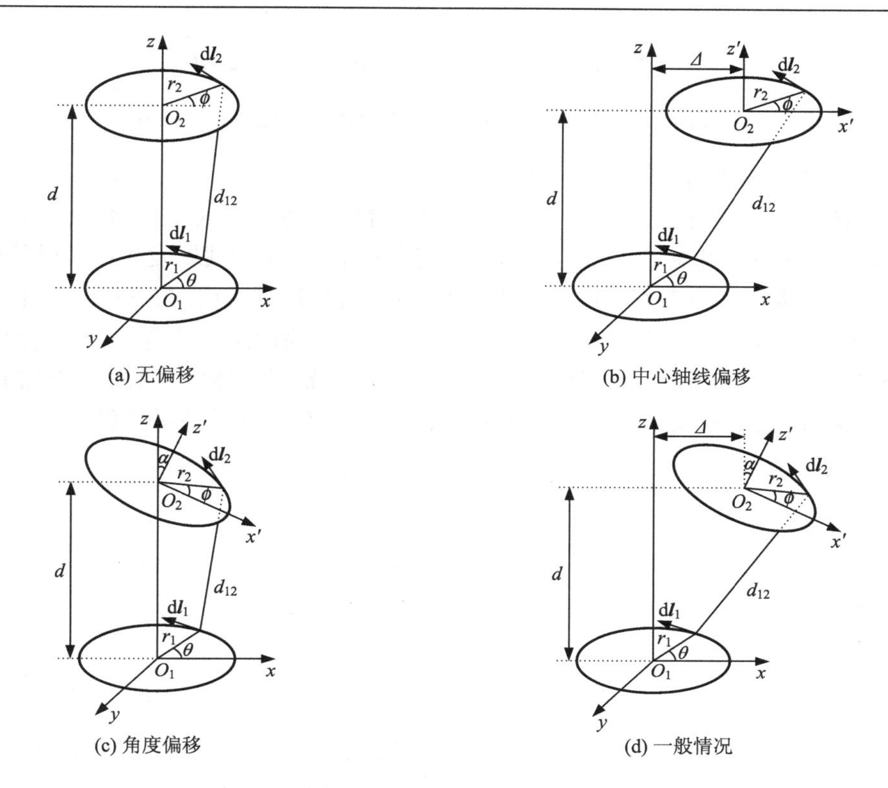

图 3.30　不同线圈空间尺度

其中

$$d_{12}=\left[r_1^{\ 2}+r_2^{\ 2}+d^2-2r_1r_2(\cos\theta\cos\phi+\sin\theta\sin\phi)\right]^{\frac{1}{2}} \tag{3.159}$$

(2)接收线圈相对于发射线圈发生中心轴线偏移的情况，即两线圈虽平行(α=0)，但彼此中心轴线错开$\varDelta$的垂直距离，线圈空间相对位置关系如图3.30(b)所示。该情况下的互感公式与式(3.158)相同，其中

$$d_{12}=\left[r_1^{\ 2}+r_2^{\ 2}+d^2+\varDelta^2+2\varDelta r_2\cos\phi-2\varDelta r_1\cos\theta-2r_1r_2(\cos\theta\cos\phi+\sin\theta\sin\phi)\right]^{\frac{1}{2}} \tag{3.160}$$

(3)接收线圈相对于发射线圈发生角度偏移的情况，即两线圈虽共轴（$\varDelta$=0)，但两线圈平面间夹角为α，线圈空间相对位置关系如图3.30(c)所示，对其进行分析可得角度偏移情况下的互感公式为

$$M_{\mathrm{A}}=\frac{\mu_0N_1N_2r_1r_2}{4\pi}\oint\mathrm{d}\phi\oint\frac{\sin\theta\sin\phi\cos\alpha+\cos\theta\cos\phi}{d_{12}}\mathrm{d}\theta \tag{3.161}$$

其中

$$d_{12}=\left[r_1^{\ 2}+r_2^{\ 2}+d^2-2r_1r_2(\cos\theta\cos\phi\cos\alpha+\sin\theta\sin\phi)-2r_2d\cos\phi\sin\alpha\right]^{\frac{1}{2}} \tag{3.162}$$

(4)接收线圈相对于发射线圈同时发生中心轴线偏移和角度偏移的一般情况，即两线圈中心轴线间垂直距离为$\varDelta$，两线圈平面间夹角为α，线圈空间相对位置关系如图3.30(d)所示。该情况下的互感公式与式(3.161)相同，其中

$$d_{12}=\Big[r_1^{\ 2}+r_2^{\ 2}+d^2+\varDelta^2+2\varDelta r_2\cos\phi\cos\alpha-2\varDelta r_1\cos\theta \\ -2r_1r_2(\cos\theta\cos\phi\cos\alpha+\sin\theta\sin\phi)-2r_2d\cos\phi\sin\alpha\Big]^{\frac{1}{2}} \tag{3.163}$$

结合式(3.158)和式(3.161)，图3.31分别绘制了图3.30(b)、(c)、(d)所示三种空间尺度下线圈互感关于中心轴线偏移量和角度偏移量的关系曲线。所用参数为 $N_1=N_2=10$，$r_1=r_2=20$cm，$d=20$cm。由图3.31(a)可知，接收线圈相对于发射线圈发生中心轴线偏移时，随着中心轴线偏移量 $\varDelta$ 的增大，线圈互感值 M_L 近似线性递减。由图3.31(b)可知，接收线圈相对于发射线圈发生角度偏移时，随着角度偏移量 α 的增大，线圈互感值 M_A 总体下降，当 α 较小时，M_A 对其不敏感。由图3.31(c)可知，中心轴线偏移和角度偏移同时存在时，线圈互感值 M_G 的变化较复杂，但随着 $\varDelta$ 或 α 的增大，M_G 整体呈下降趋势。

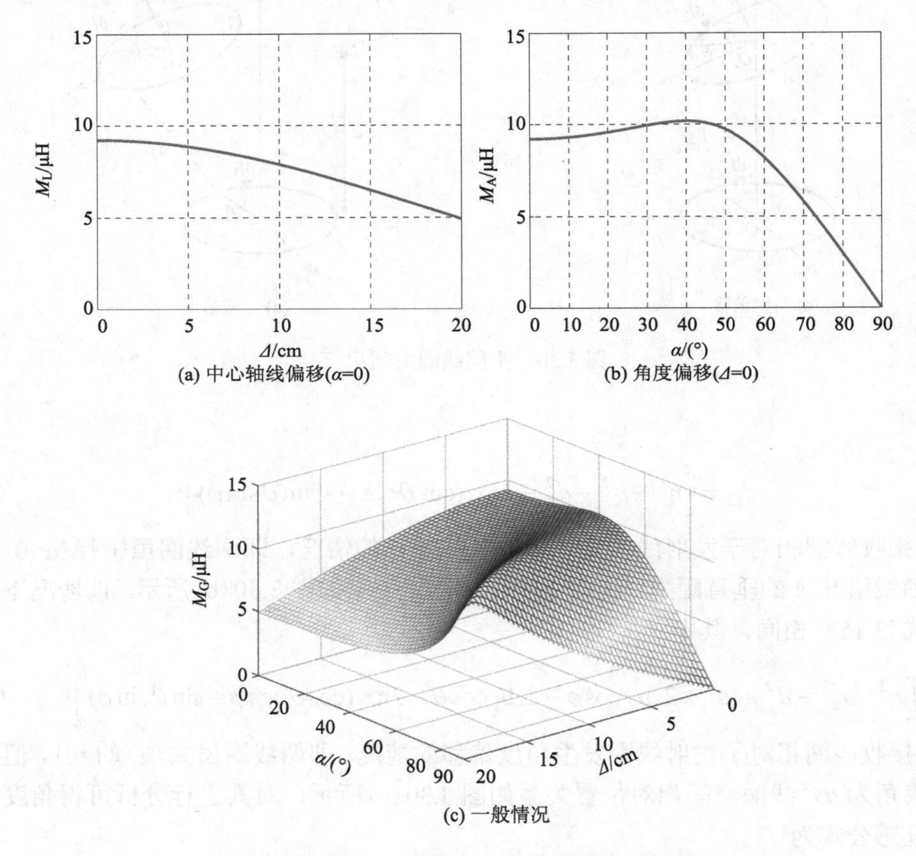

图 3.31 变空间尺度下的线圈互感

将互感通式代入系统输出功率和传输效率表达式，即可获得接收线圈相对于发射线圈空间尺度变化情况下系统传输特性的变化趋势。

图3.32给出中心轴线和角度同时发生偏移情况下的系统传输特性曲线，其中，输入电压 $U_{in}=100$V，工作频率 $f_s=100$kHz，线圈内阻 $R_1=R_2=0.5\Omega$，负载电阻 $R_{Ld}=10\Omega$。如图所示，随着空间尺度的变化，系统传输特性会发生显著变化，这是由空间尺度的变化引起发射线圈和接收线圈间互感变化所致。

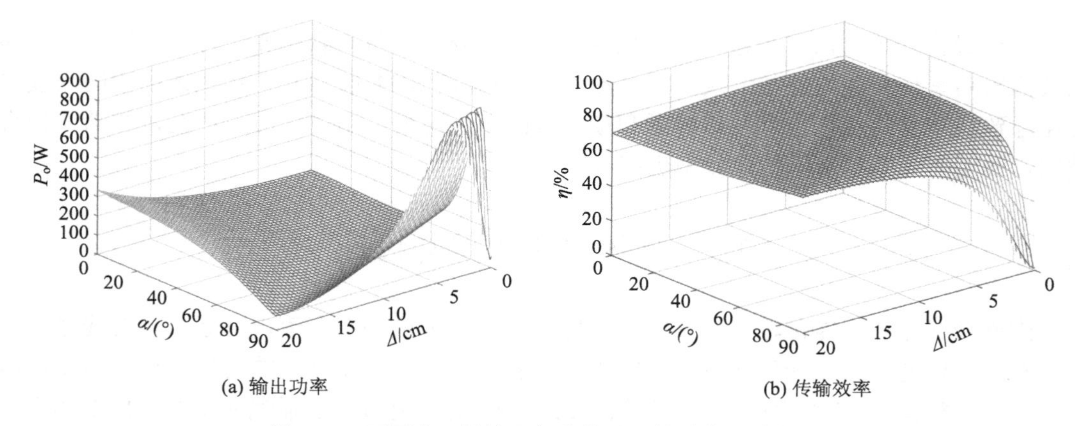

(a) 输出功率　(b) 传输效率

图 3.32　不同中心轴线和角度偏移下的系统传输特性

图 3.33 为 α=0°时，不同负载阻值条件下输出功率和传输效率关于中心轴线偏移量的变化曲线，图 3.34 为 $\varDelta$=0cm 时，不同负载阻值条件下输出功率和传输效率关于角度偏移量的变化曲线。由图 3.33(a) 和图 3.34(a) 可知，系统存在最优互感 M_{OPT} 可使输出功率达到峰值

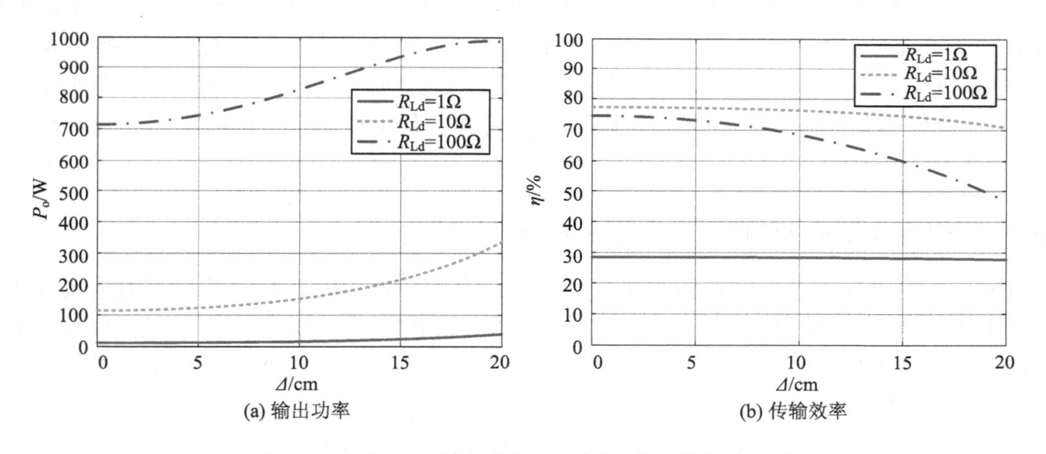

(a) 输出功率　(b) 传输效率

图 3.33　不同中心轴线偏移下的系统传输特性(α=0°)

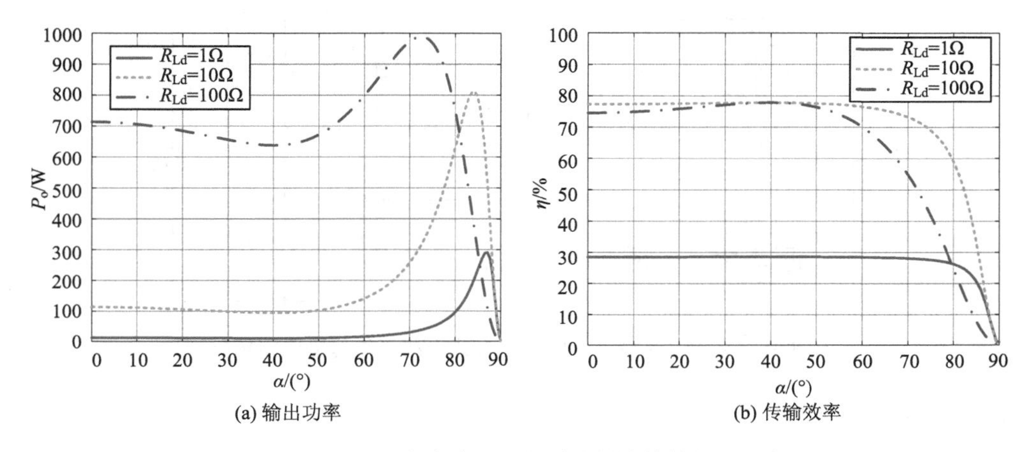

(a) 输出功率　(b) 传输效率

图 3.34　不同角度偏移下的系统传输特性($\varDelta$=0cm)

P_{omax}，而最优互感可由多个最优空间尺度实现。另外，当负载阻值变化时，最优互感值和系统输出功率最大值均会发生改变。由图 3.33(b)和图 3.34(b)可知，传输线圈空间尺度的变化导致线圈互感变化，且发射线圈和接收线圈越不对准，错位偏转越严重，线圈间耦合越弱，线圈间互感越小，传输效率也越低。

3.5　具体电路实现与设计

磁耦合式无线电能传输系统是将发射侧直流电变换成高频交流电，通过耦合线圈实现电能-磁能-电能的无线能量传输，接收侧通过整流滤波电路将感应的交流电进一步变换成直流电为负载供电。3.4 节对于不同补偿电路系统进行了建模和传输特性分析，但在实际应用中，常用的补偿电路一般为 S-S 型、LCC-S 型和 LCC-LCC 型。发射侧逆变电路根据功率大小，一般采用全桥逆变电路、半桥逆变电路和 Class-E 类逆变电路等，接收侧整流电路一般采用桥式整流、倍压整流等。根据能量流动方向，补偿电路可分为单向电路和双向电路两类，其中双向电路发射侧和接收侧一般采用同类型补偿电路，对应的功率变换电路兼具逆变和整流功能。为了实现闭环控制，一般采用脉冲频率调制(pulse frequency modulation, PFM)和脉冲宽度调制(pulse width modulation, PWM)两种方法。除对发射侧和接收侧功率变换电路进行控制外，也可在发射侧或接收侧级联 DC-DC 变换器并进行 PWM 控制。本节选择了几种常用电路拓扑，分别介绍电路拓扑组成及其工作原理，同时给出传输线圈和补偿电容的设计原则。

3.5.1　采用 S-S 型补偿的磁耦合式无线电能传输电路

图 3.35 给出采用 S-S 型补偿的磁耦合式无线电能传输电路拓扑，其发射侧采用全桥逆变，接收侧采用桥式整流。开关管 Q_1～Q_4 采用 MOSFET，D_1～D_4、C_1～C_4 分别为 MOSFET 的体二极管和寄生结电容，L_p、L_s 和 M 分别代表发射侧和接收侧线圈的自感以及两线圈之间的互感，C_p 和 C_s 分别为发射侧和接收侧的补偿电容。D_{R1}～D_{R4} 构成桥式整流电路，C_o 为输出滤波电容，R_{Ld} 为负载。i_p、i_s 分别表示发射线圈和接收线圈中流过的电流。

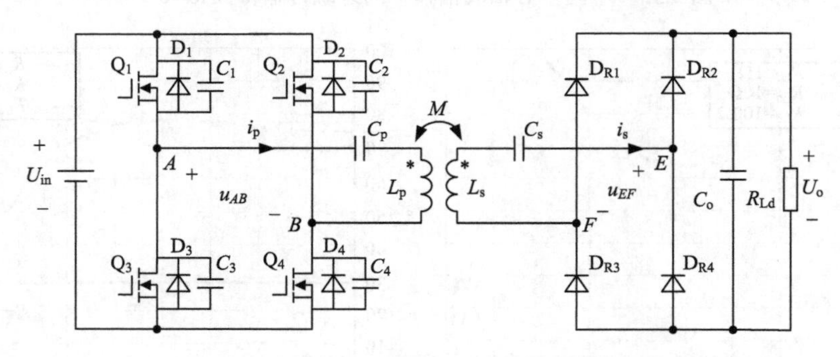

图 3.35　采用 S-S 型补偿的磁耦合式无线电能传输电路拓扑

1. 移相角为零

如采用 PFM 控制，斜对角的两只开关管同开同关，同一桥臂的两只开关管互补导通，全桥逆变电路输出为 180°方波电压。根据开关频率与谐振频率之间的大小关系，电路存在三种工作模式：①开关频率大于谐振频率，即 $f_s > f_r$；②开关频率等于谐振频率，即 $f_s = f_r$；③开关频率小于谐振频率，即 $f_s < f_r$。图 3.36 给出了三种工作模式下的主要波形图。

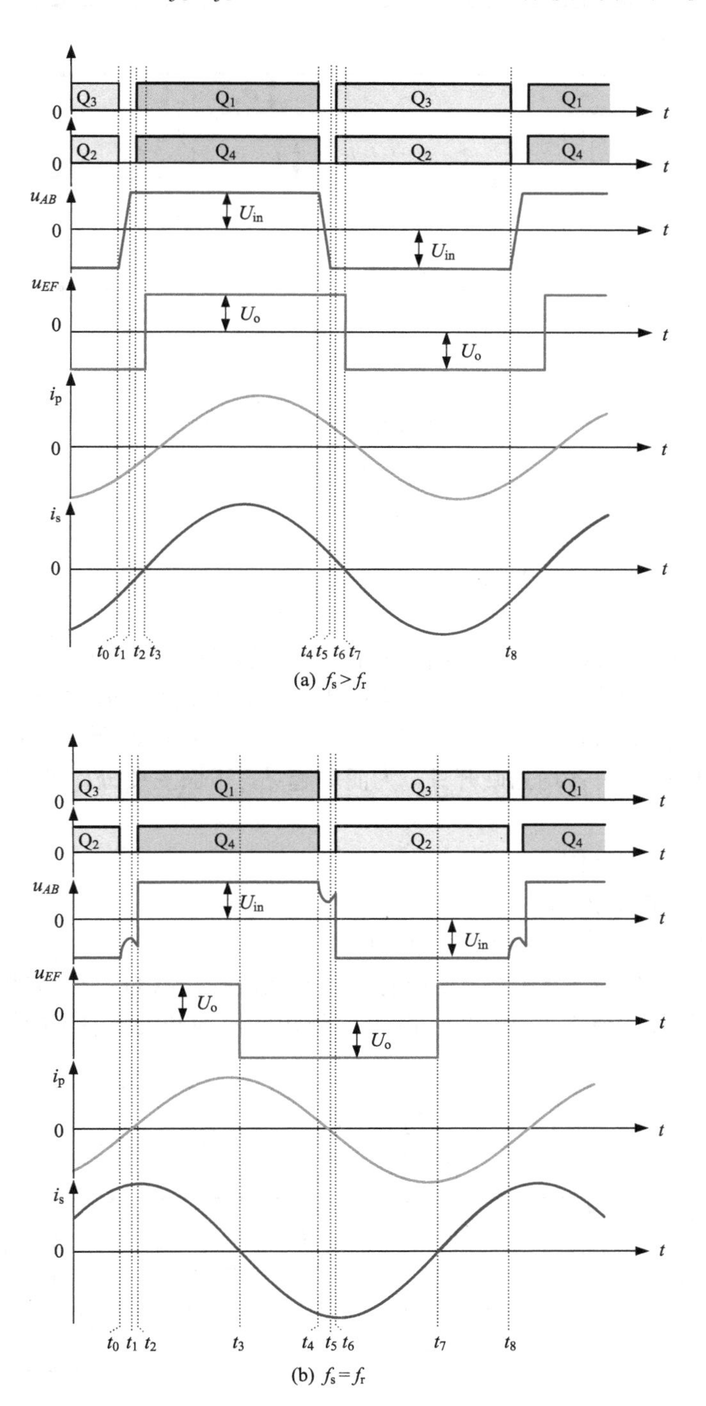

(a) $f_s > f_r$

(b) $f_s = f_r$

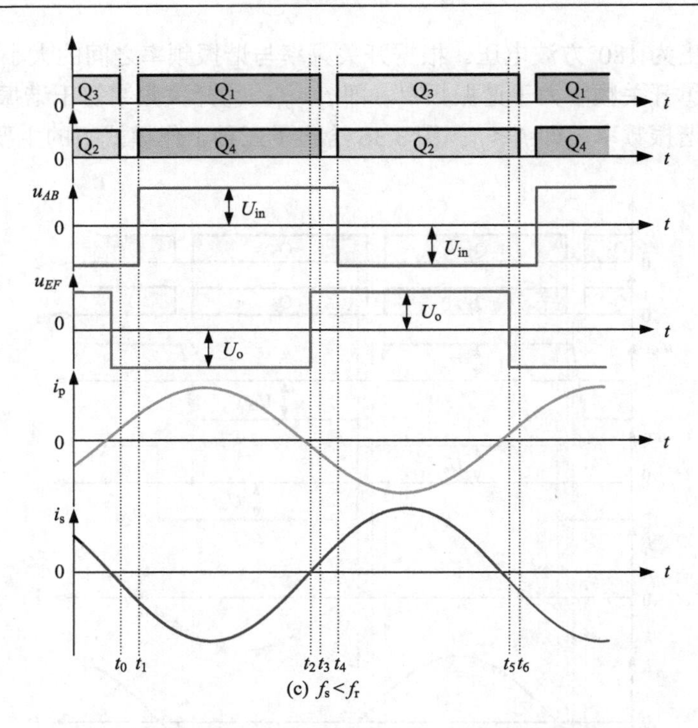

(c) $f_s < f_r$

图 3.36　PFM 控制时电路稳态工作主要波形图

当 $f_s > f_r$ 时，如图 3.36(a) 所示，u_{AB} 超前于 i_p，发射侧电路呈感性，开关管可实现零电压开关。当 $f_s = f_r$ 时，如图 3.36(b) 所示，电路工作在谐振状态，u_{AB} 与 i_p 同相位，发射侧电路呈纯阻性，所有开关管均为硬开关。当 $f_s < f_r$ 时，如图 3.36(c) 所示，u_{AB} 滞后于 i_p，发射侧电路呈容性，所有开关管均为硬开关。为简单起见，下面主要分析 $f_s > f_r$ 情况下电路的工作原理。

在分析之前，作如下假设：

(1) 忽略传输线圈的内阻；

(2) 电感、电容和功率器件均为理想元件。

当 $f_s > f_r$ 时，电路在一个开关周期内有 8 种开关模态，以 Q_2、Q_3 关断时刻为起点，对电路前半个周期的开关模态进行分析，图 3.37 给出了不同开关模态下的等效电路图。

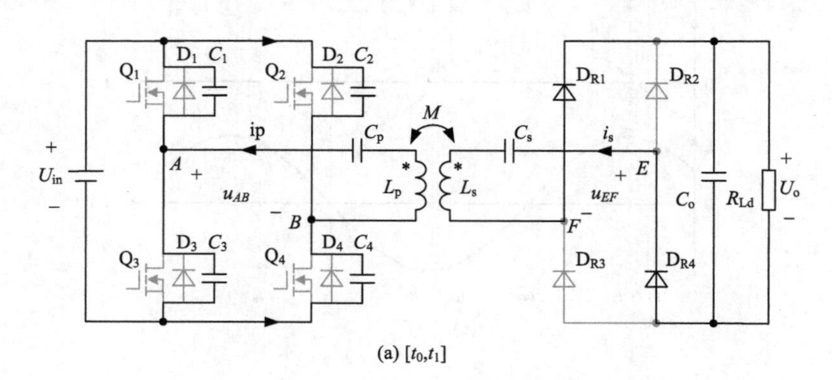

(a) $[t_0, t_1]$

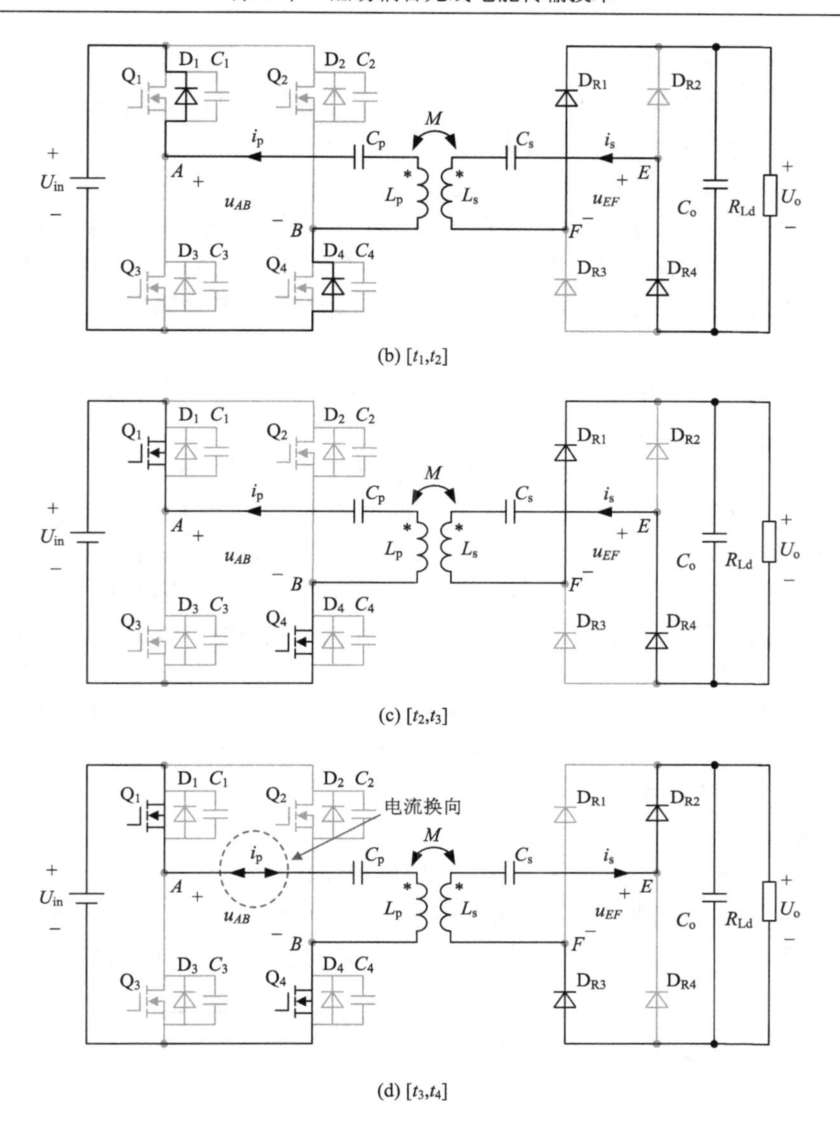

(b) $[t_1,t_2]$

(c) $[t_2,t_3]$

(d) $[t_3,t_4]$

图 3.37　$f_s > f_r$ 时各开关模态下的等效电路图

(1) 开关模态 1，$[t_0, t_1]$，参考图 3.37(a)。

t_0 时刻，开关管 Q_2、Q_3 关断，i_p 从 Q_2 和 Q_3 转移到结电容 C_1、C_2、C_3 和 C_4 中，给 C_2 和 C_3 充电，相应地，C_1 和 C_4 被放电。由于结电容的存在，Q_2 和 Q_3 均为零电压关断。该时间段内，发射侧 L_p、C_p 与结电容 C_1～C_4 均参与谐振，考虑到 i_p 较大且充放电时间很短，i_p 可近似等效为恒流源，因此 u_{AB} 由 $-U_{in}$ 线性下降。接收侧 L_s 与 C_s 谐振，D_{R1} 和 D_{R4} 导通，u_{EF} 为 $-U_o$。

(2) 开关模态 2，$[t_1, t_2]$，参考图 3.37(b)。

t_1 时刻，u_{AB} 正向上升至 U_{in} 并保持不变，C_1、C_4 放电结束，D_1 和 D_4 自然导通，Q_1 和 Q_4 两端的电压被箝位在零。t_2 时刻，Q_1 与 Q_4 可实现零电压开通。此段时间内，D_{R1} 和 D_{R4} 维持导通，发射侧 L_p 与 C_p 参与谐振，接收侧 L_s 与 C_s 参与谐振。

(3) 开关模态 3，$[t_2, t_3]$，参考图 3.37(c)。

t_2时刻，Q_1与Q_4零电压开通。该时间段内，发射侧Q_1和Q_4维持导通，i_p与i_s反向下降。该模态内电路的谐振状态与上个模态保持相同。

(4) 开关模态 4，$[t_3, t_4]$，参考图 3.37(d)。

t_3时刻，i_s下降为 0，D_{R1}和D_{R4}关断，D_{R2}和D_{R3}开通。此时间段内，D_{R2}与D_{R3}维持开通，u_{EF}恒为U_o，i_s正向上升，电流i_p存在换向过程，i_p先反向下降至零，进而正向上升至峰值并随后下降。t_4时刻，Q_1和Q_4关断，电路开始另半个开关周期的工作，其工作原理类似于上述的半个周期，这里不再赘述。

当$f_s > f_r$时，发射侧和接收侧电路均呈感性，因此Z_{22}的阻抗角介于 0°～90°。由式(3.54)可知，i_s超前于i_p，其超前的角度介于 0°～90°。

当$f_s = f_r$时，如图 3.36(b)所示，u_{AB}与i_p同相位。根据式(3.61)可知，i_s超前于i_p 90°。考虑到开关管之间的死区时间，则i_p将在死区时间内发生换向。t_0时刻，关断Q_2与Q_3。由于i_p为负，将给C_2和C_3充电，给C_1和C_4放电。但由于此时i_p幅值很小，在C_1～C_4完全充放电之前，i_p过零反向，将给C_1和C_4充电，给C_2和C_3放电，因此Q_1与Q_4将失去零电压开通条件。也就是说，当 S-S 型补偿电路工作在谐振状态时，开关管均为硬开关。为解决该问题，一般会设计电路轻度失谐，使发射侧电路呈感性，由此实现开关管的软开关。

当$f_s < f_r$时，发射侧和接收侧电路均呈容性，因此Z_{22}的阻抗角介于−90°～0°。由式(3.54)可知，i_s超前于i_p，其超前的角度介于 90°～180°。由于在开关管开通之前，电路无法为其结电容放电，因此所有开关管均为硬开关。

2. *移相角为* δ

如果要实现 PWM 控制，可在发射侧采用移相控制，即同一桥臂的两只开关管互补导通，在两个桥臂开关管驱动信号之间引入移相角 δ，此时发射侧桥臂中点电压为准方波，开关频率与谐振频率相等，即$f_s = f_r$，电路稳态工作时的主要电压、电流波形如图 3.38 所示。

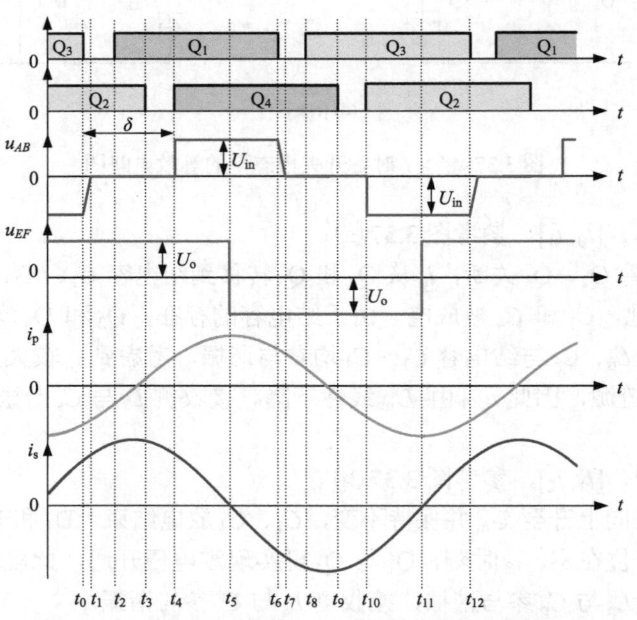

图 3.38　采用移相控制时 S-S 型补偿电路主要波形图

该电路在一个开关周期内有 12 种开关状态，以 Q_3 关断时刻为起点，对电路前半个周期的开关模态进行分析。图 3.39 给出了不同开关模态下的等效电路，各模态的工作情况描述如下。

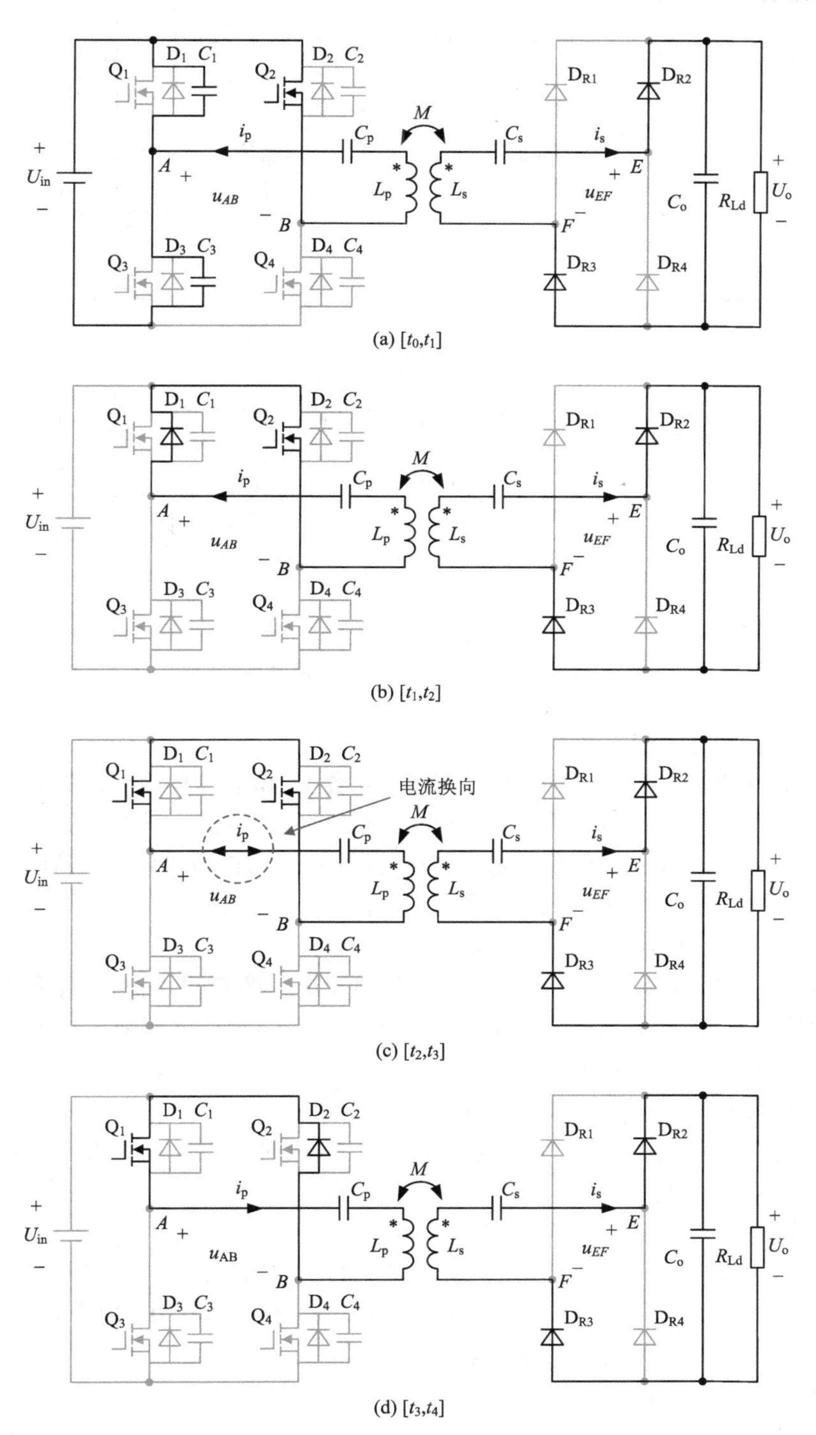

(a) $[t_0,t_1]$

(b) $[t_1,t_2]$

(c) $[t_2,t_3]$

(d) $[t_3,t_4]$

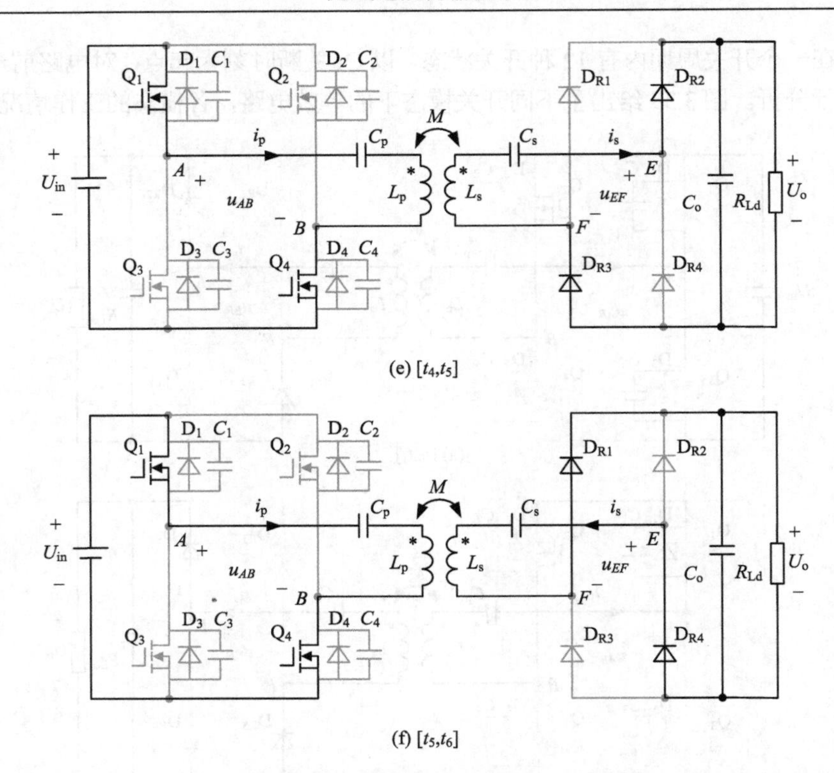

图 3.39 移相控制各开关模态下的等效电路图

(1) 开关模态 1，$[t_0, t_1]$，参考图 3.39(a)。

t_0 时刻，开关管 Q_3 关断，i_p 从 Q_3 转移到结电容 C_1 和 C_3 中，给 C_3 充电。相应地，C_1 放电。由于结电容的存在，Q_3 近似为零电压关断。该时间段内，发射侧 L_p 和 C_p 与结电容 C_1 和 C_3 均参与谐振，由于 i_p 较大且充放电时间很短，i_p 可近似等效为恒流源，因此 u_{AB} 由 $-U_{in}$ 反向线性下降。接收侧 L_s 与 C_s 谐振，D_{R2} 和 D_{R3} 导通，u_{EF} 为 U_o。

(2) 开关模态 2，$[t_1, t_2]$，参考图 3.39(b)。

t_1 时刻，u_{AB} 下降到 0，C_1 放电完毕，D_1 自然导通，将 Q_1 两端电压箝位在零。此段时间内，发射侧 L_p 与 C_p 参与谐振，接收侧 L_s 与 C_s 谐振，i_p 反向逐渐减小，在其减小到 0 之前开通 Q_1，即可实现 Q_1 的零电压开通。

(3) 开关模态 3，$[t_2, t_3]$，参考图 3.39(c)。

t_2 时刻，零电压开通 Q_1。此时间段内，Q_1 与 Q_2 同时导通，u_{AB} 恒等于 0。i_p 反向减小至 0 并逐渐正向上升。电路谐振状态与上个模态一致。

(4) 开关模态 4，$[t_3, t_4]$，参考图 3.39(d)。

t_3 时刻，关断 Q_2。由于 i_p 此时为正向，因此 D_2 自然导通，Q_2 为零电压关断。该模态电路谐振状态与上个模态一致，D_2 与 Q_1 同时导通，u_{AB} 仍恒等于 0。由于 Q_4 两端电压恒等于 U_{in}，因此在 t_4 时刻，Q_4 无法实现零电压开通。

(5) 开关模态 5，$[t_4, t_5]$，参考图 3.39(e)。

t_4 时刻，Q_4 硬开通。此时间段内，Q_1 与 Q_4 同时导通，u_{AB} 恒等于 U_{in}。i_s 逐渐减小，i_p 正向上升。

(6) 开关模态 6，$[t_5, t_6]$，参考图 3.39(f)。

t_5 时刻，i_p 正向上升至峰值。由于 i_s 超前于 i_p 90°，i_s 减小至零，D_{R2} 和 D_{R3} 关断，D_{R1} 和 D_{R4} 开通，u_{EF} 为$-U_o$。t_6 时刻，Q_1 关断，电路开始另半个开关周期的工作，其工作原理类似于上述的半个周期，这里不再赘述。

在前面的等效电路建模分析中，发射侧交流电压源、线圈电流和负载等均为等效电气量。为了分析具体电路拓扑的传输特性等，必须得到上述等效电气量与实际电气量之间的关系。下面将对发射侧等效交流电压源与实际电路输入电压、等效负载和实际负载之间的对应关系进行推导。

在接收侧，等效负载电阻 R_{Ldeq}(对应前述建模分析中的 R_{Ld}) 是通过将负载电阻 R_{Ld} 折算至整流电路前级而得到的，对于采用桥式整流和单电容滤波的电路，为了推导 R_{Ldeq} 与 R_{Ld} 的数值关系，图 3.40 给出了整流滤波电路及其关键电压的电流波形。

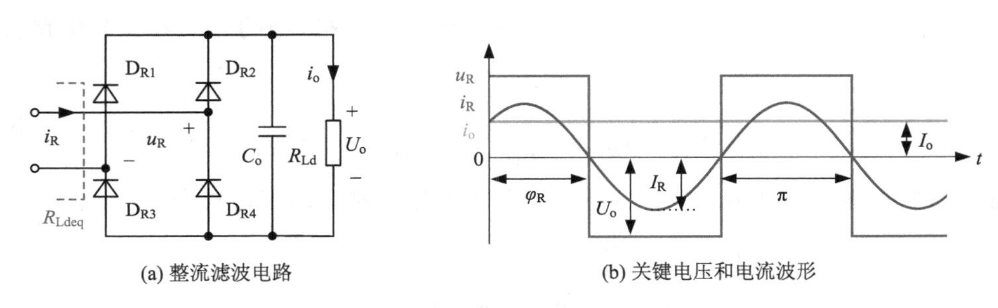

(a) 整流滤波电路　(b) 关键电压和电流波形

图 3.40　桥式整流滤波电路及其电压和电流波形

图 3.40 中，整流桥桥臂中点电压 u_R 为方波电压，方波幅值为输出直流电压 U_o。桥臂输入电流 i_R 为正弦交流电流，其峰值为 I_R，且 i_R 的相位与 u_R 基波的相位相同。i_o 表示流过负载 R_{Ld} 的电流，假设输出滤波电容 C_o 足够大，输出电压的高频分量全部被滤除，则 R_{Ld} 上无交流分量，因此 i_o 为直流电流，其幅值为 I_o。

对 u_R 进行傅里叶分解，可以得到

$$u_R(t) = \frac{4U_o}{\pi} \sum_{n=1,3,5}^{\infty} \frac{1}{n} \sin\left(n\omega t + \pi - \varphi_R\right) \tag{3.164}$$

对于 u_R 而言，只有基波分量才可以产生有功功率，其基波分量 u_{R1} 可以表示为

$$u_{R1}(t) = \frac{4U_o}{\pi} \sin\left(\omega t + \pi - \varphi_R\right) \tag{3.165}$$

而 i_R 与 u_{R1} 同相，因此 i_R 可表示为

$$i_R(t) = I_R \sin\left(\omega t + \pi - \varphi_R\right) \tag{3.166}$$

进一步地，R_{Ldeq} 可通过将 $u_{R1}(t)$ 与 $i_R(t)$ 相除得到，即

$$R_{Ldeq} = \frac{u_{R1}(t)}{i_R(t)} = \frac{4U_o}{\pi I_R} \tag{3.167}$$

考虑到 C_o 的滤波作用，整流网络输出电流的交流分量被滤除，只有其直流分量流入负载，因此可以得到

$$I_{\mathrm{o}}=\frac{1}{\pi}\int_{0}^{\pi}I_{\mathrm{R}}\sin\omega t\mathrm{d}(\omega t)=\frac{2I_{\mathrm{R}}}{\pi} \tag{3.168}$$

将式(3.168)代入式(3.167)得到

$$R_{\mathrm{Ldeq}}=\frac{8U_{\mathrm{o}}}{\pi^{2}I_{\mathrm{o}}}=\frac{8R_{\mathrm{Ld}}}{\pi^{2}} \tag{3.169}$$

对于发射侧，其等效交流电压源表示全桥逆变电路桥臂中点电压的基波分量。通过傅里叶分解，其基波电压有效值 U_{in1}(对应前述建模分析中的 U_{in})可以表示为

$$U_{\mathrm{in1}}=\frac{2\sqrt{2}U_{\mathrm{in}}}{\pi}\cos\frac{\delta}{2} \tag{3.170}$$

其中，U_{in} 为输入直流电压；δ 表示移相角，且 $0^{\circ}\leqslant\delta\leqslant180^{\circ}$。

将式(3.169)和式(3.170)代入式(3.62)，即用 R_{Ldeq} 代替 R_{Ld}，用 U_{in1} 代替 U_{in}，同时考虑到 U_{o} 为纯方波，也需要用基波电压有效值 U_{o1} 代替式(3.62)中的 U_{o}，可得到电路直流电压传输比为

$$\frac{U_{\mathrm{o}}}{U_{\mathrm{in}}}=\frac{8\omega MR_{\mathrm{Ld}}}{8R_{\mathrm{Ld}}+\pi^{2}R_{1}R_{2}+(\pi\omega M)^{2}}\cos\frac{\delta}{2} \tag{3.171}$$

将式(3.169)和式(3.170)代入式(3.63)，可得到输出功率的表达式为

$$P_{\mathrm{o}}=\frac{64U_{\mathrm{in}}^{2}\cdot(\omega M)^{2}R_{\mathrm{Ld}}}{\left[8R_{\mathrm{Ld}}+\pi^{2}R_{1}R_{2}+(\pi\omega M)^{2}\right]^{2}}\left(\cos\frac{\delta}{2}\right)^{2} \tag{3.172}$$

由式(3.171)和式(3.172)可知，当 $\delta=0^{\circ}$时，发射侧桥臂中点电压为方波电压，此时基波分量有效值最大，因此输出功率也最大，对应最大输出电压。当 δ 逐渐增大时，桥臂中点电压由方波电压变为准方波电压，且脉宽逐渐减小，此时其基波分量有效值逐渐下降，输出功率和输出电压也逐渐减小。由此可见，通过调整 δ 即可控制输出电压和输出功率。

3.5.2　采用 LCC-S 型补偿的磁耦合式无线电能传输电路

图 3.41 是采用 LCC-S 型补偿的磁耦合式无线电能传输电路拓扑，其中 Q_1～Q_4 采用 MOSFET，D_1～D_4 和 C_1～C_4 分别为 MOSFET 的体二极管和寄生结电容，L_{p} 和 L_{s} 分别为发射线圈和接收线圈的自感，M 为二者之间的互感。发射侧的 LCC 型补偿网络包含补偿电感 L_{f}、补偿电容 C_{f} 和 C_{p}，C_{s} 为接收侧的串联补偿电容。D_{R1}～D_{R4} 构成桥式整流拓扑，C_{o} 为输出滤波电容，R_{Ld} 为负载。i_{p}、i_{s} 与 i_{Lf} 分别表示 L_{p}、L_{s} 和 L_{f} 中流过的电流。

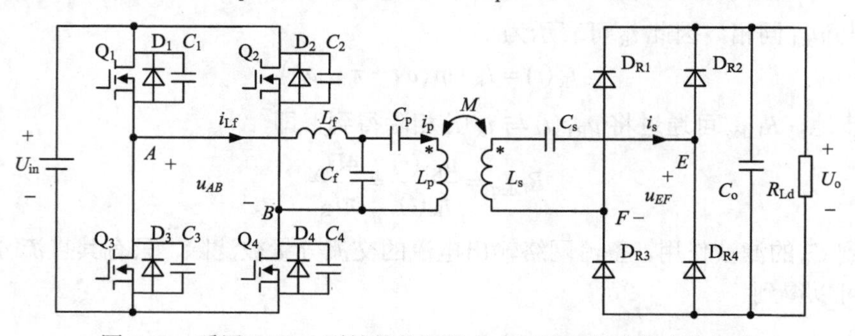

图 3.41　采用 LCC-S 型补偿的磁耦合式无线电能传输电路拓扑

在分析之前，作如下假设：

(1) 忽略传输线圈的内阻；

(2) 电感、电容和功率器件均为理想元件。

1. 移相角为零

与 S-S 型补偿电路类似，LCC-S 型补偿电路也可以采用 PFM 控制。为简单起见，仅分析 $f_s = f_r$ 时的工作原理。在该工况下，发射侧桥臂中点电压为 180°方波，图 3.42 给出了电路稳态工作的主要电压、电流波形。

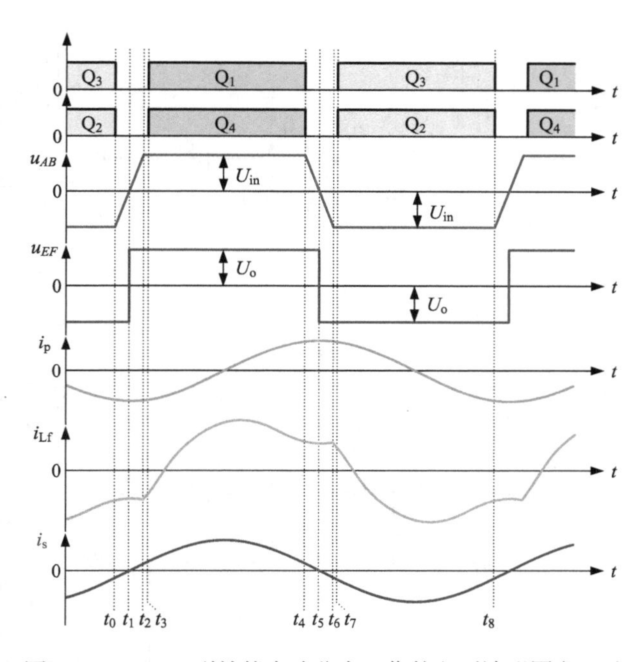

图 3.42　LCC-S 型补偿电路稳态工作的主要波形图 ($f_s = f_r$)

由图 3.42 可知，在一个开关周期中，该电路共有 8 个开关模态。以 Q_2 和 Q_3 关断时刻为起点，图 3.43 给出了该电路在不同开关模态下的等效电路图，各开关模态的工作情况描述如下。

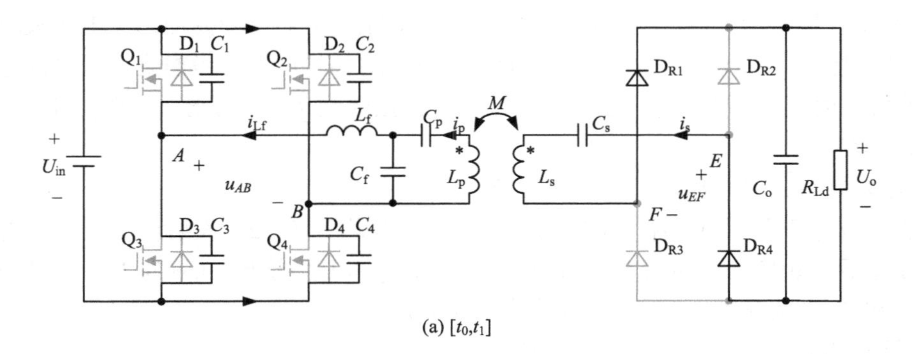

(a) $[t_0, t_1]$

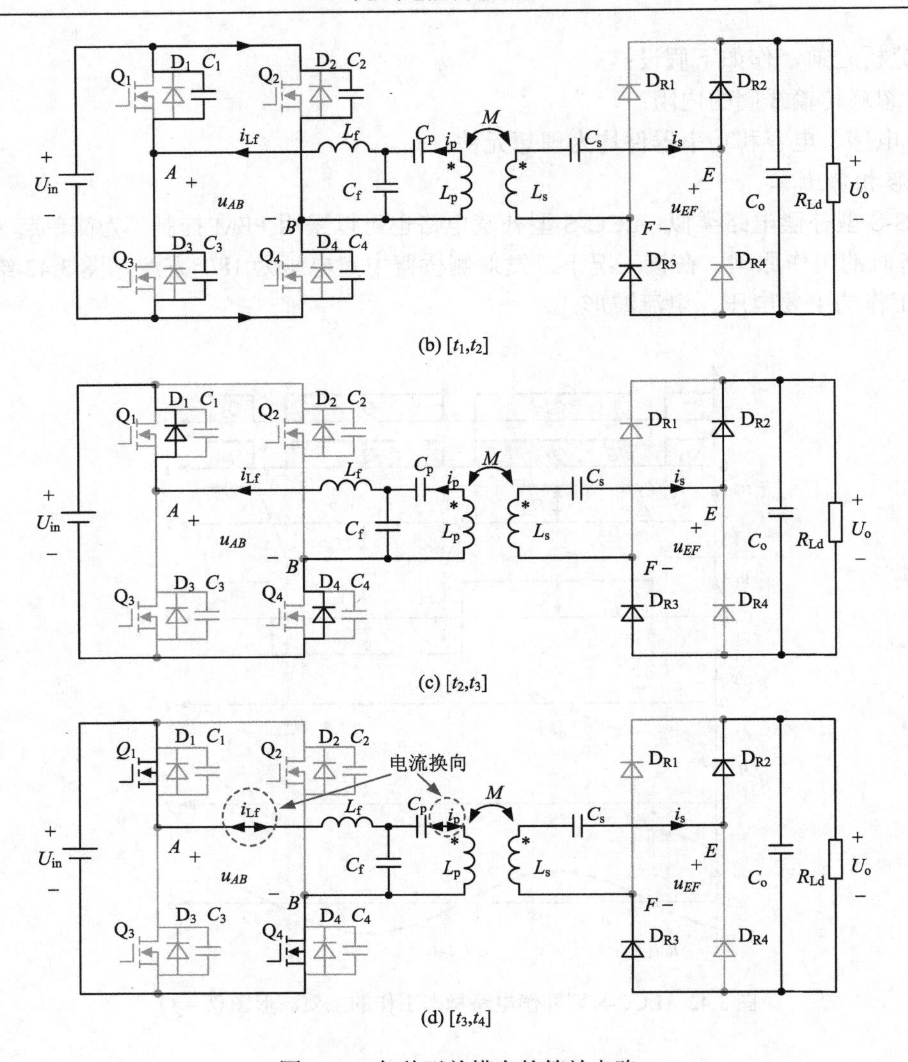

(b) $[t_1,t_2]$

(c) $[t_2,t_3]$

(d) $[t_3,t_4]$

图 3.43　各种开关模态的等效电路

(1) 开关模态 1，$[t_0, t_1]$，参考图 3.43(a)。

t_0 时刻，开关管 Q_2 和 Q_3 关断，i_{Lf} 从 Q_2 和 Q_3 转移到结电容 C_1、C_2、C_3 和 C_4 中，给 C_2 和 C_3 充电，同时给 C_1 和 C_4 放电。由于结电容的存在，Q_2 和 Q_3 均为零电压关断。该时间段内，发射侧 L_f、C_f、L_p、C_p 与结电容 C_1～C_4 均参与谐振，考虑到该段时间很短，i_{Lf} 可近似等效为恒流源，因此 u_{AB} 由 $-U_{in}$ 线性下降。接收侧 L_s 与 C_s 谐振，D_{R1} 和 D_{R4} 导通，因此 u_{EF} 为 $-U_o$。

(2) 开关模态 2，$[t_1, t_2]$，参考图 3.43(b)。

t_1 时刻，u_{AB} 下降至 0，各结电容两端电压相等且均为 $U_{in}/2$，发射侧 i_p 谐振至峰值，而接收侧 i_s 谐振过 0 换向。因此 D_{R1} 和 D_{R4} 关断，D_{R2} 和 D_{R3} 导通，u_{EF} 为 U_o。C_1 和 C_4 继续放电，C_2 和 C_3 继续充电，u_{AB} 过零后继续线性上升。

(3) 开关模态 3，$[t_2, t_3]$，参考图 3.43(c)。

t_2 时刻，C_1 和 C_4 放电结束，C_2 和 C_3 充电结束，u_{AB} 升至 U_{in}，D_1 和 D_4 自然导通，Q_1

和 Q_4 两端的电压被箝位在零。因此，在 t_3 时刻 Q_1 和 Q_4 可实现零电压开通。该模态内，发射侧 L_f、C_f、L_p 与 C_p 参与谐振，接收侧 L_s 与 C_s 参与谐振。

(4) 开关模态 4，$[t_3, t_4]$，参考图 3.43(d)。

该时间段内，发射侧 Q_1 和 Q_4 导通，接收侧 D_{R2} 和 D_{R3} 导通，u_{AB} 恒为 U_{in}，u_{EF} 恒为 U_o，电路谐振状态与上个模态保持相同，但发射侧 i_{Lf} 和 i_p 发生换向。在 t_4 时刻，Q_1 和 Q_4 关断，电路开始另半个开关周期的工作，其工作情况类似于上述的半个周期，这里不再赘述。

2. 移相角为 δ

与 S-S 型补偿电路类似，LCC-S 型补偿电路也可在发射侧采用移相控制实现 PWM 控制，此时发射侧桥臂中点电压为准方波，开关频率与谐振频率相等，即 $f_s = f_r$，图 3.44 给出了电路稳态工作时的主要电压、电流波形。

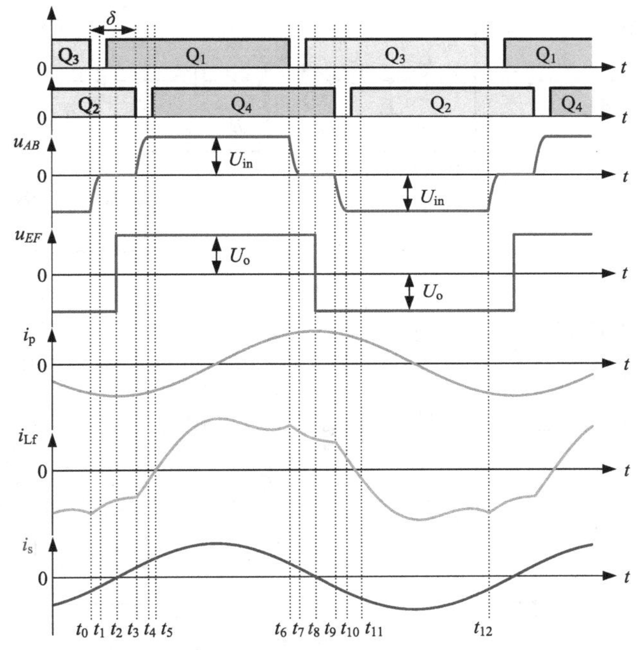

图 3.44　移相控制 LCC-S 型补偿电路稳态工作的主要波形图

由图 3.44 可知，在一个开关周期，该系统共有 12 个开关模态。以 Q_3 关断时刻为起点，图 3.45 给出了该系统在不同开关模态下的等效电路，各开关模态工作情况描述如下。

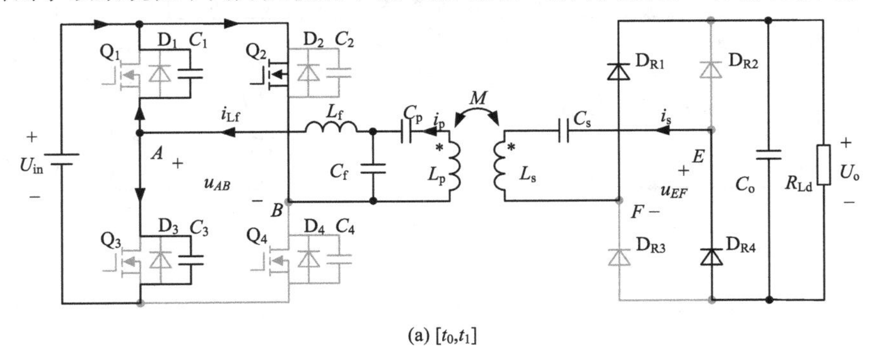

(a) $[t_0,t_1]$

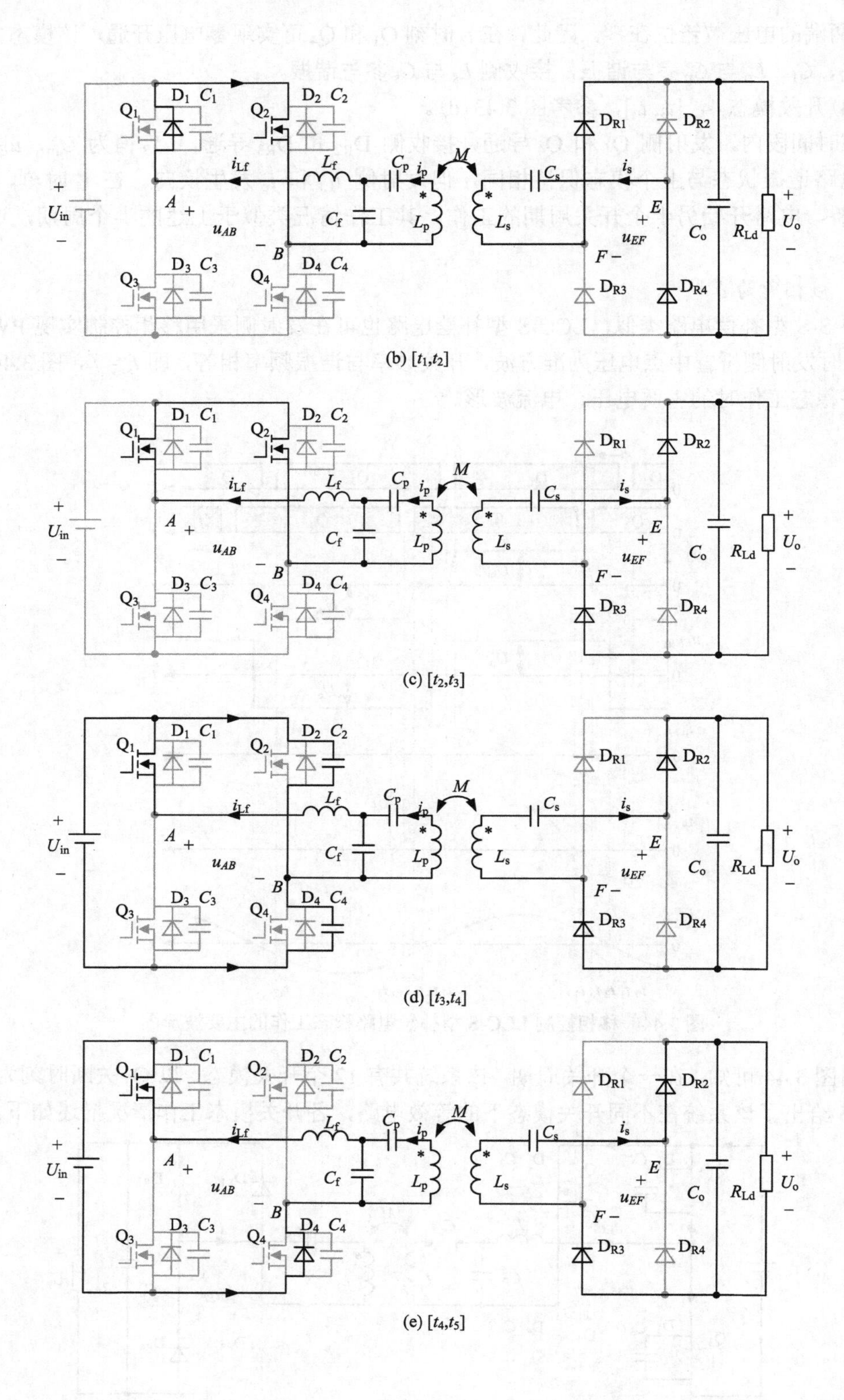

(b) $[t_1,t_2]$

(c) $[t_2,t_3]$

(d) $[t_3,t_4]$

(e) $[t_4,t_5]$

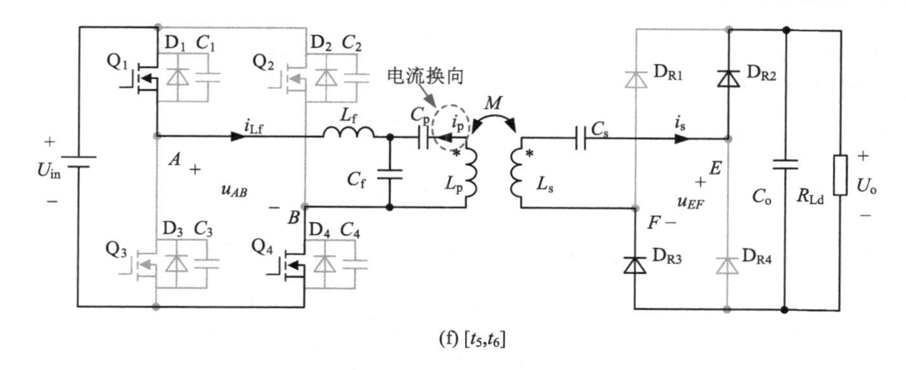

(f) $[t_5,t_6]$

图 3.45　LCC-S 型补偿电路在各种开关模态下的等效电路

(1) 开关模态 1，$[t_0, t_1]$，参考图 3.45(a)。

t_0 时刻，开关管 Q_3 关断，i_{Lf} 从 Q_3 转移到结电容 C_1 和 C_3 中，给 C_3 充电，同时给 C_1 放电。由于结电容的存在，Q_3 为零电压关断。该时间段内，发射侧 L_f、C_f、L_p、C_p 与结电容 C_1 和 C_3 均参与谐振，由于 i_{Lf} 反向逐渐减小，因此 u_{AB} 由 $-U_{in}$ 非线性反向下降。接收侧 L_s 与 C_s 谐振，D_{R1} 和 D_{R4} 导通，u_{EF} 为 $-U_o$。

(2) 开关模态 2，$[t_1, t_2]$，参考图 3.45(b)。

t_1 时刻，C_3 充电至 U_{in}，同时 C_1 放电至 0，D_1 自然导通，u_{AB} 保持为 0。该时间段内，由于 D_1 将 Q_1 两端电压箝位在零，因此 Q_1 是零电压开通。发射侧 L_f、C_f、L_p 与 C_p 均参与谐振，接收侧 L_s 与 C_s 谐振。

(3) 开关模态 3，$[t_2, t_3]$，参考图 3.45(c)。

t_2 时刻，发射侧 i_p 谐振至负向峰值，而接收侧 i_s 谐振过零换向，D_{R1} 和 D_{R4} 关断，D_{R2} 和 D_{R3} 导通，u_{EF} 为 U_o。i_{Lf} 流经 Q_1 和 Q_2，u_{AB} 仍保持为 0。该模态下，系统谐振状态与上个模态保持一致。

(4) 开关模态 4，$[t_3, t_4]$，参考图 3.45(d)。

t_3 时刻，Q_2 关断，i_{Lf} 从 Q_2 转移到 C_2 和 C_4 中，给 C_2 充电，同时给 C_4 放电。因为结电容的存在，Q_2 为零电压关断。由于 i_{Lf} 反向减小，因此 u_{AB} 由 0 非线性上升。t_4 时刻，u_{AB} 升至 U_{in} 并保持不变。该模态下，发射侧 L_f、C_f、L_p、C_p 与结电容 C_2 和 C_4 均参与谐振，接收侧 L_s 与 C_s 参与谐振。

(5) 开关模态 5，$[t_4, t_5]$，参考图 3.45(e)。

t_4 时刻，C_2 充电至 U_{in}，同时 C_4 放电至 0，由于 i_{Lf} 仍然为反向电流，因此 D_4 自然导通。由于 D_4 将 Q_4 两端电压箝位在零，因此 Q_4 是零电压开通。该模态下，发射侧 L_f、C_f、L_p 与 C_p 均参与谐振，接收侧 L_s 与 C_s 参与谐振。

(6) 开关模态 6，$[t_5, t_6]$，参考图 3.45(f)。

t_5 时刻，i_{Lf} 过零并正向上升，流经 Q_1 和 Q_4。系统谐振状态与上个模态保持相同，但发射侧 i_p 在该模态下过零换向。t_6 时刻，Q_1 关断，系统开始另半个开关周期的工作，其工作情况类似于上述的半个周期，这里不再赘述。

需要说明的是，图 3.44 给出的稳态波形对应移相角 δ 较小的情况。此时，在滞后桥臂的开关管 Q_4 开通前，i_{Lf} 为负向电流，由此为滞后桥臂的零电压开关提供了条件。但当移相

角 δ 进一步增大时，Q_4 开通前 i_{Lf} 可能转变为正向电流，无法为 C_2 和 C_4 充放电，因此滞后桥臂无法实现零电压开通。

类似地，由式(3.121)可得该电路的直流电压传输比可以表示为

$$\frac{U_o}{U_{in}}=\frac{M}{L_{f1}}\cos\frac{\delta}{2} \tag{3.173}$$

根据式(3.123)，也可以推导出该电路输出功率与 δ 的关系表达式为

$$P_o=\frac{8U_{in}^2\left(\omega^2 ML_{f1}\right)^2 R_{Ldeq}}{\pi^2\left[R_{f1}\beta+\omega^2 L_{f1}^2\left(R_2+R_{Ldeq}\right)\right]^2}\left(\cos\frac{\delta}{2}\right)^2 \tag{3.174}$$

其中，R_{Ldeq} 可以利用式(3.169)替换为实际负载 R_{Ld}。

3.5.3　采用 LCC-LCC 型补偿的磁耦合式无线电能传输电路

图 3.46 给出了采用 LCC-LCC 型补偿的磁耦合式无线电能传输电路拓扑。由于该电路常用于双向供电场合，因此发射侧和接收侧均采用全桥单元，两侧结构完全对称。Q_{T1}～Q_{T4} 与 Q_{R1}～Q_{R4} 均为 MOSFET，D_{T1}～D_{T4}、D_{R1}～D_{R4} 与 C_{T1}～C_{T4}、C_{R1}～C_{R4} 分别为发射侧和接收侧 MOSFET 的体二极管和寄生结电容，L_p、L_s 和 M 分别代表两传输线圈的自感以及线圈之间的互感。L_{fp}、C_{fp}、C_p 和 L_p 组成了发射端的 LCC 型补偿网络，L_{fs}、C_{fs}、C_s 和 L_s 则组成了接收端的 LCC 型补偿网络。i_p 与 i_s 分别表示 L_p、L_s 中流过的电流，i_{Lfp} 与 i_{Lfs} 分别表示 L_{fp} 和 L_{fs} 中流过的电流。U_{in} 和 U_o 分别表示发射侧和接收侧的电源，既可作为输入源，也可作为负载。

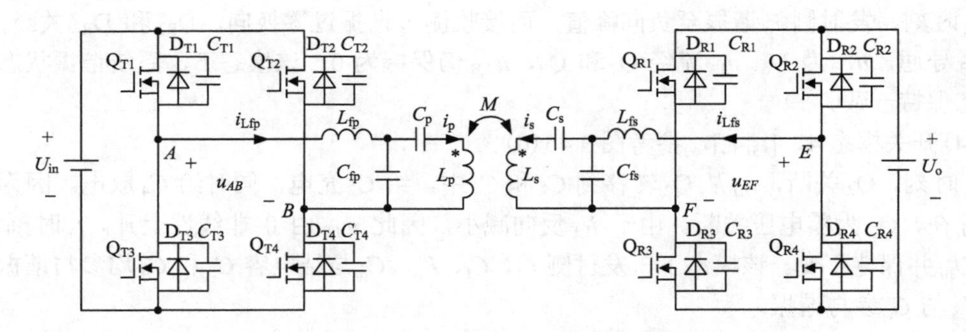

图 3.46　采用 LCC-LCC 型补偿的磁耦合式无线电能传输电路拓扑

在分析之前，作如下假设：

(1) 忽略传输线圈内阻；

(2) 所有的补偿网络元件和功率元件均为理想器件。

该电路采用外移相角控制方式，即每个全桥单元中斜对角的两只开关管同开同关，桥臂中点电压为纯方波，通过调节两侧全桥单元桥臂中点电压之间的外移相角 δ 来调节功率流动方向和功率大小。当左侧全桥单元桥臂中点电压超前于右侧时，功率由左侧传向右侧，此时左侧为发射侧，右侧为接收侧；当右侧全桥单元桥臂中点电压超前于左侧时，功率由右侧传向左侧，此时右侧为发射侧，左侧为接收侧。此外，当外移相角介于 90°～180°或介

于 0°～90°时，电路工作原理也不一样。下面以左侧为发射侧、右侧为接收侧为例，分别介绍不同外移相角情况下电路的工作原理。

1. 外移相角介于 90°～180°

图 3.47 给出了外移相角介于 90°～180°时电路的主要工作波形。由图 3.47 可知，在一个开关周期中，该系统有 12 种开关模态，以 Q_{T2}、Q_{T3} 关断时刻为起点，对电路前半个周期的开关模态进行分析，图 3.48 给出了各模态下的等效电路。

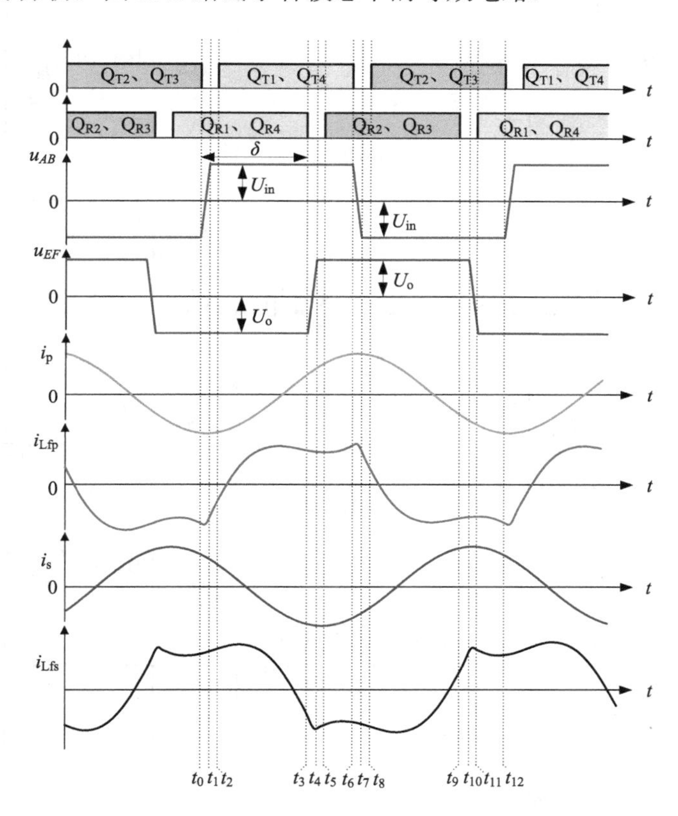

图 3.47　外移相角介于 90°～180°时电路的主要工作波形图

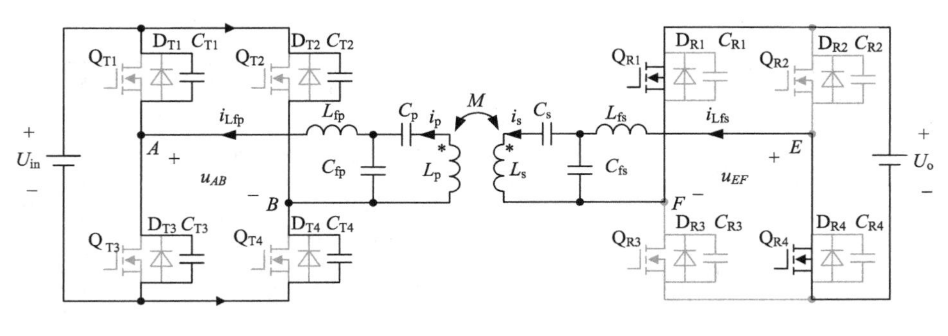

(a) $[t_0,t_1]$

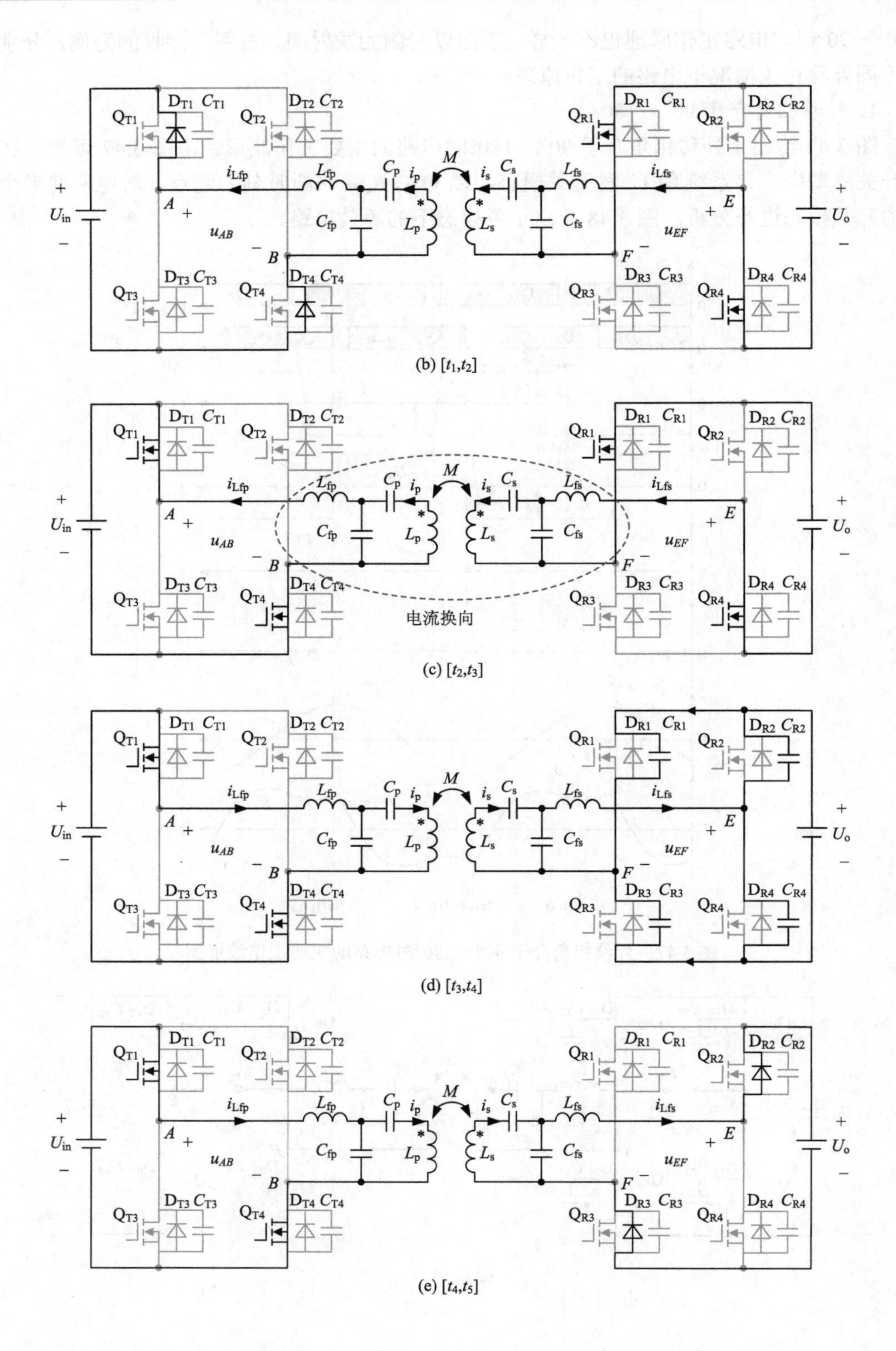

(b) $[t_1,t_2]$

(c) $[t_2,t_3]$

(d) $[t_3,t_4]$

(e) $[t_4,t_5]$

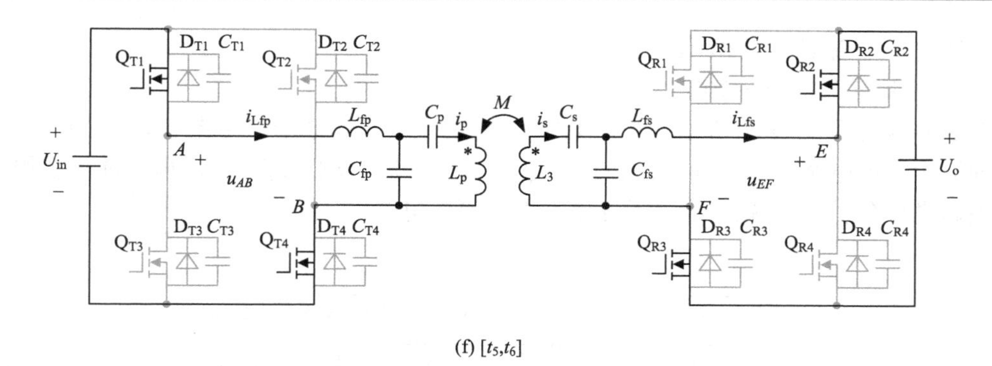

(f) $[t_5,t_6]$

图 3.48　外移相角介于 90°～180°时各开关模态下的等效电路图

(1) 开关模态 1，$[t_0, t_1]$，对应于图 3.48(a)。

t_0 时刻，开关管 Q_{T2}、Q_{T3} 关断，i_{Lfp} 从 Q_{T2} 和 Q_{T3} 转移到结电容 C_{T1}、C_{T2}、C_{T3} 和 C_{T4} 中，给 C_{T2} 和 C_{T3} 充电，相应地，C_{T1} 和 C_{T4} 放电。该时间段内，发射侧 L_{fp}、C_{fp}、L_p、C_p 与结电容 C_{T1}～C_{T4} 均参与谐振。考虑到该时间段很短以及 L_{fp} 的存在，i_{Lfp} 可近似等效为恒流源，发射侧全桥单元桥臂中点电压 u_{AB} 由 $-U_{in}$ 反向线性下降过零后正向上升，发射侧 i_p 先谐振至峰值后逐渐减小。接收侧 Q_{R1} 和 Q_{R4} 导通，桥臂中点电压为 $-U_o$，L_{fs}、C_{fs}、L_s 和 C_s 参与谐振。

(2) 开关模态 2，$[t_1, t_2]$，对应于图 3.48(b)。

t_1 时刻，C_{T1}、C_{T4} 放电结束，C_{T2}、C_{T3} 充电结束，u_{AB} 上升至 U_{in}，D_{T1} 和 D_{T4} 自然导通，使得 Q_{T1} 和 Q_{T4} 两端的电压被箝位至零。因此在 t_2 时刻，开关管 Q_{T1} 和 Q_{T4} 可以实现零电压开通。该模态内，发射侧 L_{fp}、C_{fp}、L_p、C_p 参与谐振，接收侧 L_{fs}、C_{fs}、L_s、C_s 参与谐振。

(3) 开关模态 3，$[t_2, t_3]$，对应于图 3.48(c)。

在此阶段内，发射侧 Q_{T1} 和 Q_{T4} 导通，接收侧 Q_{R1} 和 Q_{R4} 导通，电流 i_s、i_{Lfs}、i_p、i_{Lfp} 均换向，电路谐振状态与上个模态保持一致。

(4) 开关模态 4，$[t_3, t_4]$，对应于图 3.49(d)。

t_3 时刻，Q_{R1}、Q_{R4} 关断，i_{Lfs} 从 Q_{R1} 和 Q_{R4} 转移到结电容 C_{R1}、C_{R2}、C_{R3} 和 C_{R4} 中，给 C_{R1} 和 C_{R4} 充电，相应地，C_{R2} 和 C_{R3} 放电。该时间段内，接收侧 L_{fs}、C_{fs}、L_s、C_s 与结电容 C_{R1}～C_{R4} 均参与谐振。考虑到该时间段很短以及 L_{fs} 的存在，i_{Lfs} 可近似等效为恒流源，接收侧全桥单元桥臂中点电压 u_{EF} 由 $-U_o$ 反向线性下降过零后正向上升，接收侧 i_s 先谐振至峰值后逐渐减小。发射侧 Q_{T1} 和 Q_{T4} 维持导通，桥臂中点电压为 U_{in}，L_{fp}、C_{fp}、L_p、C_p 参与谐振。

(5) 开关模态 5，$[t_4, t_5]$，对应于图 3.48(e)。

t_4 时刻，C_{R2}、C_{R3} 放电结束，C_{R1} 和 C_{R4} 充电结束，u_{EF} 上升至 U_o，D_{R2} 和 D_{R3} 自然导通，使得 Q_{R2} 和 Q_{R3} 两端的电压被箝位至零。因此在 t_5 时刻，开关管 Q_{T1} 和 Q_{T4} 可以实现零电压开通。该模态内，发射侧 L_{fp}、C_{fp}、L_p、C_p 参与谐振，接收侧 L_{fs}、C_{fs}、L_s、C_s 参与谐振。

(6) 开关模态 6，$[t_5, t_6]$，对应于图 3.48(f)。

在此模态内，发射侧 Q_{T1} 和 Q_{T4} 导通，接收侧 Q_{R2} 和 Q_{R3} 导通，电路谐振状态与上个模态保持一致。在 t_6 时刻，Q_{T1} 和 Q_{T4} 关断，电路开始另半个开关周期的工作，其工作情况类似于上述的半个周期，这里不再赘述。

2. 外移相角介于 0°～90°

图 3.49 给出了外移相角介于 0°～90°时电路的主要工作波形。由图 3.49 可知，在一个开关周期中，该电路有 8 种开关模态。以 Q_{T2}、Q_{T3} 关断时刻为起点，对电路前半个周期的开关模态进行分析，图 3.50 给出了各模态下的等效电路。

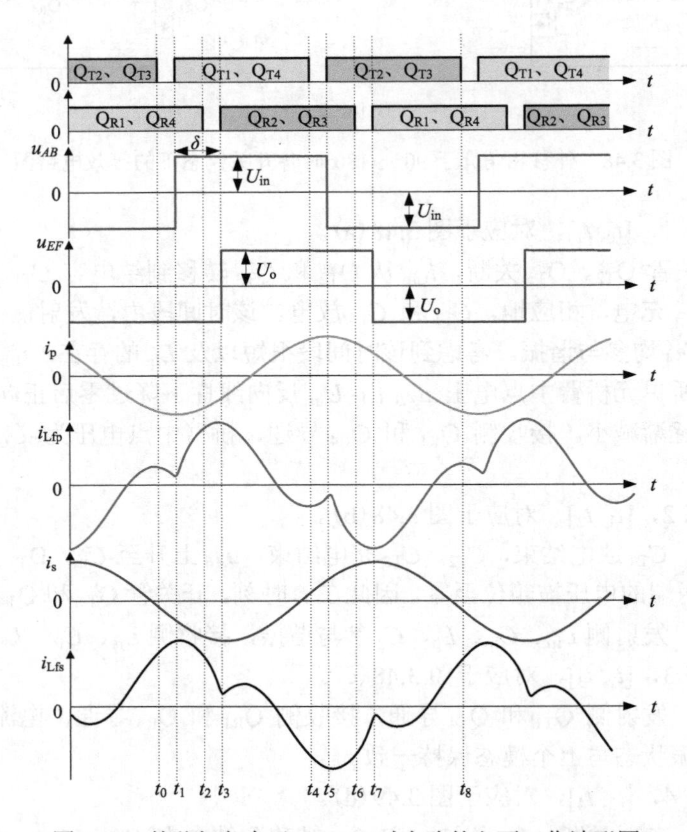

图 3.49 外移相角介于 0°～90°时电路的主要工作波形图

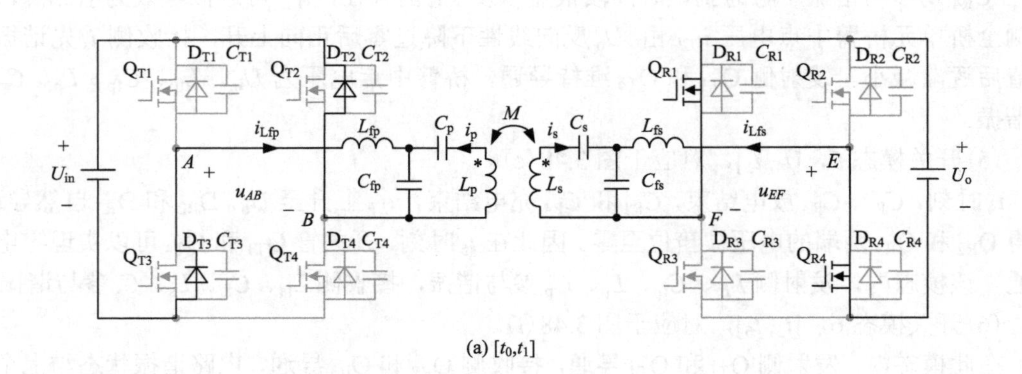

(a) $[t_0,t_1]$

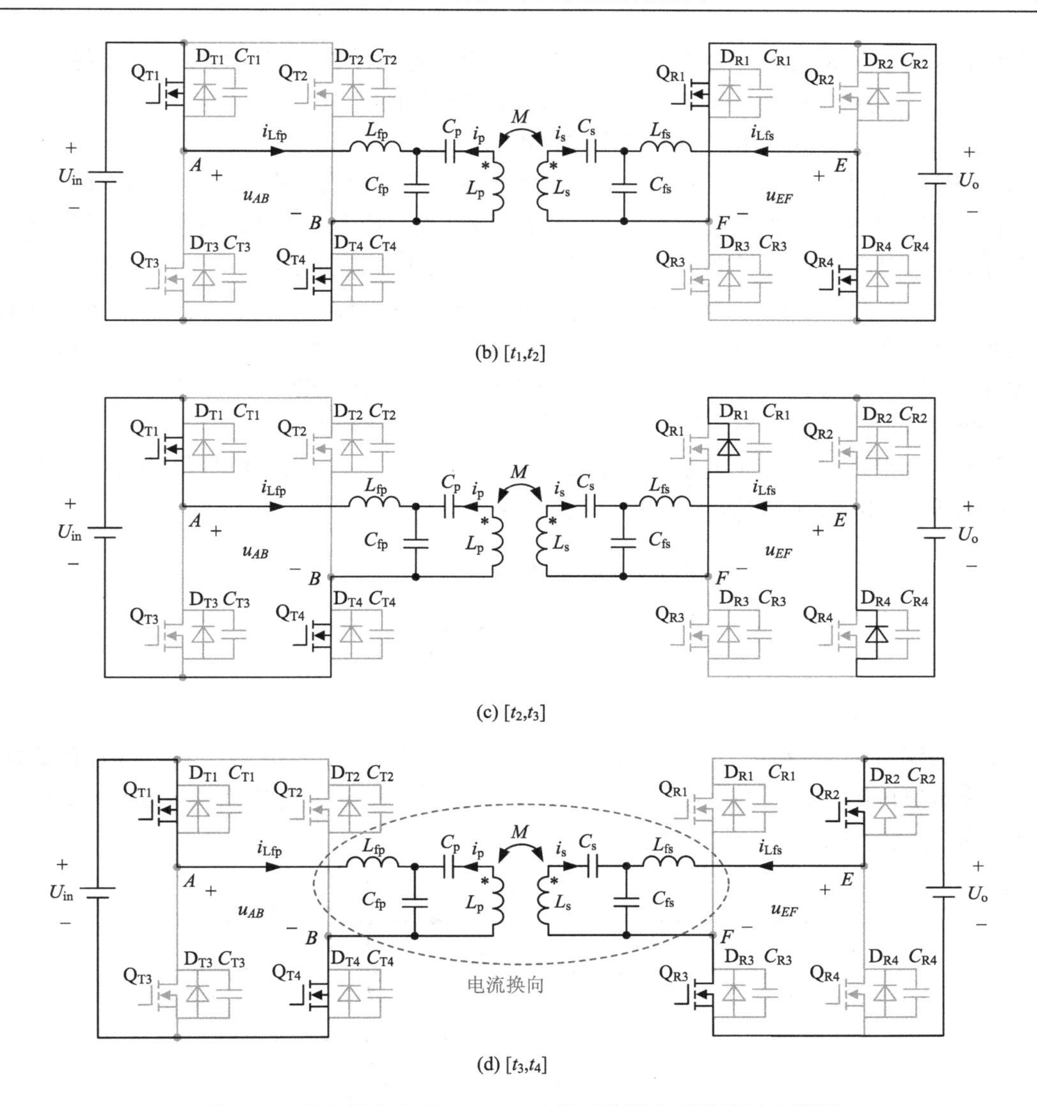

(b) $[t_1,t_2]$

(c) $[t_2,t_3]$

(d) $[t_3,t_4]$

图 3.50　外移相角介于 0°～90°时各开关模态下的等效电路图

(1) 开关模态 1，$[t_0, t_1]$，对应于图 3.50(a)。

t_0 时刻，开关管 Q_{T2}、Q_{T3} 关断，由于 i_{Lfp} 为正，因此电流将从 Q_{T2} 和 Q_{T3} 转移到其寄生二极管 D_{T2} 与 D_{T3} 中，Q_{T2} 和 Q_{T3} 为零电压关断，发射侧全桥单元桥臂中点电压 u_{AB} 维持$-U_{in}$ 不变。由于 i_{Lfp} 无法为 C_{T1} 与 C_{T4} 放电，因此在 t_1 时刻，Q_{T1} 和 Q_{T4} 为硬开通。该时间段内，发射侧 L_{fp}、C_{fp}、L_p、C_p 参与谐振，接收侧 L_{fs}、C_{fs}、L_s、C_s 参与谐振。

(2) 开关模态 2，$[t_1, t_2]$，对应于图 3.50(b)。

t_1 时刻，Q_{T1} 和 Q_{T4} 开通，i_p 谐振至峰值然后逐渐下降，接收端开关管 Q_{R1} 和 Q_{R4} 继续导通，电路谐振状态与上个模态保持一致。

(3) 开关模态 3，$[t_2, t_3]$，对应于图 3.50(c)。

t_2 时刻，开关管 Q_{R1}、Q_{R4} 关断，由于 i_{Lfs} 为正，i_{Lfs} 从 Q_{R1} 和 Q_{R4} 转移到其寄生二极管 D_{R1} 与 D_{R4} 中，Q_{R1} 和 Q_{R4} 为零电压关断，接收侧桥臂中点电压 u_{EF} 维持$-U_o$ 不变。由于 i_{Lfs}

无法为 C_{R2} 与 C_{R3} 放电，因此在 t_3 时刻，Q_{R2} 和 Q_{R3} 为硬开通。该时间段内，发射侧 L_{fp}、C_{fp}、L_p、C_p 参与谐振，接收侧 L_{fs}、C_{fs}、L_s、C_s 参与谐振。

(4) 开关模态 4，$[t_3, t_4]$，对应于图 3.50(d)。

t_3 时刻，Q_{R2} 和 Q_{R3} 开通，Q_{T1} 和 Q_{T4} 继续导通。此阶段内，电流 i_p、i_s、i_{Lfp} 和 i_{Lfs} 均换向，电路谐振状态与上个模态保持一致。在 t_4 时刻，Q_{T1} 和 Q_{T4} 关断，电路开始另半个开关周期的工作，其工作情况类似于上述的半个周期，这里不再赘述。

由上述原理分析可知，当外移相角介于 90°～180°时，i_{Lfp} 和 i_{Lfs} 分别滞后于 u_{AB} 和 u_{EF}，因此所有开关管均可实现零电压开通；当外移相角介于 0°～90°时，i_{Lfp} 和 i_{Lfs} 分别超前于 u_{AB} 和 u_{EF}，因此所有开关管均为硬开通，但关断时为零电压关断。

下面分析电路输出功率、传输效率与外移相角之间的关系。

系统完全谐振时，高次谐波对功率传输的影响较小，故采用基波分析法进行分析。桥臂中点电压 u_{AB} 和 u_{EF} 中的基波分量可以表示为

$$\begin{cases} \dot{U}_{AB} = U_{AB}\angle 0° = \dfrac{2\sqrt{2}}{\pi}U_{\text{in}}\angle 0° \\ \dot{U}_{EF} = U_{EF}\angle \delta = \dfrac{2\sqrt{2}}{\pi}U_{\text{o}}\angle \delta \end{cases} \tag{3.175}$$

其中，δ 为外移相角。

因为谐振电感 L_{fp} 和 L_{fs} 的内阻消耗的功率比线圈小得多，为简化分析，计算传输功率时不考虑电感内阻。图 3.51 给出了忽略电感内阻的 LCC-LCC 型等效电路模型，其中，R_p 和 R_s 分别为发射侧和接收侧的线圈电阻。

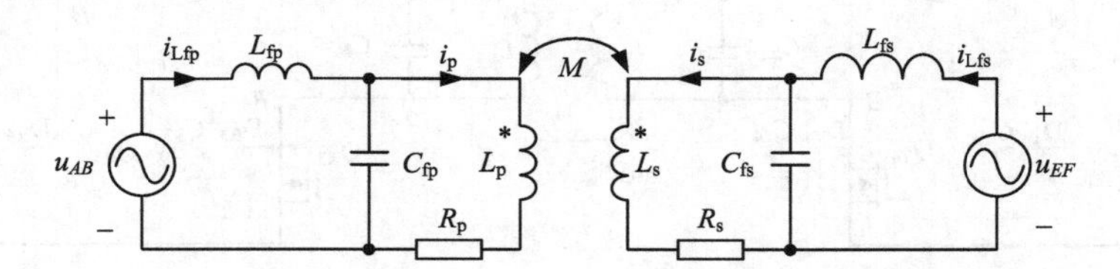

图 3.51　忽略电感内阻的 LCC-LCC 型等效电路模型

根据图 3.51，当系统完全谐振时，回路方程为

$$\begin{cases} \dot{U}_{AB} = -\dfrac{1}{\text{j}\omega C_{fp}}\dot{I}_p \\ \dot{U}_{EF} = \dfrac{1}{\text{j}\omega C_{fs}}\dot{I}_s \\ R_p\dot{I}_p - \text{j}\omega M\dot{I}_s = \dfrac{1}{\text{j}\omega C_{fp}}\dot{I}_{Lfp} \\ \text{j}\omega M\dot{I}_p - R_s\dot{I}_s = \dfrac{1}{\text{j}\omega C_{fs}}\dot{I}_{Lfs} \end{cases} \tag{3.176}$$

由式(3.176)可求出各支路电流分别为

$$
\begin{cases}
\dot{I}_{\mathrm{p}} = -\mathrm{j}\dfrac{\dot{U}_{AB}}{\omega L_{\mathrm{fp}}} \\
\dot{I}_{\mathrm{s}} = \dfrac{\dot{U}_{EF}}{\omega L_{\mathrm{fs}}}\sin\delta + \mathrm{j}\dfrac{\dot{U}_{EF}}{\omega L_{\mathrm{fs}}}\cos\delta \\
\dot{I}_{\mathrm{Lfp}} = \left(\dfrac{\dot{U}_{AB}R_{\mathrm{p}}}{\omega^2 L_{\mathrm{fp}}^2} + \dfrac{M\dot{U}_{EF}}{\omega L_{\mathrm{fp}}L_{\mathrm{fs}}}\sin\delta\right) + \mathrm{j}\dfrac{M\dot{U}_{EF}}{\omega L_{\mathrm{fp}}L_{\mathrm{fs}}}\cos\delta \\
\dot{I}_{\mathrm{Lfs}} = \dfrac{\dot{U}_{EF}R_s}{\omega^2 L_{\mathrm{fs}}^2}\cos\delta + \mathrm{j}\left(\dfrac{M\dot{U}_{AB}}{\omega L_{\mathrm{fp}}L_{\mathrm{fs}}} - \dfrac{\dot{U}_{EF}R_s}{\omega^2 L_{\mathrm{fs}}^2}\sin\delta\right)
\end{cases}
\tag{3.177}
$$

根据图 3.52，可以求出电路发射侧和接收侧发出的功率分别为

$$
\begin{cases}
P_{AB} = \mathrm{Re}\left(\dot{U}_{AB}\dot{I}_{\mathrm{Lfp}}^*\right) = \dfrac{8MU_{\mathrm{in}}U_{\mathrm{o}}}{\pi^2\omega L_{\mathrm{fp}}L_{\mathrm{fs}}}\sin\delta + \dfrac{8U_{\mathrm{in}}^2R_{\mathrm{p}}}{\pi^2\omega^2L_{\mathrm{fp}}^2} \\
P_{EF} = \mathrm{Re}\left(\dot{U}_{EF}\dot{I}_{\mathrm{Lfs}}^*\right) = -\dfrac{8MU_{\mathrm{in}}U_{\mathrm{o}}}{\pi^2\omega L_{\mathrm{fp}}L_{\mathrm{fs}}}\sin\delta + \dfrac{8U_{\mathrm{o}}^2R_{\mathrm{s}}}{\pi^2\omega^2L_{\mathrm{fs}}^2}
\end{cases}
\tag{3.178}
$$

由式(3.178)可知，发射侧和接收侧发出功率与外移相角有关，因此可以通过调节外移相角改变传输功率的方向和大小。令 $P_{AB}>0$，$P_{EF}<0$，可解出功率正向传输的条件为

$$
\arcsin\left(\frac{U_{\mathrm{o}}R_{\mathrm{s}}L_{\mathrm{fp}}}{\omega U_{\mathrm{in}}L_{\mathrm{fs}}}\right) < \delta < \pi
\tag{3.179}
$$

同理，令 $P_{AB}<0$，$P_{EF}>0$，可解出功率反向传输的条件为

$$
-\pi < \delta < -\arcsin\left(\frac{U_{\mathrm{in}}R_{\mathrm{p}}L_{\mathrm{fs}}}{\omega U_{\mathrm{o}}L_{\mathrm{fp}}}\right)
\tag{3.180}
$$

忽略线圈内阻，可近似认为 $0<\delta<\pi$ 时，u_{EF} 滞后 u_{AB}，功率正向传输；$-\pi<\delta<0$ 时，u_{AB} 滞后 u_{EF}，功率反向传输。

以功率正向传输为例，此时电路传输效率为

$$
\eta = \frac{P_{\mathrm{o}}}{P_{\mathrm{in}}} = \frac{-P_{EF}}{P_{AB}} = \frac{\omega M\sin\delta - R_{\mathrm{s}}\dfrac{L_{\mathrm{fp}}U_{\mathrm{o}}}{L_{\mathrm{fs}}U_{\mathrm{in}}}}{\omega M\sin\delta + R_{\mathrm{p}}\dfrac{L_{\mathrm{fs}}U_{\mathrm{in}}}{L_{\mathrm{fp}}U_{\mathrm{o}}}}
\tag{3.181}
$$

当外移相角 δ 为 90°时，正向输出功率最大且传输效率最高，最大输出功率和最高效率为

$$
\begin{cases}
P_{\max} = \dfrac{8MU_{\mathrm{in}}U_{\mathrm{o}}}{\pi^2\omega L_{\mathrm{fp}}L_{\mathrm{fs}}} - \dfrac{8U_{\mathrm{o}}^2R_{\mathrm{s}}}{\pi^2\omega^2L_{\mathrm{fs}}^2} \\
\eta_{\max} = \dfrac{\omega M - R_{\mathrm{s}}\dfrac{L_{\mathrm{fp}}U_{\mathrm{o}}}{L_{\mathrm{fs}}U_{\mathrm{in}}}}{\omega M + R_{\mathrm{p}}\dfrac{L_{\mathrm{fs}}U_{\mathrm{in}}}{L_{\mathrm{fp}}U_{\mathrm{o}}}}
\end{cases}
\tag{3.182}
$$

3.5.4 传输线圈与补偿电容设计

1. 传输线圈

磁耦合式无线电能传输系统所用线圈根据传输距离和传输功率的不同，一般可分为无磁芯结构和有磁芯结构两类。无磁芯结构由于其电感量小，便于小型化，常用于高频中小功率场合，磁谐振式无线电能传输系统常采用此类结构。由前面的传输特性分析可知，提高互感或耦合系数可以降低损耗，提高传输效率。为增加互感，可以增加线圈匝数，但是受线圈几何尺寸和导线直径的限制，线圈匝数不可能无限增加，而且空心线圈受周围环境影响较大，涡流和磁滞损耗较大，其磁场向四周扩散，存在传输效率低和不可避免的漏磁等问题。为了提高线圈穿过的磁通量进而增大耦合系数，可以在线圈结构中增加磁芯，使线圈在磁芯结构下约束磁场分布，减少漏磁，降低环境影响，提高磁通密度。

有磁芯结构可参考感应式松耦合变换器的电磁结构，根据原边绕组和副边绕组的相互运动情况可分为静止式、滑动式和旋转式。图 3.52 给出两种常用磁芯结构及其绕组方式，分别为 E 型和 U 型。松耦合变压器采用的磁芯材料主要有铁氧体、硅钢片、磁粉芯和非晶合金等，其中铁氧体的特点是饱和磁感应强度 B_s 较低，温度稳定性差，B_s 随温度升高而下降。居里温度低，机械强度较差，受压后易裂。但其电阻率和磁导率高，高频损耗小，材质和磁芯规格齐全，尤其适用于高频电路，是松耦合变压器的常用材料。硅钢片的特点是 B_s 高，价格低廉，但电阻率较低，涡流损耗大，一般用于低频场合。磁粉芯一般比铁氧体有更高的 B_s，但在数百千赫的场合，磁粉芯损耗大，很少应用。非晶合金比铁氧体具有更高的 B_s、相对较高的损耗、高的居里温度和温度稳定性，但价格比较贵，同时磁芯规格不完善，适宜用于中频大功率场合。

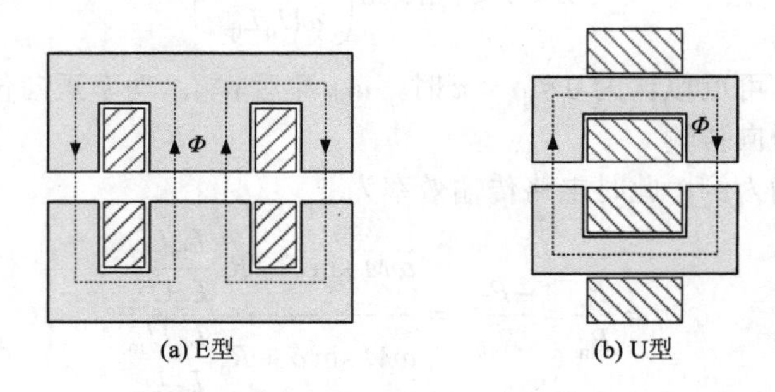

图 3.52 常见松耦合变压器结构

除 E 型和 U 型磁芯以外，磁耦合式无线电能传输系统通常还采用平面线圈加磁芯结构，该结构具有体积小、质量小、便于固定、成本低、性能稳定等优点，一般有两种放置方式：第一种是平板型磁芯，如图 3.53(a)所示，该平板型磁芯可由多片小尺寸平面磁芯拼接而成，根据需要采用矩形或圆形线圈；第二种是 U 型平板磁芯，如图 3.53(b)所示，其采用 U 型磁芯拼接而成，也可以采用平面磁芯铺底，在线圈间黏结一层磁芯，形成 U 型磁芯。与图 3.53(a)中的平板型磁芯相比，U 型平板磁芯由于在线圈导体两侧增加了导磁体，可以将磁场方向集中，减少线圈周围磁场向外扩散，提高系统的传输效率。

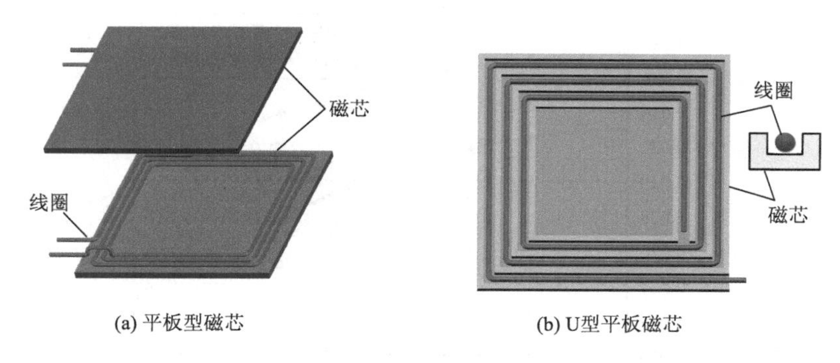

(a) 平板型磁芯　　(b) U型平板磁芯

图 3.53　常见平面线圈加磁芯结构

常用的线圈绕制方式一般分为螺线管式和平面式，前者是指线圈形状类似于螺线管，多匝线圈围绕同心圆螺旋层叠；后者则将整个线圈平铺在一个平面上，随着线圈匝数的增多，其绕制半径递增或递减。与螺线管线圈相比，平面线圈不仅拥有更小的体积，而且并未增大线圈间传输距离，即具有更高的耦合系数，因此更具实用性。

常用的平面线圈一般分为圆形和方形。为了对两种形状线圈的性能进行对比，借助 Maxwell 软件对最大外径和匝数均相同的平面圆形线圈和平面方形线圈进行仿真，分别得到其磁场分布情况，如图 3.54 所示。由图 3.54 可知，与平面圆形线圈相比，平面方形线圈内部的磁场更强，用于能量传输的有效面积更大，即耦合能力更强。

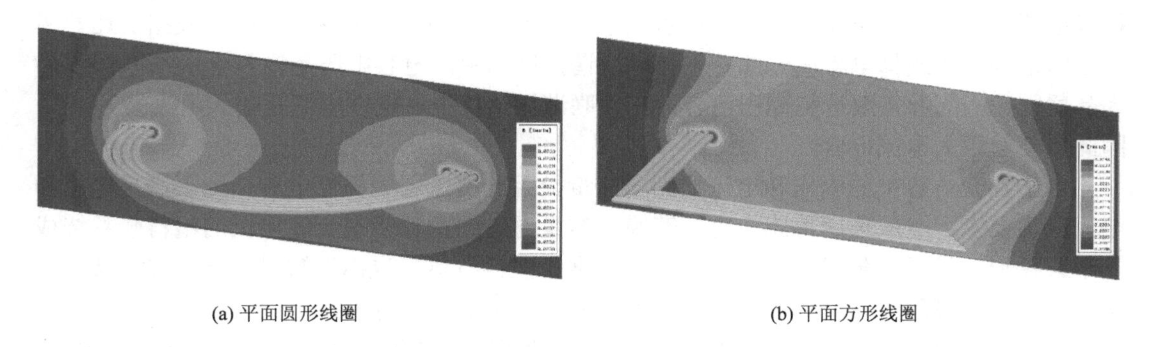

(a) 平面圆形线圈　　(b) 平面方形线圈

图 3.54　平面圆形线圈和平面方形线圈磁场分布情况对比

图 3.55 给出了相同条件下，单匝平面圆形线圈和单匝平面方形线圈的耦合系数关于线圈间水平偏移距离的曲线图，其具体参数为：圆形线圈的外围直径和方形线圈的外围边长均为 10cm，线圈导线半径为 2mm，传输线圈间距离为 10cm。由图 3.55 可知，同尺寸下，平面方形线圈间具有更高的耦合系数。同时，随着线圈间水平偏移距离的增加，虽然圆形线圈和方形线圈的耦合系数均下降，但方形线圈的下降趋势更为平缓，即表现出更强的抗静态偏移能力。

综上所述，在同尺寸条件下，平面方形线圈比平面圆形线圈的能量传输有效面积更大，耦合系数更高，抗静态偏移能力更强。因此，推荐采用平面方形传输线圈。

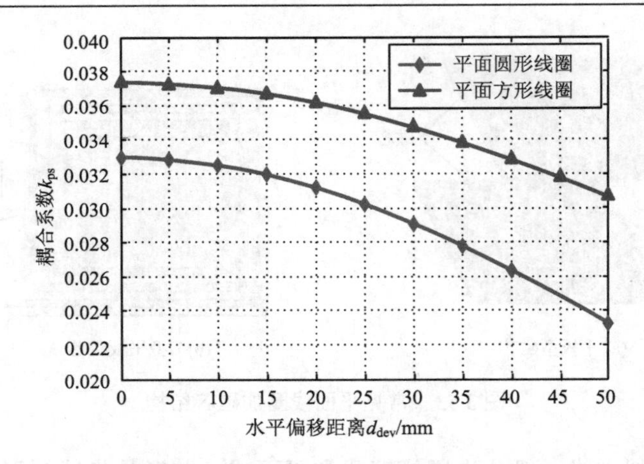

图 3.55　平面圆形线圈和平面方形线圈抗静态偏移能力对比

在磁耦合式无线电能传输系统中，高频交变电流流过传输线圈，由于趋肤效应的影响，线圈等效电阻会增大，进而导致系统功率损耗增加，效率降低。同时，线圈的品质因数越大，系统传输效率越高。为提高系统传输效率，应选用品质因数高的导线线材，如粗镀银铜线多股并绕，或直接采用利兹线。

2. 补偿电容

补偿电容是磁耦合式无线电能传输系统中的重要元件，其与传输线圈电感串联或并联构成串联谐振或并联谐振。为满足谐振要求，需要在已知线圈电感的前提下根据前述建模给出的谐振条件选择电容值。此外，在串联谐振结构中，电容电压是输入电压的 Q 倍，Q 为品质因数，因此需要选用高压电容；在并联谐振结构中，电容电流是输入电流的 Q 倍，因此需要选用大电流电容。

由于补偿电容中的电压和电流均为交流量，因此要选用无极性电容。为了满足电压和电流应力要求，一般选用薄膜电容。薄膜电容是通过将两片带有金属电极的塑料膜卷绕成一个圆柱形，最后封装成型。由于其介质通常是塑料材料，也称为塑料薄膜电容，其特点是无极性、绝缘阻抗高、频率特性好，可以做到大容量、高耐压。

薄膜电容根据其电极的制作工艺，可以分为两类：金属箔薄膜电容和金属化薄膜电容。金属箔薄膜电容是直接在塑料膜上加一层薄金属箔，通常是铝箔，作为电极，这种工艺较为简单，电极方便引出，可以应用于大电流场合。金属化薄膜电容是通过真空沉积工艺直接在塑料膜的表面形成一个很薄的金属表面，作为电极。由于电极厚度很薄，可以绕制成更大容量的电容，但只适用于小电流场合。

根据薄膜电容介质材料的不同，薄膜电容可分为聚丙烯电容、聚乙酯电容、聚苯乙烯电容和聚碳酸酯电容等类型，其中聚丙烯电容(又称 CBB 电容)应用最为广泛，其常见电容量为 100pF～10μF，常见额定电压为 63～2000V。图 3.56 给出了几种常用聚丙烯电容的实物图。

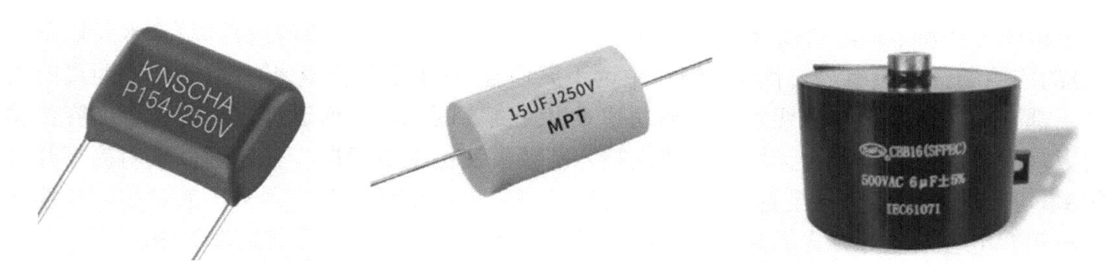

图 3.56　几种常用聚丙烯电容实物图

3.6　磁场耦合与电场耦合无线电能传输技术的区别与联系

电场耦合无线电能传输是通过金属极板构成耦合电容来进行无线电能传输的，属于近场无线电能传输技术。图 3.57 为电场耦合无线电能传输系统的典型电路结构图，主要包括发射端和接收端两部分，其中，发射端由电源、高频逆变电路、补偿电路和发射极板组成，接收端由负载、整流滤波电路、补偿电路和接收极板组成。发射端电源提供直流电压或电流，可以由直流电源提供，也可以由市电等交流电经过整流之后提供。高频逆变电路一般采用全桥、半桥、Class D/E 等结构将电源提供的直流电转换为高频交流电。发射端补偿电路主要用于补偿耦合电容的无功功率，并通过构成谐振电路提升金属极板的电压。发射极板和接收极板构成耦合机构，当在金属极板上施加高频交流电压时，极板之间便会产生交流电场，形成位移电流，从而实现电能的传递。接收端补偿电路连接接收极板，主要用于实现阻抗匹配，补偿耦合结构的无功功率，实现恒压或者恒流输出。整流滤波电路一般采用全桥、半桥、Class D/E 等结构将接收到的交流电经过整流滤波之后提供给负载。

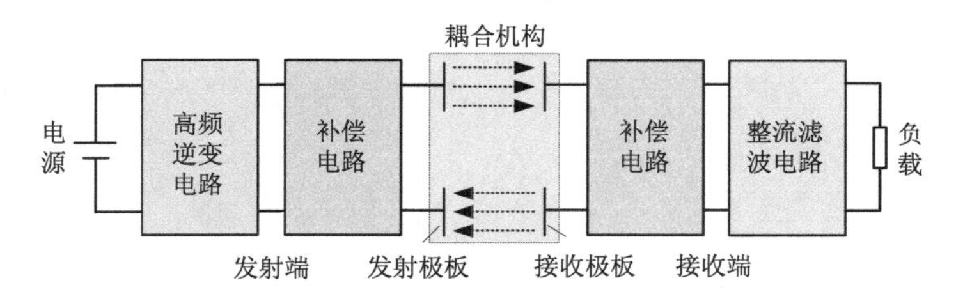

图 3.57　电场耦合无线电能传输系统的典型电路结构图

电场耦合作为同磁场耦合对偶的一种工作方式，与磁场耦合相比，两者相同之处在于一般都采用补偿电路，使系统工作在谐振状态，进而减小系统无功功率。主要不同之处在于：①磁场耦合式必须通过电流生成磁场，而电场耦合式只要对电极间施加电压即可。②当发射端和接收端之间存在金属物体时，耦合电场不会像磁场耦合式那样在其中产生涡流损耗，因此电能传输几乎不受金属障碍物的影响。③磁场耦合式存在电磁场辐射和涡流损耗等问题，因此需要额外采取电磁屏蔽和异物检测等技术，保证系统安全性；而电场耦合式采用金属极板作为电极，用高频电场作为传输介质，耦合机构的电场会在周围金属体上产生分布电压，存在安全隐患。

由于上述特点，电场耦合式在高速旋转轴承、植入式医疗设备等短距离(毫米及以下距离)的应用场合中具有显著优势，但在中远距离场合(几十至几百毫米)，由于传输距离的增加，耦合电容值降至皮法级别，传输功率难以提高，因此，如何通过较小的耦合电容传输较大功率电能是电场耦合无线电能传输技术需要解决的关键问题。目前可以采用提高开关频率(可高达几十兆赫甚至百兆赫)提高传输功率，也可以通过变压器升压或者引入补偿网络与耦合电容谐振等方式提高极板电压(可达千伏级)，从而提高系统功率等级。

习　题

1. MCR 系统主要由哪些部分构成？在发射和接收线圈中为什么通常要加入补偿电容？补偿电容的连接有哪几种方式？

2. MCRWPT 发射电路的驱动电源有哪些？

3. 为什么要引入多相 MCR 系统？相比单相系统有哪些优点？

4. 请描述三线圈 MCRWPT 系统的构成，并说明如何保证三个线圈谐振频率相同。

5. MCRWPT 系统常用的理论分析方法主要有哪些？请分别描述这些方法。

6. 请描述三相 MCRWPT 系统线圈空间结构并画出其空间结构图。

7. 在 MCRWPT 系统中采用何方法进行稳态分析？请阐述该方法的核心思想。

8. 请画出两线圈 MCRWPT 系统的互感模型和三线圈 MCRWPT 系统的等效电路。

9. 请写出 MCRWPT 系统的输出功率和传输效率的表达式，并分析系统工作频率对输出功率和传输效率的影响。

10. 多线圈 MCRWPT 系统优化设计有哪些方式？

11. 当单独优化接收线圈时，请写出系统输出功率 P_o 关于接收线圈匝数 N_3 的归一化表达式，并根据该式讨论 P_o 与 N_3 的关系，分析最大输出功率情况下对应的最优匝数为多少。

12. 请描述三相 MCRWPT 系统的负载特性，针对这样的负载特性，适合用何种控制方式？

第 4 章　微波无线电能传输技术

4.1　引　　言

微波无线电能传输(MWPT)是一种以微波频段的电磁波为能量传输载体，利用电磁波相干特性，实现能量在自由空间定向远距离传输的传能方式，具有传输功率大、受气候影响小等优点，既可对单一目标大功率传能(如大型固定翼无人机)，又可对多个目标同时快速传能(如无人机蜂群)，从而实现了点对点和点对体的全覆盖实时远距离无线传能。本章内容主要围绕微波无线电能传输基础理论、射频功率放大器及其幅相控制、功率定向发射技术、接收端整流技术以及多目标传能与能量管理展开，进而介绍该技术的一些具体电路实现方法。

4.2　微波无线电能传输基础理论

在对微波无线电能传输进行分析时，涉及射频和电路的一些基础知识， 因此有必要对这些知识作一些介绍和复习。

4.2.1　传输线理论

对于射频电路而言，信号波长达到了与电路元件尺寸可以比拟的量级，电压信号和电流信号不再具有空间上的不变性。射频电路无法看成集总参数电路来分析处理，自然也无法运用基尔霍夫电压/电流定律等基本电路理论来完成电路的分析与设计。一般来说，如果电路元件的尺寸大于波长的 1/10，就必须要采用传输线理论进行电路分析。由此可以推导出给定线路或元件尺寸 l 的条件下，采用传输线理论进行分析的下限工作频率 f，即

$$f=\frac{v_p}{10l}=\frac{c}{10l\sqrt{\varepsilon_{\mathrm{r}}\mu_{\mathrm{r}}}} \tag{4.1}$$

其中，v_p 是相速度，与光速 c、相对介电常数 ε_{r} 和相对磁导率 μ_{r} 有关。

当电路的工作频率大于这一下限频率时，就需要采用分布参数的方式进行分析。此时，利用微分的思想可以将传输线等效成如图 4.1 所示的线元形式。

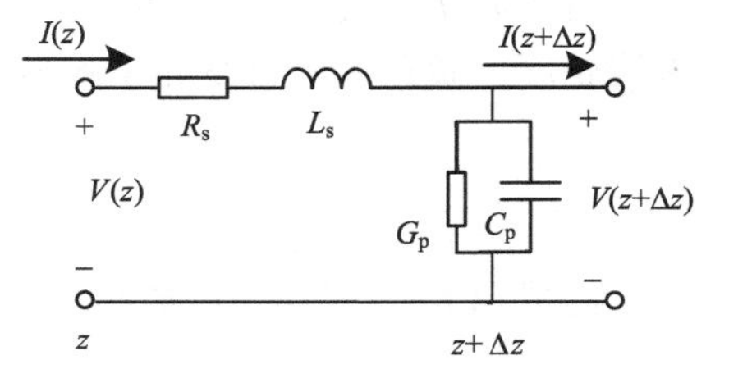

图 4.1　传输线的等效电路图

由于线元 Δz 的尺寸很小，所以可以在线元上采用基尔霍夫电压/电流定律。每个线元用等效串联电阻 R_{s}、等效串联电感 L_{s}、等效并联电导 G_{p} 和等效并联电容 C_{p} 来表征传输线的寄生参数。

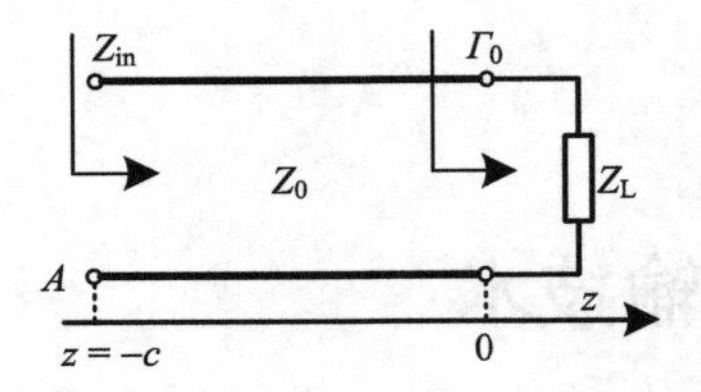

图 4.2 端接负载传输线的电路示意图

为了更好地理解微波电路中传输线的传输特性，有必要对传输线的输入阻抗进行理论分析。考虑如图 4.2 所示的端接负载传输线。假设传输线上某点 A 到负载的距离为 z，将点 A 处的传输线等效成如图 4.1 所示的电路，就可以应用基尔霍夫电压/电流定律。

由基尔霍夫电压定律可以得到

$$(R+\mathrm{j}\omega L)I(z)\Delta z+V(z+\Delta z)=V(z) \tag{4.2}$$

当 Δz 趋近于零时，可以得到

$$-\frac{\mathrm{d}V(z)}{\mathrm{d}z}=(R+\mathrm{j}\omega L)I(z) \tag{4.3}$$

由基尔霍夫电流定律可以得到

$$I(z)-V(z+\Delta z)(G+\mathrm{j}\omega C)\Delta z=I(z+\Delta z) \tag{4.4}$$

同样地，当 Δz 趋近于零时，可以得到

$$-\frac{\mathrm{d}I(z)}{\mathrm{d}z}=(G+\mathrm{j}\omega C)V(z) \tag{4.5}$$

式(4.3)和式(4.5)的通解可以分别用两个指数函数来表示，如式(4.6)和式(4.7)所示：

$$V(z)=V^{+}\mathrm{e}^{-kz}+V^{-}\mathrm{e}^{+kz} \tag{4.6}$$

$$I(z)=I^{+}\mathrm{e}^{-kz}+I^{-}\mathrm{e}^{+kz} \tag{4.7}$$

其中，k 是传播常数，工程上一般认为 $k=\mathrm{j}\beta$，其中 β 为衰减系数，与频率 f 和相速度 v_p 有关：

$$\beta=\frac{2\pi f}{v_p} \tag{4.8}$$

由式(4.6)和式(4.7)便得到了传输线上距负载为 z 的电压和电流表达式，一般将第一项 V^{+}看作入射波电压，第二项 V^{-}则为反射波电压。为简化表达式，在此引入反射系数 Γ_0 和特性阻抗 Z_0。反射系数表示为反射波电压与入射波电压之比，如式(4.9)所示：

$$\Gamma_0=\frac{V^{-}}{V^{+}} \tag{4.9}$$

特性阻抗是传输线的固有特性，表示传输线上任意一点的电压与电流的比值，不受传输线长度、负载等外部变量的影响。因此，存在如式(4.10)所示的关系：

$$Z_0=\frac{V^{+}}{I^{+}}=-\frac{V^{-}}{I^{-}} \tag{4.10}$$

由式(4.6)～式(4.10)便可以计算得到传输线上任意一点的输入阻抗 $Z_{in}(z)$：

$$Z_{in}(z)=\frac{V(z)}{I(z)}=Z_0\frac{1+\Gamma_0\mathrm{e}^{2\mathrm{j}\beta z}}{1-\Gamma_0\mathrm{e}^{2\mathrm{j}\beta z}}=Z_0\frac{1+\Gamma(z)}{1-\Gamma(z)} \tag{4.11}$$

其中，βz 一般称为电长度；$\Gamma(z)$ 与反射系数 Γ_0、传播常数 k 以及电长度 βz 有关。

4.2.2　二端口网络

在电路拓扑未知的情况下，可利用网络参数描述端口特性。二端口网络是最常见的端口网络之一，一般网络参量有 [***Y***]、[***Z***]、[***S***]、[***ABCD***] 等，若传输线处于低频且传输线终端短路或者开路，则可以采用阻抗参量[***Z***]和导纳参量[***Y***]来表示电压与电流的关系。但若传输线处于高频，则其终端开路或者短路的理想状态不易达到，所以引入了散射参量[***S***]来表示传输线端口电压与电流的特性，同时 S 参数在功率放大器的设计与调试中起着不可或缺的作用。

S 参数又称为散射参数，它最早应用于传输线理论，但在实际工程中，它是一组与功率相关的参数。S 参数用来描述事物分散成不同分量的大小及其分散的程度，以电压与电流为参数，以其入射和反射的概念来表示。S 参数对于射频电路设计和各种匹配网络设计甚为有用，尤其对于用于射频的有源器件在不同频率或偏压下的复杂状态，都可以由 S 参数加以定性。在放大器设计上，可以应用 S 参数简单方便地计算其增益、反馈损耗及工作稳定性等。二端口网络示意图如图 4.3 所示。

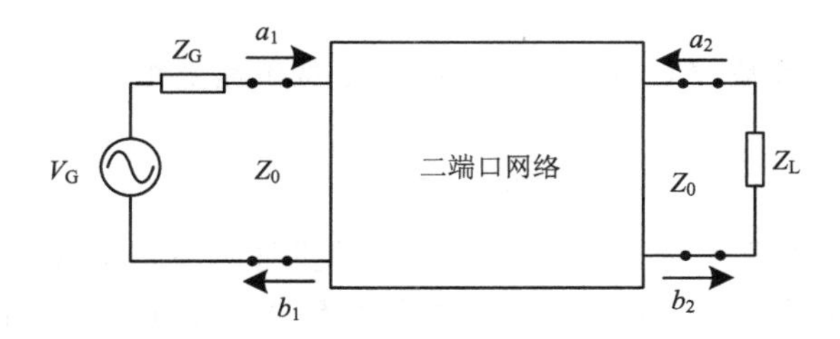

图 4.3　二端口的 S 参数模型

图中，a_1 和 a_2 是入射电压；b_1 和 b_2 是反射电压；Z_0 是传输线的特性阻抗；Z_G 是源阻抗；Z_L 是负载阻抗。利用式(4.12)描述双端口网络：

$$\begin{bmatrix} b_1 \\ b_2 \end{bmatrix} = \begin{bmatrix} S_{11} & S_{12} \\ S_{21} & S_{22} \end{bmatrix} \begin{bmatrix} a_1 \\ a_2 \end{bmatrix} \tag{4.12}$$

其中，S_{11} 反映端口 1 的回波损耗；S_{21} 表示电路的增益；S_{12} 反映电路之间的隔离度；S_{22} 反映输出的驻波比。具体定义如下：

$$\begin{aligned}
S_{11} &= \left.\frac{b_1}{a_1}\right|_{a_2=0} = \frac{\text{端口1反射波}}{\text{端口1入射波}} \\
S_{12} &= \left.\frac{b_1}{a_2}\right|_{a_1=0} = \frac{\text{端口1反射波}}{\text{端口2入射波}} \\
S_{21} &= \left.\frac{b_2}{a_1}\right|_{a_2=0} = \frac{\text{端口2反射波}}{\text{端口1入射波}} \\
S_{22} &= \left.\frac{b_2}{a_2}\right|_{a_1=0} = \frac{\text{端口2反射波}}{\text{端口2入射波}}
\end{aligned} \tag{4.13}$$

根据式(4.13)，S 参数的测量需要满足 a_1=0 或 a_2=0，即端口 1 或端口 2 没有入射电压

时才能测量 S 参数，因此 S 参数的测量需要在完全匹配的条件下进行。实际在测量 S 参数时，功率从输入或输出端口注入，以 S_{12} 和 S_{22} 的测量为例，此时从输出端口注入功率，根据式(4.13)，需要满足 $a_1=0$，即输入端口没有反射电压，且功率完全被 Z_G 吸收。这意味着源阻抗 Z_G 和传输线特性阻抗 Z_0 需要完全匹配。但在实际电路中，源阻抗 Z_G 和传输线特性阻抗 Z_0 往往并不相等，因此需要采用适当的阻抗匹配网络，具体内容将在 4.2.4 节中进行介绍。

4.2.3 史密斯圆图

由 4.2.1 节可知，当传输线的特性阻抗一定时，通过反射系数 $\Gamma(z)$ 的计算就可以得到传输线上某点的输入阻抗值。这种求解方法虽然能够得到十分精准的输入阻抗值，但计算过程十分烦琐，常需要配合计算机软件编程来完成计算。因此，为了简化计算，美国的工程师 P.H.Smith 开发了一种图解方法来求解传输线的输入阻抗值，该图解方法就是史密斯圆图(Smith chart)。这种方法将传输线的输入阻抗映射到了关于反射系数的复平面，即 Γ 平面，在该平面上能够直观地观察到输入阻抗和反射系数的变化过程，以及彼此之间的对应关系。

式(4.11)中的反射系数 $\Gamma(z)$ 可以改写成由实部和虚部组成的复数形式，如式(4.14)所示：

$$\Gamma(z)=\Gamma_r+\mathrm{j}\Gamma_i \tag{4.14}$$

由于各传输线的特性阻抗不一定相同，为了使推导具有普遍性，将输入阻抗归一化表示。用 $Z_{\text{in}}(z)$ 除以特性阻抗 Z_0，再结合上式即可得到输入阻抗的归一化表达式：

$$Z_{\text{in}}=r+\mathrm{j}x=\frac{1+\Gamma_r+\mathrm{j}\Gamma_i}{1-\Gamma_r-\mathrm{j}\Gamma_i} \tag{4.15}$$

其中，r 和 x 分别是复阻抗 Z_{in} 的实部和虚部，将等号右侧表达式的分母实数化便可得

$$r=\frac{1-\Gamma_r^{\,2}-\Gamma_i^{\,2}}{(1-\Gamma_r)^2+\Gamma_i^{\,2}} \tag{4.16}$$

$$x=\frac{2\Gamma_i}{(1-\Gamma_r)^2+\Gamma_i^{\,2}} \tag{4.17}$$

式(4.16)和式(4.17)体现了传输线的输入阻抗与反射系数之间的映射关系。

为了能直观地看出输入阻抗和反射系数的对应关系，将式(4.16)和式(4.17)含 Γ_r 和 Γ_i 的项分别写成完全平方的形式，如式(4.18)和式(4.19)所示：

$$\left(\Gamma_i-\frac{r}{r+1}\right)^2+\Gamma_i^2=\left(\frac{1}{r+1}\right)^2 \tag{4.18}$$

$$(\Gamma_r-1)^2+\left(\Gamma_i-\frac{1}{x}\right)^2=\left(\frac{1}{x}\right)^2 \tag{4.19}$$

不难看出，两式表示的曲线均为圆。若将 r 和 x 看作常数，很容易在 Γ 平面上画出相应的等电阻线簇和等电抗线簇，分别如图 4.4 和图 4.5 所示。

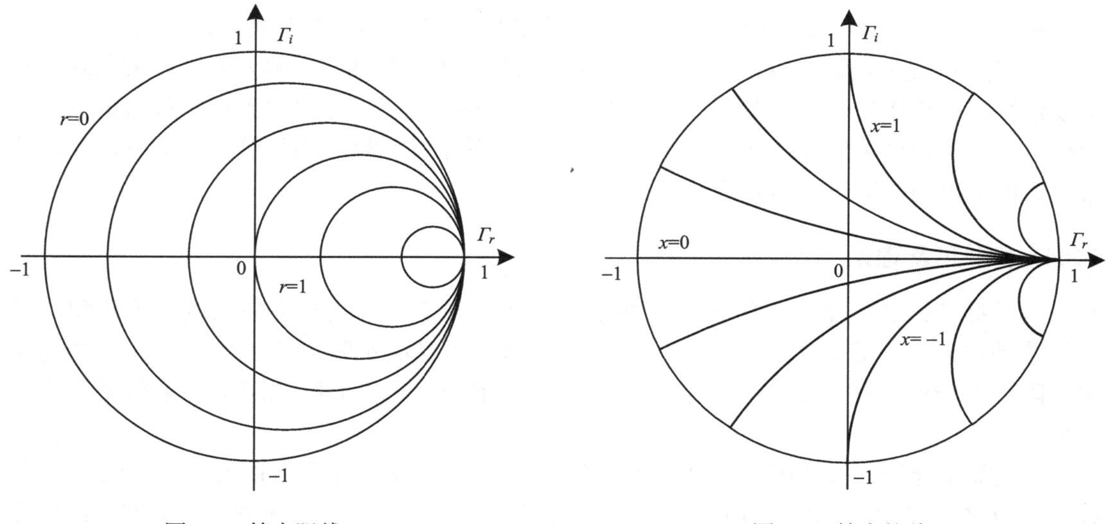

图 4.4　等电阻线　　　　图 4.5　等电抗线

首先，考虑电阻值 r=0 的情况，式(4.18)就能简化成 $\Gamma_r^2+\Gamma_i^2=1$，即图 4.4 中最外围的 r=0 的等电阻圆。随着 r 的增大，圆的半径减小，圆心的横坐标增大，因此等电阻圆在 Γ_r 轴上逐渐右移且逐渐缩小。当 r 趋于无穷大时，圆心趋于(1,0)，半径趋于零。等电阻曲线表示的是在不同电阻值条件下，电抗值从负无穷到正无穷的变化过程。等电抗圆的圆心始终在 Γ_r=1 的直线上，随着电抗的绝对值$|x|$减小，圆心逐渐上移或下移，且圆的半径逐渐增大。当电抗值$|x|$趋于无穷大时，圆的半径趋于零，圆心趋于(1,0)；当$|x|$趋于零时，圆的半径趋于无穷大，圆心向直线 Γ_r=1 的无穷处延伸。需要注意的是，等电抗线簇关于实轴对称，当阻抗呈容性，即 x<0 时，对应 Γ 平面下半平面的等电抗线；当阻抗呈感性，即 x>0 时，对应的则是 Γ 平面上半平面的等电抗线。等电抗线簇表示的是在不同电抗值条件下，电阻值从零到正无穷的变化过程。

图 4.4 和图 4.5 所示的等电阻线簇和等电抗线簇组合后便构成了史密斯圆图的阻抗圆图，如图 4.6 所示。类似地，还能推导得到相应的导纳圆图，如图 4.7 所示。既包含阻抗圆图，又包含导纳圆图的史密斯圆图称为阻抗-导纳复合史密斯圆图，常用于阻抗匹配网络设计的场合。

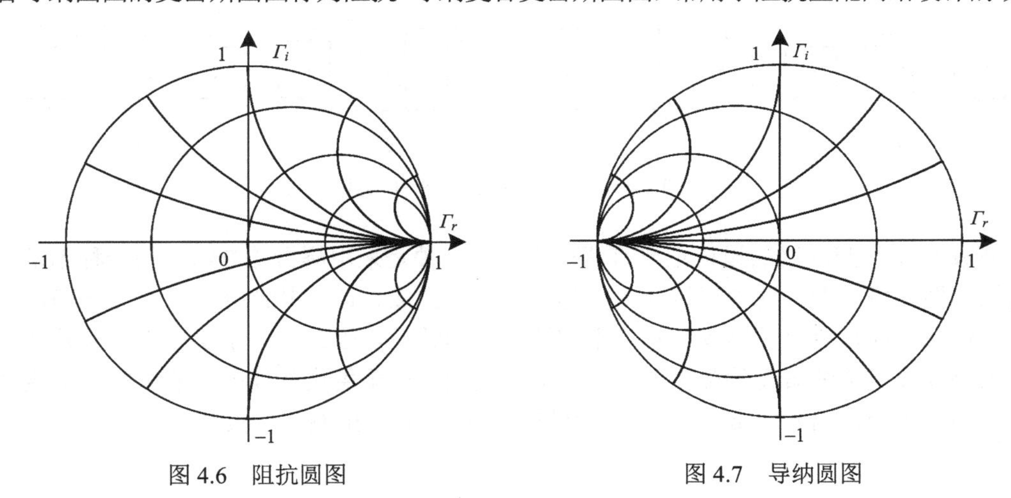

图 4.6　阻抗圆图　　　　图 4.7　导纳圆图

基于图 4.6 所示的阻抗圆图，就能在已知负载阻抗 Z_L 和传输线的特性阻抗 Z_0 以及传输线长度 d 的情况下，通过以下几个步骤以图解的方式求解传输线的输入阻抗：将负载阻抗除以特性阻抗完成归一化，并在史密斯圆图中找到对应位置；连接原点与负载阻抗点，以两倍电长度的角度顺时针旋转该连线；旋转后得到的点即为输入阻抗的归一化值，乘特性阻抗后便能得到传输线的实际输入阻抗。

4.2.4　阻抗匹配理论

为了提高微波能量的传输效率，微波电路常需要设计匹配网络来完成阻抗匹配。通常做法是在源和负载之间设计一个阻抗匹配网络，以完成源阻抗和负载阻抗间的共轭匹配。阻抗匹配网络按组成元件可以分为两种：采用分立元件的匹配网络和采用微带线的匹配网络。

首先简单介绍阻抗匹配的主要思路，如图 4.8 所示。假设信号源的特性阻抗为 Z_1，负载阻抗为 Z_2，且 Z_1 和 Z_2 不共轭，那么，如果将信号源与负载直接相连，就会产生信号反射，也就无法实现最大功率传输。阻抗匹配的目的就是使从网络左侧看向负载的阻抗，即后级电路的输入阻抗，由原来的 Z_2 变成 Z_1^*。由于 Z_1^* 与 Z_1 是共轭的，所以可以使信号源的功率无反射地传递给负载，实现最大功率传输，这就是阻抗匹配最主要的作用之一。除此之外，通过合理的设计，匹配网络还能够起到减小馈线的功率损耗，提高功率放大器的效率，提高系统信号信噪比等作用。

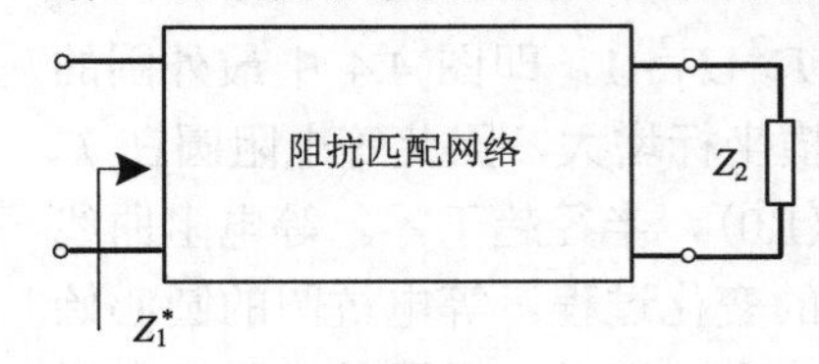

图 4.8　阻抗匹配网络示意图

在由分立元件构成的匹配网络中，由两元件构成的 L 型匹配网络由于电路简单、器件数量少，因此使用得最为频繁。这种 L 型网络采用电容或电感完成负载阻抗到输入阻抗的变换，共有 8 种可能的组合方式，如图 4.9 所示。

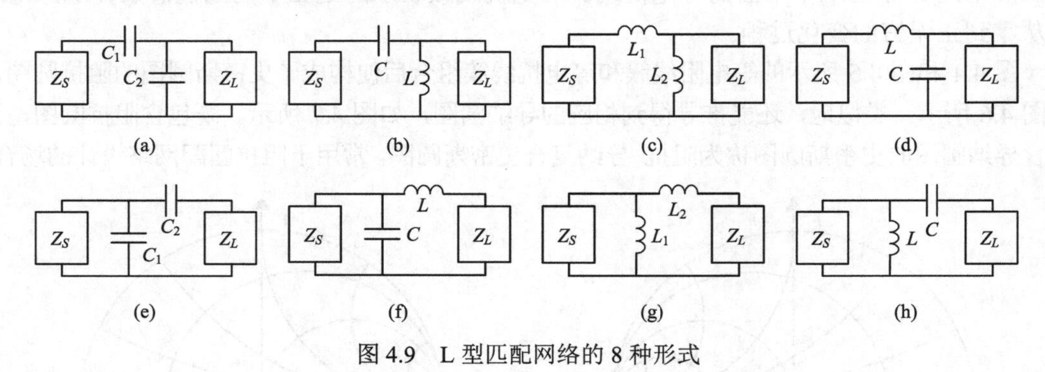

图 4.9　L 型匹配网络的 8 种形式

完成 L 型匹配网络的设计主要有两种方法：一种是采用解析的方法，另一种则是利用史密斯圆图完成匹配。前者通过计算具体的元件值完成设计，其计算结果十分准确，但过程较为烦琐。而后者设计过程直观，不需要复杂的计算，因此更易于实现，并且采用解析法的求解计算量会随着元件数量的增多而大幅增加，而采用史密斯圆图的求解复杂度并不会随之增加多少。因此，常常采用史密斯圆图完成该种匹配网络的设计。

采用史密斯圆图的设计过程遵循一定的变化规律：当串联电抗性元件时，并不会改变输入阻抗的电阻值，因此史密斯圆图上的阻抗点会沿着等电阻圆移动。类似地，并联电抗性元件时，也不会改变输入阻抗的电导值，所以阻抗点会沿着等电导圆移动。具体的变化过程如图 4.10 所示，串联电感会使阻抗点沿等电阻圆顺时针移动，如路径 A；串联电容会使阻抗点沿等电阻圆逆时针移动，如路径 B；并联电容会使阻抗点沿等电导圆顺时针移动，如路径 C；并联电感会使阻抗点沿等电导圆逆时针移动，如路径 D。

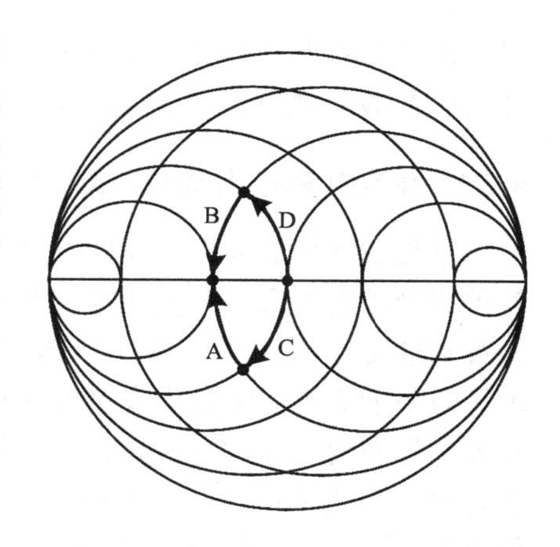

图 4.10 阻抗点在史密斯圆图中的变化规律

因此，在已知负载阻抗值和输入阻抗值的情况下，史密斯圆图能够很直观地给出设计的大致思路，且通过两个电抗元件的组合总是能完成任意负载阻抗到指定输入阻抗的变换。一般的图解步骤为：首先将负载阻抗和输入阻抗完成归一化，然后分别在史密斯圆图中标出相应的阻抗点，并找到与之对应的等电阻圆和等电导圆，通过观察两组圆的交点与阻抗点的相对位置很容易画出阻抗点的移动路线，最后通过阻抗值或导纳值的加减计算就能得出电抗元件的归一化值，只要结合工作频率就能确定具体的电感值或电容值，从而完成 L 型匹配网络的设计。

1GHz 以上的阻抗匹配常需要借助微带传输线完成。微带传输线是传输线的一种，常简称微带线，由顶层导体、介质层和底层接地三部分组成，如图 4.11 所示。在 GHz 频段，采用微带传输线与分立元件结合的方式完成匹配网络的设计十分常见，常采用如图 4.12 所示的结构。电感的损耗较电容来说更大，所以一般不使用电感参与这种结构的匹配。

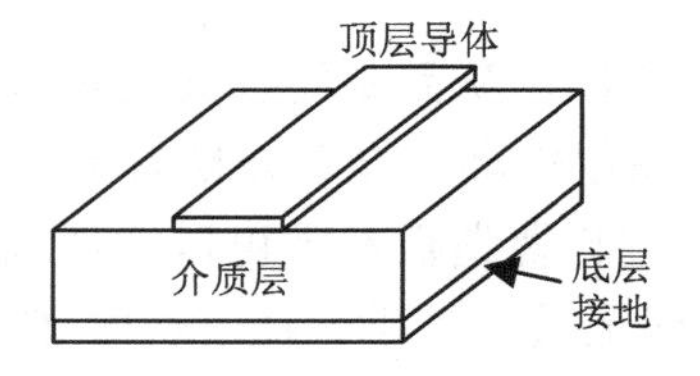

图 4.11 微带传输线示意图

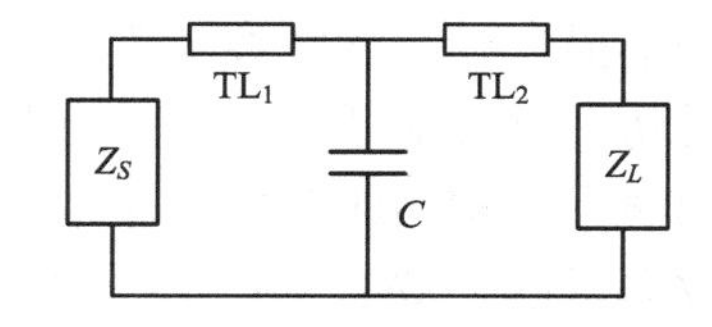

图 4.12 微带线电容结合的匹配网络

同样地，也可以借助史密斯圆图完成这种结构的匹配网络设计。反射系数 Γ_0 不受传输线长度的影响，所以网络中传输线的加入并不会改变反射系数的值。在史密斯圆图上的体现就是阻抗点沿着等 Γ 圆旋转，而旋转的角度则取决于传输线的长度。其他设计步骤与分立元件匹配网络的设计类似，在此不再赘述。

4.3 射频功率放大器及其幅相控制

微波功率源可以实现电能-微波能量的转换，是 MWPT 发射端的关键部分。微波功率源包括电真空器件和固态器件，电真空器件包括速调管、行波管、磁控管等，电真空器件输出功率大，但是存在稳定性差、维修困难等问题，因此主要用于 MWPT 早期发展阶段。

固态器件又称为功率放大器(power amplifier，PA)，具有体积小、重量轻、稳定性好等优点，是当前 MWPT 技术的发展趋势，本节将对功率放大器进行介绍。

4.3.1　射频功率放大器的分类及分析

常见的功率放大器(简称功放)包括线性类功放和开关类功放两种。线性类功放通常可等效成受控电流源，输出线性度高，但同时损耗大，输出效率较低。根据导通角的大小，线性功放可分为 A 类(甲类)、AB 类(甲乙类)、B 类(乙类)和 C 类。A 类功放导通角为 360°，理论效率为 50%；B 类功放导通角为 180°，常以推挽形式出现，理论效率为 78.5%；AB 类功放的导通角为 180°～360°，理论效率最高可达 78.5%；C 类功放的导通角小于 180°，其理论效率可达 90%以上，导通角越小，电路效率越高，线性度也越差。常用的 AB 类功率放大器，其电路结构和输出电流波形如图 4.13 所示，导通角大于半个周期且小于一个周期，此时能量转换效率较低，但是对比传统 A 类功放，效率还是有所提升，对比 B 类功放，输出线性度提升了，改善了交越失真。

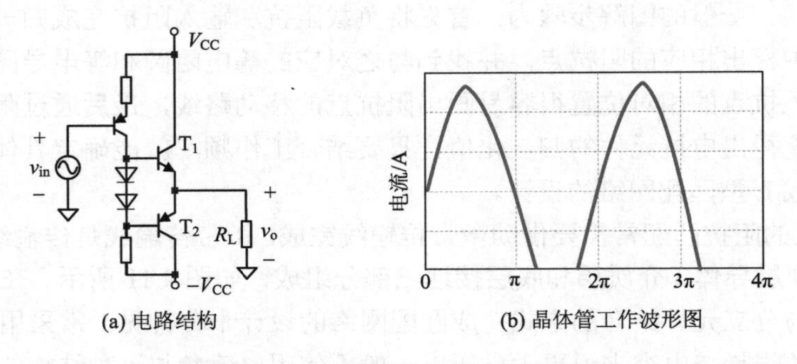

(a) 电路结构　　(b) 晶体管工作波形图

图 4.13　AB 类功放典型电路原理图

当工作频率提升时，线性类功放能量转换效率降低，从而制约了其实际应用与推广。而采用开关类功率放大器可以在较高的工作频率下获得较高的能量转换效率。

如图 4.14 所示，常用的 E 类功率放大器通过合理设置谐振参数可以实现晶体管的软开关，其理论效率可达 100%，并且工作频率可以拓展至微波频段。在工作时 E 类功放的晶体管需承受较高的电压应力，晶体管自带的并联电容会影响后级的阻抗匹配电路。当工作频率继续提升至 S 波段甚至 C 波段时，由于分布式参数特性明显，晶体管较难实现软开关特性，并且后端微带线匹配网络设计复杂度将会上升。

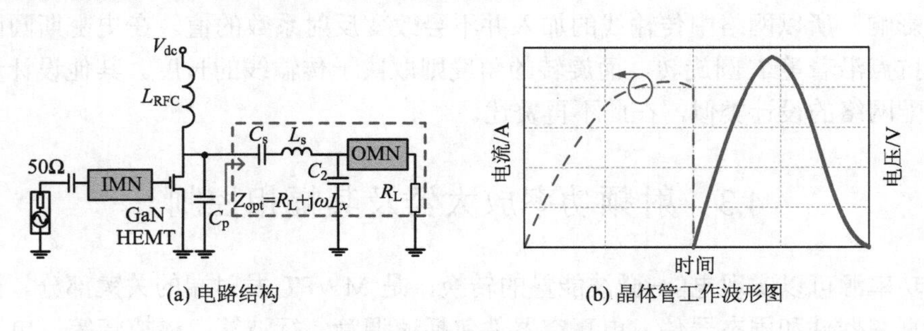

(a) 电路结构　　(b) 晶体管工作波形图

图 4.14　E 类功放典型电路原理图

在 GHz 频段，为了使功放能稳定地工作并且获得较高的能量转换效率，通常采用谐波抑制方式的 F 类或逆 F 类功放。如图 4.15 所示，F 类功放的晶体管在开关切换过程中产生的谐波分量可被谐波抑制网络反射回晶体管漏源极，从而在漏源极重塑电压和电流波形，使得电压波形近似为矩形波，电流波形近似为正弦半波，并且电压、电流存在半个周期的相位差，因此可以减小开关损耗。逆 F 类功率放大器与 F 类功率放大器工作特性相反，电压波形近似为正弦半波，电流波形近似为矩形波，但是由于其输出线性度较低，对于后端 50Ω 匹配的天线阵列级联性较差，传输线损耗较大。因此在相同的输出功率下，F 类功放相较于逆 F 类功放有更高的能量转换效率。

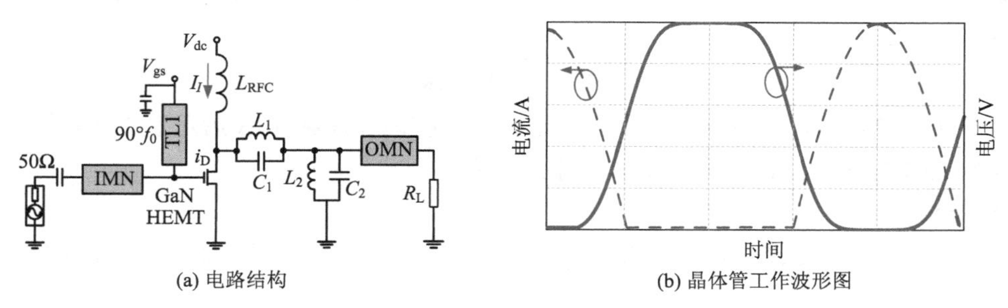

(a) 电路结构　　(b) 晶体管工作波形图

图 4.15　F 类功放典型电路原理图

综上，表 4.1 从功率等级、增益、线性度等方面对不同的射频功率放大器特性进行了比较。如表所示，AB 类、E 类和 Φ_2 类功率放大器在 GHz 频段下，存在能量转换效率低、工作频率难以提高等缺陷，通常应用在数字音频功率放大器、通信基站等中。而 F 类功放可在 GHz 频段下具有较高的功率等级和能量转换效率，适合应用在 MWPT 系统中。

表 4.1　功率放大器拓扑对比

拓扑类型	工作模式	功率等级	增益	线性度	适用频段	应用场合
AB 类	线性类	中	中	好	百兆赫	音频功率放大器
E 类	开关类	高	低	差	百兆赫	通信基站
Φ_2 类	开关类	高	低	差	百兆赫	超高频电源
F 类	开关类	高	低	差	GHz 频段	5G 通信系统

4.3.2　射频功率放大器的设计方法

1. 主要指标

衡量功率放大器性能的指标有很多，但在进行功率放大器设计时还是应以一部分指标作为侧重。下面给出 MWPT 系统功率放大器设计时的关键指标。

1) 稳定性

放大器工作稳定是其他所有指标的前提，因此在设计过程中必须考虑稳定性分析，以及如何采取相应的稳定性措施。如果射频功放工作不稳定，会发生自激振荡，情况严重的会损坏功率管。在设计功放时，可以用式(4.20)描述稳定性系数 k：

$$k = \frac{1 - |S_{11}|^2 - |S_{22}|^2 + |S_{11}S_{22} - S_{12}S_{21}|^2}{2|S_{12}| \cdot |S_{21}|} > 1 \tag{4.20}$$

如果 k 在工作频率和电压偏置下恒大于 1，那么晶体管无条件稳定。如果功放产生自激振荡，则应采取稳定措施，从而帮助电路消除振荡。功放的稳定电路设计通常采用输入端串联有耗网络或 RC 并联网络、偏置电路串联电阻等方法。当然，这虽然可以提高电路系统的稳定性，但同时也会导致效率等其他指标的下降，在实际设计中需要平衡各项指标。

2) 输出功率

输出功率通常用对数来描述，一般常用的单位是 dBm，与常用功率单位的转换关系可用式(4.21)描述：

$$\text{dBm} = 10\lg(P_{\text{mw}}) \tag{4.21}$$

由于功放饱和后，功放的增益不再恒定，而是在增益压缩 1dB 后迅速下降，因此常取增益压缩 1dB 时的输出功率作为功放的输出功率。

3) 增益

增益(G)是衡量功放放大能力的指标，用输出功率与输入功率之比来表示，单位为 dB，表示如下：

$$G(\text{dB}) = P_{\text{out}}(\text{dBm}) - P_{\text{in}}(\text{dBm}) \tag{4.22}$$

在输入功率较小时，功率放大器的增益保持稳定，基本不变。此时功率放大器工作在线性区，增益为小信号增益。由于功率放大器具有一定的非线性，这使得输入功率增加到临界值时会产生谐波，分散基波能量，减弱能量传输能力，将导致功率放大器的增益随输入功率增加而被不断压缩，功率放大器进入饱和区工作，此时的增益为大信号增益。

4) 效率

衡量射频功率放大器中能量转换效率的方式有两种：一种为漏极效率(drain efficiency, DE)，即功率放大器的输出功率 P_{out} 与其所消耗的直流功率 P_{DC} 之比，该效率直观地反映了直流-射频的能量转换效率；另一种为功率附加效率(power added efficiency, PAE)，主要考虑了功放的增益 G_{P}，计算方式如下：

$$\text{PAE} = \frac{P_{\text{out}} - P_{\text{in}}}{P_{\text{DC}}} = \frac{P_{\text{out}}}{P_{\text{DC}}}\left(1 - \frac{1}{G_{\text{P}}}\right) \tag{4.23}$$

5) 带宽

应用于 MWPT 系统的射频功率放大器还应考虑正常工作时的频率范围，即工作带宽(bandwidth, BW)，其表达式如下：

$$\text{BW} = \frac{2(f_{\text{H}} - f_{\text{L}})}{f_{\text{H}} + f_{\text{L}}} \tag{4.24}$$

其中，f_{H} 和 f_{L} 为频带的上、下限频率。在 MWPT 系统中，功放的带宽设计需要综合考虑，由于 MWPT 系统通常使用单频点作为工作频率，所以系统的发射端和接收端往往采用窄带设计。未来 MWPT 系统会考虑到微波能量的宽带收发，并且天线的设计可以在保证增益的情况下满足高带宽的需求。

6) 线性度

线性度是用来表明功率放大器输出信号失真程度的，失真越严重，功放的线性度越差。当功率放大器在大信号情况下工作时，晶体管内部的非线性特性将会导致输出信号的失真，并造成带外杂散。衡量功率放大器线性度的指标有谐波抑制度、互调失真、三阶互调截点、邻信道功率比、矢量幅度误差等。

除此之外，功率放大器还有很多性能指标，在此不再赘述。

2. 器件选型

晶体管作为放大器的核心元件，对放大器的整体性能，特别是输出功率和效率有很大的影响。在功放的设计中，器件的选择是要解决的关键问题之一。而晶体管的各种指标都非常依赖于制造它所用的半导体材料，不同半导体材料制作的晶体管的性能差别很大。

最初，功放晶体管主要由硅和锗构成。硅晶体管出现以后便得到了迅速的发展。随后出现的是砷化镓(GaAs)基的晶体管。GaAs 器件的工作频率更高，在低压下可以提供更高的功率和效率。然而 GaAs 器件的击穿电压低、散热性差，所以 GaAs 器件在大功率、高频和高温领域的应用极为受限。GaN 和 SiC 是目前制作功放晶体管最好的半导体材料，在几十吉赫的工作环境下仍具备较高的性能，适合高效率开关类功放的设计，并且 GaN 器件的击穿电压高达 120V，十分有益于谐波控制类功放对漏极电压和电流进行塑形。

3. 设计步骤

放大器设计时，首先要选取合适的静态工作点，并判断电路的稳定性，其次要设计偏置电路，然后需要进行负载牵引与源牵引，找到在设计频率点处的最佳阻抗，最后将负载阻抗匹配到牵引出的阻抗。流程如图 4.16 所示。

选静态工作点，设计稳定电路和偏置电路
↓
求晶体管的最佳阻抗
↓
利用ADS软件设计输入输出匹配
↓
反复优化调谐
↓
实物加工和测试

图 4.16　放大器设计流程图

4. 设计实例

本节通过 ADS 仿真进行微带线 F 类功率放大器的实例设计。其中选用的是 GaN 晶体管 CGH55015F2，晶体管的额定漏极至源极工作电压为 28V，峰值输出功率为 41.5dBm(14W)，增益可达 10dB。GaN 静态工作点的确定如图 4.17(a)所示，对比数据手册，

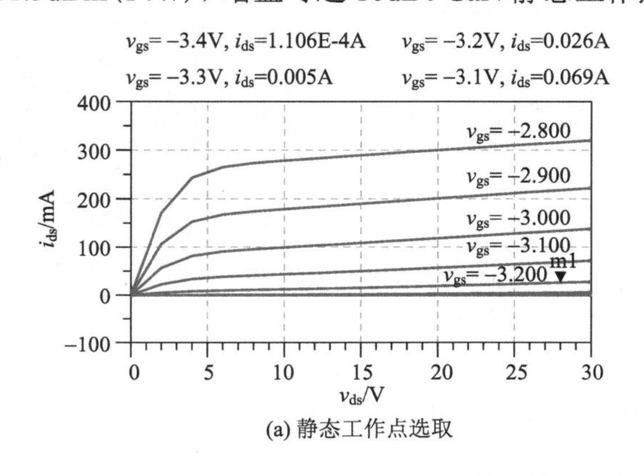

(a) 静态工作点选取

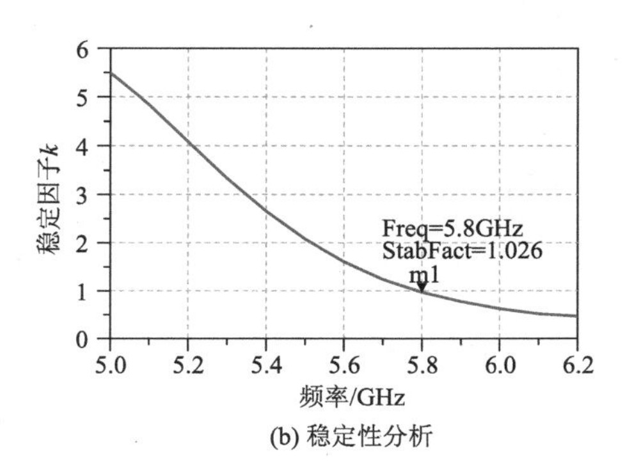

(b) 稳定性分析

图 4.17　GaN 晶体管静态工作点以及稳定性分析仿真图

选取 $v_{gs}=-3.2\text{V}$，$v_{ds}=28\text{V}$，此时 $i_{ds}=0.026\text{A}$。同时在 ADS 中利用稳定模板(S_params)确定该 GaN 晶体管的工作稳定性，当 k 大于 1 时，电路处于稳定状态。仿真结果如图 4.17(b)所示，在 5.8GHz 时稳定因子 k=1.026。

在微带线 F 类功放的设计中，偏置电路主要是通过调节晶体管栅源间的电压来调节最终输出功率，利用 ADS 中的 LineClac 软件，添加微波基板参数和操作频段，可以计算出微带线宽度以及电角度，如图 4.18 所示。在仿真中通过调谐得到如图 4.19(a)所示的偏置电路，图 4.19(b)为偏置电路在 5.8GHz 时的阻抗，由图可知，在 5.8GHz 时，偏置电路的输阻抗 Z_{in4} 很大，约为$(1.903\times10^{4}-\text{j}85.474)\Omega$，使得射频功率不会沿栅源极的微带传输线进入电源端。

在 F 类功放设计过程中需要进行负载牵引(Load-Pull)和源牵引(Source-Pull)，获得最优负载阻抗和源阻抗，从而提升能量转换效率。利用史密斯圆图匹配工具完成输入输出匹配网络设计。电路采用负载牵引和源牵引可以得到最优输入阻抗和输出阻抗。仿真结果如图 4.20 所示，GaN 晶体管输出功率接近 14W(41.45dBm)，效率约为 64.02%，增益在 8dB 左右，满足设计要求。为了得到更大的输出功率，取功率圆圆心的阻抗作为输出阻抗，仿真中将归一化阻抗 Z_0 设置为 5Ω，最终得到最佳输出阻抗约为(7.75–j9.63)Ω。

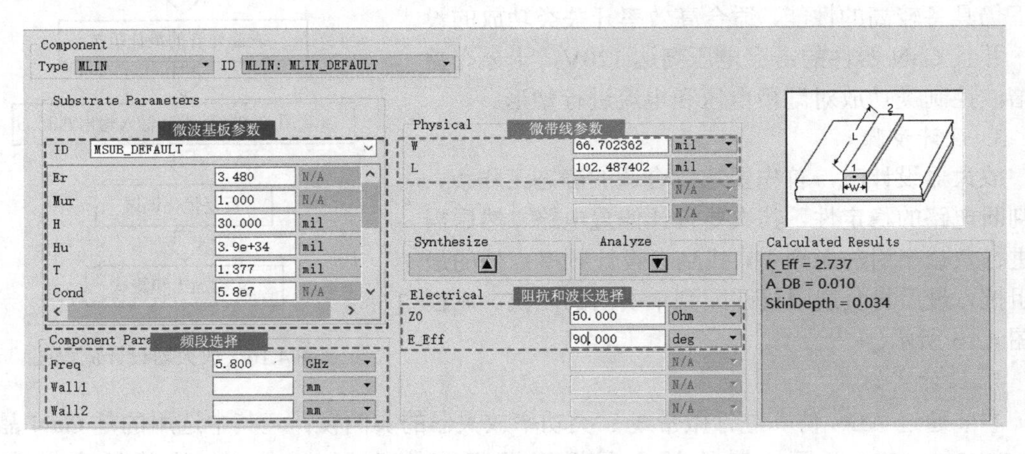

图 4.18　微带线参数仿真设计图

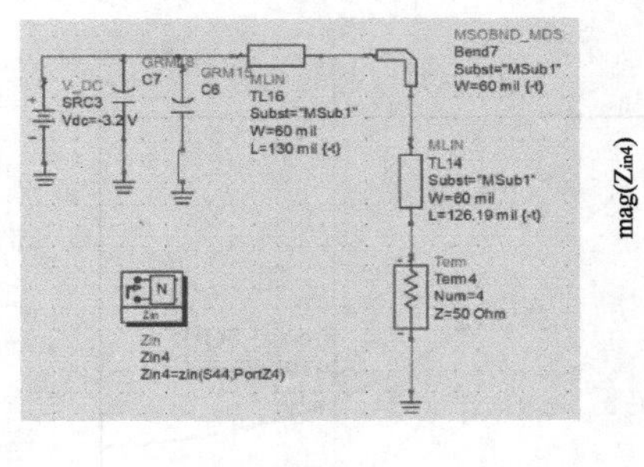

(a) 偏置电路

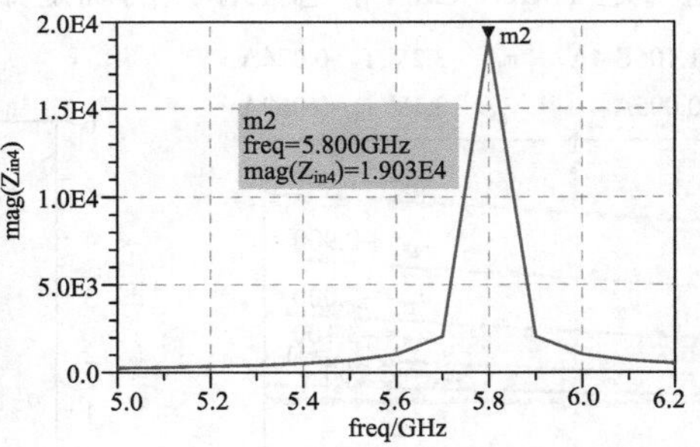

freq	Z_{in4}
5.000 GHz	2.883 + j251.957
5.100 GHz	3.856 + j289.181
5.200 GHz	5.373 + j338.644
5.300 GHz	7.921 + j407.681
5.400 GHz	12.669 + j510.944
5.500 GHz	23.047 + j682.546
5.600 GHz	53.012 + j1.024E3
5.700 GHz	215.334 + j2.035...
5.800 GHz	1.903E4 - j85.474
5.900 GHz	224.916 - j2.034...
6.000 GHz	58.091 - j1.026E3
6.100 GHz	26.470 - j685.144
6.200 GHz	15.246 - j513.746

(b) 输入阻抗仿真结果

图 4.19　偏置电路仿真原理图

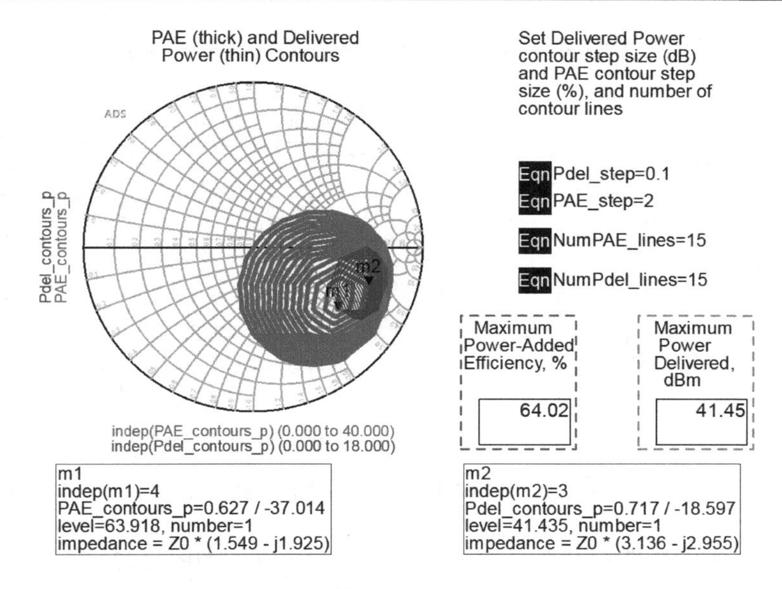

图 4.20　负载牵引仿真示意图

同理，采用 ADS 仿真中 Source-Pull 模板可以得出最佳输入阻抗为(15.68–j11.82)Ω。当确定了输入和输出阻抗后，需要确定输入和输出的阻抗匹配网络。微带线 F 类功率放大器的谐波控制网络主要针对输出回路，但是输入回路对于性能也会有影响。输入回路中需要考虑到晶体管以及偏置电路对传输线的影响，设计微带线网络作为 50Ω 的补偿线，从而形成匹配的传输线，这样输入信号的失真较小。

输入端阻抗匹配网络的联合仿真如图 4.21(a)所示，其对应的 S 参数仿真结果如图 4.21(b)所示。由 S 参数结果可知，输入阻抗匹配网络在 5.8GHz 频段 $S(1,1)$ 为–17.781dB，$S(2,1)$ 接近 0dB，说明 5.8GHz 的 RF 信号与后级晶体管呈现出匹配的状态。

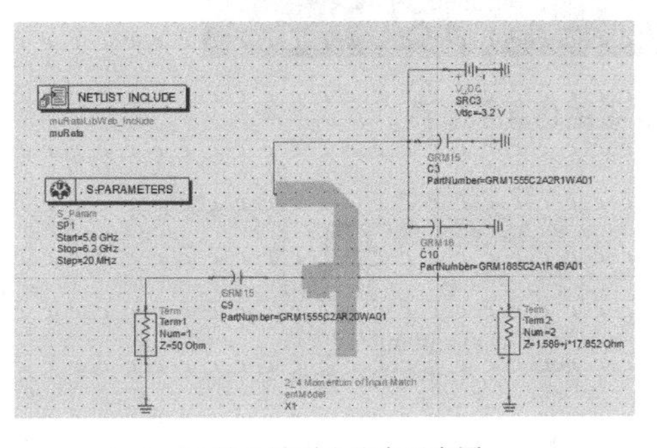

(a) 输入端联合仿真示意图

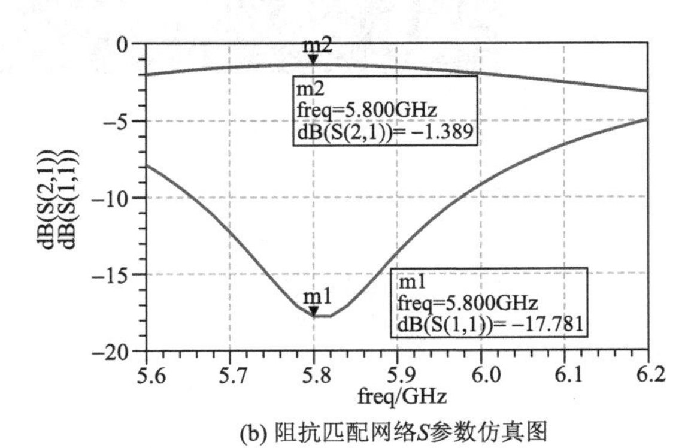

(b) 阻抗匹配网络S参数仿真图

图 4.21　输入端阻抗匹配网络仿真结果图

输出端谐波抑制网络的联合仿真如图 4.22(a)所示，其对应的 S 参数仿真结果如图 4.22(b)所示。由 S 参数结果可知，输出端谐波抑制网络在 5.8GHz 频段 $S(1,1)$ 为–19.518dB，说明在输出端谐波抑制网络对于 5.8GHz 的微波大信号呈现出带通滤波器的状态，而在高次谐波频段，由于采用的是联合仿真，仿真中考虑了实际参数误差，导致 $S(2,1)$ 参数略有偏差，在后续实验中对微带参数进行调谐，可以弥补参数误差带来的影响。

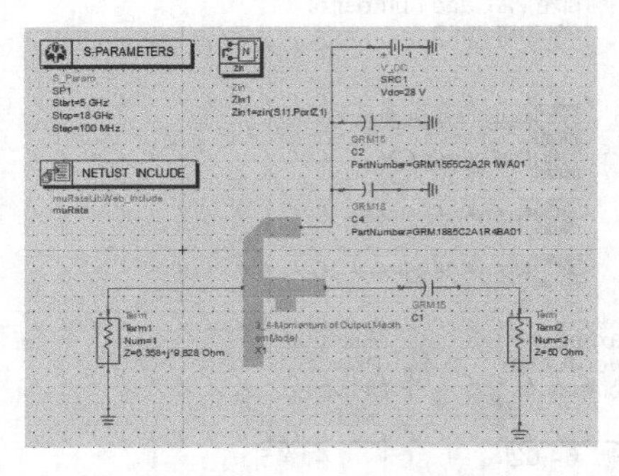

(a) 输出端联合仿真示意图

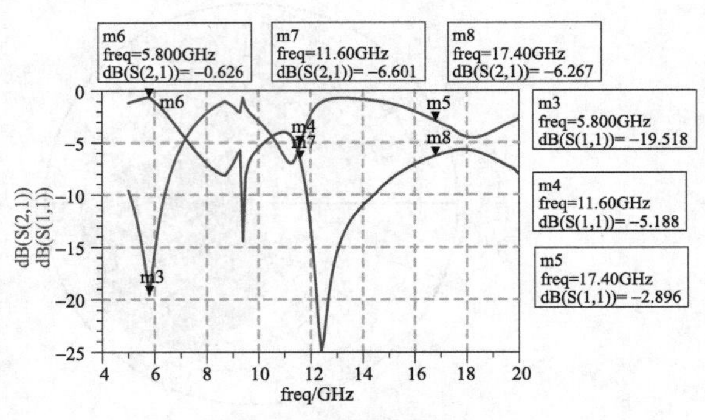

(b) 谐波抑制网络S参数仿真图

图 4.22　输出端谐波抑制网络仿真结果图

在 ADS 中完成了微带线 F 类功率放大器的版图仿真，如图 4.23 所示。在仿真中经过多次版图与原理图的联合仿真调谐，得出微带线的具体参数信息，微带线长宽均已在版图中标明，如图 4.24 所示。

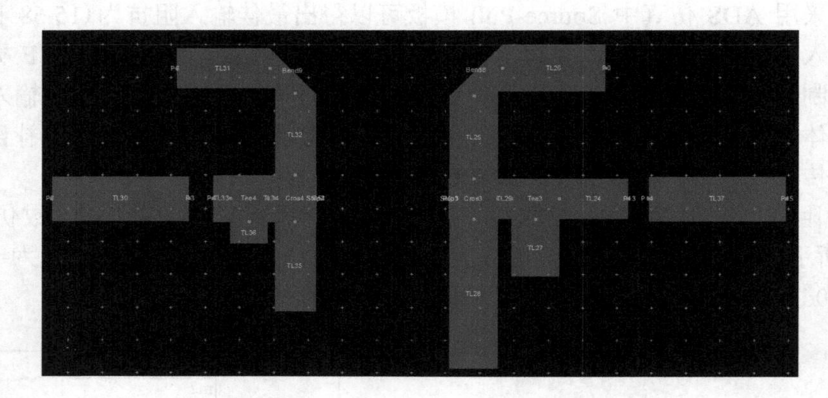

图 4.23　微带线功率放大器版图仿真示意图

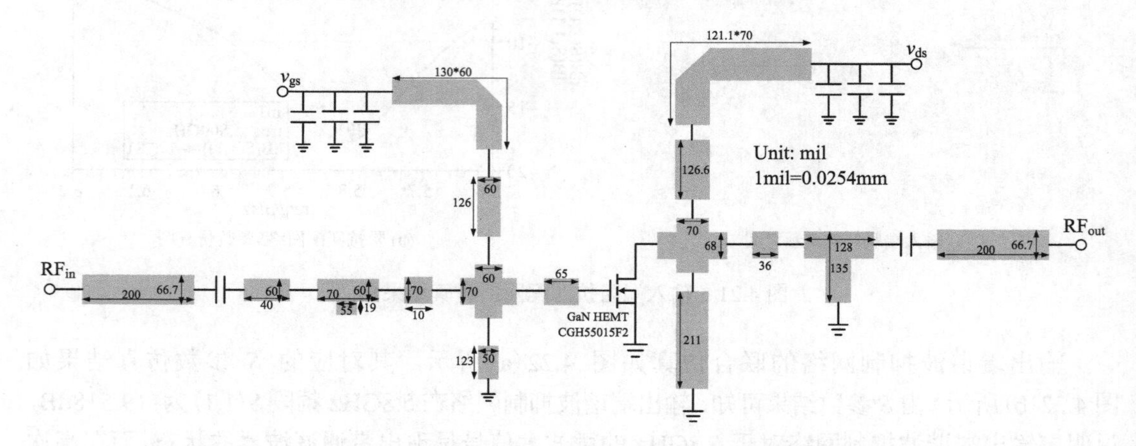

图 4.24　微带线 F 类功率放大器微带枝节电路图

此时的 F 类微带线功放除了输入输出隔直电容，其余部分均为微带线，与传统电力电子变换器有较大的不同。根据微带线理论，电角度处于 90°时对应的是 1/4 波长的微带线，虽然可以通过 ADS 中 LineCalc 工具精确计算出不同谐波次数下后端谐波抑制微带线的长宽，但是由于 5.8GHz 频段分布式参数寄生效应明显，在版图仿真中依旧需要多次调谐修改，谐波抑制网络微带线枝节参数列举于表 4.2 中。

表 4.2　谐波抑制网络微带线枝节参数

谐波次数	线宽/mil	线长/mil
基波	58.0	508.9
三次谐波	67.2	169.6
五次谐波	67.6	101.8

图 4.25(a)为仿真中漏源极电压和电流波形图，在仿真中输入 RF 信号，功率变大，会导致阻抗发生变化使得电压和电流波形畸变严重，因此在仿真中选取 16dBm 作为 RF 输入信号，输出 RF 功率信号可达 24dBm，此时漏源极电压和电流交叠较小，图 4.25(b)为输出功率的频谱，可以看出高次谐波分量较小，仿真设计与理论分析相吻合。至此，微带线 F 类功率放大器的设计完成。

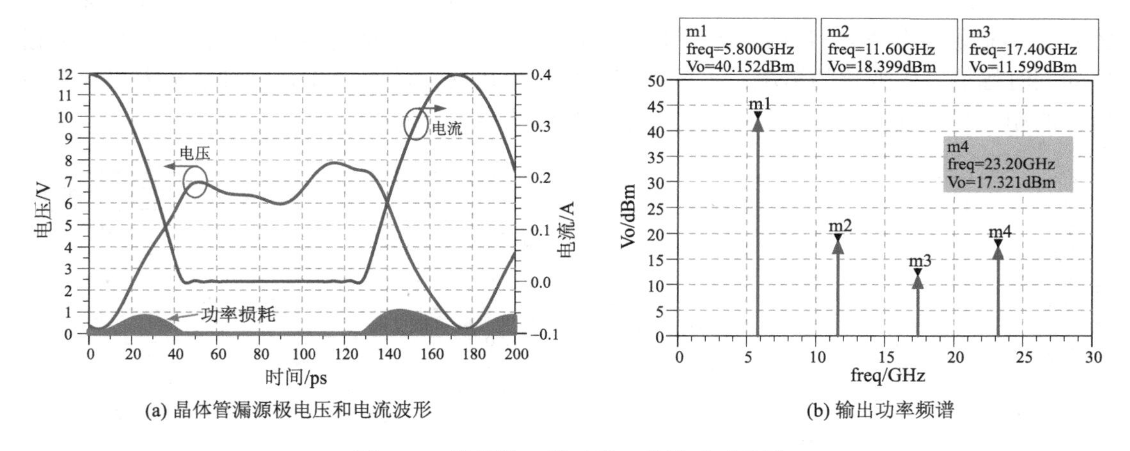

(a) 晶体管漏源极电压和电流波形　　(b) 输出功率频谱

图 4.25　微带线 F 类功放工作波形示意图

4.3.3　功率放大器幅相控制

射频功率放大器为能量转换单元，为了实现发射端波束定向辐射，每路通道中的功放需要根据指令信息，实现相位(θ_n)和幅值(A_n)的调控。本节将介绍几种射频功率放大器的幅相控制方式。

1. 移相器的开环控制方法

开环移相控制结构如图 4.26 所示，n 路 RF 驱动信号馈送给微波移相器(phase shifter, PS)，通过数字主控器控制移相角度，从而改变射频功率放大器输出的相位差，实现波束的定向辐射。

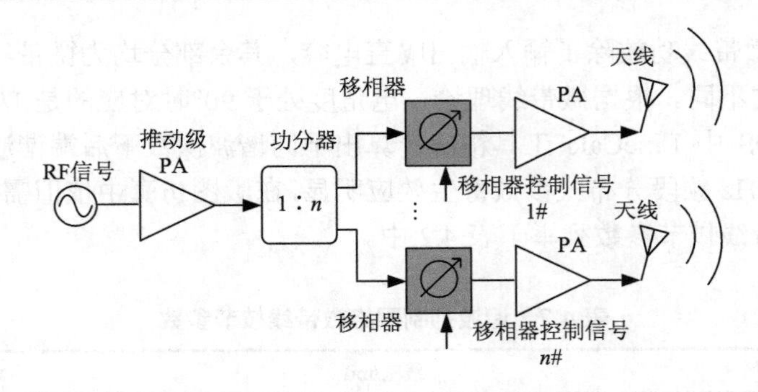

图 4.26　开环移相控制结构示意图

基于移相器的开环控制方案实现简单、使用器件较少，因此被广泛使用，但是其缺点也非常突出。由于射频模块之间的不一致性、非线性等，单路模块输出功率一致性较差，同时整个分布式发射端的输出与理论值存在较大偏差，未能按照预想设定值工作，最终导致增益、功率、波束指向存在较大误差，影响 MWPT 能量定向发射效果。因此在使用传统的移相器开环控制作为发射端架构时，在后端的波束控制中往往需要加上相控阵校准机制，实时调整模块间相位误差，补偿增益损失。

目前市面上的移相器有数控移相器和压控移相器两种，其本质就是根据外部的数字或者电压信号改变移相角度。在移相器中，插入损耗会根据设定移相角度的不同发生变化。图 4.27 为微波移相器特性曲线示意图。由图可知，即使是高精度移相器，依旧存在调节相位的同时幅值发生变化的情况，该款移相器幅值变化最大可达 2dB，这部分插入损耗需要后端的相控阵校准来实现增益补偿，增加了控制难度。

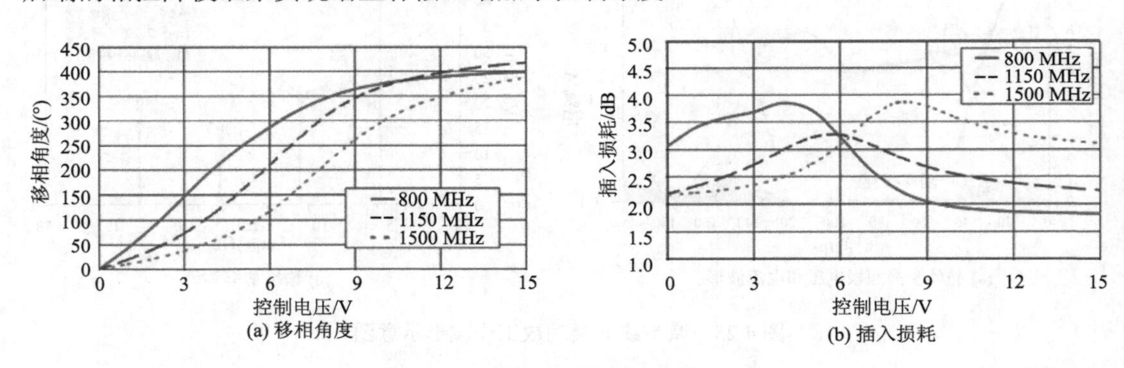

图 4.27　微波移相器特性曲线示意图

表 4.3 展示了北京华科仪科技股份有限公司的一款移相器移相角度与插入损耗的对比。在实际应用中不仅是移相器，功分器以及微带线路均会带来插入损耗，因此模块之间的不一致性带来的损耗以及增益补偿困难是移相器开环控制目前存在的最大问题。

表 4.3　移相角度与插入损耗对比

电压/V	插入损耗/dB	相位/(°)
0	4.4	0
5	5.0	70.7

续表

电压/V	插入损耗/dB	相位/(°)
10	6.2	171.0
15	8.5	297.6
18	9.7	369.0
20	9.9	398.0

2. 正交调制和解调的幅相控制方法

为了进一步提高单模块功放的幅相控制能力，解决移相器带来的一致性差、成本高等问题，可采用数字信号调制方法，即基于正交调制与解调结构的功率放大器单模块幅相控制方法，代替传统移相器的开环控制，实现单模块的幅相调控。

基于正交调制解调方法的控制框图如图 4.28 所示。在整体控制框图中分为正交调制、正交解调两部分，下面对每个部分进行分析。图 4.29 为正交调制的原理图，v_{in} 为微波输入信号，经过 90°电桥耦合器后，输入信号被分解为幅值相等、相位差为 90°的一组正交信号 v_Q 和 v_I，这一分解过程如下所示：

$$v_{\text{in}}=\sqrt{2}V_{\text{in}}\cos\left(\omega t-\frac{\pi}{4}\right)=v_Q+v_I=V_{\text{in}}\cos(\omega t)+V_{\text{in}}\sin(\omega t) \tag{4.25}$$

其中，v_{in} 的有效值为 V_{in}；ω 为角频率。两组正交信号 v_Q 和 v_I 分别与数字控制器输出的一对直流电平 V_{Qm} 和 V_{Im}(控制信号的给定)进行乘法运算，然后得到 v_{Qm} 和 v_{Im}。将这两个幅值不同、相位差为 90°的信号相加即可获得输出信号 v_{o}，具体过程如下：

$$v_{\text{o}}=v_{Qm}+v_{Im}=V_{Qm}v_Q+V_{Im}v_I=\sqrt{2}V_{\text{in}}\sqrt{V_{Qm}^2+V_{Im}^2}\cos(\omega t+\varphi) \tag{4.26}$$

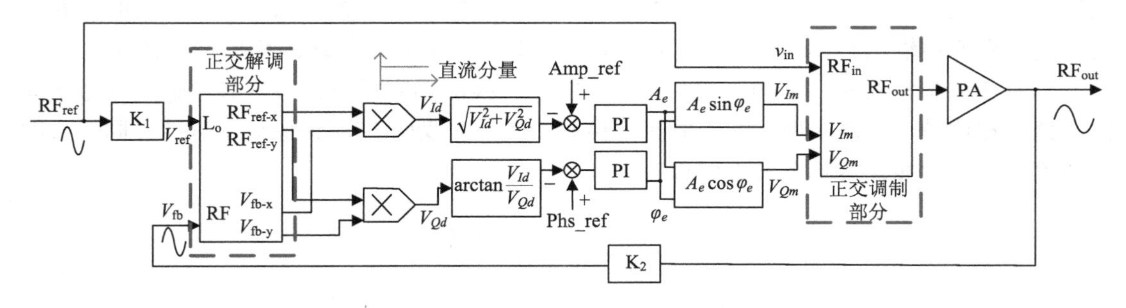

图 4.28　基于正交调制解调方法的控制框图

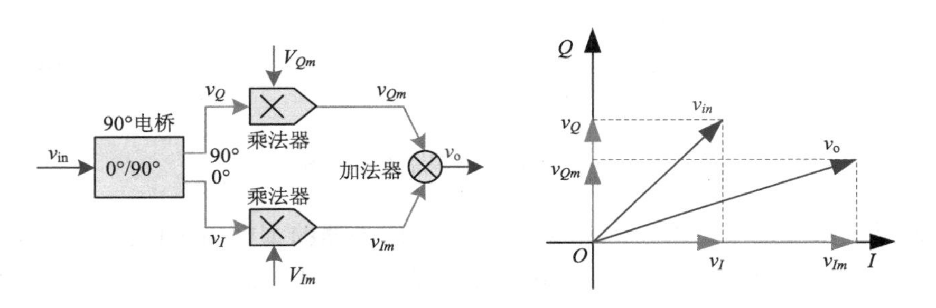

图 4.29　正交调制原理示意图

其中，V_{Qm} 和 V_{Im} 决定了角度 φ 的大小和所处的象限，角度 φ 满足：

$$\tan\varphi = \frac{V_{Qm}}{V_{Im}} \tag{4.27}$$

由上述分析可知，为了实现对输入信号 v_{in} 的幅值控制，可以通过改变控制信号绝对值的大小(此时 V_{Qm} 和 V_{Im} 的正负性和比值不变)来实现。同样，为了实现对输入信号 v_{in} 的相位控制，可以在 V_{Qm} 和 V_{Im} 平方和不变的情况下，改变其比例关系来实现。如图 4.29 所示，对输入信号幅相控制的过程可以由向量运算图来展示。因此，利用正交调制技术可以对 RF 输入信号进行相位幅值的开环调节。图 4.30 展示了正交调制技术对于输入信号的幅相控制。

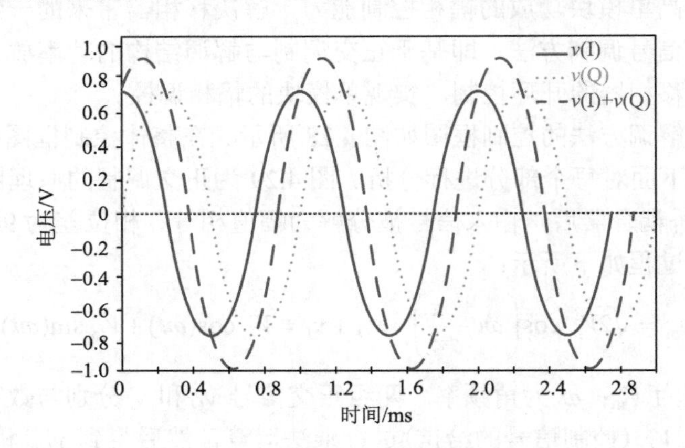

图 4.30　正交调制时域波形示意图

在正交调制控制过程中，通过改变 V_{Qm} 和 V_{Im} 可实现对微波信号的相位幅值调控。在实验中，可采用正交调制芯片，通过数字主控器解算接收端位置信息，将解算后的位置信息通过坐标变换输出具体的直流电压值，最后实现对发射端单模块的相位幅值调控。

与正交调制相对应，下面利用正交解调方法，检测功率反馈信号与参考输入信号之间的幅值和相位差，从而实现对幅相的闭环控制。图 4.31 为正交解调原理示意图，同样，图中也给出了向量线性运算图来方便理解。

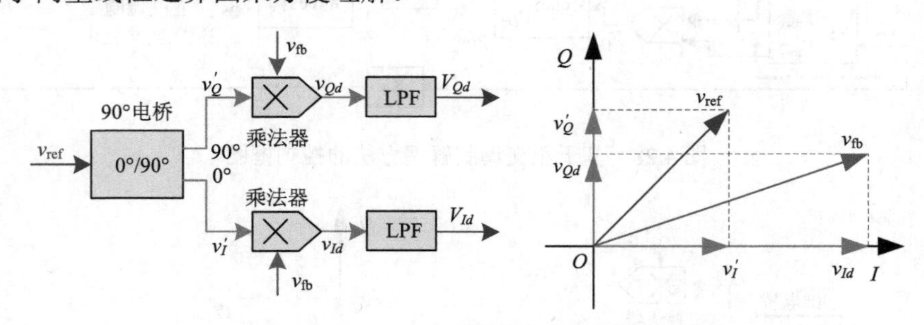

图 4.31　正交解调原理示意图

在微波功放单模块中，参考信号 v_{ref} 进入正交解调器的本振(local oscillator, LO)端口，功放输出的信号经过定向耦合器衰减 30dB 后得到反馈信号 v_{fb}，进入正交解调器射频输入端口。在正交解调芯片中，v_{ref} 经过 90°电桥后被分解成一组正交信号 v'_Q 和 v'_I，这一对正交信号分别与反馈信号相乘，最终得到基带信号 v_{Qd} 和 v_{Id}，该过程的数学表达式为

$$v_{Qd} = V_{\text{fb}}\cos(\omega t + \varphi_{\text{fb}})\cdot V_{\text{ref}}\sin(\omega t + \varphi_{\text{ref}}) = \frac{V_{\text{fb}}V_{\text{ref}}}{2}[\sin(\varphi_{\text{fb}} - \varphi_{\text{ref}}) + \sin(2\omega t + \varphi_{\text{fb}} + \varphi_{\text{ref}})] \tag{4.28}$$

$$v_{Id} = V_{\text{fb}}\cos(\omega t + \varphi_{\text{fb}})\cdot V_{\text{ref}}\cos(\omega t + \varphi_{\text{ref}}) = \frac{V_{\text{fb}}V_{\text{ref}}}{2}[\cos(\varphi_{\text{fb}} - \varphi_{\text{ref}}) + \cos(2\omega t + \varphi_{\text{fb}} + \varphi_{\text{ref}})] \tag{4.29}$$

基带信号 v_{Qd} 和 v_{Id} 经过低通滤波后，即可获得直流电平分量 V_{Qd} 和 V_{Id}：

$$V_{Qd} = \frac{V_{\text{fb}}V_{\text{ref}}}{2}\sin(\varphi_{\text{fb}} - \varphi_{\text{ref}}) \tag{4.30}$$

$$V_{Id} = \frac{V_{\text{fb}}V_{\text{ref}}}{2}\cos(\varphi_{\text{fb}} - \varphi_{\text{ref}}) \tag{4.31}$$

通过正交解调和低通滤波后得到的直流电平分量 V_{Qd} 和 V_{Id} 能用于测量反馈信号和参考信号之间的幅值和相位差：

$$V_{\text{fb}} = \sqrt{2(V_{Qd}^2 + V_{Id}^2)}\,/\,V_{\text{ref}} \tag{4.32}$$

$$\varphi_{\text{fb}} - \varphi_{\text{ref}} = \arctan(V_{Qd}\,/\,V_{Id}) \tag{4.33}$$

因为 v_{ref} 的有效值 V_{ref} 已知，所以反馈信号 v_{fb} 的有效值 V_{fb} 可以根据直流电平分量 V_{Qd} 和 V_{Id} 推算得出。同样，根据直流电平分量 V_{Qd} 和 V_{Id} 的正负值和比值大小即可推算出 V_{ref} 与 V_{fb} 的相位差。因此，正交解调技术可以检测两个信号之间的幅值比和相位差。当采用正交调制技术控制输出相位幅值时，由于器件之间的不一致性产生了增益或者相位误差，此时，采用正交解调作为功率闭环，即可实现对增益损耗和相位误差的补偿。

3. 直接数字合成器(DDS)的幅相控制方案

图 4.32 为一种基于 DDS 幅相控制的发射波束形成方案的示意图。幅相控制模块中使用 DDS 作为信号发生器。波束控制模块向每个通道传输输出信号的初始频率、初始相位、初始幅值等相关信息，由外部信号统一进行同步触发。在各个通道内，DDS 产生带有波束形成所需要的幅值和相位信息，经过射频发射链路以及天线单元辐射，最终在远场空间形成期望的发射波束。

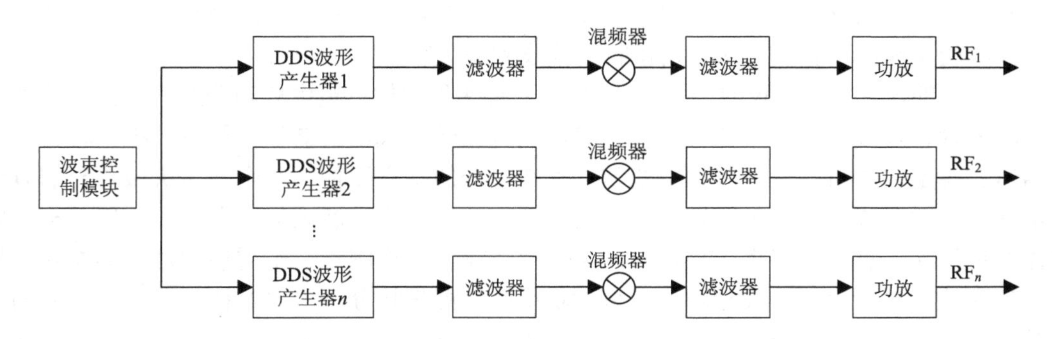

图 4.32　基于 DDS 幅相控制方案示意图

DDS 主要包括频率控制寄存器、高速相位累加器和正弦计算器三个部分(如 Q2220)。频率控制寄存器可以串行或并行的方式装载并寄存用户输入的频率控制码；相位累加器根据频率控制码在每个时钟周期内进行相位累加，得到一个相位值；正弦计算器则根据该相位值计算数字化正弦波幅度(芯片一般通过查表得到)。DDS 芯片输出的一般是数字化的正弦波，因此还需经过高速 D/A 转换器和低通滤波器才能得到一个可用的模拟频率信号。

DDS 的实现技术一般分为两种，即数据存储型(DDWS)和相位累加型(DDFS)。数据存储型 DDS 实际上相当于一种任意信号发生器，信号数据被存储在大容量存储器中，信号输出时直接读取存储器，再送到高速 D/A 转换器和滤波器模块中。DDWS 的缺点是对存储器的容量要求很高，尤其在需要切换多种波形时，每种波形数据都需要提前单独存储，因此在实际应用中受到很大限制。一般实用中的 DDS 都是相位累加型。相位累加型 DDS 的存储器中一般存储一个周期的正弦波，存储容量由相位累加器位数决定，相位累加型 DDS 通过相位累加器的输出对存储器进行寻址，每个时钟周期，相位累加器加上一个频率控制字 K，则相位增加一个对应的值，所以通过改变 K 的值，可以改变一个时钟周期的相位增量，即改变输出信号的频率。由于相位累加型 DDS 对存储空间要求相对较小，因此，该类型的 DDS 有着广泛的应用。图 4.33 为相位累加型 DDS 的基本结构原理图。

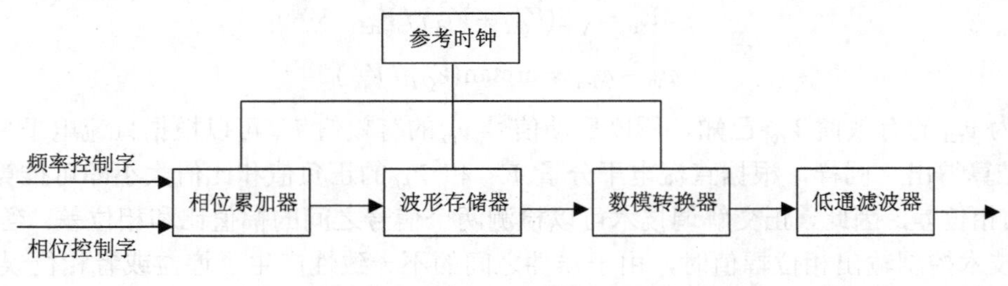

图 4.33　相位累加型 DDS 的基本结构原理图

4.4　MWPT 系统功率定向发射技术

4.4.1　MWPT 系统定向发射方法分类

微波无线能量传输要求发射装置能够向指定的目标方向进行功率发射，该功能需要功率定向发射技术的支撑。微波功率定向发射本质上是通过一定的方法控制电磁波，使其在目标接收处实现同相叠加，从而使接收端接收到最大功率。

现阶段的研究中，MWPT 系统发射端主要有两种架构：集中式和分布式。集中式架构采用磁控管、行波管等功率放大装置，将电能直接转化成微波能量，再借助机械转台或者移相器实现定向辐射，集中架构中通常只存在单一的功率器件。其中采用机械转台的方法通常是将发射天线固定在机械转台上，通过转台的旋转实现波束的定向发射，但是机械转台体积重量大，总重量在百千克左右，灵活性较差，操作困难。采用移相器的集中式架构中，功率放大器输出端接波导功分，将大功率微波能量均分，再通过移相器实现波束的定向发射，但是移相器种类繁多，精度参差不齐，高精度大功率移相器价格昂贵，并且入口功率有限制，因此该方案制约了大功率发射端的发展。

MWPT 系统分布式发射端架构如图 4.34 所示。在发射端，采用信号发生器产生单路射频基准信号，并用功分器将参考信号等幅同相分配馈送给功放模块。在信号馈送过程中，经过传输线会产生不同程度的相移以及回波损耗，此部分会对增益以及相位差产生影响，因此需要数字主控器对每个模块进行微调和补偿。受能目标通过其位置传感器发送坐标信号至发射端，发射端将信号解调，利用主控器解算出多路功放模块的相位(θ_n)和幅值(A_n)，基于电扫描理论，改变波束指向，从而实现对目标的定向辐射。

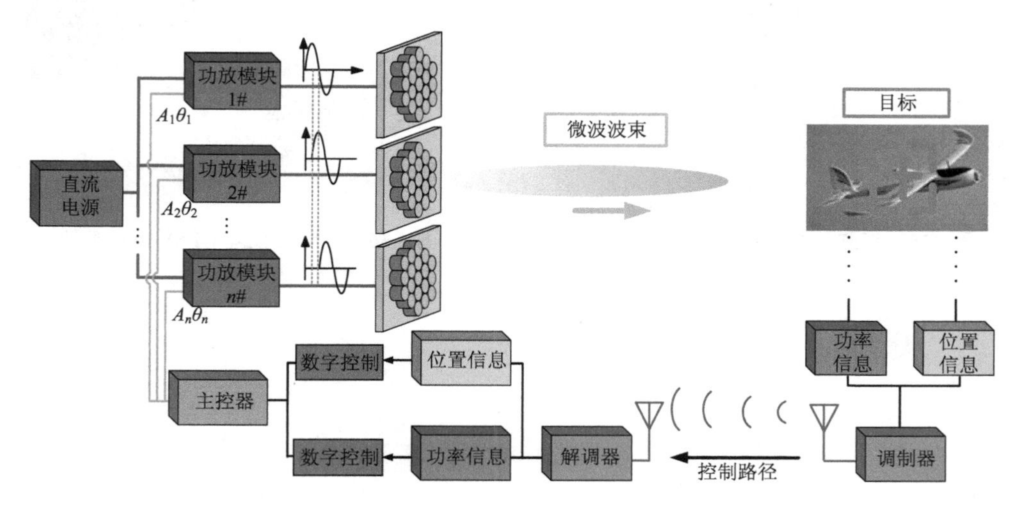

图 4.34　MWPT 系统分布式发射端架构示意图

4.4.2　相控阵波束定向原理

MWPT 系统功率定向发射技术需要用到天线理论中的知识，因此本节先回顾天线理论中的重要概念，然后以计算推导与仿真相结合的方式，直观说明定向发射实现的数学原理。需要说明的是，在 MWPT 中根据传能距离分为近场菲涅耳(Fresnel)区和辐射远场夫琅禾费(Fraunhofer)区，本节以辐射远场为例进行推导。

1. 一维线性相控阵天线

下面结合计算和仿真，以较为直观的方式介绍一维线性相控阵天线实现定向的原理。为便于后面展开，先简单介绍天线辐射波瓣图、天线主瓣副瓣、天线增益等概念。作为天线理论中最重要的概念和分析工具，天线辐射波瓣图(后简称“波瓣图”)以直观图形的方式，表征天线在空间中某一方向的辐射特性(如场强幅值和相位等)，其中辐射特性包括场强幅值、相位、功率等，故根据波瓣图所绘特性的不同，又可将其分为场强波瓣图、相位波瓣图、功率波瓣图等。绘制时，一般先进行归一化处理，如绘制场强波瓣图时，各处场强值均先除以最大场强值进行归一化。此外，波瓣图一般取归一化后的分贝值进行绘制，这是为了能将相差较大的数值以合适的比例在同一尺度绘制出来，方便观察。

为便于理解，图 4.35 先直接给出一张三维场强波瓣图。该图由 ANSYS HFSS 有限元仿真软件绘制，描述一个以 3 块相同微带天线作为阵元、等距并行排列的三维线性相控阵天线(后简称“三阵元线阵”)的场强特性，图 4.36 为对应的仿真模型，后续仿真均基于此模型。对 3 个阵元施加同相、等幅激励，得到如图 4.35 和图 4.37 所示的场强波瓣图，图 4.37(a)为图 4.35 在 xy 平面的切面图，由于与最大场强矢量方向平行，习惯上称为 E 面图，图 4.37(b)则是 xz 平面的一个切面图，与最大磁场方向平行，称为 H 面图。

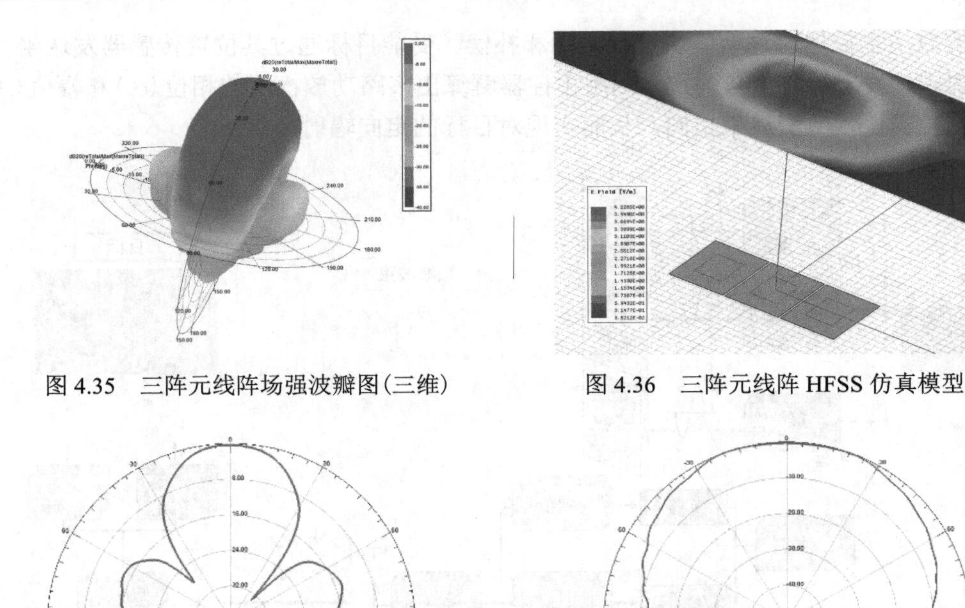

图 4.35　三阵元线阵场强波瓣图(三维)

图 4.36　三阵元线阵 HFSS 仿真模型

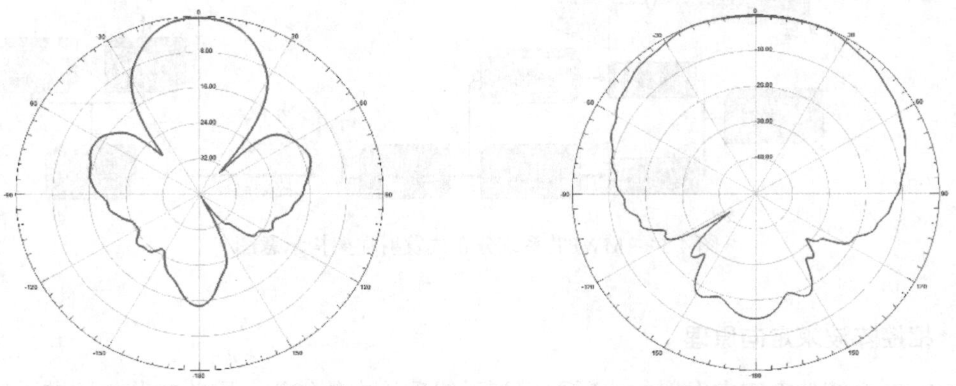

(a) E面场强波瓣图(二维)

(b) H面场强波瓣图(二维)

图 4.37　三阵元线阵二维场强波瓣图

图 4.35 与图 4.37 共同提供了以下信息：该三阵元线阵在同相、等幅激励条件下，天线正对方向(与 z 轴的夹角 θ 为 0°)的场强最强，在其两侧约±30°范围内逐渐减弱，这一区域是波瓣图上出现的最大辐射区，称为“主瓣”，同样可以观察到该天线在±75°、–180°方向上也存在局部场强高峰，这些弱于主瓣场强的区域称为“副瓣”，此外天线背面也有较弱的场强，称为“背瓣”。一般地，若天线主瓣越窄、副瓣越小，则天线的方向性越好——同等条件下能量更加集中、能作用的距离也更远。

MWPT 追求实现很高的发射天线增益，即要求发射天线的主瓣窄、副瓣小，这样反馈给发射天线的功率才能密集地向外发射，同时因副瓣造成的能量散失达到最小。然而，单个天线往往很难实现较高的增益，天线阵列是实现天线增益抬升的最有效的方法。简单来说，线性天线阵列实现的发射效果可视为其内部各阵元天线所产生电磁场的线性叠加。为了实现某一方向上增益的抬升，要求各阵元天线发出的电磁波能在该方向上尽可能产生相位相同的电磁场(主瓣增强)，同时在其他方向上尽可能实现电磁场的衰减或抵消(副瓣抑制)。

下面推导等幅、同相激励下，一维线性相控阵天线的波瓣图数学表达式，以说明其实现增益抬升的数学原理。如图 4.38 所示，一维线性相控阵天线由 N 个阵元天线沿直线排列组成，相邻阵元天线间距相同，距离为 d。角度 φ 为阵列发射方向与 x 轴的夹角，γ 为发射方向与 y 轴的夹角(后称发射角)。

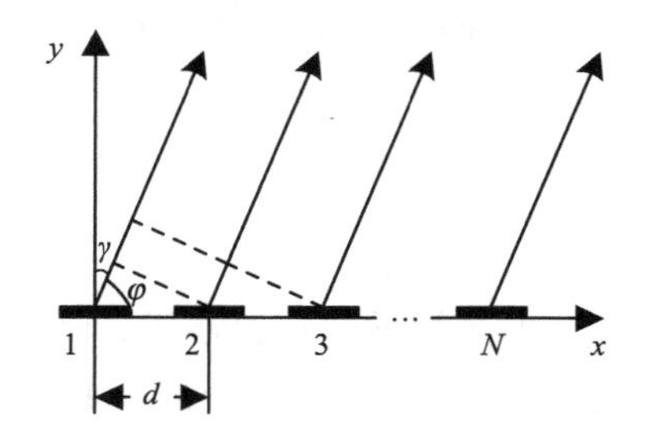

图 4.38　一维线性相控阵天线示意图

忽略阵列中各阵元的具体实现形式，先假设其均为点源，同时，只考虑远场情况，远场处任意一点接收到的电磁波均视为平行波。显然，该线性相控阵在远场处某一点形成的总场强 E 为各阵元在该点形成场强 E_i 的线性叠加：

$$E=\sum_{i=1}^{N}E_i \tag{4.34}$$

由于施加的是等幅激励，理想情况下各阵元形成的场强具有相同的幅值，故 E_i 可写成

$$E_i=\left|E_1\right|\mathrm{e}^{\mathrm{j}(i-1)\psi} \tag{4.35}$$

其中，ψ 是来自相邻阵元的电场之间的总相位差，前面已提及远场条件下将该点所接收的电磁波均视为平行波，因此任意相邻两阵元产生的电场在远场该点处均相差同样的角度 ψ，即

$$\psi=\frac{2\pi}{\lambda}d\cos\varphi+\delta \tag{4.36}$$

其中，δ 是相邻阵元间施加激励的相位差(后称移相角)，等幅、同相激励条件下，移相角 δ 为 0。

将式(4.35)代回式(4.34)，由几何级数求和公式进一步化简，可得

$$E=\left|E_1\right|\frac{1-\mathrm{e}^{\mathrm{j}N\psi}}{1-\mathrm{e}^{\mathrm{j}\psi}} \tag{4.37}$$

将式(4.37)稍作改写：

$$E=\left|E_1\right|\frac{\mathrm{e}^{\mathrm{j}N\psi/2}}{\mathrm{e}^{\mathrm{j}\psi/2}}\left(\frac{\mathrm{e}^{\mathrm{j}N\psi/2}-\mathrm{e}^{-\mathrm{j}N\psi/2}}{\mathrm{e}^{\mathrm{j}\psi/2}-\mathrm{e}^{-\mathrm{j}\psi/2}}\right)=\left|E_1\right|\frac{\sin\dfrac{N\psi}{2}}{\sin\dfrac{\psi}{2}}\mathrm{e}^{\mathrm{j}(N-1)\psi/2} \tag{4.38}$$

对两边取模：

$$\left|E\right|=\left|E_1\right|\left|\frac{1-\mathrm{e}^{\mathrm{j}N\psi}}{1-\mathrm{e}^{\mathrm{j}\psi}}\right|=\left|E_1\right|\frac{\sin\dfrac{N\psi}{2}}{\sin\dfrac{\psi}{2}} \tag{4.39}$$

为了求得场强波瓣图的表达式，还需要对其进行归一化，由数学知识可知，式(4.39)的最大值在 ψ 趋于 0 时求得

$$\left|E\right|_{\max}=\left|E_1\right|\lim_{\psi\to 0}\left(\frac{\sin\dfrac{N\psi}{2}}{\sin\dfrac{\psi}{2}}\right)=N\left|E_1\right| \tag{4.40}$$

对式(4.39)进行归一化，得一维线性相控阵天线场强波瓣图表达式(归一化场强)：

$$|E|_{\text{NORM}}=\frac{|E|}{|E|_{\max}}=\frac{1}{N}\frac{\sin\dfrac{N\psi}{2}}{\sin\dfrac{\psi}{2}} \tag{4.41}$$

上述推导过程忽略了各阵元的具体物理实现方式，是基于各阵元均为点源的假设完成的，因此严格来说，式(4.41)是一维线性点源阵的场强波瓣图表达式，在天线理论中，该式称为“阵因子”。当选定了具体的天线形式来实现各阵元后，若忽略阵元间的互耦效应，由天线理论中“波瓣图乘法原理”可以很容易得到实际阵列的场强波瓣图表达式：实际场强是每个阵元的归一化场强与阵因子的乘积。

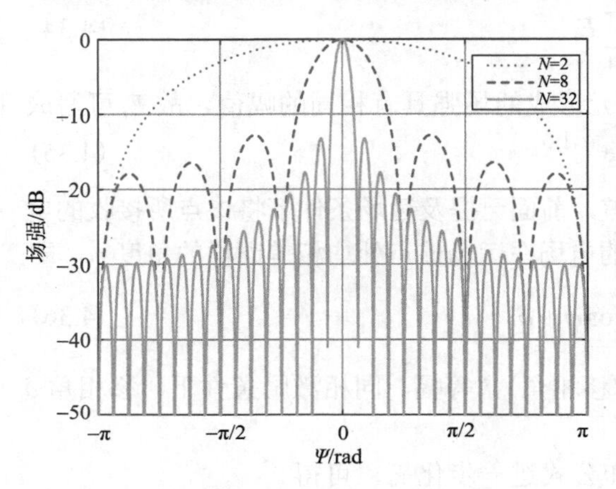

图 4.39　阵因子/一维点源阵场强波瓣图

观察式(4.41)可知，当 ψ 取 0 时，一维线性相控阵天线的场强波瓣图存在最大值(主瓣方向)。利用 MATLAB 绘制该函数不同 N 值下的图形，如图 4.39 所示。不难发现，阵元数 N 较小时，天线主瓣很宽，当 N=2 时，只有一个主瓣、没有副瓣，而随着 N 增大，开始出现明显的主瓣和副瓣，且主瓣的波瓣宽度随 N 的增加而减小，天线增益增加。因此，一维线性相控阵天线通过增加阵元数目，可以实现增益抬升、定向加强。

至此可说明一维线性相控阵天线实现定向发射的方法。由上面的分析可知，空间相位差 ψ=0 处对应场强波瓣图主瓣所在位置。为使主瓣方向朝向发射角 φ 所指向的发射方向，不妨直接令 ψ=0，此时可得

$$\delta=-\frac{2\pi}{\lambda}d\cos\varphi \tag{4.42}$$

显然，不同的发射角 φ 均有对应的 δ 使得主瓣位置指向 φ。MWPT 功率定向发射技术正是期望通过类似方法改变天线主瓣的朝向，实现功率向指定方向的密集发射，因此对于一维线性相控阵来说，式(4.42)便直接提供了一种实现定向发射的可行方法。

2. 二维线性相控阵天线

在一维线性相控阵天线原理的基础上，阐述二维相控阵天线实现定向发射的数学原理。二维线性相控阵天线由多个阵元天线在二维平面内组成矩阵，如图 4.40 所示，$M\times N$ 个完全相同的阵元在 xOy 平面上排布，相邻阵元在 x 轴方向间隔 d_x，在 y 轴方向间隔 d_y。

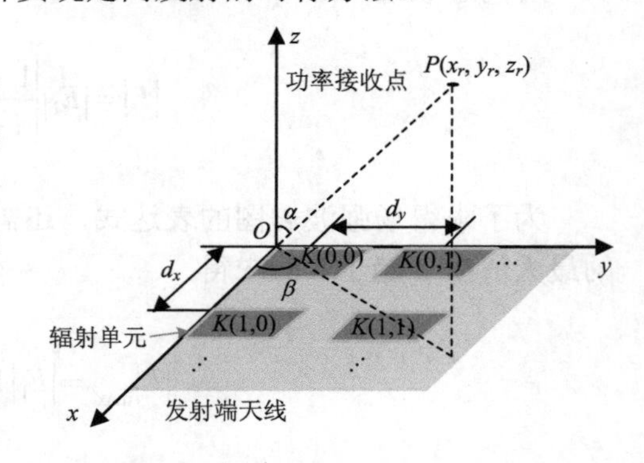

图 4.40　二维线性相控阵天线示意图

同式(4.34)，远场某点处的场强由各阵元在该点处形成的场强叠加而成，等幅激励条件下，第 (i, k) 个阵元所产生的场强为

$$E_{ik} = |E_{11}| e^{j\psi_{ik}} \tag{4.43}$$

其中，空间相位差 ψ_{ik} 可分解为 x 轴分量 ψ_x 和 y 轴分量 ψ_y：

$$\psi_{ik} = i\psi_x + k\psi_y \tag{4.44}$$

类比一维情况，有

$$\psi_x = \frac{2\pi}{\lambda} d_x \sin\alpha \cos\beta + \delta_x \tag{4.45}$$

$$\psi_y = \frac{2\pi}{\lambda} d_y \sin\alpha \cos\beta + \delta_y \tag{4.46}$$

其中，α 是发射方向与 z 轴的夹角；β 是发射方向与 x 轴的夹角；δ_x 和 δ_y 分别是相邻阵元所施激励在 x 方向上和 y 方向上的相位差增量。

此时，远场该点处的总场强可表达为

$$E = |E_{11}| \sum_{i=1}^{M} \sum_{k=1}^{N} e^{j[\psi_x (i-1) + \psi_y (k-1)]} \tag{4.47}$$

等幅激励条件下，二维线性相控阵天线的总电场强度 E 可重新表达为 x 和 y 方向上场强的乘积：

$$|E|_{\text{NORM}} = |E_x|_{\text{NORM}} |E_y|_{\text{NORM}} \tag{4.48}$$

类比一维情况，很容易得到

$$|E_x|_{\text{NORM}} = \frac{1}{M} \frac{\sin\frac{M\psi_x}{2}}{\sin\frac{\psi_x}{2}} \tag{4.49}$$

$$|E_y|_{\text{NORM}} = \frac{1}{N} \frac{\sin\frac{N\psi_y}{2}}{\sin\frac{\psi_y}{2}} \tag{4.50}$$

因此，二维线性相控阵天线的场强波瓣图表达式(阵因子)为

$$|E|_{\text{NORM}} = \frac{1}{MN} \frac{\sin\frac{M\psi_x}{2} \sin\frac{N\psi_y}{2}}{\sin\frac{\psi_x}{2} \sin\frac{\psi_y}{2}} \tag{4.51}$$

图像如图 4.41 所示，同样可以证明，场强在 ψ_x 和 ψ_y 均为 0 时达到最大(主瓣方向)，且与一维情况类似，阵元越多，主瓣越细，副瓣能量越低。当 M 或 N 任意一者取 1 时，该式退化为一维线性相控阵的情况。

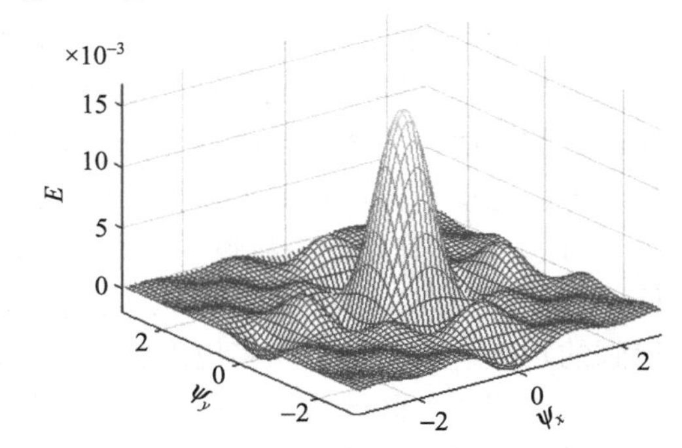

图 4.41　阵因子/二维点源阵场强波瓣图

不难发现，与一维线性相控阵天线一样，二维情况下，也可以通过控制阵内相邻阵元天线所施激励的相位差来实现微波的定向发射，数学关系为

$$\delta_x = -\frac{2\pi}{\lambda} d_x \sin\theta\cos\phi \tag{4.52}$$

$$\delta_y = -\frac{2\pi}{\lambda} d_y \sin\theta\sin\phi \tag{4.53}$$

4.4.3 相控阵定向发射技术

根据 4.4.2 节的理论推导可知，若已知接收端相对发射端的位置，可直接利用式(4.52)和式(4.53)计算得到移相角，即接收端位置和天线激励相位的关系，并据此为阵列中各阵元馈电，理论上可以实现功率的定向发射。几乎所有的定向技术都是基于相控阵原理产生的，下面介绍直接运用相控阵原理进行定向以及由相控阵原理衍生出的几种定向技术。

1. 基于相控阵原理的定向发射方法

这里只需要说明接收端位置和天线激励相位的关系，不失一般性，假设接收端中心位于 xyz 直角坐标系内任意一点(x_r, y_r, z_r)处，根据前面对相控阵理论的推导分析可知，若要在点(x_r, y_r, z_r)及其附近区域获得最大场强，仅需让天线主瓣朝向(x_r, y_r, z_r)发射。无须过多说明，显然有

$$\varphi = \arctan\frac{y_r}{x_r},\quad \sin\varphi = \frac{y_r}{\sqrt{x_r^2 + y_r^2}} \tag{4.54}$$

$$\theta = \arctan\frac{\sqrt{x_r^2 + y_r^2}}{z_r},\quad \cos\theta = \frac{z_r}{\sqrt{x_r^2 + y_r^2 + z_r^2}} \tag{4.55}$$

据此可以得到，当二维线性相控阵天线向空间(x_r, y_r, z_r)处进行定向发射时，第(i, k)个阵元天线所施相位与第(0, 0)个阵元应相差：

$$\delta_{ik} = \frac{2\pi}{\lambda}\cdot\frac{ix_r d_x + ky_r d_y}{\sqrt{x_r^2 + y_r^2 + z_r^2}} \tag{4.56}$$

2. 基于主动扫描的定向发射方法

直接基于相控阵原理进行定向发射虽然理论上很容易，但实际上实用价值相对较低。因为即便能事先精确测量得到收发两端的相对位置信息，并设定好发射角进行发射，实际操作时由于天线阵列加工生产误差，不能保证理论计算发射角与实际发射角完全吻合。若要依靠接收端位置信息进行动态定向发射，一方面，当前缺乏有效手段以准确测量收发两端的位置信息，另一方面，无法避免因发射角偏离带来的定向发射失败问题。

虽然位置信息不易测得，但接收端所收到的微波功率或整流得到的直流功率均很容易测得，而定向发射的目标正是实现接收端接收功率的最大化，因此这两个信号(或其中之一)可作为反馈信号提供给发射端。很容易想到，可通过主动扫描的方式自动寻找使接收端功率最大的发射角。假设接收端位于有效接收区域内，并能实时反馈接收到的功率，位置信息未知，主动扫描可按如下流程操作，这一方法具体可由图 4.42 表示。

(1)大方向确定：先将设计的发射区域等分为 N_0 个小块，计算每个小块中心位置的坐标，并按式(4.37)向发射天线阵列各阵元馈以等幅、特定移相激励，记录 N_0 个方向上反馈得到的功率，选出最大功率出现的区域，记录其编号为 $n_{0\max}$，此时完成大方向扫描；理论上接收端应位于区域 $n_{0\max}$ 或其邻近区域，但为了避免天线副瓣过大导致误寻，这一步区域划分时，N_0 应足够大，使得大方向扫描能较准确地找到接收端的大体位置。

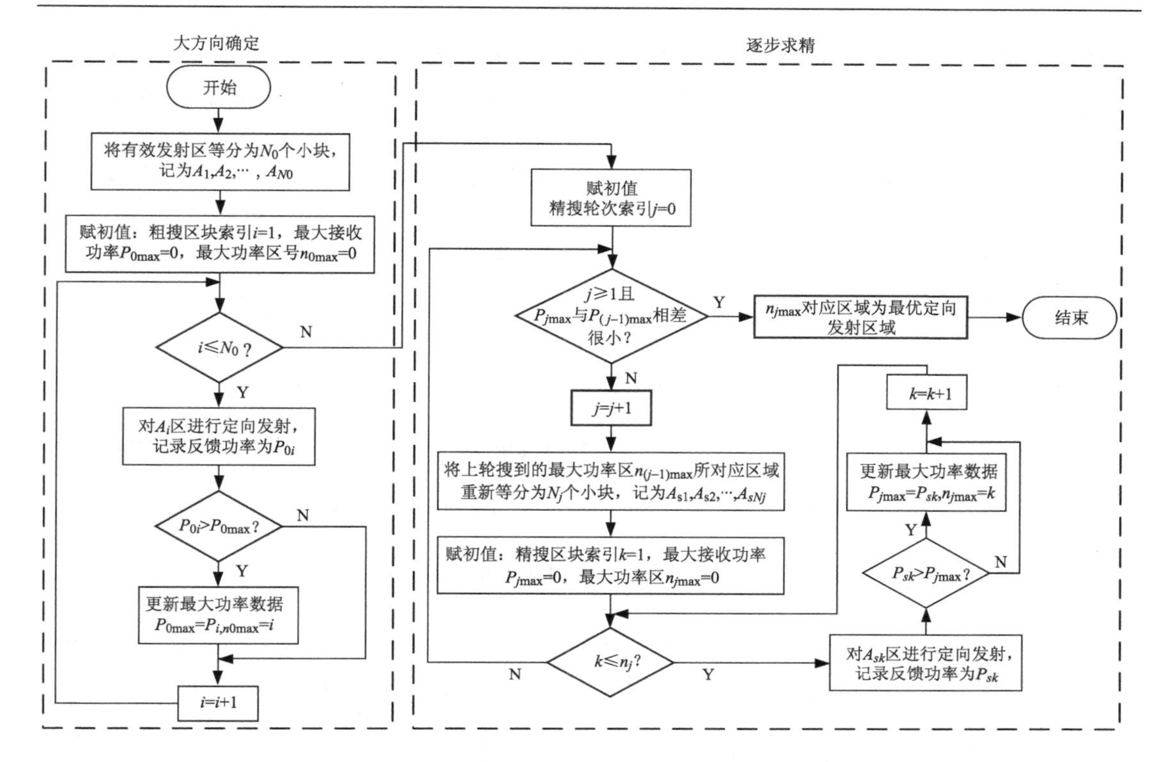

图 4.42　基于主动扫描的定向发射方法具体实现流程图

(2) 逐步求精：将 $n_{0\max}$ 所对应的区域稍作扩大(弥补可能因上一轮扫描精度差而导致的偏差)，继续划分为 n_1 个小块区，对这些小块区的中心位置继续进行定向发射，记录并选出最大功率出现的区域，将其编号为 $n_{1\max}$，此时完成第 1 轮扫描；重复上述步骤，第 $i+1$ 轮时，对上一轮找到的最大功率区 $n_{i\max}$ 进行扩大、分割、扫描、寻优；逐步求精过程中，区域划分可以较粗，如仅需划分为 4 块，逐步求精的扫描过程按指数递增精度分割空间区域，往往几轮过后就能定位至非常小的区块。

(3) 寻优终止：程序判断，分割区块过小或区块内各小区块所接收到的功率差别不大时，可终止扫描，至此找到了能使接收端功率达到最大的区块，持续向此区块发射功率，实现静态功率定向发射。

基于扫描的定向发射方法在原有方法上稍作改进，不再依赖于具体位置信息，且扫描过程快速收敛，能有效提高定向发射技术的实用性。

3. *基于场强叠加的定向发射方法*

面对缓慢移动的接收端，进一步介绍基于场强叠加原理的定向发射方案，发射端收集接收端反馈回的功率信号，修正模块之间的移相角度，提升波束定向发射的精准度。由相控阵理论可知，接收区域的场强是发射端天线阵列中各阵元场强的线性叠加，所以当接收端收到的场强达到最大时，即可认为接收端收到了最大的功率。

根据叠加定理，若想使接收端场强最大，必须使每个发射阵元天线在接收端产生的场强都达到最大，对天线阵列各单元的相位逐步进行 0°～360°的旋转，根据接收端的功率反馈信息寻找到阵元之间的最优移相角度，从而使得接收端天线阵列收到最大的功率。理想的场强向量图如图 4.43(a)所示，在定向、寻优过程中的场强向量可以进行 0°～360°的修正，如图 4.43(b)所示。电场向量通过旋转调整，如图 4.43(c)所示，最终实现理想的场强叠加。

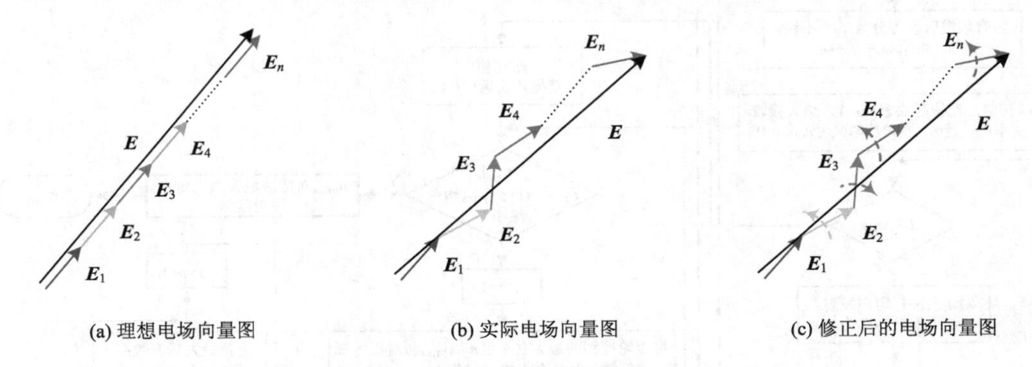

(a) 理想电场向量图　(b) 实际电场向量图　(c) 修正后的电场向量图

图 4.43　基于场强叠加原理的定向发射方法示意图

以上操作步骤如图 4.44 所示，流程图如图 4.45 所示。

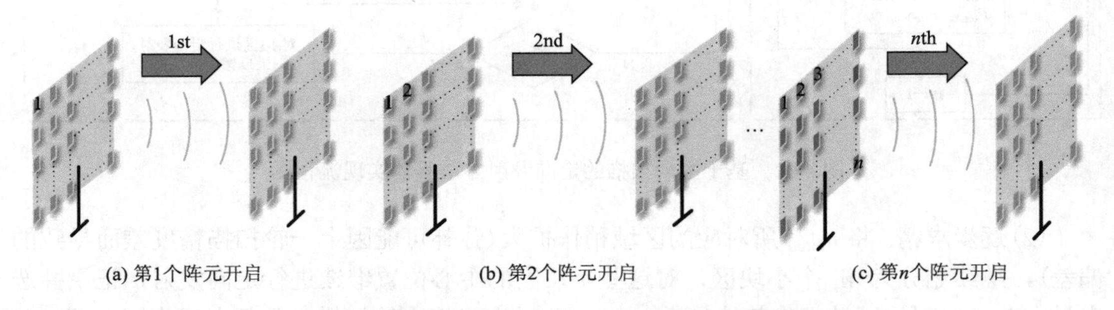

(a) 第1个阵元开启　(b) 第2个阵元开启　(c) 第n个阵元开启

图 4.44　基于场强叠加原理波束定向发射的示意图

在实际操作中，具体实施步骤如下：

(1) 关闭分布式发射端所有模块(通道)，使其输出功率为 0。

(2) 开启第 1 路模块(通道)，并设定其为参考相位，移相角为 0°，其余通道处于关闭状态。

(3) 开启发射端第 m 路模块(通道)($m\in[2, n]$, n 为天线阵列单元个数)的输出，确定发射端移相精度，设定该模块移相角度在 0°～360°扫描，判定接收端反馈回的功率信号，当反馈回的功率信号值达到最大时，记录此时对应的移相角度。

(4) 重复步骤(3)，直至发射端最后一个通道完成移相角度在 0°～360°的扫描。

(5) 完成第 n 路通道的扫描后，接收端反馈回的功率信号达到最大。

基于场强叠加原理的相控阵校准技术在雷达领域已有诸多应用，在使用相控阵雷达进行扫描时，阵元通道实际输出与设计值不一致性使得通道间存在幅相误差，最终导致副瓣抬升，波束指向精度下降，因此对于相控阵的波束指向校准必不可少。场强叠加原理又称为旋转单元电场矢量法(rotating element electric field vector, REV)，仅依靠功率测量，然后通过数学计算就可以确定各个单元的初始电场及移相角参数。当然，如果天线阵元增多，会导致数字主控器计算时间变长。因此，基于场强叠加原理的相控阵定向发射不适合用于动态定向发射。

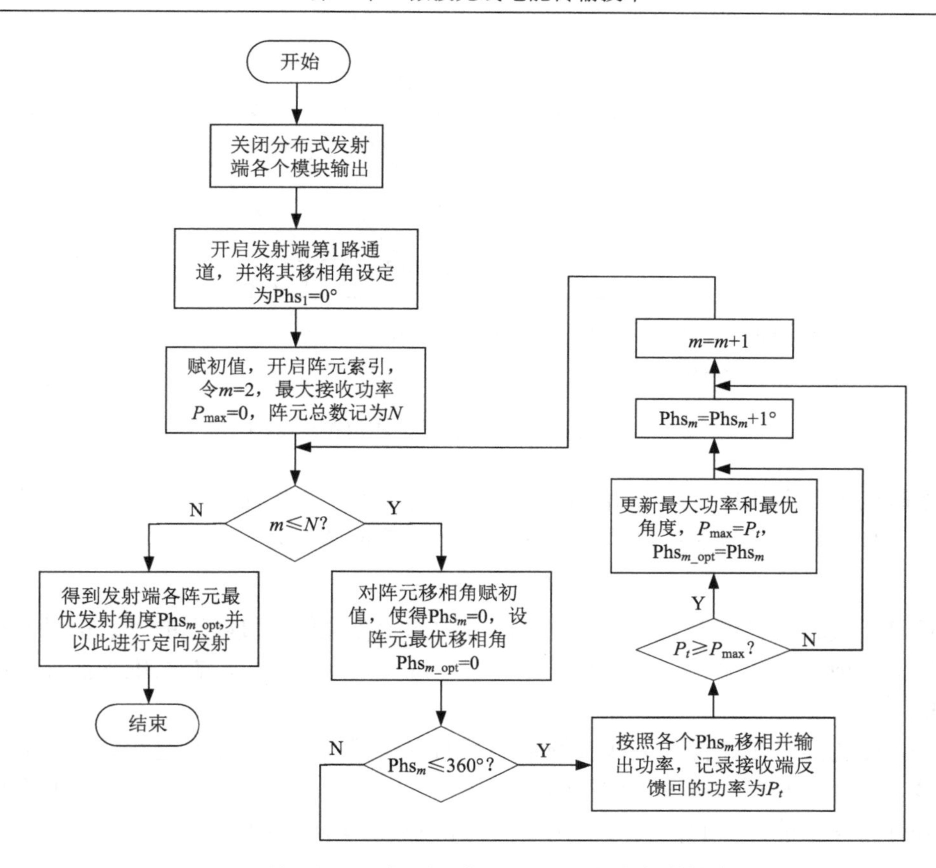

图 4.45　基于场强叠加原理实现 MWPT 定向发射的流程图

4.4.4　相控阵天线回溯式定向发射技术

相控阵天线回溯式定向发射技术是目前对移动目标无线传能最可行的方案之一。若接收目标处于移动状态下，为了确保能量能准确传输，需要能量发射端动态调整波束指向。在回溯式方案中，受能目标预先向发射端发射一个电磁波信号(称为导引信号)，将位置信息传递给能量发射端，能量发射端再对准移动目标发射能量波束，能量接收端发射的信号方向与能量波束方向相反，故也将其称为反向波束控制。

在天线的远场区，导引信号传输距离足够远，就以平面波的方式传播至能量发射天线阵列，由于传播距离不同，导引信号会在不同单元上产生不同的相位延迟。通过提取这些相位信息可以获得目标相对于天线阵列的方向。天线单元收发信号的相位差示意图如图 4.46 所示，相控阵天线中最右侧的天线单元与入射导引信号波前距离最近，电磁波传播至左侧天线的距离变长，将依次造成 $\Delta\varphi$ 的相位延迟。

当相控阵天线作为能量发射端向外发射功率载波时，若要保证发射的载波在夹角为 ϕ 的方向上获得最大方向性，也就是要在该方向上使发射出去的电磁场矢量完全正向叠加。依据 4.4.3 节中的相控波束成形技术以最右侧天线为第一路，第二路天线在馈电时就需要附加初始相位$-\Delta\varphi$，利用该初始相位弥补空间相位差，该相位值保证了发射出来的电磁波在夹角为 ϕ 的方向上，两路信号的相位值相同，在进行功率的计算时，电场矢量为同相叠加。

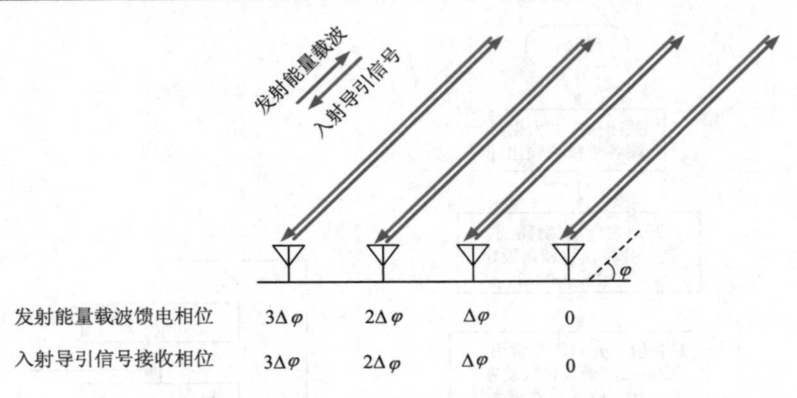

图 4.46　天线单元收发信号的相位差示意图

相控阵天线各天线单元发射出去的信号相位从左到右依次领先$\Delta\varphi$。能量发射信号初始相位$\Delta\varphi_{\mathrm{T}x}$与接收导引信号的相位差$\Delta\varphi_{\mathrm{R}x}$在数值上应满足以下关系：

$$\Delta\varphi_{\mathrm{T}x}=-\Delta\varphi_{\mathrm{R}x} \tag{4.57}$$

相控阵天线相邻天线单元在发射电磁波时的初始相位值与接收到的入射信号的相位值存在共轭关系或者反向关系，此关系式不仅在一维天线阵中成立，在二维平面阵列中依然是成立的。

此外，无论是满足相控阵天线远场条件下的方向回溯技术，还是近场条件下的回复反射聚焦技术，都是基于分析导引信号的相位信息，采用相位共轭原理实时调整波束指向，对目标进行跟踪传能。因此，实际中无须预先界定近远场切换状态。

4.5　MWPT 系统接收端整流技术

4.5.1　MWPT 系统接收端结构分析

接收端可以分成集中式和分布式两种架构。集中式接收端采用抛物面或者平面天线将微波能量捕获，利用大功率回旋波整流器将微波能量转换成直流能量。集中式架构较为直观，搭建简单，并且天线增益较高，配合大功率整流器可以提升接收端能量转换效率。但是集中式架构缺点也很明显，需要价格昂贵的大功率整流器，或者额外添加功分器，导致设计复杂，实用性降低。分布式接收端架构如图 4.47 所示。

接收端由接收天线、整流器、DC-DC 阻抗匹配变换器和负载构成。作为接收端最重要的组成部分，整流器将天线接收的微波能量转化成直流能量，供给负载使用。由于整流器的效率对负载很敏感，在负载变换的情况下，整流器无法一直工作在最优效率点，因此需要在每一路整流器的输出端级联 DC-DC 阻抗匹配变换器，通过变换器调节负载与整流器之间的阻抗匹配，降低失配损耗，提升整流环节的稳定性。分布式接收端结构由于其突出的优点，是目前使用最为广泛的 MWPT 接收端结构，因此下面主要针对分布式 MWPT 接收端微波整流器和 DC-DC 阻抗匹配变换器进行讲述。

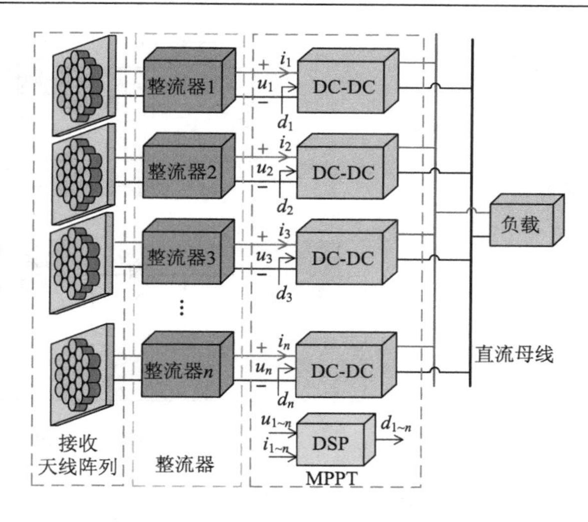

图 4.47　MWPT 系统分布式接收端架构图

4.5.2　微波整流器

1. 微波整流器原理

微波整流器一般由输入阻抗匹配网络、二极管整流电路和输出谐波抑制网络组成，如图 4.48 所示。其中，输入阻抗匹配网络主要完成整流器的输入阻抗与接收天线的输出阻抗之间的共轭匹配，让尽可能多的微波能量传输到后级整流器，从而提高整流效率；二极管整流电路完成射频-直流能量的转换，决定了微波整流器的整体性能；输出谐波抑制网络的主要作用是滤除因整流器件的非线性而产生的高次谐波分量以及基波分量，从而使整流器输出平稳的直流电压。

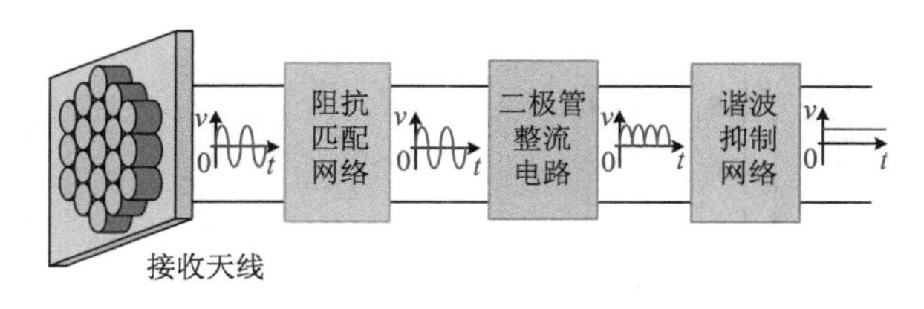

图 4.48　微波整流器结构图

常用的微波整流器拓扑可以分为三类：半波整流器、全波整流器以及二倍压整流器。半波整流器一般有串联型和并联型两种，均只需要采用一只二极管，如图 4.49(a)和(b)所示。全波整流器一般为桥式结构，由四只二极管组成，其电路结构如图 4.49(c)所示，由于需要采用四只二极管，所以电路损耗相对较高，电路成本也相应较高。

二倍压整流器也称为倍压整流器，其电路结构如图 4.49(d)所示，主要由两只二极管和两只电容组成。大量研究证明，在 GHz 以上频率微波整流器中，并联型半波整流器效率较高，具有更加明显的优势。

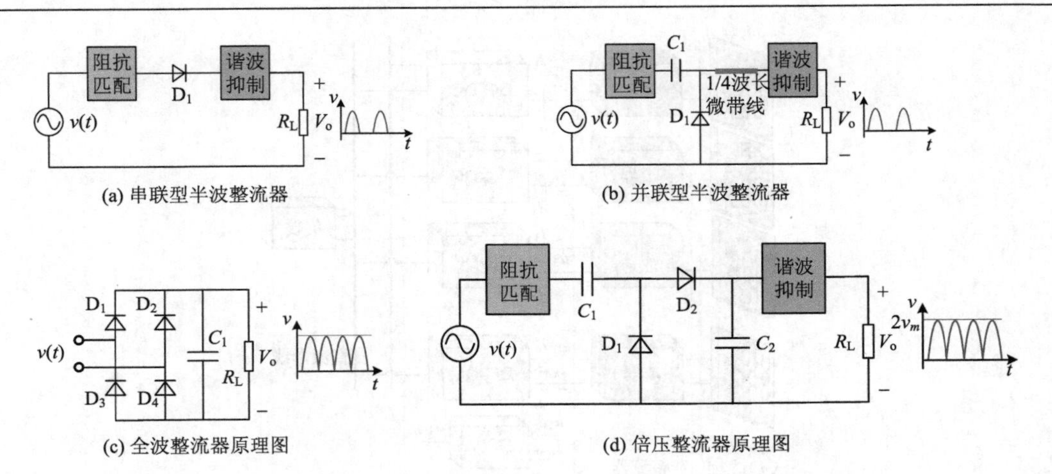

(a) 串联型半波整流器　(b) 并联型半波整流器

(c) 全波整流器原理图　(d) 倍压整流器原理图

图 4.49　整流器原理图

2. 微波整流二极管特性

以并联型整流器为例，分析微波整流二极管的效率和阻抗。图 4.50 为微波整流二极管的示意图及其典型的电流-电压(*I-V*)曲线，其中 V_D 为二极管的正向偏置电压；I_D 为经过二极管的电流；V_{br} 为击穿电压(小于 0)；V_T 为阈值/开启电压。当二极管上的电压大于开启电压 V_T 时，二极管被正向偏置，且二极管上的电流与电压成比例，工作电压曲线如图 4.51 所示；当二极管上的电压处于 V_{br} 和 V_T 之间时，二极管处于关闭状态，只有很小的泄漏电流通过二极管；当电压小于反向击穿电压 V_{br}，即反向电压绝对值大于$|V_{br}|$时，二极管处于反向偏置状态，被反向击穿导通，工作电压曲线如图 4.52 所示。

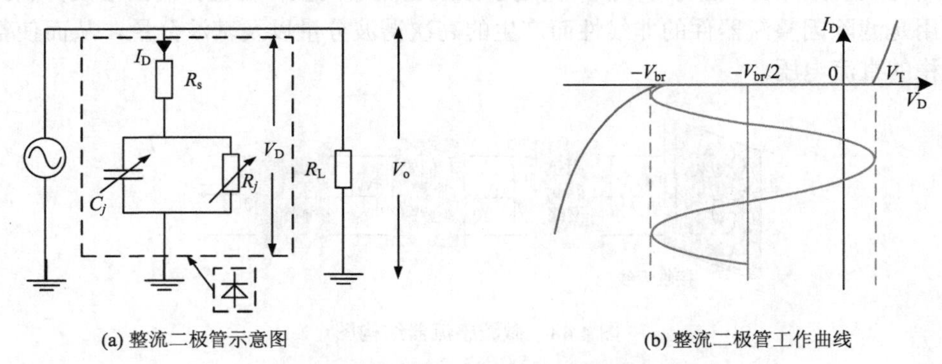

(a) 整流二极管示意图　(b) 整流二极管工作曲线

图 4.50　微波整流二极管模型

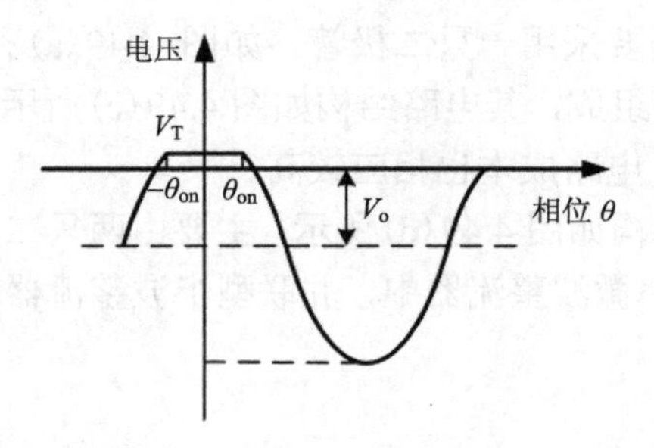

图 4.51　正常工作时电压曲线

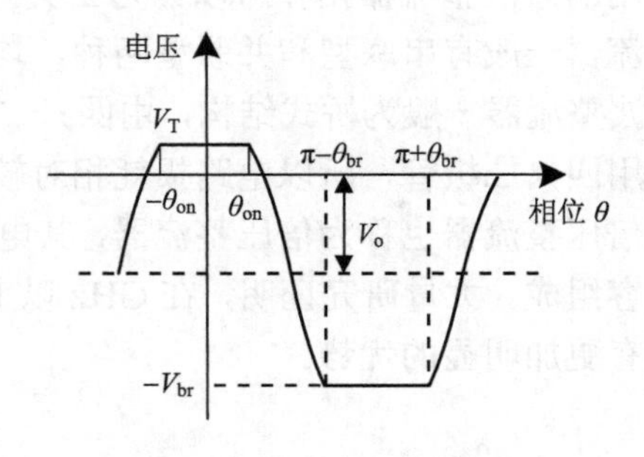

图 4.52　击穿时电压曲线

二极管上的直流电压大小受到反向击穿电压的限制。如图 4.50(b)所示，直流电压取决于输入交流信号最大的电压峰-峰值。由于输入的连续波的波形是对称的，最大的电压峰-峰值等于击穿电压 V_{br}，因此二极管上最大的直流电压为 $V_{\mathrm{br}}/2$，若电压峰-峰值大于击穿电压 V_{br}，波形会超过击穿电压限制，而直流电压则不会增加。因此，最大的直流功率为

$$P_{\mathrm{DC,max}}=\frac{V_{\mathrm{br}}^2}{4R_{\mathrm{L}}} \tag{4.58}$$

整流器的效率定义为输出直流功率 P_{DC} 与输入射频功率 P_{in} 的比值，其中输入射频功率由输出直流功率 P_{DC} 和损失功率 P_{Loss} 两部分组成，输出功率则由 R_{L} 上的直流电压 V_{o} 定义，即

$$\eta=\frac{P_{\mathrm{DC}}}{P_{\mathrm{in}}}=\frac{P_{\mathrm{DC}}}{P_{\mathrm{DC}}+P_{\mathrm{Loss}}}=\frac{\dfrac{V_{\mathrm{o}}^2}{R_{\mathrm{L}}}}{\dfrac{V_{\mathrm{o}}^2}{R_{\mathrm{L}}}+P_{\mathrm{Loss}}} \tag{4.59}$$

由于微波整流二极管不是理想二极管，如图 4.50(a)所示，因此整流器的效率受到二极管寄生参数的限制，其中影响最大的是二极管的阈值电压和反向击穿电压。如图 4.53 所示，当整流器输入功率较低时，大部分功率用来克服阈值电压，整流效率较低，因此随着输入功率的增加，效率也逐渐增大。但是由于二极管是非线性器件，交流信号进入二极管后会产生谐波分量，导致效率增加的速度受到影响而变缓。当输入功率增加到击穿功率后，继续增大输入功率，输出功率保持不变，二极管整流效率开始下降。

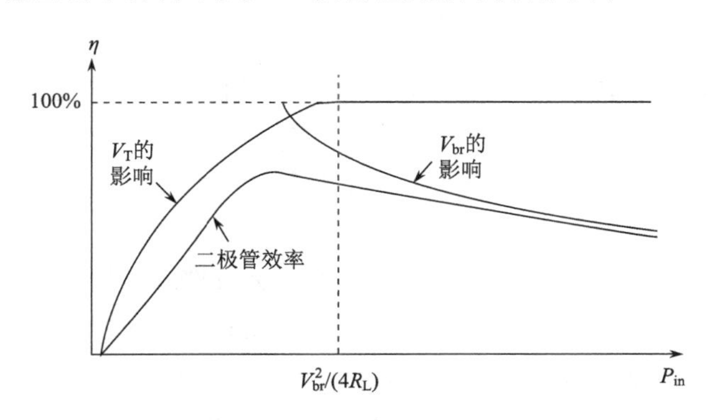

图 4.53　二极管效率随输入功率变化的定性分析

3. 谐波抑制网络

谐波抑制网络是微波整流电路的重要组成部分，主要用于滤除基波以及因整流而产生的高次谐波分量，减小输出电压纹波，使输出直流电压更加平缓。在吉赫以及更高频率的微波整流器中，传统的 LC 滤波已经无法满足要求，需要通过微带线实现直流滤波。微波整流器常用的直流滤波器是由开路枝节构成的谐波抑制网络，如图 4.54 所示，其中四个微带线开路枝节分别用于滤除基波、二次谐波、三次谐波和四次谐波。下面将结合传输线理论对其原理进行推导。

开路枝节是端接负载传输线的一种特殊情况，即负载开路的情况。为了更好地理解其工作原理，基于短接负载传输线建立以负载为起点的坐标系如图 4.55 所示，其中 d 表示传

输线的长度。

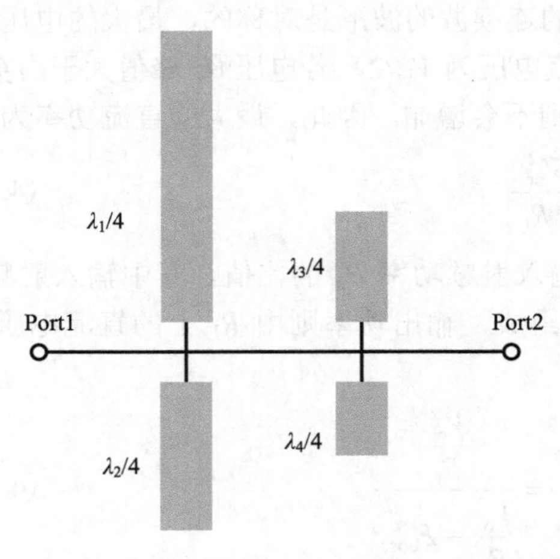

图 4.54　整流器的谐波抑制网络示意图

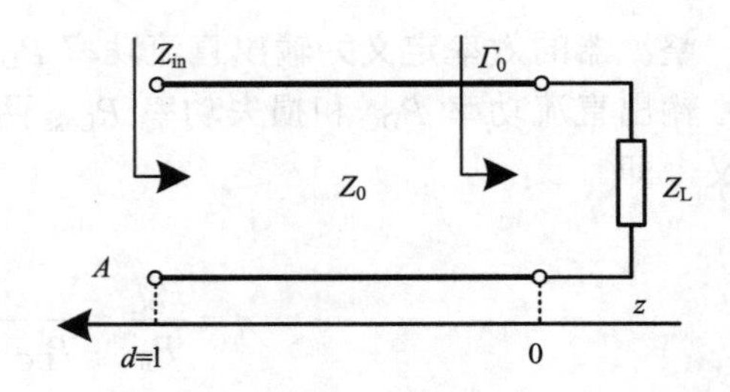

图 4.55　整流器的谐波抑制网络坐标系

在这个坐标系中，传输线的输入阻抗为

$$Z_{\mathrm{in}}(d)=Z_0\frac{1+\Gamma_0\mathrm{e}^{-2\mathrm{j}\beta d}}{1-\Gamma_0\mathrm{e}^{-2\mathrm{j}\beta d}}=Z_0\frac{\mathrm{e}^{\mathrm{j}\beta d}+\Gamma_0\mathrm{e}^{-\mathrm{j}\beta d}}{\mathrm{e}^{\mathrm{j}\beta d}-\Gamma_0\mathrm{e}^{-\mathrm{j}\beta d}}\tag{4.60}$$

考虑 $d=0$ 时的特殊情况，此时的输入阻抗等于负载阻抗，于是有

$$Z_{\mathrm{L}}=Z_0\frac{1+\Gamma_0}{1-\Gamma_0}\tag{4.61}$$

容易发现，反射系数 Γ_0 只与负载阻抗 Z_{L} 和传输线的特征阻抗 Z_0 有关：

$$\Gamma_0=\frac{Z_{\mathrm{L}}-Z_0}{Z_{\mathrm{L}}+Z_0}\tag{4.62}$$

则输入阻抗可以化简为

$$Z_{\mathrm{in}}(d)=Z_0\frac{Z_{\mathrm{L}}(\mathrm{e}^{\mathrm{j}\beta d}+\mathrm{e}^{-\mathrm{j}\beta d})+Z_0(\mathrm{e}^{\mathrm{j}\beta d}-\mathrm{e}^{-\mathrm{j}\beta d})}{Z_{\mathrm{L}}(\mathrm{e}^{\mathrm{j}\beta d}-\mathrm{e}^{-\mathrm{j}\beta d})+Z_0(\mathrm{e}^{\mathrm{j}\beta d}+\mathrm{e}^{-\mathrm{j}\beta d})}\tag{4.63}$$

由欧拉公式可将式(4.63)改写为由三角函数表示的形式：

$$Z_{\mathrm{in}}(d)=Z_0\frac{Z_{\mathrm{L}}+\mathrm{j}Z_0\tan(\beta d)}{Z_0+\mathrm{j}Z_{\mathrm{L}}\tan(\beta d)}\tag{4.64}$$

开路枝节中 Z_{L} 趋近于无穷大，输入阻抗为

$$Z_{\mathrm{in}}(d)=-\mathrm{j}Z_0\frac{1}{\tan(\beta d)}\tag{4.65}$$

由于 $\beta=2\pi/\lambda$，当 $d=\lambda/4$ 时，式(4.65)中的输入阻抗值就趋近于零，此时的开路枝节就等效为对基波短路的情况，可以起到滤除基波的作用。同样，利用长度分别为 $d=2\lambda/4$、$d=3\lambda/4$ 和 $d=4\lambda/4$ 的开路枝节就可以起到滤除二次、三次和四次谐波的作用。

在传统谐波抑制网络的基础上，许多滤波效果更好的新型微带枝节滤波器也逐渐被研发并应用到微波整流电路中，实现了更平稳的直流输出和更高的整流效率。

4. 阻抗匹配网络

阻抗匹配网络主要是进行整流器与接收天线之间以及负载之间的线路匹配，由于微波整流器输入阻抗一般为标准阻抗 50Ω，因此只需要将整流器的输入阻抗匹配到 50Ω。同时，根据前面的介绍，微波整流器的效率曲线对于输入功率和负载都是单峰曲线，即只有一个最大功率点，为了尽可能提高整流器的效率，需在最佳输入功率点和最佳负载点进行阻抗匹配，使电路能工作在效率最高的状态。下面对阻抗匹配的步骤进行介绍，这些步骤都需要借助史密斯圆图工具完成。

首先，需要确定整流器的最佳输入功率值。根据二极管的效率特性确定最佳输入功率值，将其作为整流器的额定输入功率。然后，需要确定整流器的最优负载值。根据额定输入功率，得到的峰值效率处对应的负载定为额定负载。最后，利用史密斯圆图设计阻抗匹配网络元件。图 4.56 为几种常见的阻抗匹配网络。

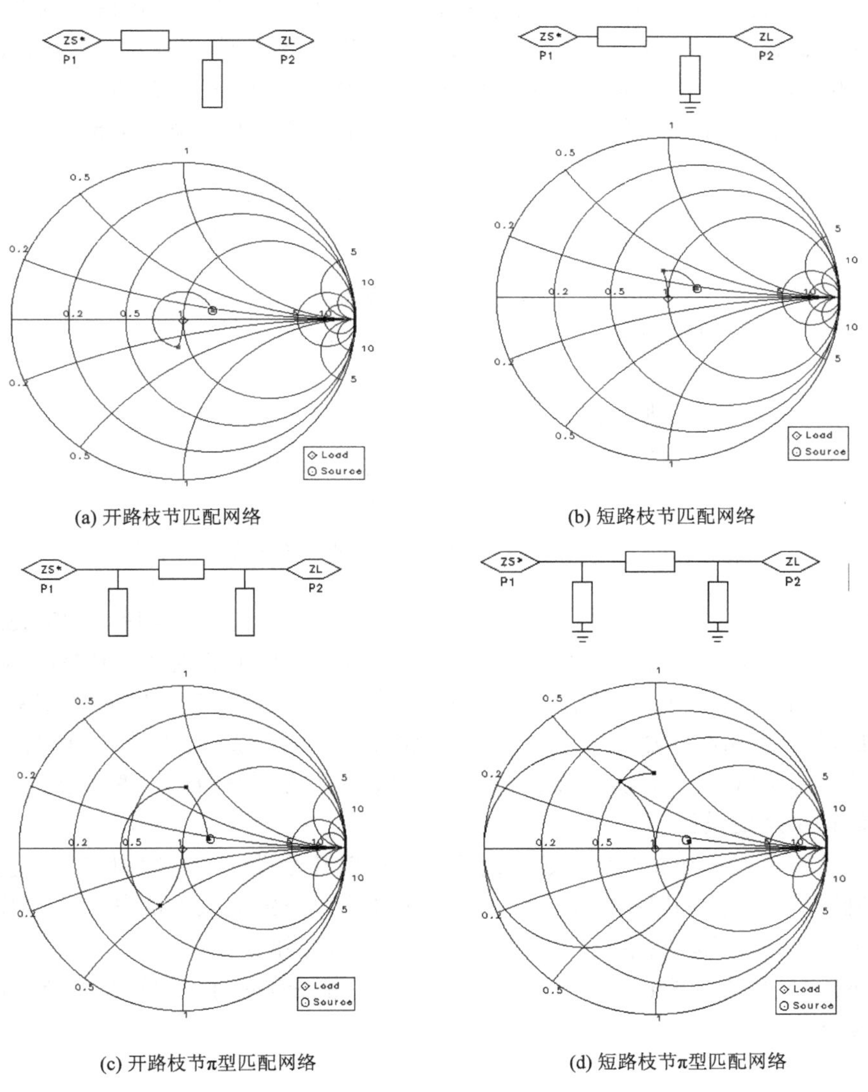

(a) 开路枝节匹配网络　(b) 短路枝节匹配网络

(c) 开路枝节π型匹配网络　(d) 短路枝节π型匹配网络

图 4.56　不同种类的阻抗匹配网络示意图

图 4.56(a)和(b)分别为开路枝节和短路枝节匹配网络，若整流器采用的是并联结构，则这两种匹配网络方式均可用。图 4.56(c)和(d)为 π 型匹配网络中的开路枝节和短路枝节，π 型匹配网络可以用于双频点阻抗匹配设计。与上两种匹配方式类似，若整流器采用并联结构，则两种匹配网络方式均可用。在设计中，常采用多枝节微带线构建阻抗匹配网络，基于工作频率构成的微带线枝节不仅可以实现阻抗匹配，还能起到带通滤波器的作用，从而将二极管工作中产生的谐波分量限制在整流电路之内，对反射回的能量进行循环整流，提高能量转换效率。

5. 微波整流器设计实例

1) 整流二极管选型

先选择合适的拓扑及二极管，再根据电路参数设计阻抗匹配网络和谐波抑制网络。小功率微波整流主要采用肖特基二极管作为整流器件，Broadcom 公司的 HSMS 系列二极管最为常见。不同型号的二极管功率、容量和最佳效率点都不同，根据不同的功率需求，需要通过仿真进行选择。利用 ADS 仿真软件，在相同的工作环境下(工作频率 f=5.8GHz，输出负载 R_L=150Ω)，用 LSSP 仿真器对 HSMS2820、HSMS2850、HSMS2860 构成的三种并联整流器扫描 20～34dBm 范围的输入功率，步长为 1dB，仿真结果如图 4.57 所示。

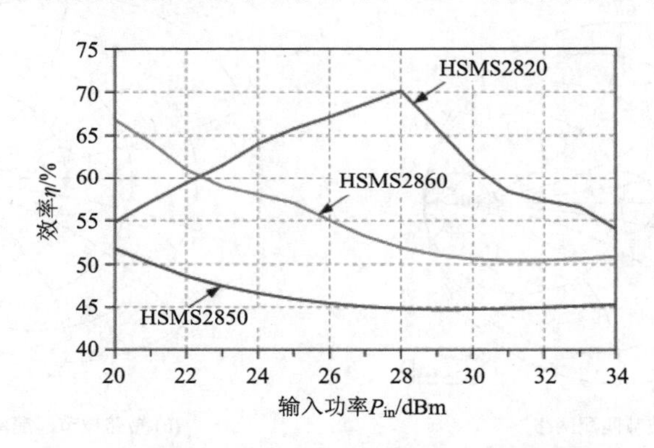

图 4.57　不同型号二极管的整流效率仿真结果图

当输入功率小于 22.5dBm 时，HSMS2860 的整流效率最高，这是因为 HSMS2860 的串联寄生电阻 R_s 较小，二极管损耗小，但是输入功率超过 22.5dBm 之后，HSMS2860 的反向击穿电压 V_{br} 较低，限制了它不能适应输入功率较高的阶段，此时，V_{br} 高的 HSMS2820 整流性能突出，在 28dBm 时达到效率峰值点。HSMS2850 不管是 R_s 还是 V_{br} 都没有优势，因此整流效率一直很低。综合考虑，选择 HSMS2820 作为并联整流器中的二极管。

2) 谐波抑制网络设计

在确定了整流器拓扑和二极管选型之后，就可以开始设计谐波抑制网络。之所以先设计谐波抑制网络，是因为阻抗匹配网络需要根据整个电路的输入阻抗来设计，因此先将后面的整流电路、谐波抑制网络设计好，再根据阻抗设计匹配网络。

利用 ADS 软件中的 LineCalc 工具可以计算出各谐波频率对应的开路微带线长宽，工具界面如图 4.58 所示。

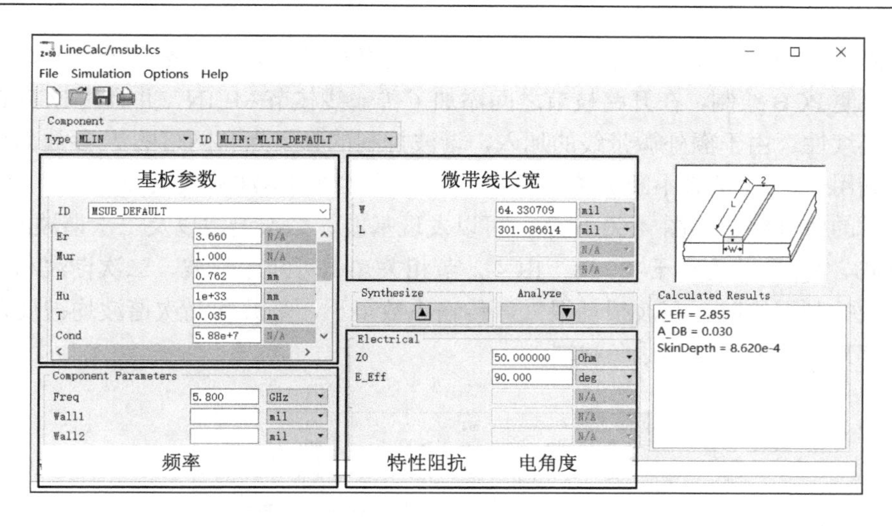

图 4.58　LineCalc 工具界面

基板参数就是微波电路所使用的板材参数，罗杰斯(Rogers)公司型号为 Rog4350B 的射频板材，其介电常数为 3.66，耗散因子为 0.0037，信号传播速度快且损耗小，适合于微波电路。阻抗为微波领域标准的特性阻抗 50Ω，设计的 $\lambda/4$ 开路微带线电角度为 90°。基波及二次、三次谐波的频率分别为 5.8GHz、11.6GHz、17.4GHz，经过 LineCalc 工具计算得出的微带线长宽如表 4.4 所示。

表 4.4　基波与高次谐波对应的 $\lambda/4$ 微带线参数

基波/谐波	线宽/mil	线长/mil
基波	64.33	301.09
二次谐波	65.52	148.89
三次谐波	67.78	97.96

利用 S 参数(S-parameters, SP)仿真器对开路微带线枝节进行仿真，如图 4.59 所示。S 参数仅仿真微带线的相关特性，所以并不需要微波源，只需在两端各加入一个端口，阻抗

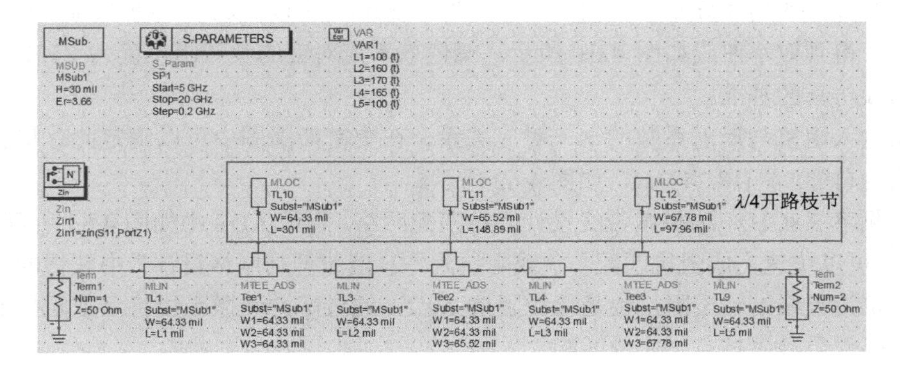

图 4.59　谐波抑制网络仿真电路图

设为特性阻抗 50Ω 即可。将 λ/4 开路枝节并联在主传输线上，为了给各谐波的开路枝节留有空间，方便 PCB 绘制，在开路枝节之间添加了传输线枝节 MLIN，并且用 MTEE 枝节连接模拟不连续性。由于额外微带线的加入，谐波抑制的频率点和网络的 S 参数都会发生改变，需要利用 Tuning 工具不断调整微带线长宽，优化抑制谐波的效果。

优化后的仿真结果如图 4.60 所示，可以发现基波、二次谐波以及三次谐波的 S_{11} 参数均大于–3dB，S_{21} 参数均小于–20dB，由 4.2 节相关知识可知，基波、二次谐波和三次谐波在通过谐波抑制网络时，回波损耗很大，传输系数很小，基波和高次谐波均被反射回整流电路，只有直流能量可以到达负载端。

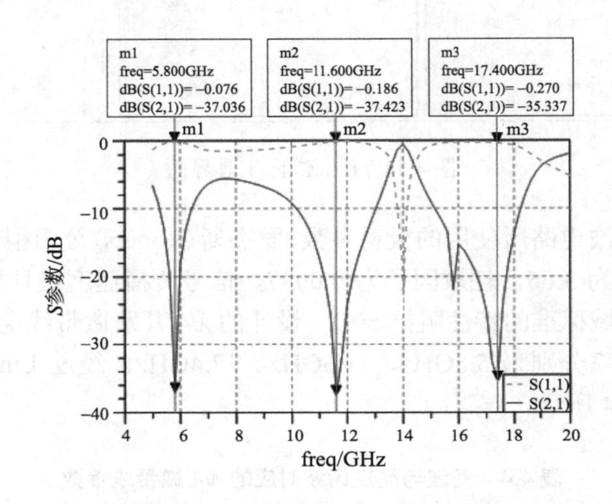

图 4.60　谐波抑制网络 S 参数仿真结果

3）阻抗匹配网络设计

阻抗匹配网络通过改变整流器的输入阻抗，使之与源阻抗形成共轭关系，以实现最大功率传输，因此，首先需要确定整流器的输入阻抗。具体设计步骤分为以下几步。

整流器的输入阻抗与负载阻抗和输入功率相关，为了达到最高效率点，首先要确定最高效率点所对应的输入功率点和负载阻抗值。考虑到所采用的 HSMS2820 二极管的整流性能以及天线阵列的功率分布，将输入功率定为 28dBm，再以 50Ω 为步长扫描 50～950Ω 内的负载值，得到效率曲线如图 4.61 所示，峰值效率点对应的负载阻抗值为 210Ω，将这个值作为后续仿真的基准。

利用输入阻抗与反射系数的一一对应关系，在史密斯圆图中可以确定此时整流器的输入阻抗值为(16.094+j18.243)Ω，如图 4.62 所示。

根据频率 5.8GHz，选择微带线设计阻抗匹配网络。利用 ADS 中如图 4.63 所示的 Smith Chart 工具可以快速完成阻抗匹配，负载阻抗为“2)谐波抑制网络设计”中获得的输入阻抗值，源阻抗为天线的输出阻抗也是特性阻抗 50Ω，通过串并联微带线将负载阻抗沿着反射系数圆图匹配至源阻抗点，完成匹配。

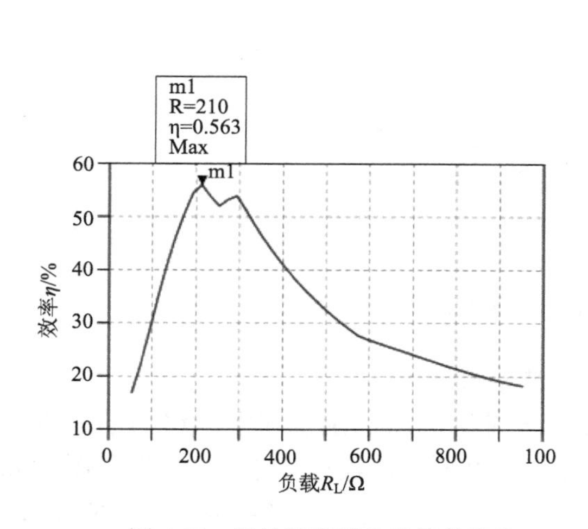

图 4.61 阻抗匹配时负载值的确定

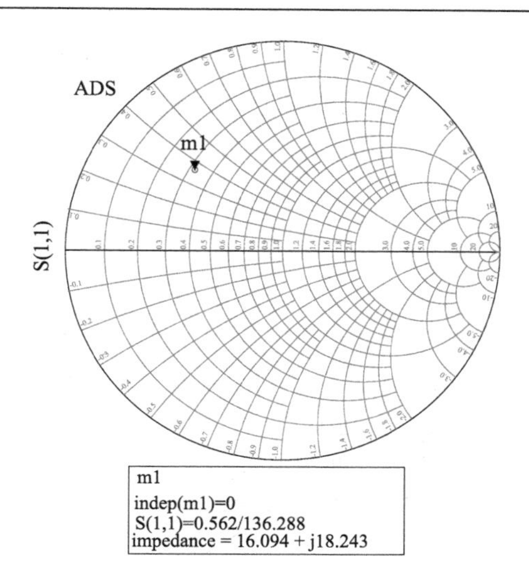

图 4.62 整流器的输入阻抗确定

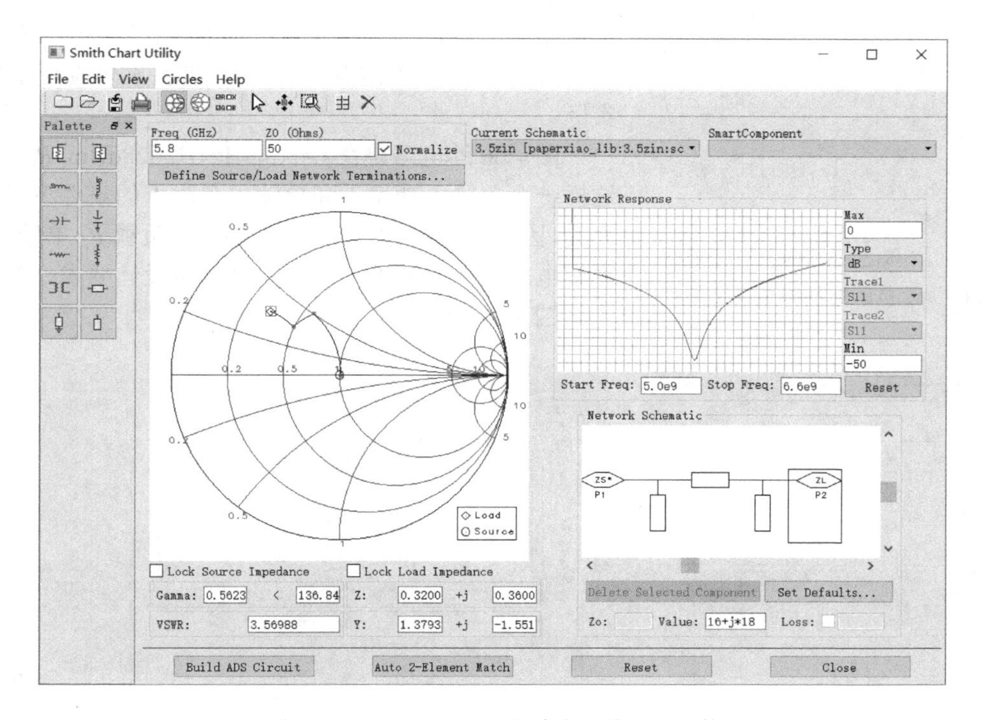

图 4.63 Smith Chart 工具确定阻抗匹配网络

同样地，利用 S 参数仿真器对阻抗匹配网络进行仿真。将上面确定的微带线枝节添加到仿真电路中，如图 4.64 所示，源端口的阻抗为 50Ω，负载端口的阻抗是需要被匹配的(16.094+ j18.243)Ω，仿真结果如图 4.65 所示，经过匹配，整体电路的输入阻抗值为(49.665+j0.824)Ω，十分接近 50Ω，阻抗匹配效果良好。

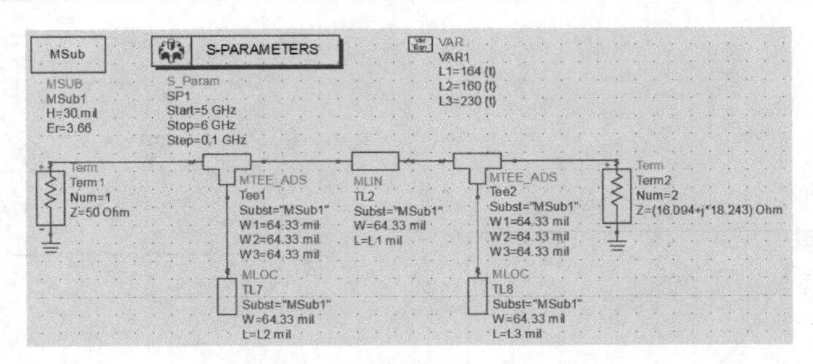

图 4.64　阻抗匹配网络仿真电路图

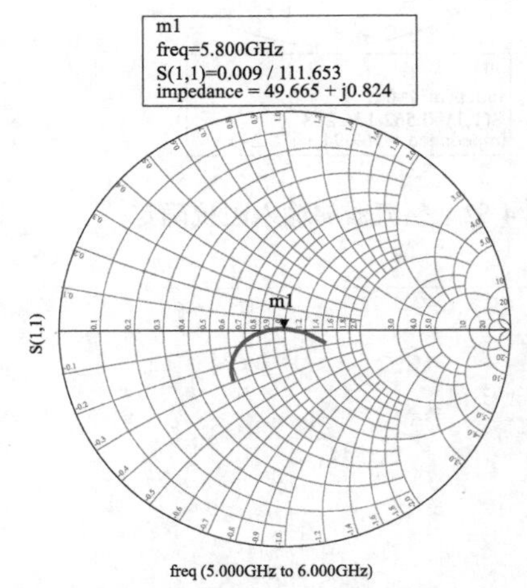

图 4.65　阻抗匹配网络仿真结果

4) 并联微波整流器仿真

完成了谐波抑制网络和阻抗匹配网络的单独设计后，将二者添加到并联整流器中，电路仿真图如图 4.66 所示。同样地，连接各个网络，需要添加 MLIN 枝节，电路节点处也需要 MTEE 枝节模拟不连续性。另外，在电路首尾各添加一段微带线给 SMA 座子和负载阻抗提供焊接空间，把这些微带线一起加入仿真更加贴合实际。

图 4.66 的电路是在 f=5.8GHz、P_{in}=28dBm、R_L=210Ω 这样一个单输入功率点和单输出负载点的条件下进行研究的，因此分别对输入功率 P_{in} 和输出负载 R_L 单独扫描，观察电路的一般特性，判断是否满足设计要求。仿真结果如图 4.67 所示。

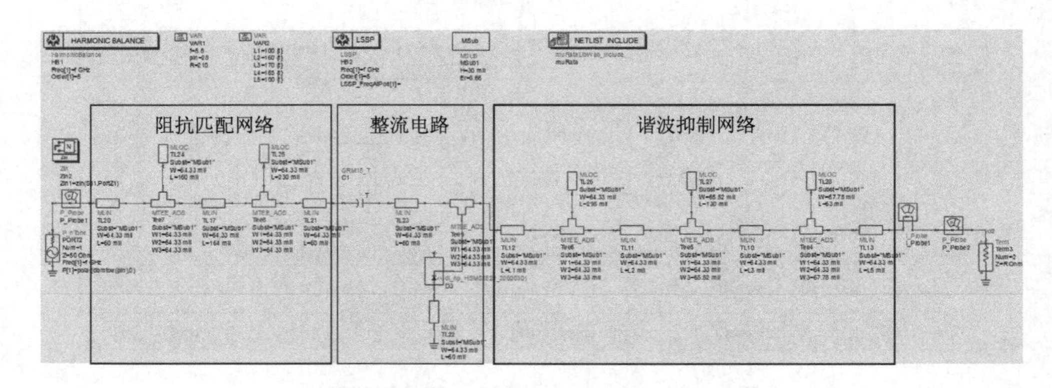

图 4.66　并联整流器仿真图

将输出负载 R_L 固定在理论上最高效率对应的负载值 210Ω，扫描范围为 20～35dBm 的输入功率，步长为 1dB，仿真结果如图 4.67(a) 所示，在输入功率为 20～28dBm 时，整流效率平缓提升，达到最高点 66%后迅速下降，这是因为 HSMS2820 的 V_{br} 带来的影响，曲线整体趋势与理论分析一致，能达到高效整流的功率范围较小，只在 23～28.5dBm 的小功率范围内，效率保持在 60%以上。为了避免二极管被击穿，实验中的输入功率最好不超过 28dBm。

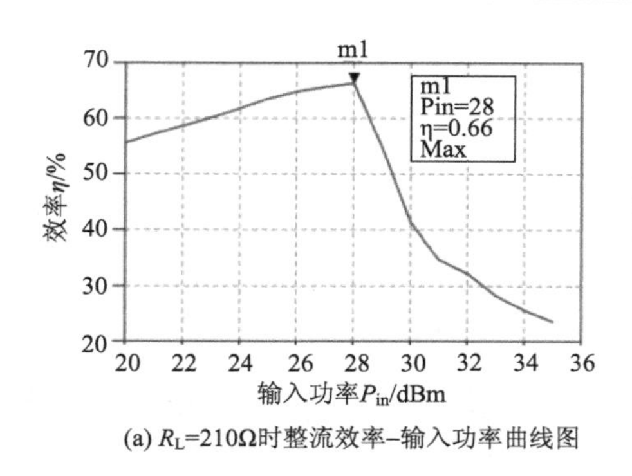

(a) R_L=210Ω时整流效率-输入功率曲线图

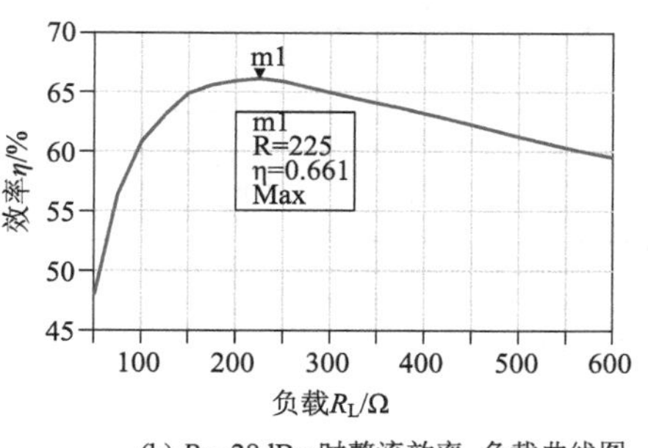

(b) P_{in}=28dBm时整流效率-负载曲线图

图 4.67　并联微波整流器仿真结果

将输入功率固定在仿真中最高效率对应的功率点 28dBm，扫描范围为 50～600Ω 的输出负载，步长为 50Ω，仿真结果如图 4.67(b)所示，在输出负载为 20～225Ω 时，整流效率变化较大，在 225Ω 处达到最高效率 66.1%，虽然偏离了最初设计的 210Ω，但差距不大。在输出负载为 225～600Ω 时，效率变化平缓，几乎全部处于 60%以上，可以看出，当输出负载值较大时，整流效果较好。

上述仿真称为原理图仿真，较为理想化，ADS 软件中还有一种基于矩量法的版图仿真，可以将微带线电路的不连续性、电磁干扰等实际因素加入，更加贴合实际。一般地，在原理图仿真之后，会利用 Layout 工具生成相应的微带线版图，如图 4.68 所示，一方面可以提供 PCB 绘制所需要的 gerber 文件，另一方面也能生成 Symbol 文件进行如图 4.69 所示的原理图-版图联合仿真。联合仿真就是把理想的微带线模型替换成经过版图仿真后的电磁场模型，将其连接至元器件的端口后，利用相应控件去仿真效率曲线、史密斯圆图等。联合仿真考虑了实际的参数，与原理图仿真结果会有所偏差，所以需要不断调整微带线长宽，多次仿真比较，最终得到优化后的联合仿真结果如图 4.70 所示。

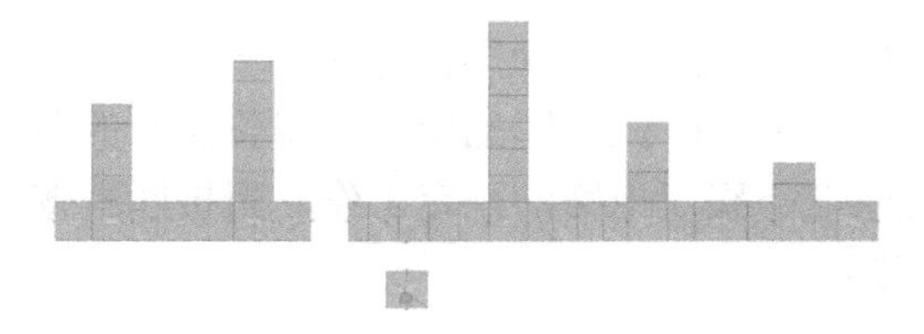

图 4.68　并联整流器版图仿真

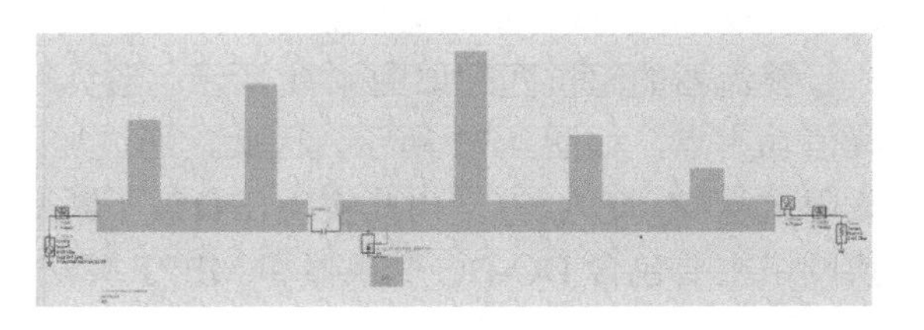

图 4.69　并联整流器原理图-版图联合仿真

同样，将输出负载 R_L 固定在 210Ω，扫描范围为 20～35dBm 的输入功率，步长为 1dB，仿真结果如图 4.70(a)所示，效率曲线的整体变化趋势先平稳上升，在输入功率为 28dBm 时达到最高效率，其后迅速下降。但是联合仿真后最高效率只有 58.5%，比原理图仿真结果降低了 8%左右，这是因为联合仿真考虑了电路的实际参数，效率与理想情况相比势必有所下降，也更加贴合实际。同样，将输入功率固定在 28dBm，输出负载值固定在 210Ω，扫描范围为 5.0～6.0GHz 的频率，步长为 0.1GHz，得到的史密斯圆图如图 4.70(b)所示，在频率扫描过程中，整体阻抗曲线没有远离中心匹配点，当频率为 5.8GHz 时，输入阻抗为 (53.567–j2.165)Ω，虽然和原理图仿真的结果略有差距，但与期望的 50Ω 十分接近。总的来说，并联微波整流器设计效果良好。

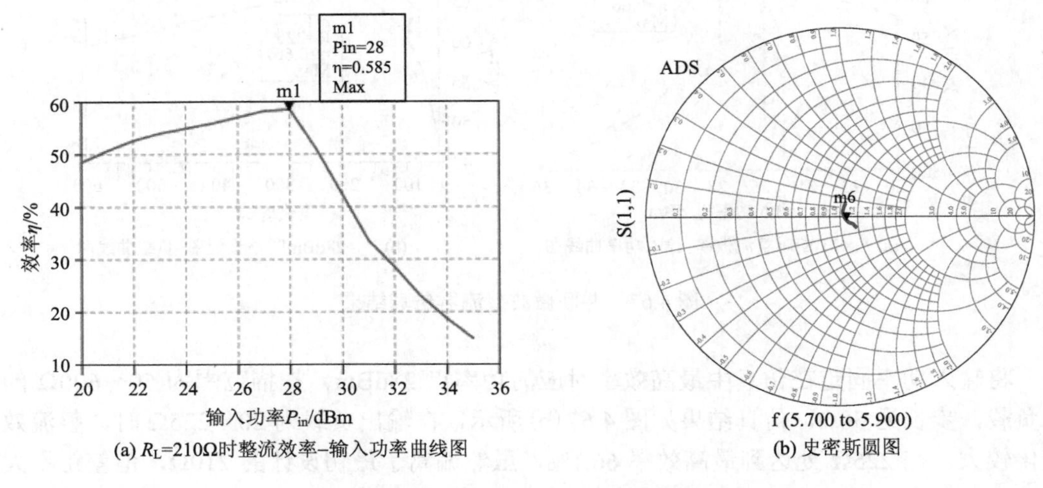

(a) R_L=210Ω时整流效率–输入功率曲线图　　　　(b) 史密斯圆图

图 4.70　并联微波整流器联合仿真结果

4.5.3　DC-DC 阻抗匹配变换器及其 MPPT 控制策略

通过前面的分析可知，在实际应用中，当负载发生变化时，微波整流器工作状态不稳定，整流效率大幅下降，影响整个接收端效率，因此需要在整流器和负载之间增加一级阻抗匹配变换器来降低整流器对负载变化时阻抗匹配的敏感度，实现 MWPT 系统的最大功率接收。通常利用 DC-DC 变换器的阻抗变换功能，采用 MPPT (maximum power point tracking) 算法实现自适应阻抗匹配，并跟踪前级整流器的最大功率点。下面对阻抗匹配变换器及其 MPPT 控制策略进行详细介绍。

1. DC-DC 阻抗匹配变换器

整流器的阻抗匹配如图 4.71 所示。当负载阻抗 Z_L 变化时，整流器的输出功率 P_{out} 存在峰值功率点，如图 4.72 所示。因此，通过加入一级 DC-DC 阻抗匹配变换器将整流器的负载阻抗从 Z_L 变为 Z_{in}，由此实现在负载不断变化情况下整流电路的稳定工作。阻抗匹配变换网络主要包含 DC-DC 变换器和 MPPT 算法两部分。

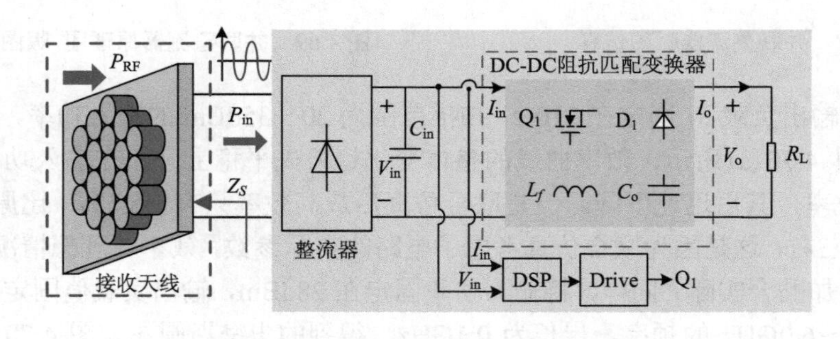

图 4.71　整流器阻抗匹配示意图

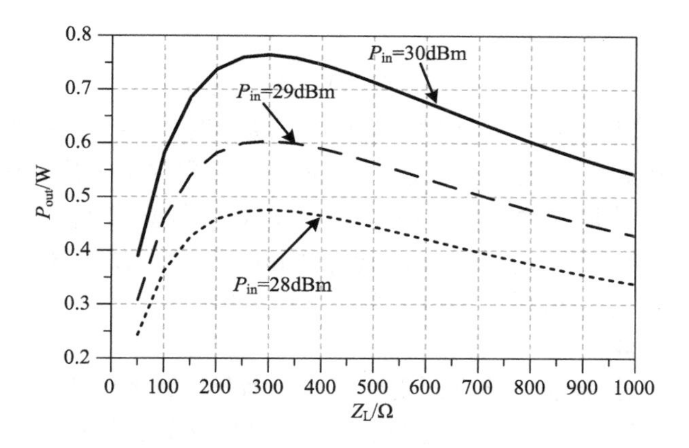

图 4.72　整流器输出功率与负载阻抗关系曲线

常见的 DC-DC 变换器都可以用来实现阻抗匹配变换功能，下面以 Buck 变换器为例来介绍阻抗匹配变换器的基本工作原理。图 4.73 为级联 Buck 变换器示意图，R_{eq} 为变换器的输入侧等效电阻，R_L 为负载电阻。

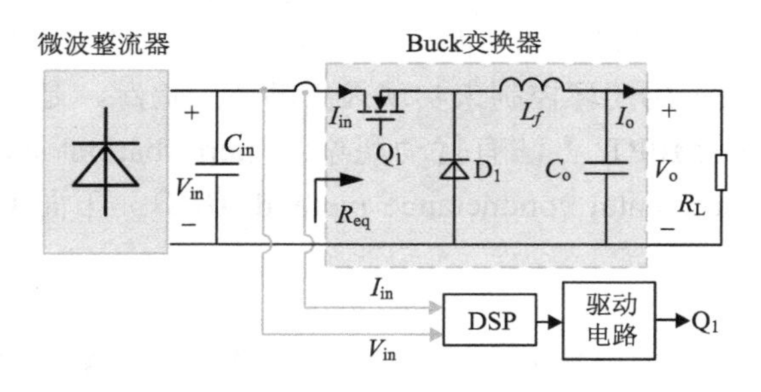

图 4.73　级联变换器示意图

Buck 变换器的输入电压和电流为整流器的输出电压和电流，分别为 V_{in} 和 I_{in}。假设 Buck 变换器为理想变换器，则有

$$V_{in}I_{in}=V_oI_o \tag{4.66}$$

其中，V_o 和 I_o 的关系为

$$V_o/I_o=R_L \tag{4.67}$$

如果整流器后端级联 Boost 变换器，则输入电压和输出电压的关系为

$$\frac{V_o}{V_{in}}=\frac{1}{1-D} \tag{4.68}$$

其中，D 为开关管的占空比，则等效电阻 R_{eq} 为

$$R_{eq}=\frac{V_{in}}{I_{in}} \tag{4.69}$$

联立式(4.66)～式(4.69)，可得

$$R_{eq}=(1-D)^2R_L \tag{4.70}$$

同理，如果 DC-DC 变换器为 Buck 变换器，则等效电阻 R_{eq} 为

$$R_{eq}=\frac{1}{D^2}R_L \tag{4.71}$$

综上，DC-DC 变换器可以在负载发生变化时，通过调节变换器占空比 D 来维持输入阻抗 R_{eq} 不变，使得整流器输出阻抗与负载处于匹配状态，实现系统最大功率输出。实际应用中，通过采样电路获得级联变换器输入端的 V_{in} 和 I_{in} 即可计算出 R_{eq}，并在控制器中与给定值 R_{in_ref} 进行比较，输出 PWM(pulse width modulation)信号至级联 Buck 电路的开关管，实现对 R_{eq} 的闭环控制。R_{in_ref} 值通过 MPPT 算法计算得出。

2. MPPT 控制策略

经典的 MPPT 方法按控制策略不同主要可以分为开环和闭环两大类。开环的 MPPT 方法种类很多，包括恒定电压法、短路电流法、插值计算法等。该类方法主要根据电路输出特性的某种固定规律而进行开环控制，不存在反馈机制。例如，光伏电池的 MPPT 控制就常利用其最大功率点输出电压与开路电压的近似线性关系。开环的 MPPT 方法实现较为简单，不需要复杂的控制算法且最大功率点追踪速度较快。然而，开环方法的最大弊端就是环境适应性差。该方法无法根据外部条件的变化而实时地调节电路的工作状态，一旦外界条件发生较大变化，其追踪性能可能会大幅下降。因此，单一的开环 MPPT 方法往往使用不多，闭环 MPPT 方法或者开环、闭环两者结合的 MPPT 方法使用相对较多。

闭环的 MPPT 方法采用闭环控制来实现最大功率点追踪，是一种环境适应性强的自寻优方法。常用的闭环 MPPT 方法有扰动观察法(perturbation and observation method, P&O)和电导增量法(incremental conductance method, INC)。下面主要介绍这两种方法的工作原理。

1)扰动观察法

下面采用扰动观察法来实现最大功率接收，其工作原理如图 4.74 所示。当采用扰动观察法时，首先对被控电路施加外部扰动，使得输出电压发生变化，然后收集变化后的输出电压和功率，判断变化趋势，最后根据变化趋势做出下一步的判断，逐步求精。

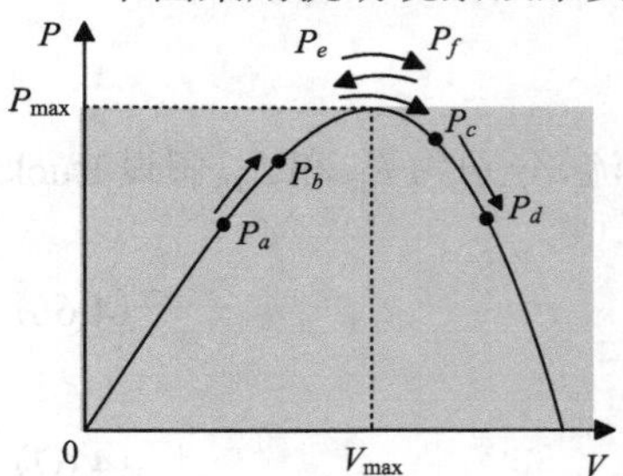

图 4.74　MPPT 扰动观察法示意图

在图 4.74 中，输出功率点由 P_a 变化到 P_b，由于施加了外部扰动，输出电压增大，输出功率变大，功率变化趋势与设计意图吻合即可认为扰动方向正确，可以继续施加同方向的扰动。若输出功率点由 P_c 变化到 P_d，即施加的扰动导致输出功率呈现出减小的趋势，那么认为扰动方向是错误的，所以需要主控器反向施加扰动以减小输出电压。后续操作与之类似，重复进行，直到接收功率达到最大值。按照这种思路，在数字控制器中编写程序，在固定的时间间隔内检测输出电压、电流的值，并进行功率比较，验证变化趋势，并根据变化趋势决定下一步的控制方向，循环此过程，直到趋近峰值功率。

MPPT 中扰动观察法的流程图如图 4.75 所示，通过控制阻抗匹配变换器，使得接收到的功率始终在最大功率点附近。扰动观察法较容易实现，然而由于在实行过程中施加的扰动步长固定，阻抗匹配电路的工作点越接近最大功率点，工作点在最大功率点附近振荡的现象越明显。若在实际操作过程中增大步长，则振荡情况越明显，难以在最大功率点附近稳定，导致能量损失。

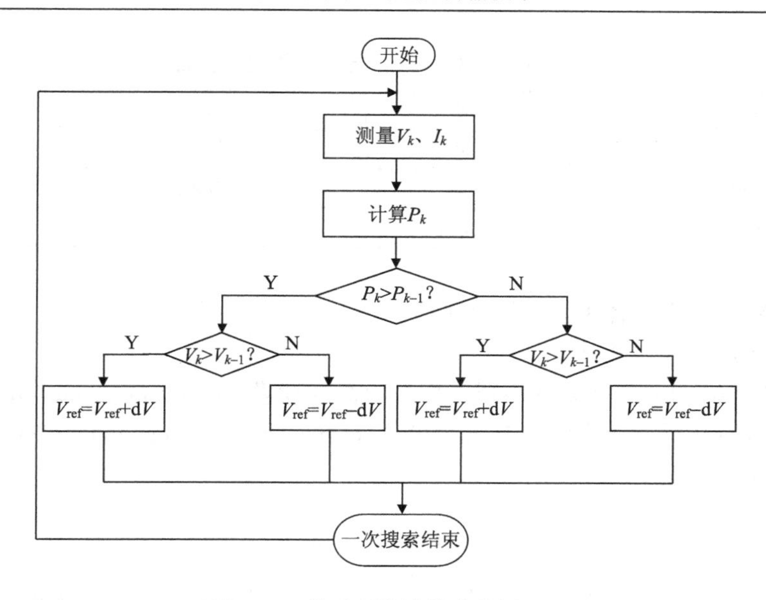

图 4.75　扰动观察法的流程图

2) 电导增量法

电导增量法一般需要被控电路的 P-V 输出曲线具有单峰值特性，所以在峰值点处有

$$\frac{\mathrm{d}P}{\mathrm{d}V}=0 \tag{4.72}$$

由于 $P=IV$，所以式(4.72)可以改写成式(4.73)所示的形式：

$$\frac{\mathrm{d}P}{\mathrm{d}V}=I+V\frac{\mathrm{d}I}{\mathrm{d}V}=0 \tag{4.73}$$

因此，最大功率点处的电压与电流应该满足式(4.74)所示的关系：

$$-\frac{I}{V}=\frac{\mathrm{d}I}{\mathrm{d}V} \tag{4.74}$$

电导增量法是以式(4.73)作为判断依据的，其工作原理与扰动观察法比较相似，只是进行计算处理的变量有所不同，在此不再赘述。虽然电导增量法的控制精度很高，而且工作的稳定性较扰动观察法更好，但是由于涉及导数运算，电导增量法的控制算法相对复杂，不利于实现数字控制，这也是该方法的主要缺点之一。

3. DC-DC 阻抗匹配变换器设计实例

Buck 变换器元器件的选型由整流器的输出特性决定，包括输出功率、输出电压和负载阻抗值。由 4.5.2 节设计的整流器可知，并联微波整流器最佳工作功率点为 28dBm，整流效率在负载阻抗为 225Ω 时达到最大值，因此选择负载阻抗范围[50Ω, 225Ω]作为主要调整对象，将这个阶段的负载值调整到 225Ω。28dBm 额定功率对应的额定输入电压为 11.12V，考虑接收功率分布的不确定性，将额定功率抬高至 1W，以防过载。再结合公式计算得到 Buck 变换器最小占空比为 0.5，最大占空比为 0.95，具体参数设计如表 4.5 所示。

表 4.5　Buck 变换器的主要设计参数

指标	参数	指标	参数
额定输入功率 P_{in}	1W	额定输入电压 V_{in}	11.12V
最大输入电压 V_{in_max}	18.4V	占空比 D 范围	[0.5, 0.95]
开关频率 f_s	200kHz	负载 R_L 范围	[50Ω, 225Ω]

下面是参数设计、器件选型与电路仿真。

1) 输出滤波电感 L_f 设计

由于式(4.70)的关系需要变换器工作在电流连续模式(continuous current mode, CCM)，因此滤波电感 L_f 按照电感电流临界连续模式(critical conduction mode, CRM)计算，公式可由电路推导为

$$L_f = \frac{(V_{in} - V_o)D}{\Delta i_L f_s} \tag{4.75}$$

其中，V_{in} 为输入电压；V_o 为输出电压；D 为变换器占空比；f_s 为变换器开关频率；Δi_L 为电感电流纹波。CRM 时，Δi_L 最大，公式为

$$\Delta i_L = 2I_o = 2\frac{P_o}{V_o} \tag{4.76}$$

其中，I_o 为输出电流；P_o 为输出功率。将式(4.75)代入式(4.76)得到电感的计算公式为

$$L_f = \frac{(V_{in} - V_o)D}{2\dfrac{P_o}{V_o} f_s} = \frac{(1-D)D^2 R_{in}}{2f_s} \tag{4.77}$$

由式(4.77)可知，当占空比 D=0.67 时，L_f 存在最大值 74μH，实际的输出滤波电感值取 100μH。

2) 输出滤波电容 C_f 设计

假设电感电流的交流分量全部流向滤波电容，且电容在半个周期内充电，则平均充电电流 I_c 为

$$I_c = \frac{\Delta i_L}{4} = \frac{(V_{in} - V_o)D}{4L_f f_s} \tag{4.78}$$

电容上的纹波电压 Δv_o 按 5%的输出电压计算，则滤波电容 C_f 为

$$C_f = \frac{V_{in}D(1-D)}{8L_f f_s^2 \Delta v_o} = \frac{1-D}{0.05 \times 8L_f f_s^2} \tag{4.79}$$

由式(4.79)可知，当占空比 D 取最小值 0.5 时，得 C_f 的最大值为 422nF，实际的输出滤波电容值取 470nF。

3) 功率器件设计

由于变换器功率为 1W 左右，功率器件的选型主要考虑电压和电流应力。设定 Buck 变换器的转换效率为 90%，以功率公式计算得到 I_o 最大值为 0.16A。根据 Buck 电路分析可知，开关管 Q_1 和二极管 D_1 承受的峰值电流均为 $2I_o$=0.32A，承受的峰值电压均为 V_{in_max}=18.4V，留有一定裕量后选取安森美的场效应管 NTR4003NT1G 和肖特基二极管 MBR0530，数字控

制芯片为 TI 公司生产的 TMS320F280049CPMS。

将设计好的 Buck 变换器在 PLECS 中搭建电路仿真模型如图 4.76 所示。Buck 电路的输入为前级微波整流器的输出，将其等效为理想电压源和内阻的串联，内阻为最优负载阻抗 200Ω。由最大功率传输定理可知，当变换器的输入电阻 R_{in} 等于电源内阻 r 时，功率才能达到最大值 $V_S^2/(4r)$，此时，输入电压 V_{in} 等于内阻上的电压，源电压 V_S 为两倍的 V_{in}。

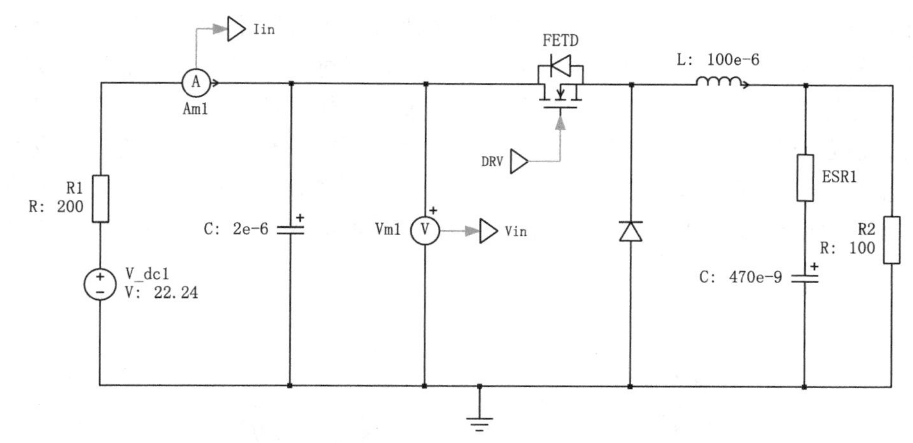

图 4.76　Buck 电路的 PLECS 仿真模型

为了验证加入 MPPT 控制后 Buck 电路是否可以实现最大功率传输，分别设置了两组 V_S 和 R_L，观察此时的输入电压 V_{in} 和电源输出功率 P 的波形如图 4.77 所示。

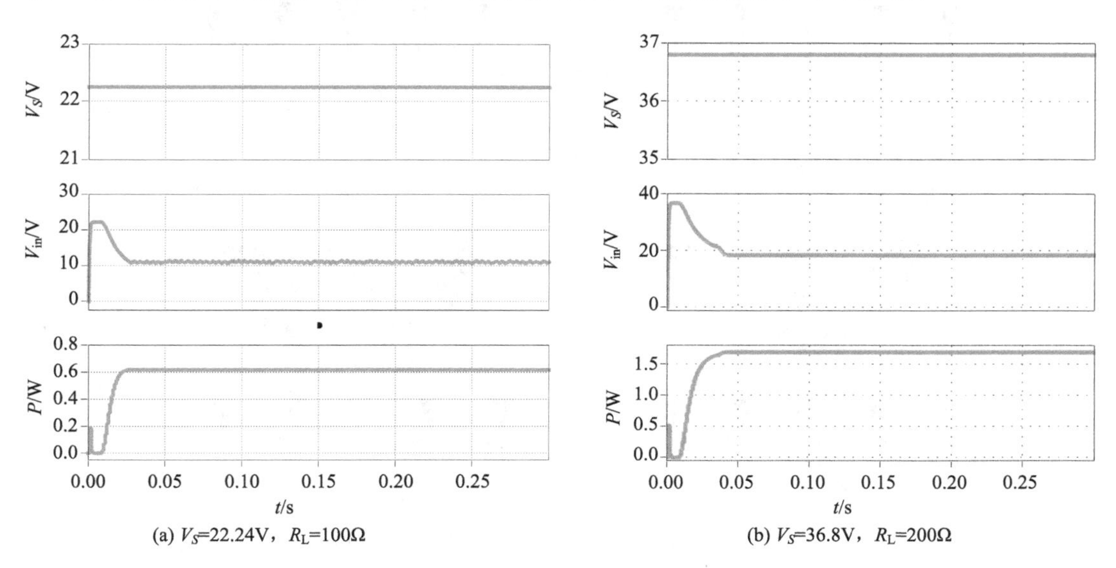

(a) V_S=22.24V，R_L=100Ω　　(b) V_S=36.8V，R_L=200Ω

图 4.77　MPPT 效果验证波形

图 4.77(a) 中，V_S 设置为两倍额定输入电压 22.24V，R_L 为 100Ω，由 V_{in} 和 P 的波形可以看出，在电路达到稳态时，V_{in} 可以维持在 11.07V 左右，P 也达到了最大功率 0.618W。图 4.77(b) 中，V_S 设置为两倍最大输入电压 36.8V，R_L 为 200Ω，稳态时 V_{in} 和 P 分别为 18.4V

和 1.69W，验证了 DC-DC 阻抗匹配变换器的有效性。

4.6　MWPT 多波束形成技术及多目标能量管理

4.6.1　MWPT 多波束形成技术

针对多个目标供电时，若多个目标位置分布比较集中且互不遮挡，使用单个较宽波束对所有目标覆盖传能即可。然而，当目标彼此距离较远时，采用单个波束集中发射对应波束角较大，传能效率减小。因此对于散乱分布的多个受能目标，需要发射器能够生成多个传能波束，独立地覆盖每个接收目标。相控阵雷达的研究中有一系列多波束形成方案，从微波无线能量传输的应用角度可以分为三个大类：单频多波束形成方法、时分多波束形成方法和频分多波束形成方法。其波束形成示意图如图 4.78 所示。下面对每种方法进行单独介绍。

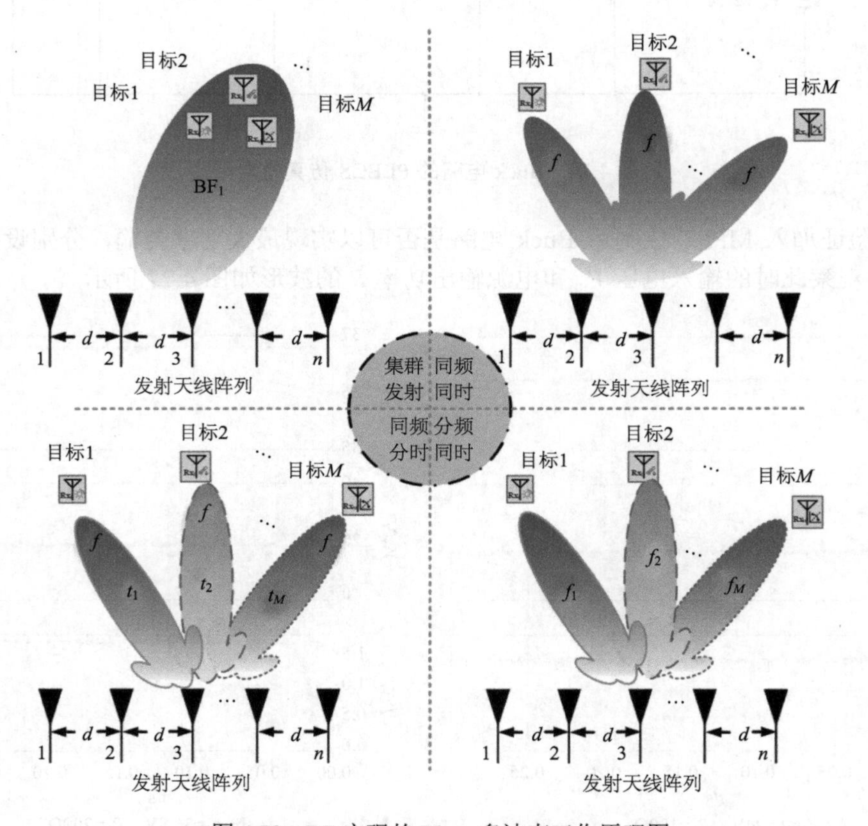

图 4.78　RF 实现的 Blass 多波束工作原理图

1. 单频多波束形成方法

单频多波束形成方法能够在单个频点上生成多个不同方向的传能波束，实现对多个目标同时传递能量。理想条件下，各天线阵元及其前段幅相控制模块、功率分配和射频线缆之间可以等效为线性非时变系统。因此对朝向多个方向的波束激励信号矢量加权求和，便能控制发射波束形成多个主瓣波束，实现单频多波束的效果。

求取针对各目标的幅度加权系数是实现单频多波束形成方法的关键，然而由于发射波束加权是同频率发射，功率波束之间会发生相干，基于对单个波束传输的求解结果进行求解，直接按功率分配幅度加权的结果会偏离理想波束指向，发射会有性能损失，同时会存在功率分配不均的情况。虽然雷达领域有一些优化的幅度加权或单频多波束形成的求解算法，但当发射阵元数量和接收目标数量较多时，这些优化问题的目标函数和约束条件会变得较为复杂。当波束指向需求较多时，如果使用少量发射阵元，会导致天线增益低，传输效果差。因此基于单频多波束形成方法的多目标传能系统需要大量的发射天线阵元才能够对每个目标分别生成足够集中的能量波束，随着目标数量的增加，发射阵元数量需求的增长也是显著的。

2. 时分多波束形成方法

时分多波束形成方法最容易理解，其也称为串行发射多波束形成。对于 N 个接收目标，发射机形成的功率波束每次只指向一个接收目标，把多个目标按照优先顺序排序，并按照分配的传输时间依次传输，将波束依次照向队列中的所有目标。这种多目标传输方法本质上依然为单波束发送，因此其波束形成天线具有最大的物理口径，能够生成理论上最窄的波束指向目标，单次传输的传输效率较高。然而其传输是单次的，不能够同时对多个目标传递能量，其形成能量波束分析方法与单波束方法一致。

时分方案本质上还是对单个目标的传能，其定位较为简单，波束定向效果也很好。目前研究的主要方向在于针对有电池的负载分配能量使所有目标在最短时间内接收到最多的能量。工作流程如图 4.79 所示，发射端先电扫描获得各个受能目标的位置以及功率信息，得到各受能目标位置所对应移相器的移相角，之后发射端分配各个受能目标的供电时间，根据优化的时间给各个受能目标进行供电。

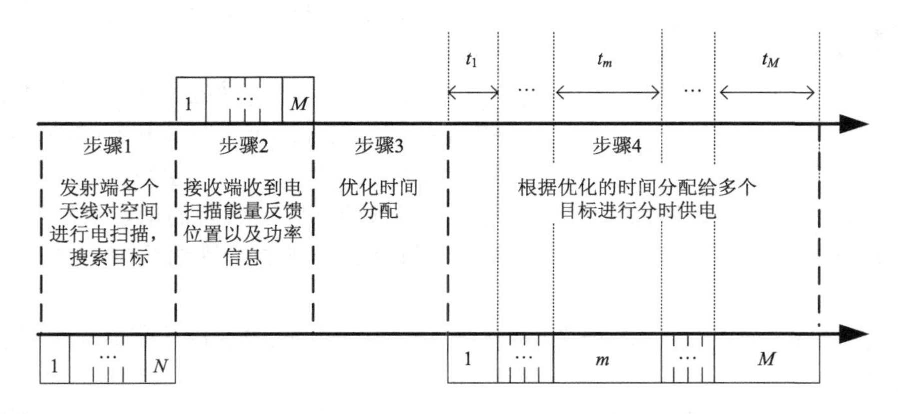

图 4.79　时分多波束系统工作流程

3. 频分多波束形成方法

频分多波束形成方法采用多个不同射频频率分别向着不同方向形成不同频率的波束。这种非同频的激励信号叠加是非相干的，因此可以避免单频多波束形成方法中难以解决的同频相干问题。非同频的信号也将独立地使用整个发射阵元作为物理口径，因此能够获得更小的功率聚焦波束，获得更优的微波功率传输效果。

如何独立控制多频点产生的功率载波实现多波束发送是该方法的重难点。大功率的微波信号在非同频频率叠加使得频分多波束形成的硬件设计实现非常困难，一方面，对于每个不同的波束，发射机都需要独立在每个射频通道上对相位进行控制，模拟实现的方式需要为每个波束独立配置移相器设备，而频率变换的方式需要设计复杂的微波变频设备和滤波器等，不仅微波激励模块会倍增，模块控制和供电等也需要扩展。另一方面，非同频载波的叠加需要在发射机低功率端执行，叠加后再进行功率放大，如果功放工作在其饱和区间，则将产生波形畸变，影响频率波束之间的加权效果。而根据放大器设计经验，放大器在线性区域工作的能量转换效率明显低于饱和区域。总之，在硬件设计方面，频分多波束会使设备硬件成本和设计难度随发射波束和阵元数量的增加急剧膨胀。

4.6.2　MWPT 多目标能量管理

MWPT 系统对多个目标实时供能时，难以根据其功率等级实时调整发射端功率，容易出现多目标拥塞对通道资源的挤兑，为此，本节提出 MWPT 系统多目标能量管理策略，根据目标状态信息，给出了多目标条件下的紧急度分布模型。在此基础上，采用最早截止时间优先算法，避免了多目标拥塞对通道资源的挤兑，合理分配通道资源，大大拓展了 MWPT 系统的应用场景，提升了 MWPT 系统对多目标传能时的稳定性。

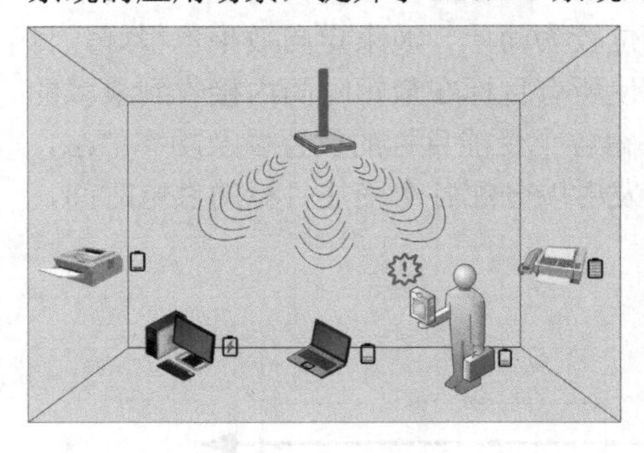

图 4.80　多目标能量传输优先级判定示意图

图 4.80 为多目标能量传输优先级判定示意图，当多个受能目标发出紧急缺电指示时，发射端通过优先级判定，选择将能量传输至优先级最高的受能目标。为此多目标的场景需要建立受能目标紧急度评估模型，目标紧急度主要是由目标状态信息和自身的负载属性决定的，是复杂的影响因素的集合。

在评估模型中，受能目标的紧急度分为两层准则：第一层是判定实时性和分时性，第二层是判定实用性。首先发射端全范围实时接收传能请求，判断多目标需求是排序后分时供能还是同时供能，针对所有的请求再次判定实用性的权重，最终实现对最紧急的目标优先供能的目标。在紧急度评估模型中主要有以下影响因素。

(1) 重点设备：MWPT 系统识别重点标记设备，有标记的设备具有更高的紧急度，即优先级更高。

(2) 目标类型：根据装备自身特性可分为大型固定翼无人机、预警设备、小型蜂群等，有人操作的设备具有紧急度，同样可以添加优先级。

(3) 自身状态：对于能源局域网而言，战场受能目标在缺电时会朝能量发射端靠近，当受能目标与发射端距离持续缩小时，具有受能紧急度；受能目标持续在发射端周围盘旋，当发射端传能核心区域滞留时间较长时，具有受能紧急度；具有受能紧急度后还需要判断其功率等级。

根据以上紧急度构成的集合，可以构建目标紧急度评估模型，如图 4.81 所示。当接收端存在多目标时，首先判断其优先级，根据优先级排序后再确定实时或者分时供能。

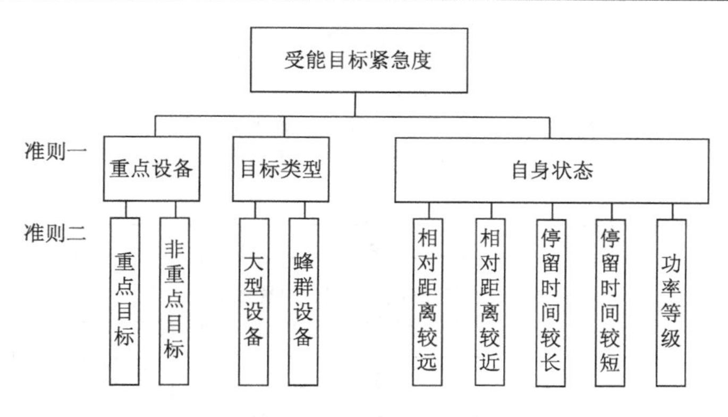

图 4.81　紧急度评估模型

在紧急度评估模型中，不同的受能目标存在不同的状态，因此需要对不同的受能目标确定其权重值。基于模糊优化理论，结合紧急度评估模型，利用模糊优化算法确定多目标受能负载时的传能优先级。受能目标权值确定的规格化处理如下：当数值越小、紧急度越高时，可以表示为

$$r_{ij}=\frac{x_{ij}-\max(x_{ij})}{\min(x_{ij})-\max(x_{ij})},\quad i\in m,\quad j\in n \tag{4.80}$$

当数值越大、紧急度越高时，可以表示为

$$r_{ij}=\frac{x_{ij}-\min(x_{ij})}{\max(x_{ij})-\min(x_{ij})},\quad i\in m,\quad j\in n \tag{4.81}$$

式(4.80)和式(4.81)中，集合 n、m 分别表示目标总数和因素总数，第 i 个因素中的最大值和最小值分别为 $\max(x_{ij})$ 和 $\min(x_{ij})$，最终结果 r_{ij} 表示接收端受能目标 j 的第 i 个因素的紧急度。采用综合优先级调度办法，将目标的重要性 a 按升序排列，电能储量 b 按降序排列，得到其紧急度分别为 p_1 和 p_2，则目标的紧急度为

$$p=\frac{np_1+(Q+2-n)p_2}{Q+1} \tag{4.82}$$

其中，Q 为当前发出请求的目标总数；n 的取值范围为[1, Q+1]，此处 $n=Q/2+1$ 时，取得的紧急度排序效果最佳。根据以上思想，提出了多目标能量传输优先级算法初步模型，多目标能量管理的算法流程图如图 4.82 所示，主要过程如下：

(1) 接收 D 个目标的能量传输请求，同时检测其重要程度和电能储量。

(2) 更新各个受能目标紧急度，根据电量需求和重要性进行排序，获得紧急度 p。

(3) 对当前多个目标的能量传输需求进行筛选，根据紧急度评估模型中的准则一和准则二选出符合期望值的 N 个目标放入集合 S。

(4) 更新集合 S，计算 S 内目标信息增量，并将各个目标紧急度以降序形式排列，根据通道数量确定受能目标数量，若暂无目标传能需求，则持续更新接收请求。

(5) 若具有最高紧急度的受能目标多于两个，需要判断其功率优先级，根据功率等级分配波束通道，实现多目标实时供能。

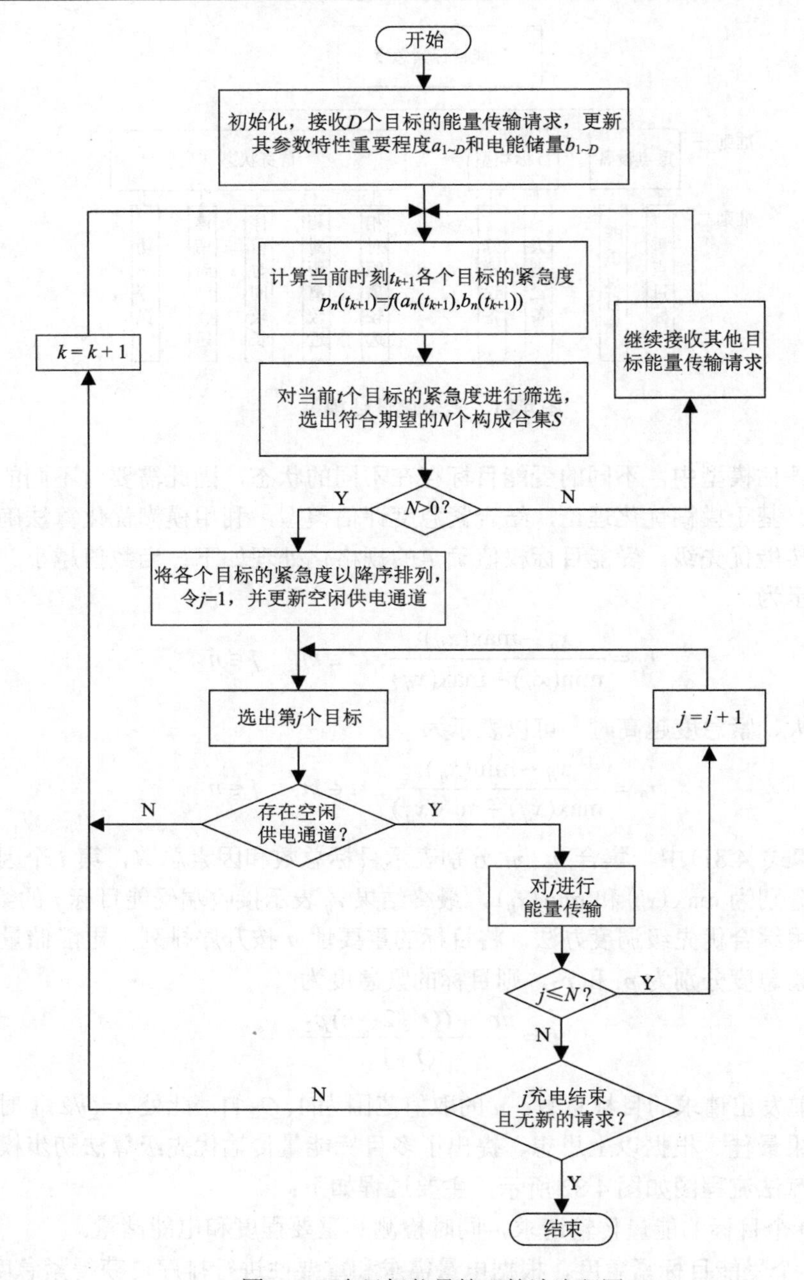

图 4.82　多目标能量管理算法流程图

(6) 对于目标 j，若 $j\leqslant N$，并且队列中存在空闲供电通道，则 MWPT 系统安排对 j 的跟踪传能；若不存在空闲供电通道，则在当前 k 时刻执行 $k+1$，跳转回初始状态继续发送请求。

(7) 当受能目标充能结束且无新的传能需求时，结束此目标的请求。

本节在多目标能量优先级判定的研究中，采用相控阵雷达的资源管理方法，建立紧急度评估模型，对多目标受能负载进行优先级排序，从而实现 MWPT 系统在复杂环境下的资源分配，同时结合模糊优化理论、EDF 算法等，充分发挥 MWPT 系统传能的灵活性。

习　　题

1. 为什么射频电路需要利用传输线理论进行分析？

2. 史密斯圆图有哪两种形式？分别有什么特点？

3. 射频电路为什么要进行阻抗匹配？阻抗匹配电路有哪些形式？一般采取什么方式进行阻抗匹配电路的设计？对于频率为 915MHz 的射频电路，应该采用哪种匹配方式？如果是 5.8GHz 射频电路呢？

4. WPT 系统主要由哪些部分组成？各部分的作用分别是什么？

5. 射频功率放大器主要有哪几种拓扑结构？分别画出其结构示意图，并阐述它们各自的特点。

6. 简述基于正交调制和解调的幅相控制方法的原理。相比于开环幅相控制方式，正交调制和解调的幅相控制方法有什么优点？

7. 为什么 WPT 系统发射端要采用分布式架构？

8. 简要阐述基于场强叠加原理的定向辐射实现的方法和过程。

9. 为什么 WPT 系统接收端的整流器后面要级联 DC-DC 变换器？

10. 接收端的两种架构分别是什么？分别画出示意图，并对比其优缺点。

11. 微波整流器拓扑主要有哪几种？分别画出其结构示意图，并简述工作原理。

12. 在接收端多目标能量管理中，目标的优先级受到哪些因素的影响？如何根据这些影响因素对目标进行排序？

13. 根据 4.5.2 节内容，设计一款 5.8GHz 微波整流电路并进行仿真验证。

第5章　激光无线电能传输技术

5.1　引　　言

激光无线电能传输(LWPT)技术是以激光作为电能载体,在远距离条件下进行无线传输的技术。从工作原理上看，激光无线电能传输系统与常见的光伏发电系统本质上相同，都是利用半导体 PN 结的光生伏特效应来工作的。但激光的单色性和高能量密度特性导致激光无线电能传输系统与光伏发电系统在实现和应用上具有较大的差异，例如，激光辐照下不同材料光伏电池的响应特性、能量转换效率各不相同。因此，本章将重点介绍激光无线电能传输的工作原理、拓扑架构、系统建模和传输特性，进而介绍该技术的效率优化方法和具体电路实现方式。

5.2　激光无线电能传输的工作原理

5.2.1　系统基本架构

LWPT 技术是基于光生伏特效应，利用激光作为载体，在远距离条件下进行无线能量传输的技术，具有能量密度高、方向性好、传输距离远和发射接收口径小等优点，可为传感器、飞行器、航天器和空间站等移动设备提供灵活自由的无线供能方式，从而可大幅延长远距离移动设备的续航时间。

LWPT 系统的通用结构如图 5.1 所示，主要由激光发射端和激光接收端组成，每部分均可自由灵活移动，满足移动电气设备对供电便捷性的要求。在发射端，电网或储能单元中的电能经激光电源变换提供给激光器，激光器则将这些电能转换成激光并通过光学系统传输出去。在接收端，激光经自由空间传输后被光伏阵列捕获并转换回电能，再由光伏变换器变换提供给负载使用。图 5.2 为国内外具有代表性的 LWPT 技术研究情况。

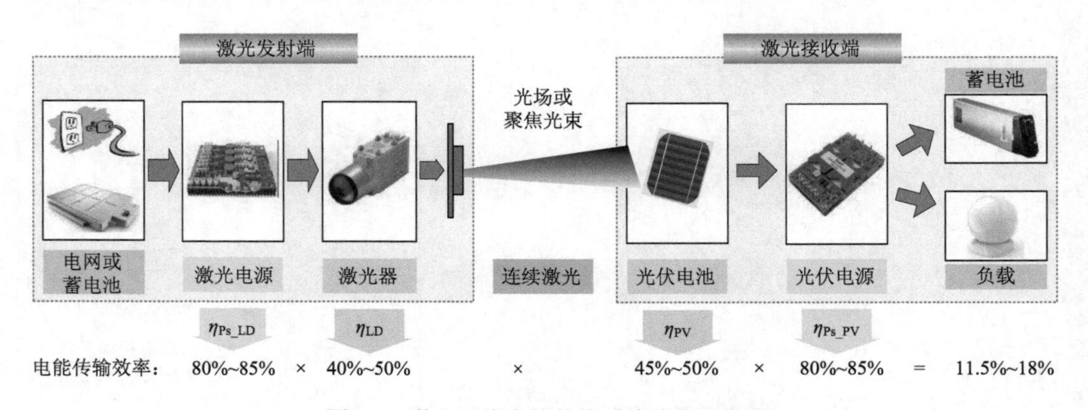

图 5.1　激光无线电能传输系统结构示意图

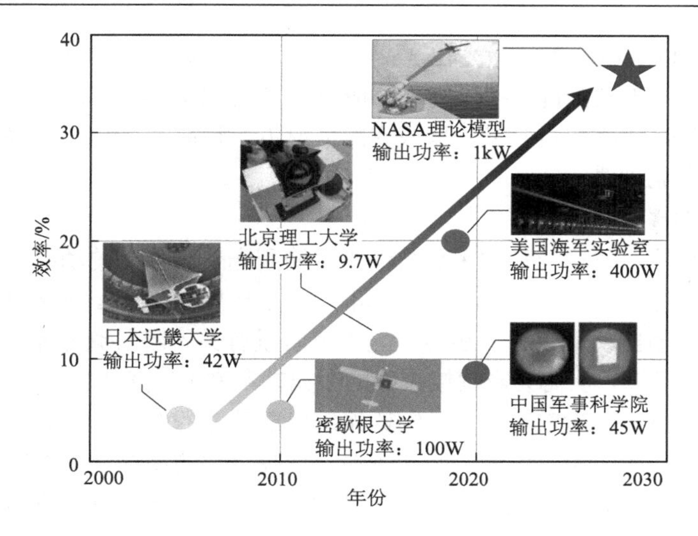

图 5.2　国内外激光无线能量传输系统的相关研究

从电力电子的视角来看，目前 LWPT 系统实际效率多为 10%左右，与 36%的理论效率存在较大的差距，较低的系统整体效率是制约其应用的主要因素。而在 LWPT 系统中，激光器和光伏阵列是实现“电-激光-电”能量转换的核心设备，二者较低的转换效率是系统整体效率提升的关键瓶颈。为此，目前的研究多集中于激光器和光伏电池的效率优化，以进一步提高系统整体效率。

5.2.2　LWPT 系统中激光器和光伏电池的特征

为保证 LWPT 系统具有较高的整体效率，需选择转换效率较高的激光器-光伏电池组合，在激光无线传能的场合，激光器和光伏电池需具备以下特征。

1. 激光波长特征

激光在大气中传输时，由于大气折射、湍流和大气分子及气溶胶吸收、散射等原因，部分激光能量被散射而偏离原来的传输方向，部分能量被吸收而转变为其他形式的能量，从而影响了激光在大气中的传输效率，进而限制了激光无线电能传输系统的传输距离和传输功率。如图 5.3 所示，激光的大气传输效率与激光波长密切相关，因此在选择激光器时，应首先考虑其波长是否在传输效率较高的光谱段内。

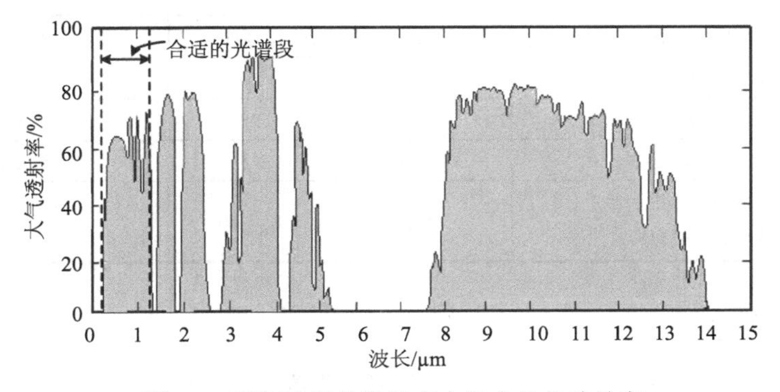

图 5.3　不同波长的激光在大气中的传输效率

从图 5.3 中可以看出，虽然激光在 3～4μm 和 8～13μm 波段内具有较高的大气传输效率，但是相应波长的激光器目前技术尚不够成熟，其电-光转换效率还比较低。因此，在综合考虑激光大气传输效率和相应激光器效率的情况下，目前在 LWPT 系统中一般选择波长为 780～1100nm 的激光器。

2. 激光光束质量特征

在 LWPT 系统中，传输能量的多少与激光传输到光伏阵列上的功率密度 Φ 有关。理论上，为体现激光高能量密度的优势，Φ 应尽可能地大于 1000W/m^2。而光伏阵列上的激光功率密度不仅与激光输出功率有关，还与激光光束质量有关。随着激光器功率的增加，其输出光束的质量不断下降，从而会影响接收端的激光功率密度，降低光伏阵列的光-电转换效率，进而影响系统整体传输效率，并且制约系统电能传输的距离。因此，在 LWPT 系统中应平衡激光器输出功率和光束质量之间的关系，选择合适的高亮度、大功率激光器。

假设激光经过距离 L 照射到接收端光伏阵列上的功率密度为 Φ，则有

$$\Phi = \frac{R_{\text{source}} A_{\text{source}} \eta_{\text{tran}}}{L^2} \tag{5.1}$$

其中，A_{source} 为出射光束的截面积，即光学发射镜头的面积；η_{tran} 为激光大气传输效率；R_{source} 为激光辐射亮度（单位为 $\text{W}\cdot\text{sr}^{-1}\cdot\text{m}^{-2}$），其大小反映了光束质量的优劣，对于激光器来说，其激光辐射亮度 R_{source} 可由式(5.2)得到

$$R_{\text{source}} = \frac{P}{\lambda^2 B_x B_y} \tag{5.2}$$

其中，P 为激光功率；λ 为激光波长；B 为反映光束质量的无量纲数。

式(5.1)和式(5.2)描述了激光器光束质量、激光传输距离和激光功率密度之间的约束关系。假设在理想情况下 $\eta_{\text{tran}}=1$，传输距离 L=1km（根据实际需求，Φ 应大于 1000W/m^2），则由式(5.1)可知，$R_{\text{source}}A_{\text{source}}$ 应满足如下条件：

$$R_{\text{source}} A_{\text{source}} \geqslant 1 \times 10^9 \tag{5.3}$$

若光学镜头直径为 1m（$A_{\text{source}} \approx 0.8\text{m}^2$），那么在 LWPT 系统中应选择 $R_{\text{source}} > 1.24 \times 10^9$ $\text{W}\cdot\text{sr}^{-1}\cdot\text{m}^{-2}$ 的激光器。表 5.1 给出了目前常见激光器的辐射率，由表可知，即使是亮度较差的半导体激光器，理论上其辐射率也能满足激光能量传输 1km 的要求。

表 5.1　不同类型激光器的性能参数

类型	波长/nm	效率/%	辐射亮度 $R_{\text{source}}/(\text{W}\cdot\text{sr}^{-1}\cdot\text{m}^{-2})$
半导体激光器(10kW)	850	50	1×10^{10}
光纤激光器(20kW)	1060	25	1.4×10^{13}
薄片激光器(25kW)	1060	25	2.4×10^{15}
二极管泵浦碱金属蒸气激光器(48W，技术尚不成熟)	795	25～40	6×10^{15}

3. 光伏电池特性

由光伏电池光谱响应特性可知，不同光伏材料吸收单色激光的能力与其入射激光波长

有关，每种材料都有其对应的吸收峰值波长，如图 5.4 所示。因此在激光能量传输的场合，为了保证光伏电池具有较高的光-电转换效率，所选择的光伏电池材料需与入射激光波长相匹配。

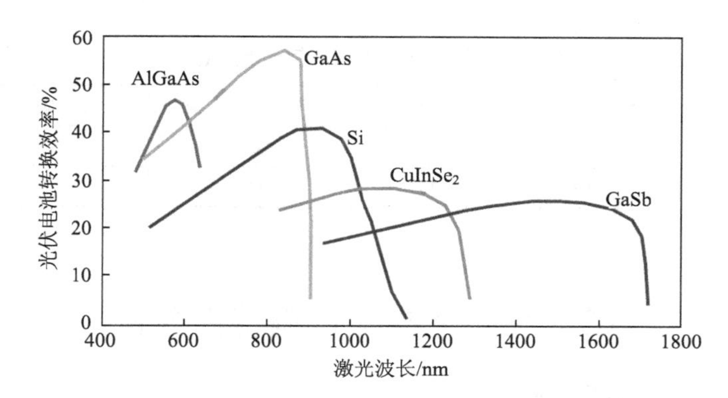

图 5.4　不同材料的光伏电池的光谱响应特性

表 5.2 给出了不同材料的光伏电池在激光辐照下的特性对比。其中，GaAs 电池对波长为 810nm 左右的激光具有较高的转换效率，其电-光转换效率可达 40%～60%，而且可在 60～100 倍标准太阳光强下高效工作，具有良好的温度特性和抗辐射特性。但目前 GaAs 电池仍处于实验室研究阶段，并没有实现大规模商业应用。

表 5.2　不同材料光伏电池的特性对比

材料	吸收峰值波长/nm	效率/%	辐照光强/(kW/m^2)
GaAs	810	40.4	60
		60	110
Si	950	28	110
InGaAs/InP	>1000	40.6	2.37
InGaP	>1000	40	2.6
CIS	>1000	19.7	10

综上，光伏电池的最佳选择是基于选定的激光工作波长，设计能够承受高功率激光辐照的高性能光伏电池。

5.2.3　激光器-光伏电池组的选型

由 5.2.2 节可知，在选择转换效率较高的激光器-光伏电池组时，应满足以下两个条件：①激光波长应处于大气窗口，且激光光束质量较好；②激光器的波长应与光伏电池的吸收波长峰值相匹配，且光伏电池应能承受高功率密度的激光辐照。

对于条件①，如表 5.1 所示，半导体激光器和固体激光器(薄片激光器和光纤激光器均属于固体激光器)因其在波长、输出功率和光束质量方面的优势，成为适合应用于 LWPT 系统的激光器。

同时，在条件①的基础上，为满足条件②，可得如表 5.3 所示的 LWPT 系统典型激光器-光伏电池组合。其中，尽管固体激光器具有更大的功率和更好的光束质量，适合大功率、远距离的无线电能传输，但半导体激光器和 GaAs 电池的组合在效率上更具优势，适合应用在短距离、中小功率的验证系统中，是目前 LWPT 技术应用中使用较为广泛的组合。

表 5.3　LWPT 系统典型激光器-光伏电池组合

激光器类型	激光波长/nm	激光器效率/%	光伏电池类型	光伏电池效率/%	传输距离/km
半导体激光器(10kW)	850	50	GaAs	50	<10
固体激光器(20kW)	1060	25	CIS	17	<100

5.3　系统建模与传输特性分析

5.3.1　激光器工作原理与模型建立

半导体激光器(laser diode, LD)的结构示意图如图 5.5 所示，其主要由重掺杂的 P 型和 N 型半导体材料以及一层很薄的 PN 结组成。在 PN 结外加正向电压后，N 区向 P 区注入电子，P 区向 N 区注入空穴，在 PN 结处，电子与空穴复合形成光子。随着注入电流的增加，PN 结中大量注入的电子和空穴进行复合，从而产生更多能量和方向相同的光子，即可形成高强度的激光输出。由于以上 LD 发光过程与二极管工作原理类似，因此 LD 又称为激光二极管。

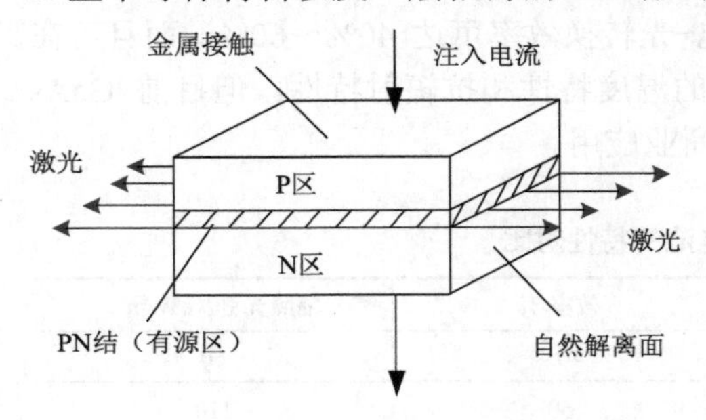

图 5.5　半导体 LD 结构示意图

激光的产生是通过激光器 PN 结内载流子的受激复合实现的，PN 结内的载流子需要注入电流提供，因此研究 PN 结处载流子的行为对构建 LD 电路模型尤为重要。图 5.6 给出了电流注入激光器在其 PN 结内部引起载流子变化产生激光的物理过程。图中，I 是注入电流；q 是电子电量；n 是载流子密度；s 是光子密度；V 是载流子库的体积；V_{p} 是光子库体积；R_{nr} 是非辐射复合速率；R_{sp} 是自发复合速率；τ_{n} 是载流子寿命；τ_{p} 是光子寿命。

当电流 I 注入激光器时，产生的总的载流子速率为 I/q，其中有 $\eta_{\mathrm{i}}I/q$ 部分的载流子到达载流子库。载流子库中的载流子，一部分以速率 $R_{\mathrm{nr}}V$ 进行非辐射复合，以热的形式损耗掉；一部分以速率 $R_{\mathrm{sp}}V$ 通过自发辐射复合的形式损耗掉，但其中也会有一部分光子以速率 $R_{\mathrm{sp\_p}}V$ 进入光子库；其他的载流子以速率 $R_{21}V$ 经过受激辐射复合变成光子到达光子库。另外，光子库中的光子也会因受激吸收以速率 $R_{12}V$ 产生额外的载流子。

在光子库中，通过受激辐射和自发辐射复合所产生的总光子速率为 $R_{21}V+R_{\mathrm{sp\_p}}V$，通过受激吸收所消耗的光子速率为 $R_{12}V$，而其他的光子中有 $\eta_{\mathrm{o}}sV_{\mathrm{p}}/\tau_{\mathrm{p}}$ 部分透过反射镜面离开腔体，输出光功率 P_{o}。

根据上述激光产生的物理过程，令载流子和光子的变化速率分别等于其增加的总速率减去损耗的总速率，可以得到描述 LD 电-光特性的速率方程：

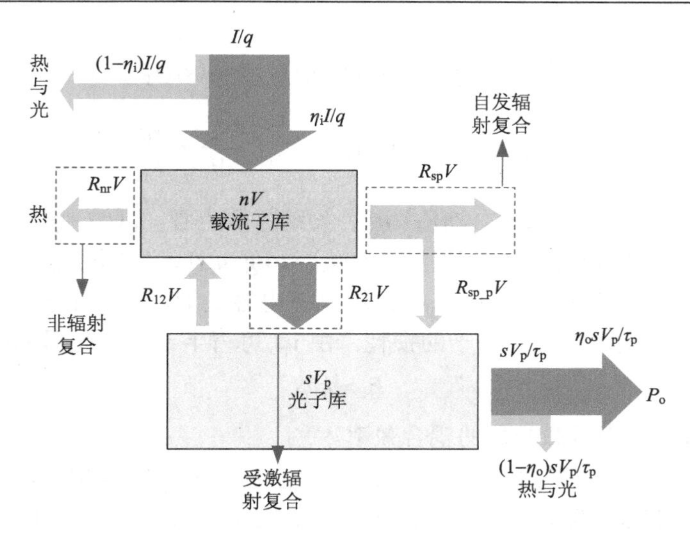

图 5.6　LD 产生激光的物理过程

$$\frac{\mathrm{d}n}{\mathrm{d}t}=\frac{i_j}{qV}-r_{\mathrm{sp}}(n)-r_{\mathrm{nr}}(n)-g(n,s)s \tag{5.4}$$

$$\frac{\mathrm{d}s}{\mathrm{d}t}=\Gamma g(n,s)s-\frac{s}{\tau_{\mathrm{p}}}+\beta_{\mathrm{sp}}r_{\mathrm{sp}}(n) \tag{5.5}$$

其中，β_{sp} 为自发辐射系数；$r_{\mathrm{sp}}(n)=4.2\times10^8n+1.5^{-16}n^2$ 为与载流子密度相关的辐射复合项；$r_{\mathrm{nr}}(n)=10^8n+1.1^{-17}n^2+2^{-41}n^3$ 为与载流子密度相关的非辐射复合项；Γ 为光限制因子；$g(n,s)=1.4\times10^{-12}(n-1.5\times10^{24})(1+10^{-25}s)$ 为与载流子和光子密度相关的光增益。

式(5.4)描述了载流子发生变化的各种机制，方程右边第一项描述了注入电流对载流子的贡献，第二项和第三项分别描述了自发辐射和非辐射复合对载流子的消耗，第四项描述了受激辐射对载流子的消耗。

式(5.5)描述了光子密度变化的各种机制，方程右边第一项是描述受激辐射对光子的贡献；第二项描述了光子的损耗，主要是受激吸收损耗和端面出射损耗；第三项描述了自发辐射的贡献，自发辐射的光子随机辐射到各个方向，耦合进光子库的光子数较少，而 β_{sp} 正是描述这一比例关系的。

式(5.4)、式(5.5)分别描述了半导体激光器的电特性、光特性，且都为一阶微分方程，与描述传统电路的微分方程在形式上有相似之处。因此可以通过纯粹的数学处理，将上述数学表达式与特性相当的电子器件进行等效，从而得出半导体激光器电-光-热等效电路模型。

为了通过式(5.4)来构造半导体激光器的等效电学回路，以下将采用经典的 Shockley 关系来表示注入载流子密度 n 与结电压 v_j 的关系：

$$n=N_{\mathrm{e}}\left[\exp\left(\frac{v_j}{\eta V_{\mathrm{T}}}\right)-1\right] \tag{5.6}$$

其中，N_{e} 为平衡态少数载流子密度；$\eta=2$ 为经验常数；$V_{\mathrm{T}}=26\mathrm{mV}$ 为结偏压。

由式(5.4)～式(5.6)整理可得

$$i_j = C_{\mathrm{d}} \frac{\mathrm{d}v_j}{\mathrm{d}t} + i_{\mathrm{n}}(v_j) + i_{\mathrm{r}}(v_j) + i_{\mathrm{st}}(v_j, v_{\mathrm{ph}}) \tag{5.7}$$

$$\beta_{\mathrm{sp}} i_{\mathrm{r}}(v_j) + i_{\mathrm{st}}(v_j, v_{\mathrm{ph}}) = C_{\mathrm{ph}} \frac{\mathrm{d}v_{\mathrm{ph}}}{\mathrm{d}t} + \frac{v_{\mathrm{ph}}}{R_{\mathrm{ph}}} \tag{5.8}$$

式(5.7)和式(5.8)中，$C_{\mathrm{d}}=qVN_{\mathrm{e}}\exp(v_j/\eta V_{\mathrm{T}})/\eta V_{\mathrm{T}}$ 为结扩散电容；$i_{\mathrm{n}}(v_j)=qVr_{\mathrm{nr}}(n)$为非辐射复合电流；$i_{\mathrm{r}}(v_j)=qVr_{\mathrm{sp}}(n)$为辐射复合电流；$i_{\mathrm{st}}(v_j,v_{\mathrm{ph}})=qVg(n,s)s$ 为受激复合电流；$v_{\mathrm{ph}}=sVV_{\mathrm{T}}$具有电压量纲，与输出光功率成比例；$C_{\mathrm{ph}}=q/V_{\mathrm{T}}$具有电容量纲，表示光子库存储光子的能力；$R_{\mathrm{ph}}=V_{\mathrm{T}}\tau_{\mathrm{ph}}/q$ 具有电阻量纲，表示光子的损耗。由 v_{ph}可得半导体激光器输出功率为

$$P_{\mathrm{o}} = kv_{\mathrm{ph}} \tag{5.9}$$

其中，k为比例系数，表示激光器的耦合效率。

由式(5.7)～式(5.9)可得如图5.7所示的LD电-光等效电路模型。该模型有三个端口，其中p_{d}、n_{d}为模型的电学输入端口，与实际器件的电学端口对应。端口P_{o}为虚拟端口，其输出电压代表了LD输出光功率。模型由三个相互耦合的基本电路组成，其中电学等效回路表征的是载流子密度速率方程(5.7)，其中R_{s}和C_{s}为寄生电阻和电容，R_{d}为电流泄漏等效电阻，电压控制电流源$i_{\mathrm{n}}(v_j)$和$i_{\mathrm{r}}(v_j)$为半导体激光器自身存在的损耗机制，$i_{\mathrm{st}}(v_j,v_{\mathrm{ph}})$为半导体激光器用来激发光能的那部分电能；光学等效回路从光子密度速率方程(5.8)得来，其端电压为v_{ph}。

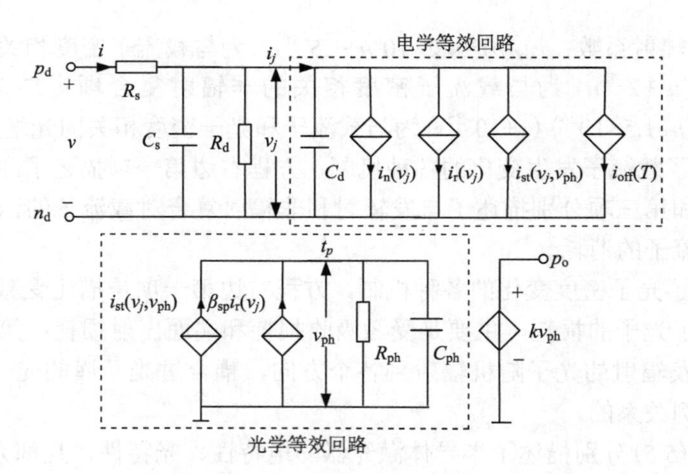

图5.7　半导体激光器等效电路模型

5.3.2　光伏阵列工作原理与模型建立

1. 光伏电池简化模型

光伏电池是由半导体掺杂而成的，利用“光生伏特效应”实现光能到电能的转换，其本质是在光照下利用PN结实现光子到电子的转换。图5.8为光伏电池的光电转换原理，光伏电池的本质是一个PN结，当LD发射出的激光照射到光伏电池上时，大部分能量足够大的光子可以将光伏电池中的电子从共价键中激发，产生电子-空穴对。由于PN结中存在一个内电场，这些被大量激发出的电子-空穴对会在内电场的作用下运动，电子向N区移动、

空穴向 P 区移动，导致 PN 结上产生光生电压。当 PN 结外接电路时，便能形成电流，实现光能到电能的转换。

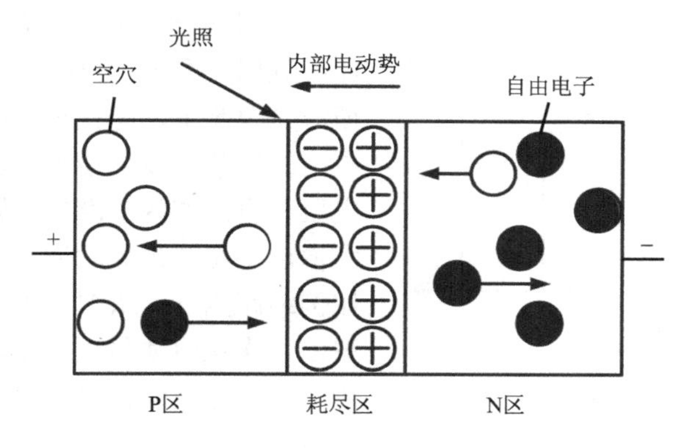

图 5.8　光伏电池发电原理图

由于光伏阵列是由若干个光伏电池单体通过串并联形式组成的，因此建立光伏电池的等效电路模型是分析光伏阵列输出特性的基础。典型的光伏电池等效电路模型如图 5.9 所示。图中，$I_{ph}(G)$ 为光生电流，其大小与光伏电池的面积和入射辐照强度成正比；$I_d(T)$ 为暗电流，它是流过 PN 结的总扩散电流，可由理想二极管方程进行描述，其大小受温度影响较大；R_s 是串联等效电阻；R_{sh} 为旁路电阻。对于一个理想的光伏电池其 R_s 很小，R_{sh} 很大。

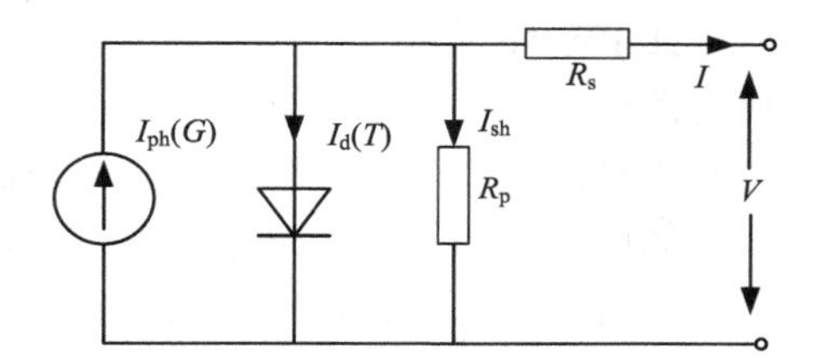

图 5.9　光伏电池典型等效电路模型

根据图 5.9 可得光伏电池单体的数学模型为

$$I = I_{ph}(G) - I_d(T) - I_{sh} = \frac{G}{G_{STC}} I_{ph}(G_{STC}) - I_o(T)\left\{\exp\left[\frac{q(V+IR_s)}{AkT}\right] - 1\right\} - \frac{V+IR_s}{R_{sh}} \tag{5.10}$$

其中，I 和 V 分别是光伏电池的输出电流和输出电压；G 是辐照强度（W/m^2）；STC 表示光伏电池测试的标准条件，即辐照强度为 1000 W/m^2，温度为 25℃；I_o 是反向饱和电流（A），其大小会随温度变化而变化；A 是无量纲的二极管理想因子，取值范围为 $1 \leqslant A \leqslant 2$；$k$ 是玻尔兹曼常量（1.38×10^{-23} J/K）；T 是光伏电池单体的热力学温度（K）；q 是单位电荷（1.6×10^{-19}C）。

式（5.10）是一个隐式超越方程，直接求解困难，需要通过计算机仿真得到准确的输出特性。当阵列规模较大时，整个求解过程比较复杂，难以满足工程设计的需要。因此，为了分析在复杂辐照环境下光伏阵列的电气输出特性，有必要对光伏电池的模型进行合理的简化。

在对光伏电池模型进行简化时，忽略温度的影响，即可以认为阵列中所有光伏电池的最大功率点电压 V_{MPP} 保持恒定。同时假定光伏电池的最大功率点电流 I_{MPP} 与辐照强度 G 成正比，因此可以认为光伏电池的最大输出功率与辐照强度成正比。从而光伏电池的简化模型可以用如下的阶梯函数进行描述：

$$I=\begin{cases}I_{\mathrm{MPP}}, & V\leqslant V_{\mathrm{MPP}}\\ 0, & V>V_{\mathrm{MPP}}\end{cases} \tag{5.11}$$

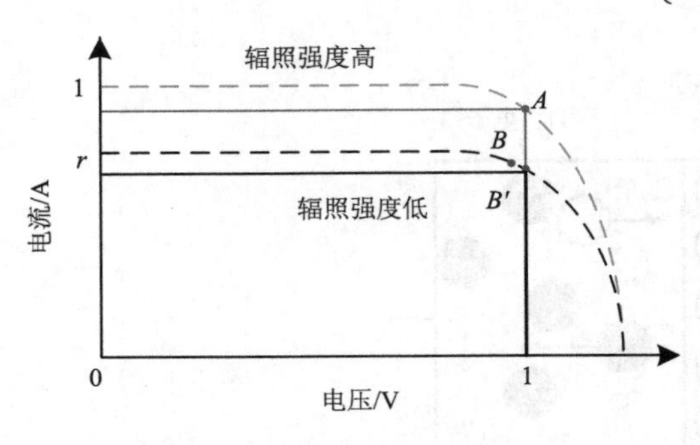

图 5.10　光伏电池简化模型

根据式(5.11)，光伏电池简化模型的 *I-V* 曲线近似为图 5.10 中的折线(实线)。约定在高斯激光辐照下，光伏阵列中受辐照最强的光伏电池的辐照强度、最大输出功率、最大功率点电压和电流作为基准 1，则其他光伏电池的最大输出功率和最大功率点电流按所受辐照度等比例缩减为 r。从图中可以看出，该简化模型突出了光伏电池最大功率点的信息，而开路电压、短路电流等信息被简化，从而大大降低了理论分析的复杂度。

2. 高斯激光能量分布简化模型

在 LWPT 系统中，辐照在光伏阵列上的激光能量一般呈非均匀的高斯分布。由上述光伏电池单体模型可知，电池上的辐照强度 G 是影响其输出特性的关键因素。因此，在分析光伏阵列的电气输出特性时，应先确定阵列中各个电池上的辐照强度。

如图 5.11 (a)所示，在高斯激光辐照下，光伏阵列中各个光伏电池单体所受辐照情况复杂，具有中间辐照强，四周辐照弱的特点。该高斯激光的辐照强度分布具有如下规律：

$$\frac{G_{i,j}}{G_{0,0}}=\exp\left[-\frac{2(D_{i,j})^2}{w_0^2}\right] \tag{5.12}$$

其中，$G_{0,0}$ 为光斑中心的辐照强度；$G_{i,j}$ 和 $D_{i,j}$ 分别为光斑中某点的辐照强度和其到阵列中心的距离；w_0 为光斑半径。根据式(5.12)可得标幺化的高斯激光辐照强度分布曲线(横截面)，如图 5.11 (b)所示。

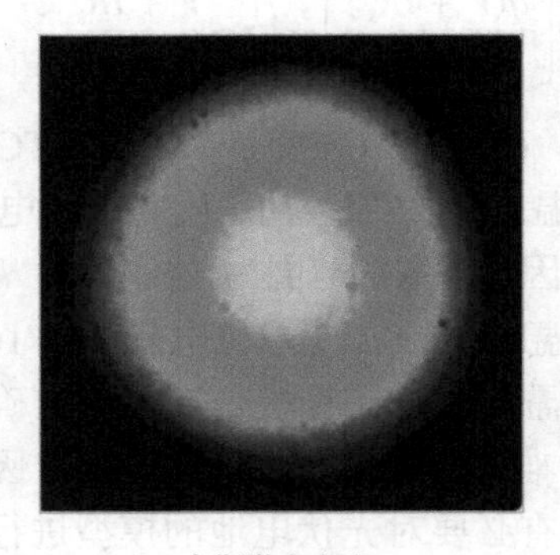

(a) 高斯激光光斑

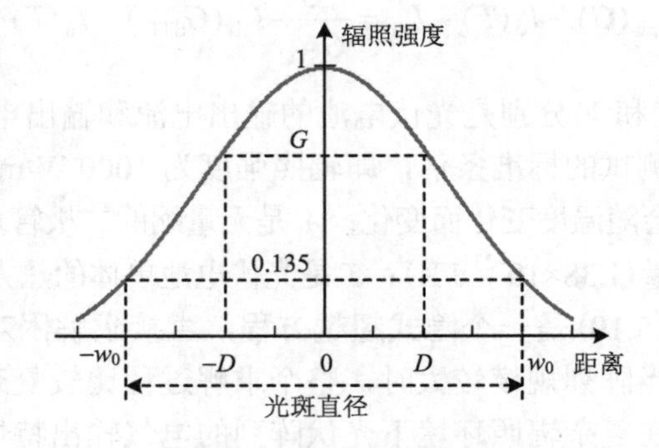

(b) 高斯激光辐照强度分布曲线

图 5.11　高斯激光能量分布

由式(5.12)可知，光伏电池所受辐照强度与其在阵列中的位置有关，为得到各电池单体上的辐照强度，需在光伏阵列中建立相应的坐标系，从而明确各个电池单体之间的位置关系。同上述简化光伏电池模型的出发点一样，由于在光伏阵列电气连接结构的优化过程中，主要关注的是阵列中各个光伏电池单体之间所受辐照强度的差异和变化趋势，并不需要精确计算辐照强度。因此，在建立光伏阵列坐标系时，可对光伏阵列进行适当简化，从而达到简化高斯激光能量分布的目的。现约定如下。

(1) 相对于光伏阵列，电池单体面积较小，可看作一个质点，并假设其上辐照均匀。从而光伏阵列可看作一个点阵，阵列中心为点阵的原点，相邻电池之间的距离为单位 1。

(2) 激光光斑轮廓为阵列的外接圆，即光斑的圆心与光伏阵列的物理中心重合，光斑直径等于阵列对角线的长度。这样阵列中所有光伏电池都能进行光电转化，且能尽可能地减小几何损耗。

(3) 定义 PV(i, j) 表示光伏阵列中的一个电池单体，其中 i 表示该电池单体的横坐标，j 表示该电池单体的纵坐标，阵列中心坐标设为(0, 0)。

根据以上假设，可以得到任意 $m\times n$ 的光伏阵列的坐标，其中 n 和 m 分别表示阵列中并联支路的数目和每条串联支路中光伏电池的数目。图 5.12 分别以 3×3 和 4×4 的光伏阵列为例，给出了相应的光伏电池单体的空间坐标示意图。

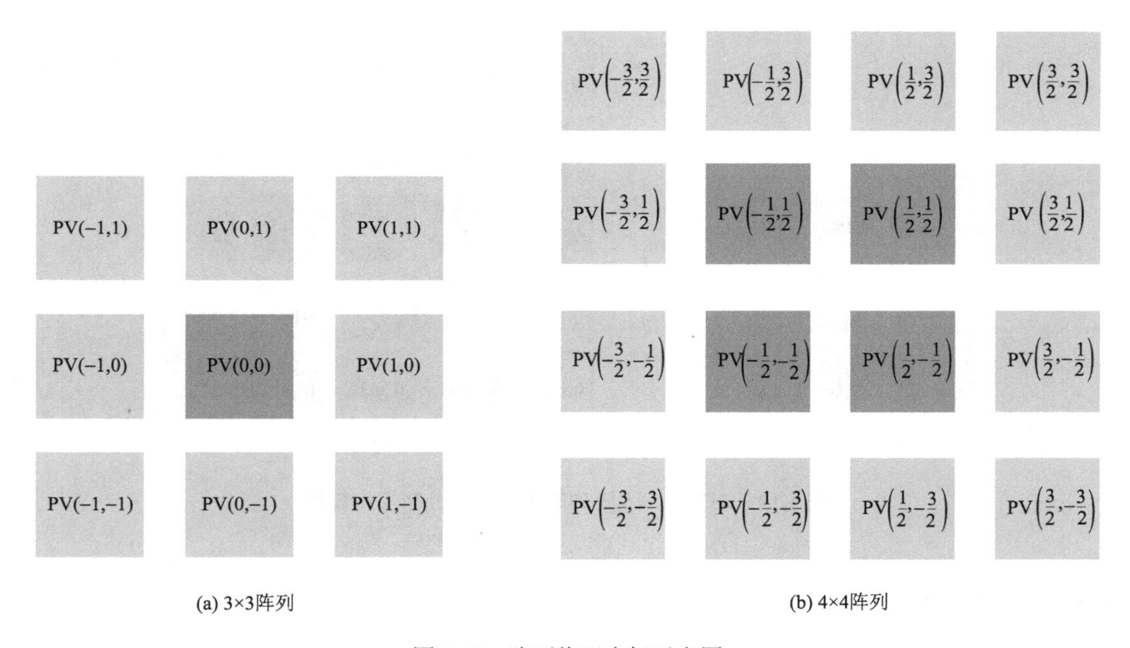

图 5.12　阵列物理坐标示意图

根据以上假设，对于一个 $m\times n$ 的光伏阵列，其中光伏电池单体 PV(i, j) 距光斑中心的距离 $D_{i,j}$ 和光斑半径可表示为

$$D_{i,j}=\sqrt{i^2+j^2} \tag{5.13}$$

$$w_0=\sqrt{\left(\frac{m-1}{2}\right)^2+\left(\frac{n-1}{2}\right)^2} \tag{5.14}$$

由式(5.12)～式(5.14)可计算出光伏阵列中任意一个电池单体上辐照强度的标幺值 r，从而可以得到高斯激光能量分布的简化模型，如图 5.13 所示。从图中可知，对高斯激光能

量分布进行简化的过程本质上是用阶梯函数去拟合高斯函数的过程。图 5.14 以 3×3 和 5×5 的光伏阵列为例给出了具体的辐照强度分布的理论计算值，图中带“#”数字为光伏电池单体的编号，其下方数字为对应的标幺化辐照强度。

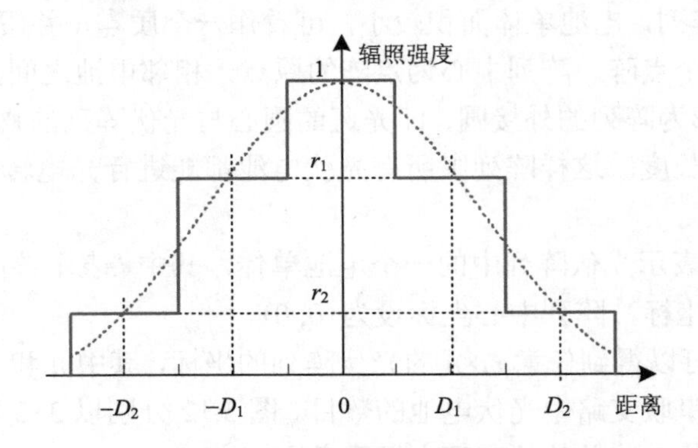

图 5.13　高斯激光能量分布简化模型

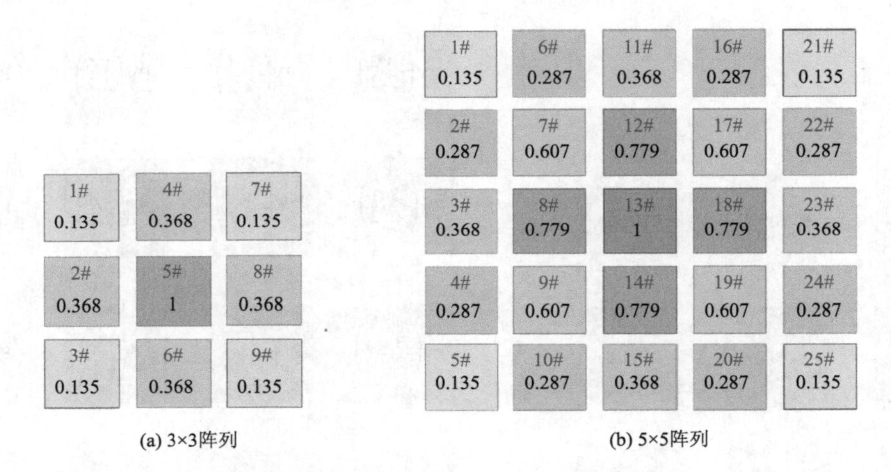

(a) 3×3阵列　　(b) 5×5阵列

图 5.14　3×3 和 5×5 阵列的激光能量分布简化模型

5.3.3　系统效率特性

1. LD 功率和效率特性

LD 的 *P-I* 特性描述了激光器输出光功率与输入电流之间的变化规律，其典型关系曲线如图 5.15 所示。由图可知，LD 的 *P-I* 特性曲线具有明显的阈值特性，阈值电流 I_{th} 是半导体激光器的属性，标志着激光器的增益与损耗的平衡点。当输入电流 I 小于阈值电流 I_{th} 时，结区无法达到粒子数反转，以自发辐射为主，输出光功率很小，发出的是荧光；当 $I > I_{th}$ 时，结区实现粒子数反转，受激辐射占主导地位，输出功率急剧增加，发出的是激光，此时 *P-I* 曲线是线性变化的，并满足如下关系：

$$p = \eta_d (i - I_{th}) \tag{5.15}$$

其中，p 和 i 分别为激光器的输出光功率和输入电流；I_{th} 为激光器的阈值电流；η_d 为外微分量子效率，它表征了器件把注入的电子–空穴对转换成向外发射光子的效率。

LD 的 V-I 特性描述了激光器输入电压与输入电流之间的变化规律，其典型关系曲线类似二极管的 V-I 特性曲线，如图 5.16 所示。从图中可知，当向半导体激光器注入电流时，其两端会产生正向电压，而且随着输入电流的明显增加，正向电压也随之增加，但增加幅度并不明显。通过半导体激光器的 V-I 特性曲线，可以估算出激光器的串联电阻、正向电压、反向电流等参数。

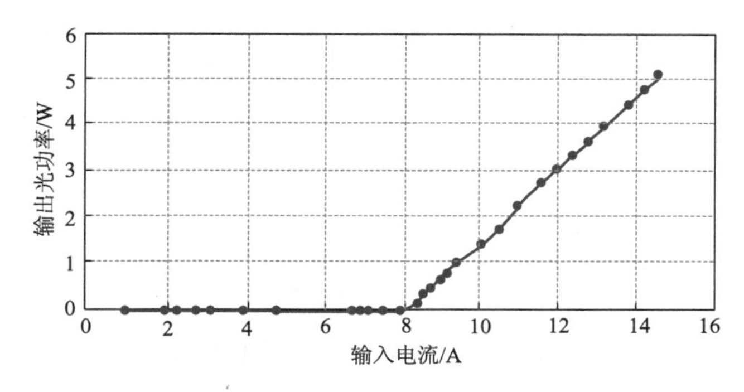

图 5.15　LD 典型 P-I 特性曲线

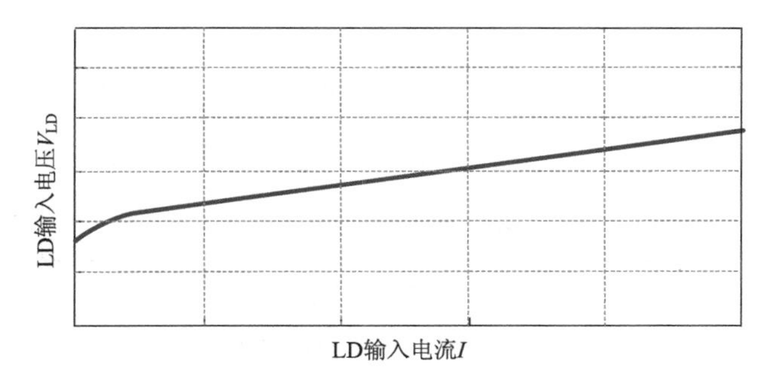

图 5.16　LD 典型 V-I 特性曲线

激光器的 η-I 特性描述了激光器电光转换效率与输入电流之间的变化规律。根据式(5.15)，半导体激光器在连续模式下的效率可近似表示为

$$\eta=\frac{\eta_d(i-I_{th})}{V_{LD}i}=\frac{\eta_d}{V_{LD}}\left(1-\frac{I_{th}}{i}\right) \tag{5.16}$$

其中，η_d 和 I_{th} 均可认为是常数。由于半导体激光器端电压 V_{LD} 变化范围很小，为简化分析，可近似认为其为常数。根据式(5.16)可得如图 5.17 所示的 LD 典型 η-I 曲线。从图 5.17 可知，当输入电流 I 小于阈值电流 I_{th} 时，半导体激光器不产生激光，此时效率为 0。当 $I>I_{th}$ 时，随着输入电流的增加，由于阈值电流所对应的功率损耗占总输入电功率的百分比逐渐减小，LD 的效率随之逐渐增加。当输入电流较小时，LD 的效率上升速率较快；当电流增加到一定程度后，LD 的效率的提升速率逐渐趋于平缓，最终在最大输入电流处达到效率最大值。

LD 电-光转换效率通常为 40%～60%，这意味着有将近一半的输入电功率将转化为热量，引起激光器温度的升高。如图 5.18 所示，温度的变化对 LD 的输出功率产生了较明显的影响。当温度升高时，LD 的输出光功率将明显下降，其中一个显著特征就是激光器的阈

值电流 I_{th} 受温度影响将增加，从而导致激光器电-光转换效率的降低。温度继续升高到一定程度时，激光器就不再输出激光了。因此在实际应用中，大功率 LD 需通过热电制冷或水冷的方式，对激光器管芯温度进行严格控制，以保证激光器输出功率和电-光转换效率的稳定。

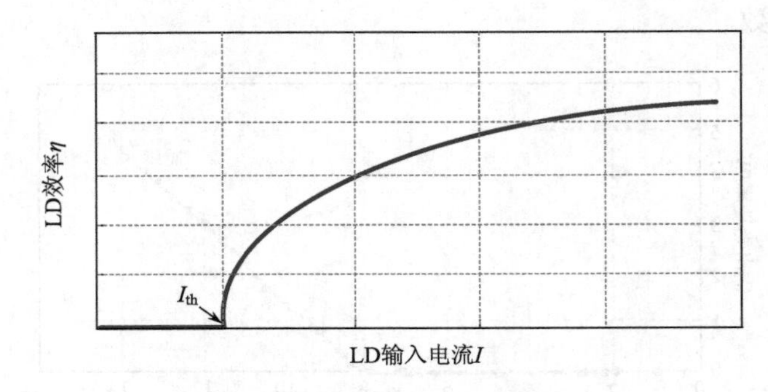

图 5.17　LD 典型 η-I 特性曲线

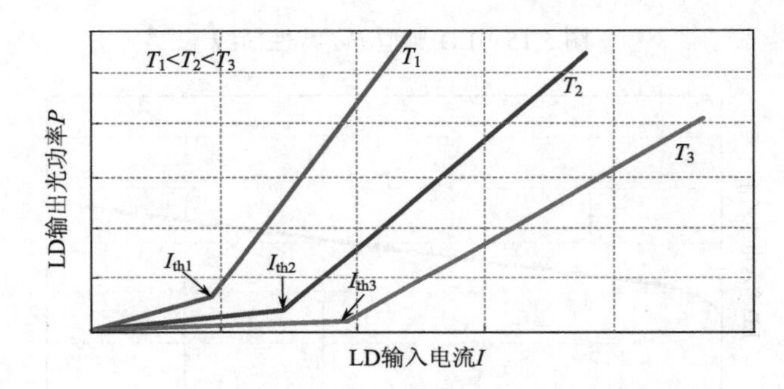

图 5.18　温度对 LD P-I 特性曲线的影响

2. 光伏阵列的效率特性及输出功率特性

在理想情况下，忽略激光辐照不均和温度对光伏阵列的影响，光伏阵列最大功率点处的电压和电流与辐照强度 G 有如下关系：

$$V_{\mathrm{m}}(G,T)=V_{\mathrm{m}}(\mathrm{STC})\cdot\ln(\mathrm{e}+b\Delta G) \tag{5.17}$$

$$I_{\mathrm{m}}(G,T)=I_{\mathrm{m}}(\mathrm{STC})\cdot\frac{G}{G(\mathrm{STC})} \tag{5.18}$$

其中，V_{m} 和 I_{m} 是光伏阵列最大功率点处的电压和电流。STC 表示辐照强度为 1000W/m^2 以及电池温度为 25℃的标准环境条件；常数 b 为补偿系数，通常由大量实验数据拟合得到；$\Delta G=G-G(\mathrm{STC})$。

由式(5.17)和式(5.18)可得光伏阵列在激光辐照下的效率为

$$\eta_{\mathrm{pv}}=\frac{p_{\mathrm{pv}}}{p_{\mathrm{laser}}}=\frac{V_{\mathrm{in}}(G,T)\cdot I_{\mathrm{in}}(G,T)}{G\cdot S}=\frac{I_{\mathrm{m}}(\mathrm{STC})V_{\mathrm{m}}(\mathrm{STC})}{S\cdot G(\mathrm{STC})}\ln(\mathrm{e}+b\Delta G) \tag{5.19}$$

其中，p_{pv} 和 p_{laser} 分别为光伏阵列输出功率和激光辐照功率；S 为光伏阵列的面积。

由式(5.17)可得光伏阵列在不同激光辐照强度下的典型效率曲线，如图 5.19 所示。从图中可知，在整个额定工作范围内(激光辐照强度为 10^3～10^6W/m^2)，随着入射激光辐照强度的增加，光伏电池内部的辐射复合(光吸收过程的逆过程)在总入射能量中所占比例不断下降，因此电池效率不断增加。

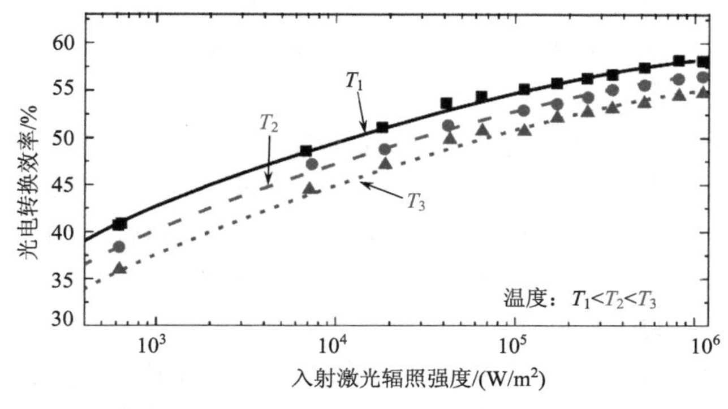

图 5.19　光伏阵列典型效率曲线

在实际应用中，光伏阵列上的激光辐照强度分布通常为不均匀的高斯分布，会直接导致阵列输出功率受到严重的影响。以如图 5.20(a)所示的单串光伏阵列为例，其中光伏电池 PV_1 受辐照较弱，所产生的光生电流较小。当光伏阵列的输出电流大于 PV_1 的光生电流时，PV_1 两端的电压为负，成为光伏电池 PV_2 的负载，使得阵列的整体输出功率降低。同时，PV_1 吸收的功率以热量的形式耗散掉，造成热斑效应，会对光伏电池造成永久性破坏。

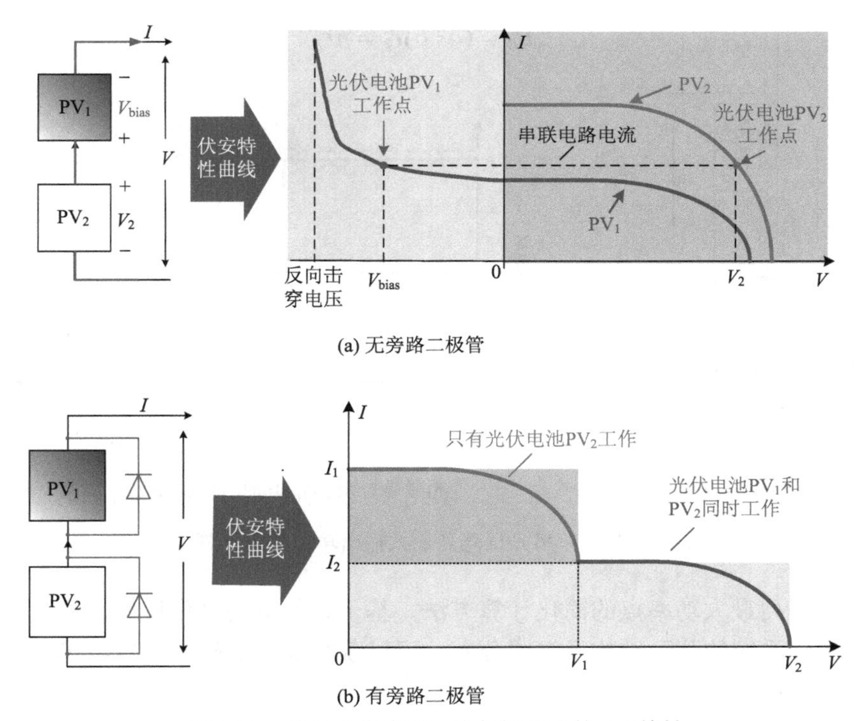

图 5.20　单串光伏阵列不均匀辐照下的 I-V 特性

因此，为保护光伏电池免受热斑效应的破坏，一般会给每个光伏电池单体(或组件)并联一个旁路二极管，如图 5.20(b)所示。当单串光伏阵列的输出电流较大时(如图 5.20(b)

中深灰色区域所示)，受辐照较弱的光伏电池 PV_1 不足以提供负载电流，其旁路二极管导通，PV_1 被短路，从整个支路中隔离出来，此时只有 PV_2 向负载提供能量。随着单串光伏阵列输出电压逐渐增加，其输出电流逐渐减小，当阵列的输出电流小于光伏电池 PV_1 的光生电流时(如图 5.20(b) 中浅灰色区域所示)，PV_1 的旁路二极管截止，此时 PV_1 和 PV_2 同时向负载提供功率。

因此，在入射光功率相同的前提下，受辐照强度不均的光伏电池 PV_1 和 PV_2 极可能出现不同时工作在各自最大功率点处的情况，即存在失配损耗，从而导致阵列的输出功率降低。由于旁路二极管的存在，阵列的输出特性曲线呈现多峰特性。单串阵列是构成多串并联阵列的基本单元。因此，以下以单串阵列为例，利用 5.3.2 节中介绍的光伏电池简化模型，对具有多峰值输出特性的阵列进行简化分析。

如图 5.21(a) 所示，在 $1\times n$ 的单串阵列中存在两种不同的辐照强度 r_1 和 r_2(假设 $r_2<r_1$)，其中辐照强度为 r_1 和 r_2 的光伏电池单体分别有 a 个和 b 个(满足 $a+b=n$)。该阵列的 I-V 特性曲线如图 5.21(b) 所示，其中实线为简化模型的特性曲线。由图可知，阵列的输出功率存在 2 个极大值点(A 点和 B 点)，其中之一将成为阵列的全局最大输出功率点。假定阵列中所有光伏电池单体的转换效率为 1，且具有一样的面积，则入射到光伏电池上的光能与其所受辐照强度成正比。约定光伏电池在标准条件下的辐照强度、最大输出功率、最大功率点电压和电流作为基准 1，则 A 点和 B 点对应的功率值分别为

$$P_A = ar_1 \tag{5.20}$$

$$P_B = (a+b)r_2 = nr_2 \tag{5.21}$$

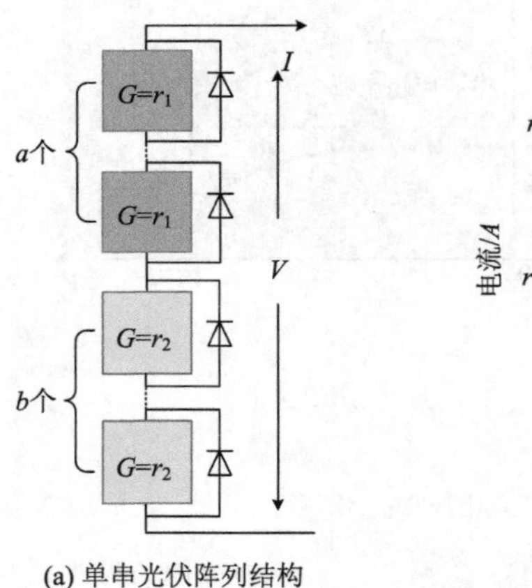

(a) 单串光伏阵列结构

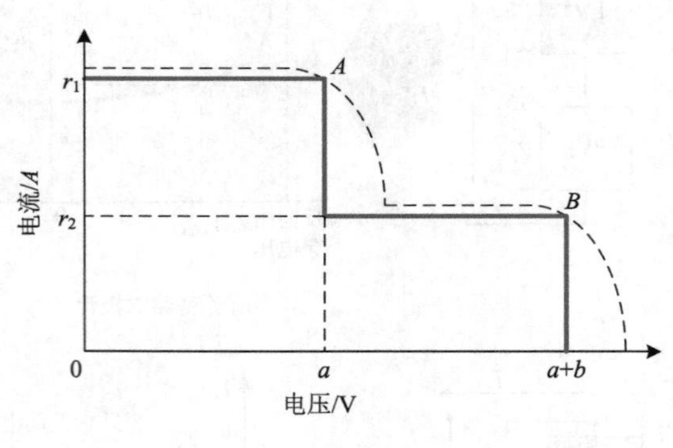

(b) 单串光伏阵列简化的I-V特性曲线

图 5.21　单串光伏阵列最大输出功率简化计算

根据以上阵列最大功率点的简化计算方法，基于光伏电池简化模型，通过简单的代数运算，参考实际系统的阵列结构及辐照分布，可以获得非常明确的比较结果，为分析光伏阵列在复杂辐照环境下的输出特性提供有力的工具。

3. 系统效率特性

在 LWPT 系统中，若忽略激光大气传输损耗，则激光器和光伏阵列的效率特性直接决定了系统的效率特性。因此根据激光器和光伏阵列的效率方程(即式 (5.16) 和式(5.19))，

可得系统效率为

$$\eta_{\text{sys}} = \eta_{\text{LD}}\eta_{\text{pv}} = \frac{p_{\text{pv\_avg}}}{p_{\text{LD\_avg}}} \tag{5.22}$$

由式(5.22)可得系统效率曲线如图 5.22 所示。随着负载功率的增加，激光器的输出功率逐渐增大，其工作点也逐渐移动到效率较优的区域，同时光伏阵列在高功率辐照下具有较高的效率，因此系统效率也随之逐渐增加。

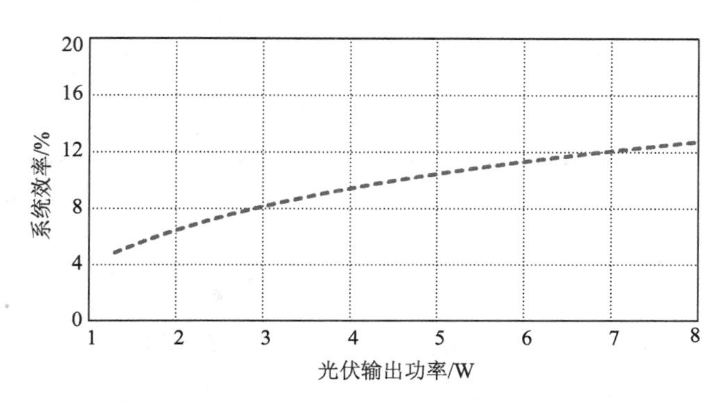

图 5.22　系统效率理论曲线

5.4　系统效率优化方法

当前，优化 LWPT 系统效率是主要的研究方向，下面将主要从电力电子的角度去介绍系统各环节效率优化的方法。从图 5.23 所示的 LWPT 系统效率特性来看，LD 和光伏阵列在理想条件下的最高效率可分别达到 60%和 50%以上，而实际工作效率却往往小于 50%和 40%，究其原因主要在于：①LD 不能时刻工作在最大效率点处，只能在最大输出光功率时获得最高效率；②光伏阵列承受不均匀激光辐照，存在较大的失配损耗。因此，从系统能效优化的角度来看，系统效率仍有较大的提升空间。以下将分别从 LD 和光伏阵列两方面来介绍相应的效率优化方法。

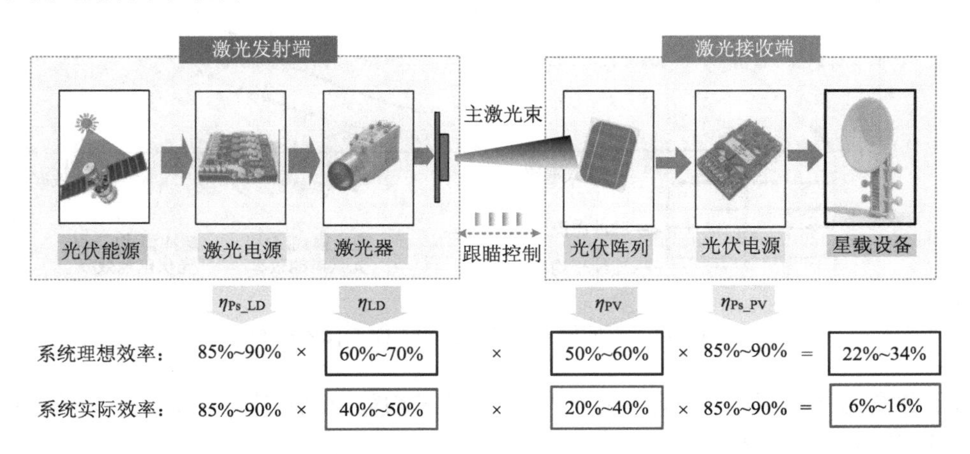

图 5.23　LWPT 系统理想效率与实际效率对比

5.4.1 激光器脉冲模式效率优化方法

由于 LD 是电流驱动型器件，通过控制输入电流的大小即可直接控制输出光功率的大小。如图 5.24 所示，根据输入电流形式的不同，大功率 LD 主要有以下两种驱动方式。

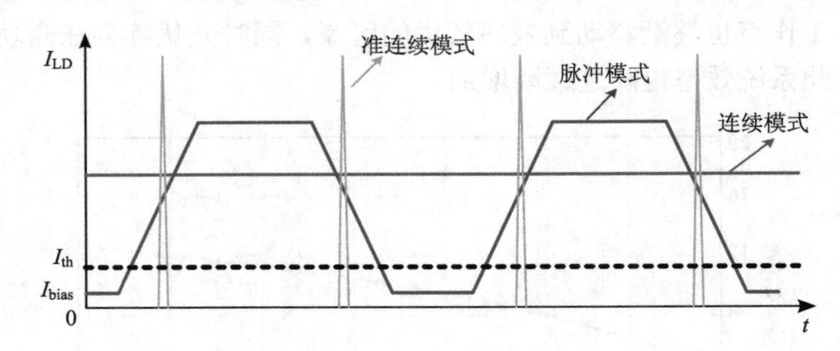

图 5.24　不同半导体激光器驱动模式对应的驱动电流

(1) 连续模式(continuous wave mode, CW)：由恒定直流驱动。

(2) 脉冲模式(pulse mode)：由低频、大占空比的脉冲电流驱动，其中占空比为 30%～90%，脉冲持续时间大于 500μs，而且偏置电流 I_{bias} 不应设置过高，通常需小于阈值电流 I_{th}，以降低激光器的热应力，从而延长使用寿命。

在某一特定输出光功率下，激光器工作在连续和脉冲模式下的工作点如图 5.25 所示。其中 A 点为激光器在连续模式下的工作点，对应的激光器电光转换效率为 η_{A1}。而在脉冲模式下，为保证平均输出功率一致，其峰值功率应大于 A 点所对应的光功率，如图中 B 点所示，对应的激光器电-光转换效率为 η_{B1}。从图中可直接观察，在输出相同平均光功率条件下，激光器在脉冲模式下的瞬时功率较高，而 LD 在高功率下具有较高的效率，因此激光器在脉冲模式下的效率更高。

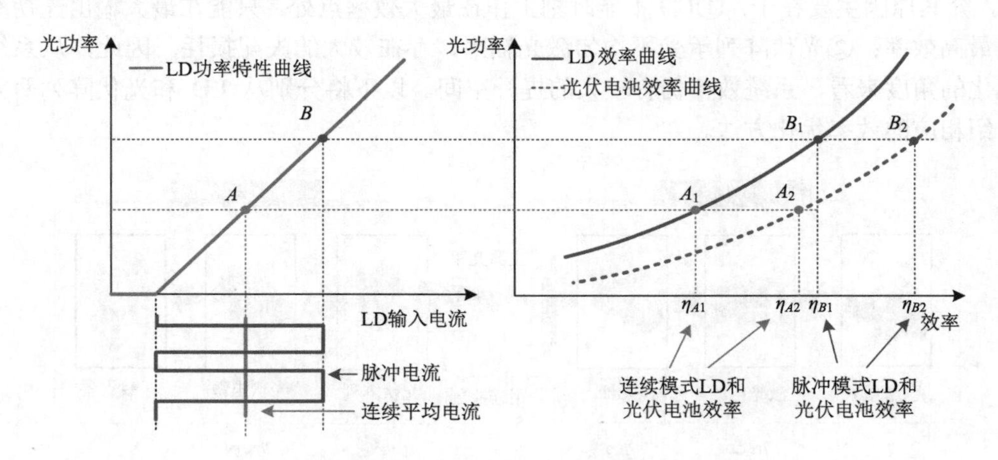

图 5.25　不同输入电流形式对 LD 工作的影响

对于脉宽为 D_1 的脉冲，输入电流为 i_{in1}，其平均输出光功率 p_{o1_avg}、平均输入电功率 p_{in1_avg} 和 LD 效率 η_1 可表示为

$$p_{\mathrm{o1\_avg}} = D_1\eta_d\left(i_1 + I_{\mathrm{bias}} - I_{\mathrm{th}}\right) \tag{5.23}$$

$$p_{\mathrm{in1\_avg}} = \frac{1}{T_s}\int_0^{T_s} V_{\mathrm{LD}} i \mathrm{d}t = V_{\mathrm{LD}}\left(D_1 i_1 + I_{\mathrm{bias}}\right) \tag{5.24}$$

$$\eta_1 = \frac{p_{\mathrm{o1\_avg}}}{p_{\mathrm{in1\_avg}}} = \frac{D_1\eta_d\left(i_1 + I_{\mathrm{bias}} - I_{\mathrm{th}}\right)}{V_{\mathrm{LD}}\left(D_1 i_1 + I_{\mathrm{bias}}\right)} \tag{5.25}$$

其中，I_{bias}为脉冲输入电流的偏置电流，且 $I_{\mathrm{bias}}<I_{\mathrm{th}}$；$i_1+I_{\mathrm{bias}}$为脉冲电流的峰值电流。

同样，可以得到脉宽为 D_2 的输入脉冲电流 i_{in2} 的平均输出光功率 $p_{\mathrm{o2\_avg}}$、平均输入电功率 $p_{\mathrm{in2_avg}}$和半导体激光器效率 η_2 如下：

$$p_{\mathrm{o2\_avg}} = D_2\eta_d\left(i_2 + I_{\mathrm{bais}} - I_{\mathrm{th}}\right) \tag{5.26}$$

$$p_{\mathrm{in2\_avg}} = \frac{1}{T_s}\int_0^{T_s} V_{\mathrm{LD}} i \mathrm{d}t = V_{\mathrm{LD}}\left(D_2 i_2 + I_{\mathrm{bias}}\right) \tag{5.27}$$

$$\eta_2 = \frac{p_{\mathrm{o2\_avg}}}{p_{\mathrm{in2\_avg}}} = \frac{D_2\eta_d\left(i_2 + I_{\mathrm{bias}} - I_{\mathrm{th}}\right)}{V_{\mathrm{LD}}\left(D_2 i_2 + I_{\mathrm{bias}}\right)} \tag{5.28}$$

假设 $p_{\mathrm{o1\_avg}} = p_{\mathrm{o2\_avg}}$，且 $D_1>D_2$，可得

$$D_1 i_1 - D_2 i_2 = \left(I_{\mathrm{th}} - I_{\mathrm{bias}}\right)\left(D_1 - D_2\right) > 0 \tag{5.29}$$

由式(5.25)、式(5.28)和式(5.29)可得

$$\frac{\eta_1}{\eta_2} = \frac{D_2 i_2 + I_{\mathrm{bias}}}{D_1 i_1 + I_{\mathrm{bias}}} < 1 \tag{5.30}$$

由式(5.28)可知脉冲电流的脉宽越小，越有利于 LD 效率的提高，从而可以使得 LD 的实际工作效率更加接近其理论最大效率值。

此外，从图 5.25 还可以发现，由于光伏阵列与 LD 具有类似的效率曲线，因此当 LD 工作于脉冲模式时，光伏阵列的效率也将有所提升，进而有助于系统整体效率的提升，从而可为系统总体效率的优化提供理论基础。

5.4.2　高斯激光辐照下光伏阵列效率优化方法

在激光辐照下，光伏阵列的光-电转换效率与电池单体的光-电转换效率、阵列的几何效率和阵列的电能输出效率有关。

光伏电池单体的光-电转换效率与电池材料、结构、封装以及激光波长和入射功率有关。在 LWPT 系统中，光伏电池需要吸收转化特定波长的单色激光能量，目前其转换效率已经超过 50%。尽管光伏电池在激光辐照下能获得比太阳光照下高得多的效率，但在高功率密度激光入射时，仍然会有大部分的光能不能被转化，从而引起电池温度的升高，导致其效率的下降。因此为真正实现 LWPT 系统的实际应用，光伏电池效率仍然需要进一步提升。

光伏阵列的几何效率为光伏电池接收到的激光功率与入射激光总功率的比值，其主要与阵列中光伏电池空间布局的紧密程度、跟踪误差引起的光斑漂移和大气湍流效应引起的光束扩展等非能量因素有关。

光伏阵列的电能输出效率为阵列实际输出的电功率与其可输出的最大电功率的比值，主要受非均匀激光辐照的影响较大。由于激光自身特性，其光斑能量呈高斯分布，使得光

伏阵列上的辐照不均匀，成为导致光伏阵列效率低下的主要原因。如图 5.26 所示，阵列中各光伏电池之间出现电气失配的现象，导致光伏阵列的输出特性受到很大的影响：一是失配损耗较大，光伏阵列全局峰值功率降低；二是阵列输出功率-输出电压(P-V)特性呈现多峰值特点，造成传统最大功率点跟踪(maximum power point tracking, MPPT)控制技术的失效。为了减轻不均匀激光辐照对光伏阵列输出功率的影响，目前主要有四种方法可用于提高不均匀高斯光束辐照下光伏阵列的输出功率，分别是：光伏阵列物理结构优化、全局最大功率跟踪技术、辅助校正电路优化和光伏阵列电气连接结构优化。

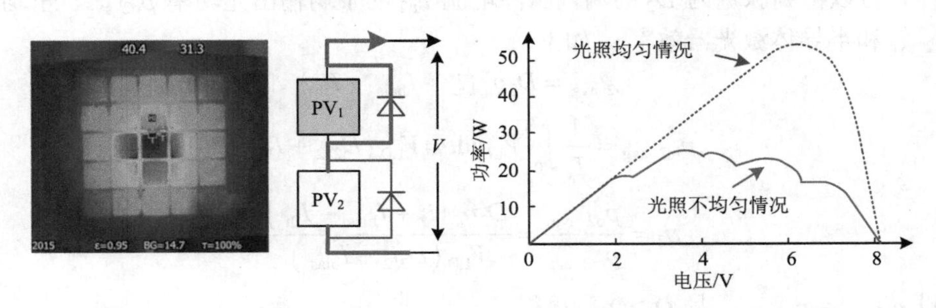

图 5.26　不均匀辐照下光伏阵列输出特性

1. 光伏阵列物理结构优化

优化光伏阵列物理结构的核心思想是根据光斑的能量分布来优化光伏电池的物理形式，从而使得电池单体之间的辐照强度一致。由于激光高斯分布具有对称性，因此常见的阵列结构布局通常也具备相应的对称性，如图 5.27(a)所示。

如图 5.27(b)所示，对于对称式布局的光伏阵列空间结构，由于激光光斑通常为圆形，且在以光斑中心为圆心的同心圆上的辐照强度一致。因此，为提高能量利用率，可将光伏电池整体布置为与光斑形状大小相匹配的圆形。然后，对阵列中的光伏电池以光斑的圆心为中心进行环状分组，每个环状区域内的光伏电池串联，使得串联支路中所有电池所接收到的辐照强度近似相同，从而减小了失配损耗。但不同光伏电池串之间所接收到的激光能量往往不同，因此电池串之间不适合直接串联连接。在此基础上，可通过优化光伏电池的几何形状，减小光伏电池之间的空隙，从而提高阵列的几何效率，如图 5.27(c)所示。但光伏电池几何形状过于复杂，加工困难，成本也较高。

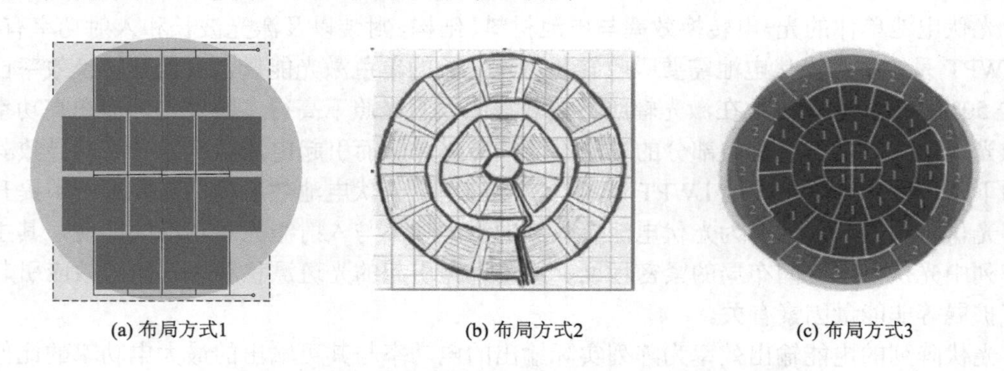

(a) 布局方式1　(b) 布局方式2　(c) 布局方式3

图 5.27　高斯激光辐照下不同的光伏阵列空间结构和布局

2. 全局最大功率跟踪技术

由于在不均匀辐照下，光伏阵列的输出特性不再是单峰特性而是多峰特性，因此传统 MPPT 技术易陷入局部最大功率点而不再适用，需对传统 MPPT 技术进行改进和优化，以快速准确地寻找到光伏阵列的全局最大功率点(global maximum power point, GMPP)。目前，关于全局最大功率跟踪技术(global maximum power point tracking, GMPPT)的算法主要可以分为三类：①智能算法；②基于数学理论的 GMPPT 算法；③基于阵列 I-V 或 P-V 曲线特性的 GMPPT 算法。其中，由于高斯激光辐照具有一定的规律性，因此可以通过总结光伏阵列在非均匀辐照条件下的输出特性来大幅缩小 GMPPT 算法的电压搜索范围，以提高算法的跟踪速度。

大量研究表明，光伏电池最大功率点电压约为开路电压的 80%，最大功率点电流约为短路电流的 90%。因此，基于这一光伏电池的固有特性，第③类 GMPPT 算法的一种实现方式为将电压搜索范围缩小到开路电压的 80%及其整数倍附近，再利用传统的 MPPT 算法进行精确跟踪。

第③类 GMPPT 算法的另一种实现方式为搜索-跳跃-判断算法，如图 5.28 所示。初始点 O_s 选在光伏电池单体开路电压的60%处，将终止电压设置为整个光伏串开路电压的90%。首先从 O_s 开始，采用传统的 MPPT 算法搜索第一个局部最大功率点 M_1，并将其功率和电压分别记为临时变量 P_m 和 V_m，然后工作电压正向扰动，当 dp/dv 的符号由负向正变化时，找到 M_1 对应的区间分割点(section-dividing point, SDP)，即图 5.28 中的 A_1，其电流为 I_{sc2}。根据等功率线算法跳过 SDP，将 P_m/I_{sc2} 设为新的工作电压(图中的 B_1)。A_1 和 B_1 之间的电压和电流分别小于电压 V_{B1} 和电流 I_{sc1}，所以两点间的功率小于 P_m，这一段在搜索中跳过。然后工作电压再次正向扰动，如果工作电压高于终止电压，则说明已经找到 GMPP。否则，算法将转向下一个过程。

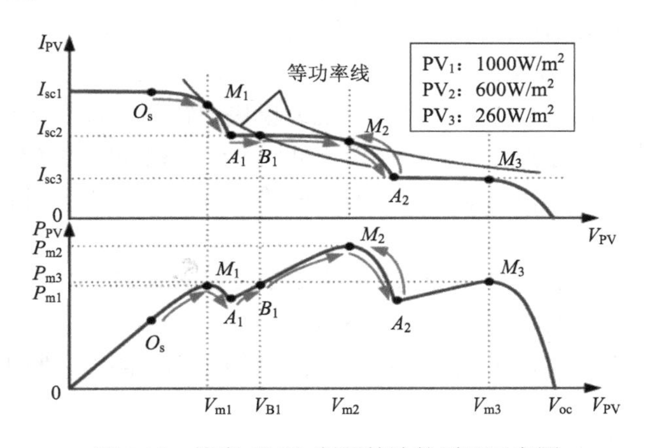

图 5.28　搜索-跳跃-判断算法的原理示意图

尽管 GMPPT 技术实现简单且可以使光伏阵列的输出功率得到一定程度的提高，但它并不能补偿由高斯光束引起的那部分功率损失。

3. 辅助校正电路优化

在高斯激光辐照条件下，在光伏阵列中引入适当的辅助校正电路，可单独控制光伏阵列中每一个光伏电池串联支路或者光伏电池单体的工作点，使其全部工作在最大工作点，从而将不均匀辐照下的光伏阵列输出 $P\text{-}V$ 曲线由“多峰”校正为“单峰”形态。常见的辅助校正电路有偏置电压校正电路和电压补偿型校正电路，如图 5.29 所示。

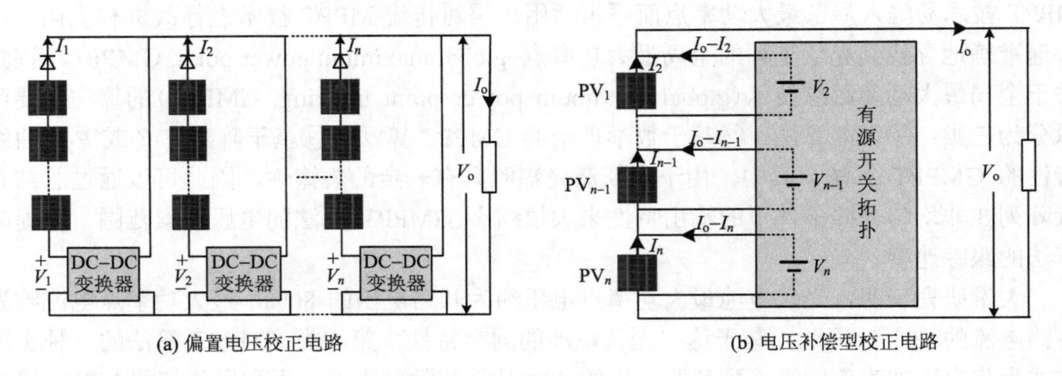

图 5.29 辅助校正电路方法

偏置电压校正电路在光伏阵列中每个光伏电池串联支路上都接入一个变换器，对于辐照强度较弱的串联支路，因为加入了偏置电压，其最大功率点电压可以通过平移达到正常支路的最大功率点电压，从而保证在这个电压时每个支路都可以输出最大功率，如图 5.29(a)所示。

如图 5.29(b)所示，在电压补偿型校正电路中为每个光伏组件并联一个由有源开关拓扑实现的等效电压源，当发生局部辐照不均匀时，有源开关拓扑维持各光伏组件的输出电压之比为其在当前辐照环境下的最大功率点电压之比，从而使每个组件工作于最大功率点附近，阵列的 $P\text{-}V$ 特性被矫正为单峰值的，避免了多峰的出现。

综上，尽管在阵列中引入辅助校正电路能保证每个光伏电池单体或组件都能工作在其最大功率点处，从而能大幅提高阵列的最大输出功率，但其结构复杂，且成本较高。

4. 光伏阵列电气连接结构优化

在实际应用中，光伏阵列中各个光伏电池或模块的物理位置通常是固定不变的。但是它们之间通过不同的电气连接方式进行连接，可以导致在相同辐照条件下阵列的 GMPP 不同。因此，为提高光伏阵列在高斯光束辐照下的输出功率，光伏阵列的电气连接结构需要根据激光束的能量分布进行合理的设计。

目前，光伏阵列的连接方式主要有串-并联(series-parallel, SP)结构、完全交叉(total-cross-tie, TCT)结构，其具体连接方式如图 5.30 所示。

以下将主要针对 SP 和 TCT 两种连接方式，介绍它们在高斯辐照下的最优电气布局构造方法。

1) SP 结构最优电气布局构造方法

在如图 5.30(a)所示的 $m\times n$ 的光伏阵列 SP 结构中，n 为并联支路数，m 为每条支路中光伏电池单体的数量，定义这样的电气连接结构为$\{m\times n\}$。$PV_{i,j}$ 为光伏电池单体的编号，其中 i 和 j 分别为该电池所在阵列中的行数和列数。阵列中第 k 条由编号为 $PV_{1,k}$, $PV_{2,k}$,…, $PV_{m-1,k}$、$PV_{m,k}$组成的支路定义为 $C_k(PV_{1,k}, PV_{2,k},\cdots, PV_{m-1,k}, PV_{m,k})$。令 $P_{MPP,k}(C_k)$ 和 $V_{MPP,k}(C_k)$ 分别表示支路 C_k 的最大输出功率和最大功率点电压。

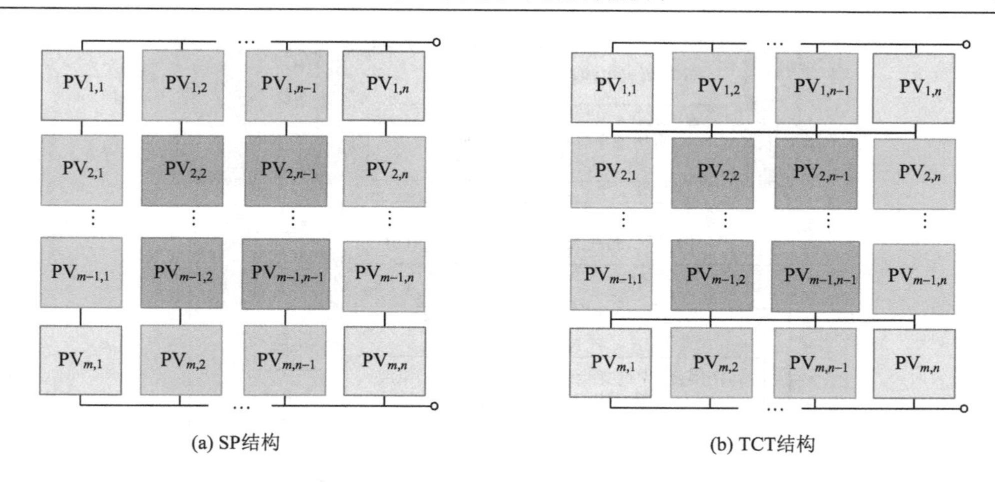

(a) SP结构　(b) TCT结构

图 5.30　光伏阵列典型电气连接结构

约定在高斯激光辐照下对 SP 结构的光伏阵列进行优化时，优化前后阵列的电气连接结构不变(即并联支路数和支路中串联的电池单体数不变)，只是通过改变光伏电池单体在电气结构中的位置来调整不均辐照的分布，从而达到提高阵列输出功率的目的。因此，对$\{m\times n\}$的 SP 阵列进行优化时有如下约束。

(1) 由于光伏阵列 SP 结构本质上是多串-并联的阵列，其输出特性为每条支路输出特性的叠加，因此为使其输出功率最大，在优化时应保证每条支路 $C_k(1\leqslant k\leqslant n)$ 的最大功率点电压尽可能等于 mV_{MPP}。从而保证在阵列工作时，每条支路都能工作在其最大功率点处。

(2) 由于 SP 结构的输出特性可以分解为每条支路输出特性的叠加，因此在优化 SP 结构的电气连接方式时，可基于贪婪法的思想(一种求解局部最优的思想，即在对问题求解时，总是做出在当前看来是最好的选择)，分别对每条支路进行优化，以期通过局部(阵列中每条支路)最优解的叠加得到一个整体(光伏阵列)的最优解。为了保证每条串联支路尽可能多地输出功率，可将光照相等或相近的光伏电池尽量安排在同一条串联支路中。

图 5.31 为 SP 结构的优化重构算法。该算法的思想为：通过每次迭代过程构造出阵列中的一条串联支路，该串联支路为当前所能构造出的所有串联支路组合中输出功率最大的那条支路。在每次迭代过程中，需满足如下约束条件。

(1) 每次迭代通过将辐照相近的光伏电池单体集中在同一条支路的原则来构造当前输出功率最优的支路。

(2) 本次迭代寻找到的串联支路的最大输出功率对应的电压应与上次迭代所寻找到的最优串联支路的最大输出功率所对应的电压大致相等，否则本次迭代继续对串联支路进行调整，直至满足如上的约束条件。

对$\{m\times n\}$的光伏阵列 SP 结构进行电气布局优化的具体流程如下。

(1) 算法在进入迭代前，利用 5.3.2 节介绍的高斯激光能量分布的简化计算方法，计算出阵列中所有光伏电池单体上的辐照强度，并将这些光伏电池按所受辐照强度由大到小重新排列成集合 A。

(2) 算法基于贪婪法的思想进入迭代，每迭代一次就构造一条当前输出功率最优的支路 $C_k\,(1\leqslant k\leqslant n)$。

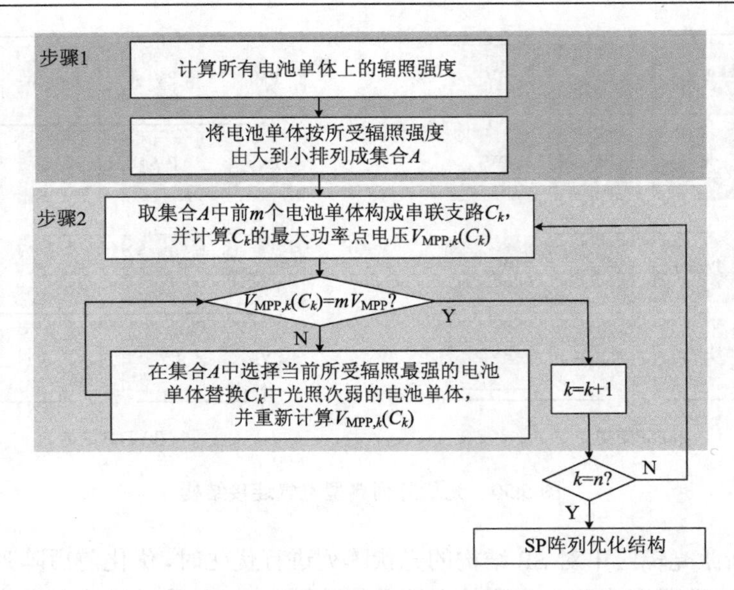

图 5.31　SP 结构的优化重构算法

在迭代过程中，首先令集合 A 中前 m 个电池构成串联支路 C_k，由于这 m 个电池所受辐照相近，因此支路 C_k 为当前所有可能的串联支路组合中输出功率最大的串联支路。

然后利用 5.3.3 节介绍的最大功率简化算法，求解支路 C_k 的最大功率点电压 $V_{MPP,k}(C_k)$ 并与上面约束条件规定的阵列最大功率点电压 mV_{MPP} 进行比较。若 $V_{MPP,k}(C_k)=mV_{MPP}$，则进行下一次迭代。否则，在集合 A 中选取当前所受辐照最强的电池单体替换当前构造的串联支路 C_k 中辐照次弱的电池，直至当前迭代构造的串联支路 C_k 的最大功率点电压 $V_{MPP,k}(C_k)=mV_{MPP}$ 时，才进行下一次迭代。

最后将每次迭代构造的串联支路并联后形成 SP 结构。

图 5.32 以在高斯激光辐照下的{3×3}的光伏阵列 SP 结构为例，对以上 SP 结构的优化搜索算法进行了具体的说明。图中给出了阵列中所有光伏电池单体的辐照强度，并标识在表示光伏电池单体的方框内。同时，根据以上迭代算法得到的{3×3}光伏阵列的最优电气布局也显示在图 5.32 中右下角。为验证算法的有效性，对{3×3}的光伏阵列所有可能的电气连接方式进行了仿真，其相应的 P-V 特性曲线如图 5.33 所示，其中根据优化算法得到的连接方式标识为 1#，且具有最大的输出功率，证明了算法的有效性。

2) TCT 结构最优电气布局构造方法

在如图 5.30(b) 所示的 $m×n$ 光伏阵列 TCT 结构中，每行有 n 个光伏电池并联构成一个子阵列，m 个子阵列串联构成最终的 TCT 结构。若将这些子阵列看作 TCT 结构中进行光电转换的最小单元，则光伏阵列的 TCT 结构本质上是一个单串阵列。因此为使 TCT 结构的输出功率最大，应满足辐照均衡的原则，即对不同子阵列中的光伏电池进行适当的交换，使得每个子阵列中各个光伏电池单体所受辐照强度之和尽可能相等(即保证每个子阵列的光生电流或最大功率点电流尽可能一致)。在对 TCT 结构进行优化时，约定如下。

(1) 优化前后，阵列中子阵列的数目不变，但不同子阵列中光伏电池并联数可不同。

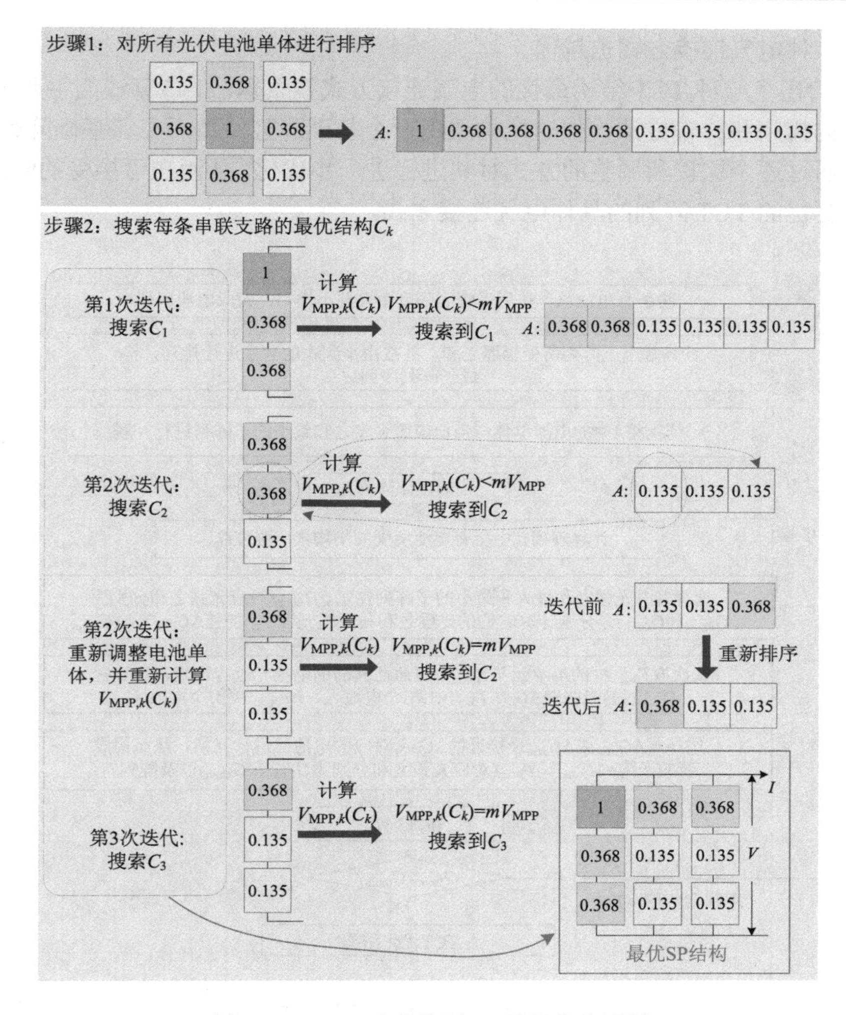

图 5.32　{3×3}光伏阵列 SP 结构优化过程

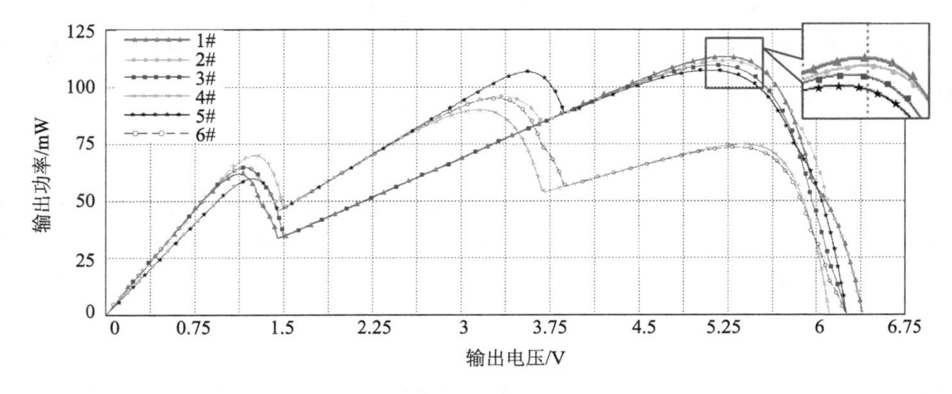

图 5.33　{3×3}光伏阵列所有连接方式的 P-V 曲线对比

(2)通过比较辐照强度之和最大和最小的两个子阵列的辐照强度之差，来判断 TCT 结构的电气连接方式的优劣，即辐照强度之差越小，说明该结构中各个子阵列所受辐照的均衡性越好，该种电气连接方式也越优。

图 5.34 给出了一种 TCT 结构最优的电气连接方式搜索算法，该算法的主要思想为：首先利用简单的排序和比较方法，快速地构造出一个基础阵列，然后在该基础阵列上对其中某些子阵列通过逐个比较和调整的方式对其进行进一步优化，从而在可接受的时间范围内，寻找到效率更优的 TCT 阵列的具体电气连接方式。

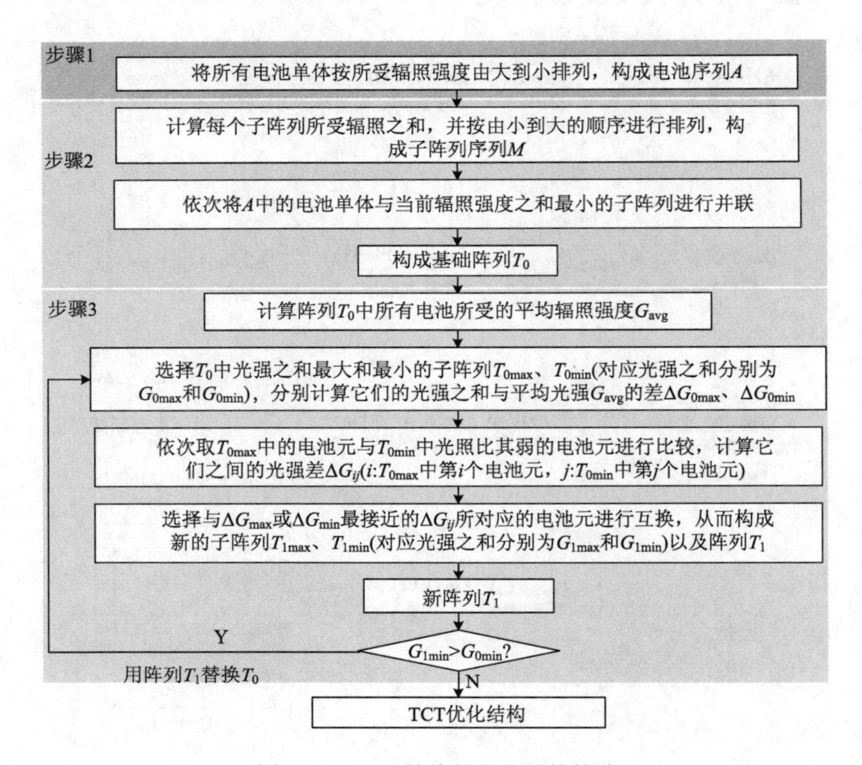

图 5.34　TCT 结构的优化重构算法

针对 $m \times n$ 的 TCT 结构的优化重构算法的具体过程如下。

(1) 在高斯激光辐照的条件下，计算出阵列中所有光伏电池单体上的辐照强度，并将光伏电池按所受光强由大到小排列成电池序列 A，如

$$G_{0A_1} > G_{0A_2} > \cdots > G_{0A_j} > \cdots > G_{0A_{mn}}$$

(2) 根据以上约束条件可知，$m \times n$ 的光伏阵列 TCT 结构中有 m 个子阵列，为了使子阵列与子阵列之间所受辐照之和尽量相等，首先，计算每个子阵列所受辐照之和，并按由小到大的顺序进行排列，构成子阵列序列 M，如

$$G_{M_1} \leqslant G_{M_2} \leqslant \cdots \leqslant G_{M_j} \leqslant \cdots \leqslant G_{M_m}$$

其次，依次将序列 A 中的光伏电池并联到当前辐照之和最小的子阵列中去，从而构成基础阵列 T_0。例如，当光伏电池 A_1 并联在子阵列 M_1 之后，序列 A 中的光伏电池数目相应减少 1 个，变为

$$G_{0A_2} > G_{0A_3} > \cdots > G_{0A_j} > \cdots > G_{0A_{mn}}$$

子阵列序列 M 可能相应变为

$$G_{M_2} \leqslant G_{M_1} \leqslant \cdots \leqslant G_{M_j} \leqslant \cdots \leqslant G_{M_m}$$

然后，将光伏电池 A_2 并联在子阵列 M_2 中，如此循环，直至序列 A 中的光伏电池数目减少为 0。

(3) 由于以上步骤得出的基础阵列 T_0 只是一个近似最优解，因此还必须对阵列 T_0 进行优化，从而使得 T_0 中辐照强度之和最强的子阵列与辐照强度之和最弱的子阵列之间的辐照强度之差尽可能小。

首先，计算基础阵列 T_0 中所有电池单体所受的平均辐照强度 G_0。理论上，最优的 TCT 结构的所有子阵列所受辐照强度之和应等于 G_0。

其次，选择 T_0 中辐照强度之和最大和最小的子阵列 $T_{0\max}$ 和 $T_{0\min}$(它们对应的辐照强度之和分别为 $G_{0\max}$ 和 $G_{0\min}$)，分别计算它们的辐照强度之和与平均辐照强度 G_0 之差 $\Delta G_{0\max}$ 和 $\Delta G_{0\min}$，如

$$\Delta G_{0\min} = G_{\text{avg}} - G_{0\min} \tag{5.31}$$

$$\Delta G_{0\max} = \left| G_{\text{avg}} - G_{0\max} \right| \tag{5.32}$$

然后，依次求取子阵列 $T_{0\max}$ 中第 i 个电池单体与 $T_{0\min}$ 中第 j 个电池单体之间的光强差 ΔG_{ij}，其中电池单体 j 所受辐照强度比电池单体 i 所受辐照强度要弱。

最后，选择与 $\Delta G_{0\max}$ 和 $\Delta G_{0\min}$ 最接近的 ΔG_{ij} 所对应的电池单体进行互换，从而构建新阵列 T_1。判断新阵列 T_1 中辐照强度之和最小的子阵列所对应的辐照强度 $G_{1\min}$ 是否大于 $G_{0\min}$，若 $G_{1\min}>G_{0\min}$，则用 T_1 取代 T_0 重新进行步骤(3)的整个过程，否则算法结束。

图 5.35 以在高斯激光辐照下的 4×3 的光伏阵列 TCT 结构为例，对以上 TCT 结构的优化搜索算法进行了具体的说明。图中给出了阵列中所有光伏电池单体的辐照强度，并标识在表示光伏电池单体的方框内。同时，根据以上迭代算法得到的 4×3 的光伏阵列 TCT 结构的最优电气布局也显示在图 5.35 中的左下角。从图中可知，优化的 TCT 阵列中每个子阵列的标幺化的辐照强度之和分别为 1.127、1.127、1.176 和 1.176，它们与阵列中每个电池单体的平均辐照强度 G_0=1.1515 的误差为 2%左右，说明此时阵列所受辐照的均衡度较好，从而很好地证明了算法的有效性。

5. 高斯激光辐照下光伏阵列效率优化方法对比

表 5.4 给出了以上四种光伏阵列效率优化方式的对比。其中，采用全局 MPPT 技术虽然能保证光伏阵列运行在最大功率点处，但是此时光伏阵列实际能输出的功率却远大于当前最大功率点的功率，因此该方法不能从根本上减小由不均匀辐照而引起的失配损耗。优化光伏阵列空间结构和布局以及采用辅助电路校正的方式，需要增加额外的工作量，实施起来比较复杂。而优化光伏阵列电气连接结构的方式简单方便，且能有效提升阵列效率，是目前实现光伏接收器效率提升的主要方式。

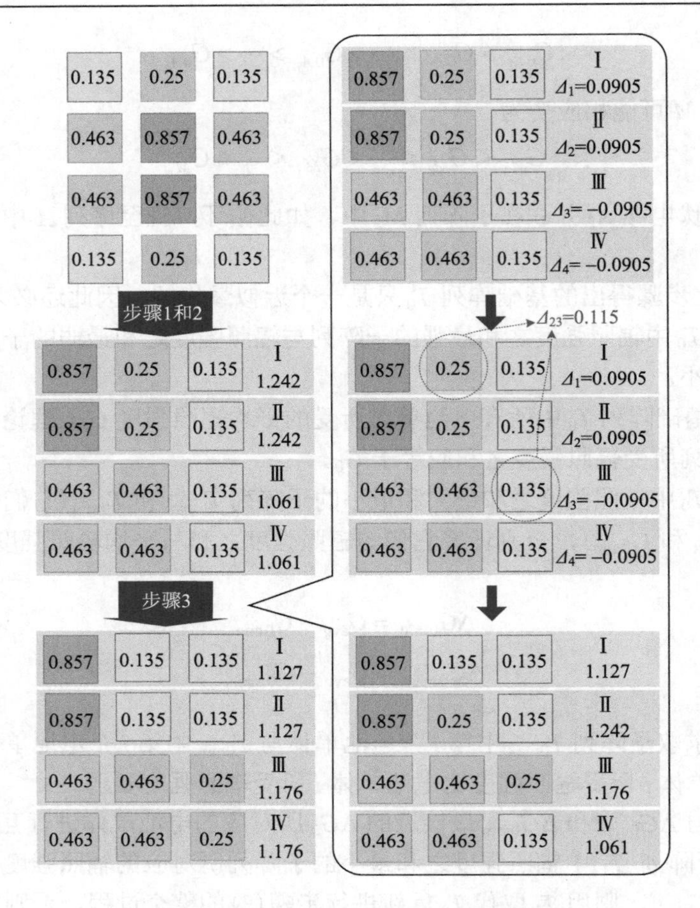

图 5.35　4×3 光伏阵列 TCT 结构优化过程

表 5.4　不同光伏阵列效率优化方式的对比

方式	优点	缺点
优化物理结构	能提升不均匀光照引起的功率损耗	成本高，效率提升有限
全局 MPPT 技术	低成本，应用简便，适应性好； 提升部分效率	不能补偿因不均匀光照引起的功率损耗
校正电路	能提升不均匀光照引起的功率损耗； 每个光伏模块均能实现 MPPT	系统结构复杂； 成本高
优化电气连接	低成本，应用简便； 能有效提升不均匀光照引起的功率损耗	连接方式复杂； 实际效率与预期效率存在差异

5.5　具体电路实现与设计

激光器驱动电源的拓扑架构如图 5.36 所示，其输入通常为交流 220V 的市电，而 LD 的输入电压为直流电，且幅值普遍较低(如直流 30～40V，甚至更低)，因此激光器驱动电源为 AC-DC 变换器。考虑到电源的高功率因数输入要求，需采用功率因数校正器(PFC)为输入级，其拓扑通常为 Boost 电路。一般单相 Boost PFC 输出电压通常为直流 400V，如果采用两级结构，那么后级 DC-DC 变换器的电压变化比较大，不利于后级电源的效率优化。因此，激光器驱动电源可采用三级结构的电路拓扑，其中第二级采用不调压直流变压器(DC transformer, DCX)，在实现电气隔离的同时，实现了高降压比和高效率，该级可使用半桥 LLC 电路拓扑。而第三级则为 DC-DC 恒流源调节单元，可以提供高稳定度、低纹波的恒流输出，该级一般采用 Buck 类的电路拓扑，除了恒流以外，还需要具有抑制输出电流纹波的作用。

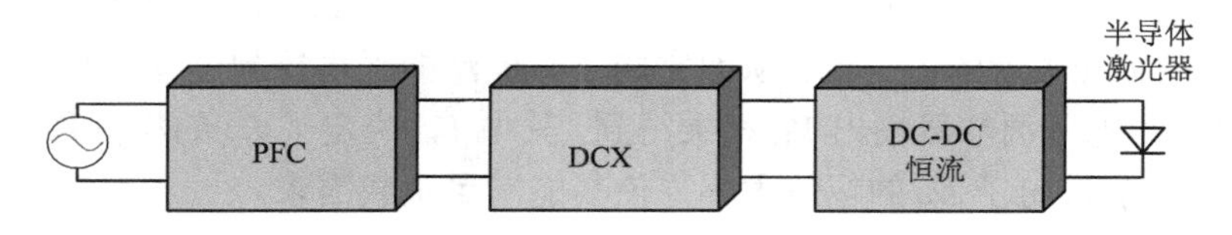

图 5.36　LD 驱动电源主体框图

1. PFC 电路

在激光器驱动电源中，PFC 电路的主要作用：一是使输入电流跟随输入电压并使其正弦化，整个电路对输入端呈纯阻性；二是稳定输出电压，作为整个电源装置的电压预调节器。典型的 PFC 电路拓扑及主要波形如图 5.37 所示，根据 Boost PFC 变换器的电感电流是

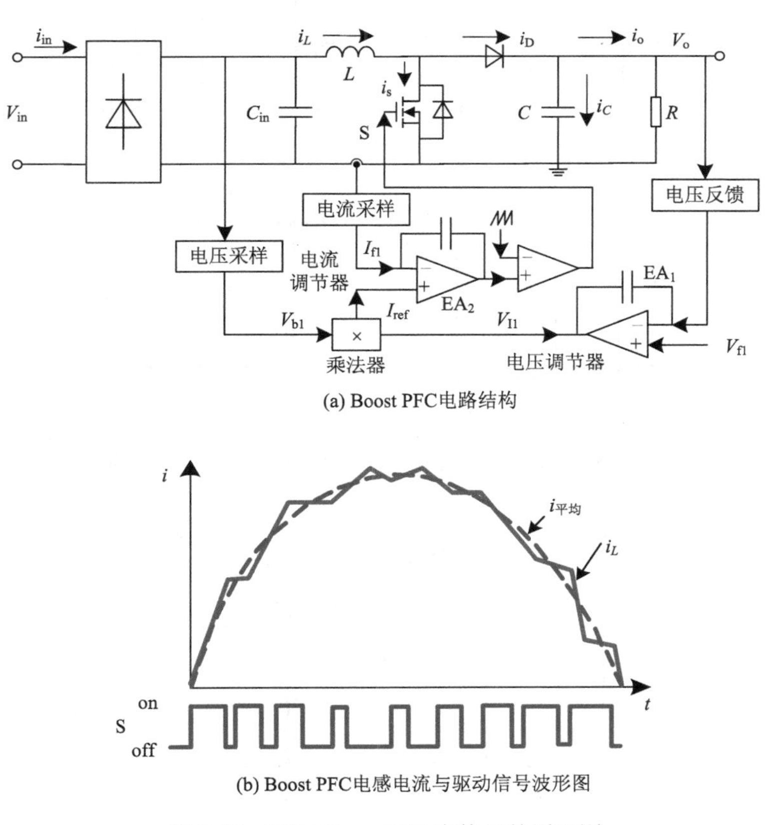

(a) Boost PFC电路结构

(b) Boost PFC电感电流与驱动信号波形图

图 5.37　CCM Boost PFC 变换器的原理图

否连续，其可分为三种工作模式，即电流连续模式(continuous current mode，CCM)、电流断续模式(discontinuous current mode，DCM)和电流临界连续模式(critical continuous current mode，CRM)。当 Boost PFC 变换器工作在 CCM 时，输入功率因数高，电感电流脉动小，导通损耗低，输入滤波器较小，一般应用于中大功率场合。

平均电流控制策略是 CCM Boost PFC 变换器应用最为广泛的控制策略之一，其工作原理如图 5.37(a)所示。该电路由双环控制，外环是电压环，通过采样输出电压 V_o，使其与电压基准 V_{f1} 进行比较，再通过电压调节器进行调节，得到电流内环基准的幅值信息。控制电路的内环为电流环，是通过采样电流 I_{f1} 与电流基准 I_{ref} 经过 PI 调节器 EA_2 实现的。EA_2 的输出直接用于控制开关管的占空比，从而完成了对电流的平均控制过程。电流基准 I_{ref} 由输入电压信号 V_{b1} 和电压调节器输出 V_{I1} 相乘得到，其中 V_{b1} 决定了 I_{ref} 的相位是否与输入电压相位保持一致，V_{I1} 决定了 I_{ref} 的幅值大小，使其能满足负载需求。

图 5.38 给出了 Boost PFC 变换器工作于 CCM 时一个开关周期内的开关模态，其中 t_s 为一个开关周期内的时刻。开关管 Q_b 导通时，漏源极电压 v_{DS} 为 0，电感电流 i_b 上升；开关管 Q_b 关断时，漏源极电压 v_{DS} 为输出电压 V_o，电感电流 i_b 下降。图 5.39 为半个输入电压周期内，CCM Boost PFC 的电感电流与开关管门极控制信号的波形图。

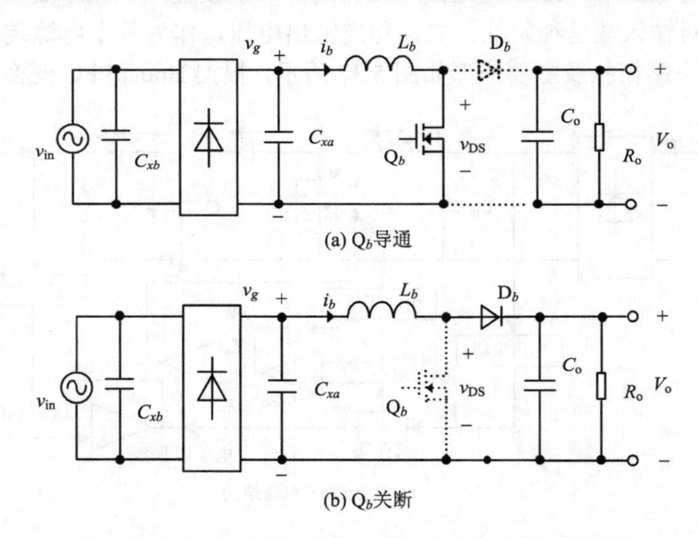

图 5.38　Boost PFC 变换器工作于 CCM 时的开关模态

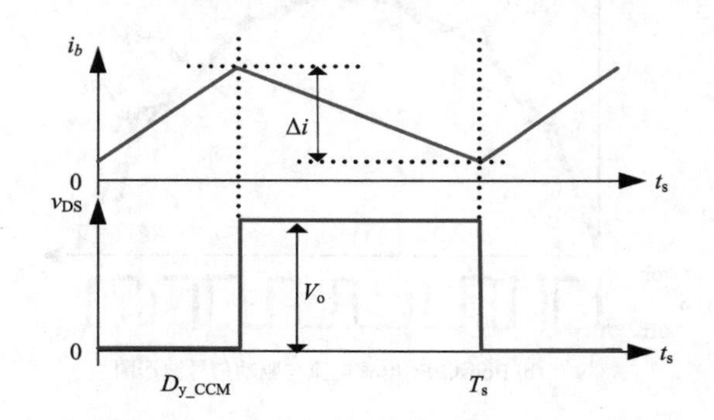

图 5.39　Boost PFC 变换器工作于 CCM 时 i_b 和 v_{DS} 的波形

理想情况下，Boost PFC 变换器功率因数为 1，则其输入电压和输入电流可表示为

$$v_{\text{in}}(t) = \sqrt{2}V_{\text{in}}\sin(\omega t) \tag{5.33}$$

$$i_{\text{in}}(t) = \sqrt{2}I_{\text{in}}\sin(\omega t) \tag{5.34}$$

其中，V_{in} 为输入电压的有效值；I_{in} 为输入电流的有效值。

根据式(5.33)和式(5.34)可得 PFC 变换器瞬时输入功率为

$$p_{\text{in}}(t) = v_{\text{in}}(t)\cdot i_{\text{in}}(t) = V_{\text{in}}I_{\text{in}} - V_{\text{in}}I_{\text{in}}\cos(2\omega t) \tag{5.35}$$

假设变换器的效率为 1，则平均输入功率与输出功率相等，有

$$P_{\text{in\_avg}} = V_{\text{in}}I_{\text{in}} = P_{\text{o}} \tag{5.36}$$

$$p_{\text{in}}(t) = P_{\text{o}} - P_{\text{o}}\cos(2\omega t) \tag{5.37}$$

式(5.37)表明 PFC 输入的瞬时功率是随时间不断变化的脉动量，与其恒定的输出功率存在矛盾，需要额外的储能单元来平衡功率脉动。

图 5.40 给出了 PFC 变换器输入电压、输入电流、输入功率、输出功率和储能电容电压波形。假设 ΔV 为储能电容的电压变化的幅值，$V_{c\min}$ 和 $V_{c\max}$ 分别为储能电容脉动电压的最小值和最大值。T_{line} 为电网工频周期。

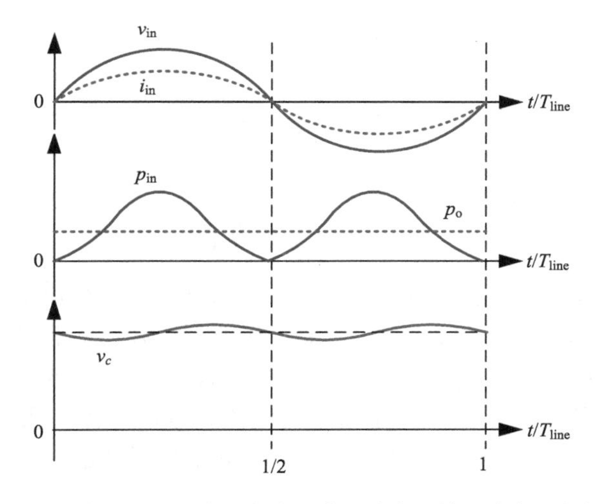

图 5.40　PFC 变换器输入电压、输入电流、输入功率、输出功率和储能电容电压波形

为了实现功率解耦，必须在功率因数校正电路输出端并联电解电容作为解耦电容。同时为了实现电压脉动 2%以内，保证输出电压波形质量不会对负载产生影响，只能应用大容值的电解电容来实现输出功率和输入功率的平衡。

2. LLC 谐振变换器

LLC 谐振变换器原边电路可以采用全桥电路或半桥电路，下面将以半桥谐振变换器为例进行分析。图 5.41 为半桥谐振变换器的电路拓扑，根据谐振变换器中各元件的功能，可以将其划分为开关网络、谐振网络和整流滤波网络三部分。其中，开关网络包括原边开关管 Q_1 和 Q_2。D_1 和 D_2 分别为 Q_1 和 Q_2 的体二极管，C_1 和 C_2 分别为 Q_1 和 Q_2 的结电容，Q_1 和 Q_2 180°互补导通。谐振网络包括电感 L_{r}、L_{m} 和电容 C_{r}，其中 L_{m} 与变压器并联，可以由变压器的励磁电感来实现，因此称为励磁电感。谐振电容 C_{r} 串联在原边回路中，它同时起

到隔直作用，稳态时其直流电压分量为 $V_{in}/2$。整流滤波网络包括原副边匝比为 n 的变压器、输出整流二极管 D_{R1} 和 D_{R2}、输出滤波电容 C_o 和负载 R_{Ld}。

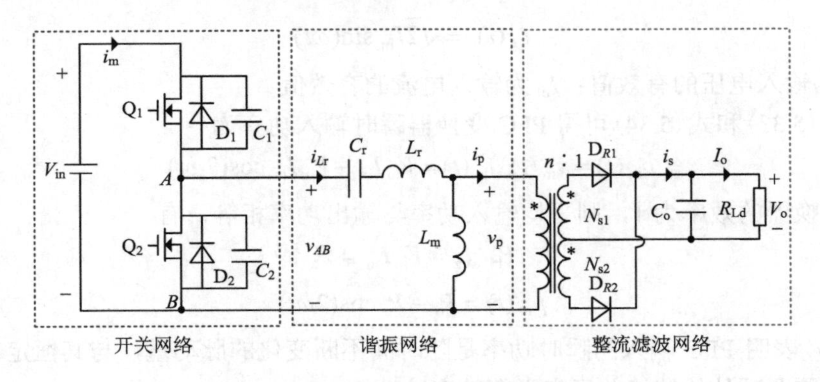

图 5.41　半桥 LLC 谐振变换器电路拓扑

定义谐振电感 L_r 和谐振电容 C_r 的谐振频率为 f_r；励磁电感 L_m、谐振电感 L_r 和谐振电容 C_r 的谐振频率为 f_r。这两个谐振频率的表达式分别为

$$f_r = \frac{1}{2\pi\sqrt{L_r C_r}} \tag{5.38}$$

$$f_m = \frac{1}{2\pi\sqrt{(L_r + L_m)C_r}} \tag{5.39}$$

谐振角频率 ω_r 的表达式为

$$\omega_r = 2\pi f_r = 1\Big/\sqrt{L_r C_r} \tag{5.40}$$

根据开关频率 f_s 与谐振频率 f_r 的大小关系，谐振变换器存在以下三种工作模式。

工作模式 1：$f_s < f_r$，图 5.42(a)为其主要工作波形。在这种模式下，当谐振电流等于励磁电感电流时，会出现 L_r、C_r 和 L_m 一起谐振的时段，即图 5.42(a)中$[t_1, t_3]$时段，此时谐振电感电流等于励磁电感电流，变压器副边电流为零，整流二极管可以实现 ZCS，无反向恢复问题。由于该工作模式下输出整流后的电流是断续的，因此称该工作模式为电流断续模式。

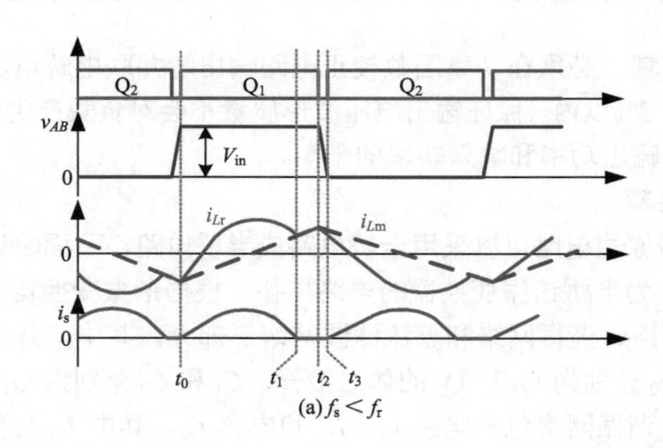

(a) $f_s < f_r$

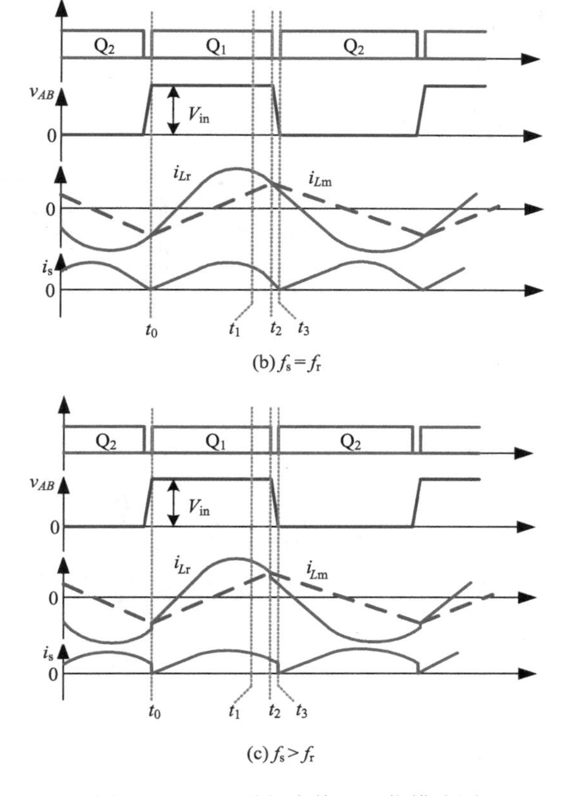

(b) $f_s=f_r$

(c) $f_s>f_r$

图 5.42　LLC 谐振变换器工作模式图

工作模式 2：$f_s = f_r$，图 5.42(b)为其主要工作波形。励磁电感 L_m 的电压一直被输出电压箝位在 nV_o，不参与谐振。电流临界连续，整流二极管也能实现 ZCS。

工作模式 3：$f_s > f_r$，图 5.42(c)为其主要工作波形。励磁电感 L_m 不参与谐振，可以看作串联谐振变换器的负载。副边整流二极管为硬关断，存在反向恢复损耗。

由于工作模式 1 有利于实现 LLC 变换器的软开关，所以下面以工作模式 1 为例，对 LLC 谐振变换器的工作原理进行分析，图 5.43 为各开关模态的等效电路。

(1) 开关模态 1：$[t_0, t_1]$，如图 5.43(a)所示。t_0 时刻，Q_1 导通，A、B 两点的电压 v_{AB} 为 V_{in}，i_{Lr}、i_{Lm} 开始增加，且 i_{Lr} 增加较快。此时 i_{Lr} 大于 i_{Lm}，它们的差值流入变压器原边绕组同名端“*”，并传递到副边令副边整流二极管 D_{R1} 导通，从而将变压器的副边电压箝位在输出电压 V_o。此时原边电压为

$$v_p = nV_o \tag{5.41}$$

此时段中，$V_{in}-nV_o$ 加在由 L_r 和 C_r 组成的谐振网络上，L_r 和 C_r 谐振工作。L_m 不参与谐振，其两端电压为变压器原边电压，电流线性上升，表达式为

$$i_{Lm}(t)=\frac{nV_o}{L_m}(t-t_o)+I_{Lm}(t_o) \tag{5.42}$$

(2) 开关模态 2：$[t_1, t_2]$，如图 5.43(b)所示。在 t_1 时刻，i_{Lr} 等于 i_{Lm}，变压器原边电流减小到零，副边整流二极管 D_{R1} 的电流也相应到零，因此它为零电流关断，不存在反向恢复

问题。该时段内 L_r、L_m 和 C_r 共同谐振。

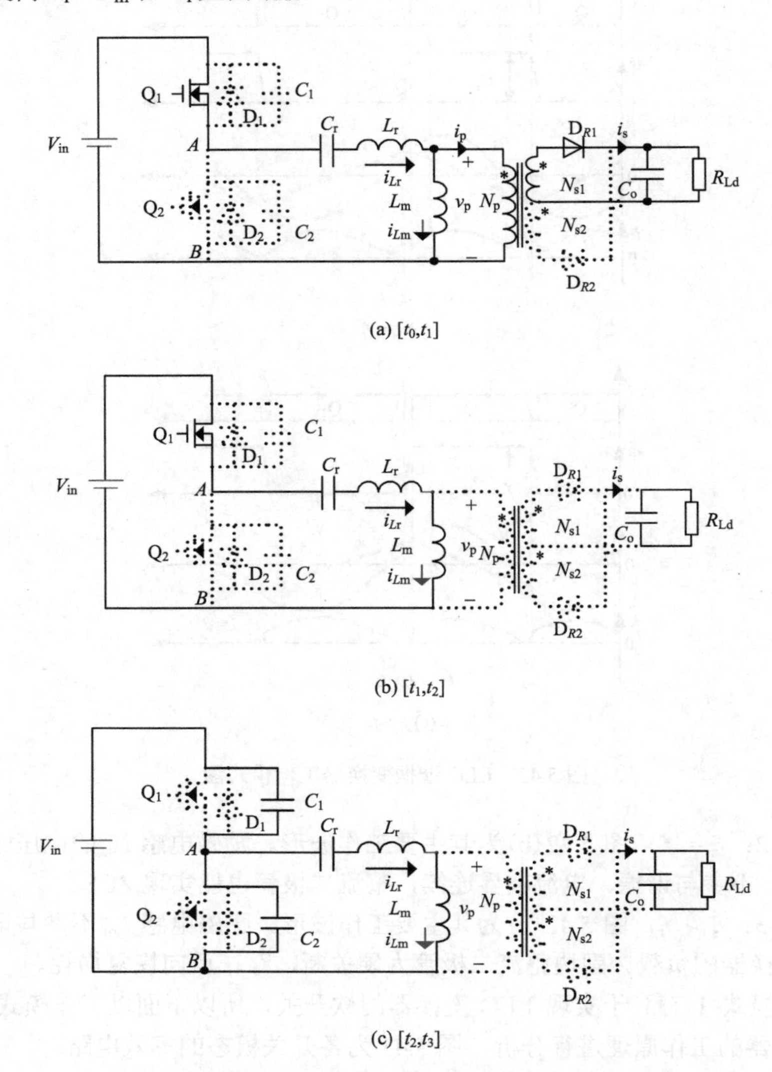

(a) $[t_0,t_1]$

(b) $[t_1,t_2]$

(c) $[t_2,t_3]$

图 5.43 电流断续模式下 LLC 谐振变换器的开关模态

(3) 开关模态 3：$[t_2, t_3]$，如图 5.43(c) 所示。在 t_2 时刻，关断 Q_1，i_{Lr} 给 Q_1 的结电容 C_1 充电，同时给开关管 Q_2 的结电容 C_2 放电。由于 C_1 和 C_2 限制了 Q_1 的电压上升率，因此 Q_1 为零电压关断。在 t_3 时刻，C_2 的电压下降到 0，Q_2 的反并二极管导通，此时可以零电压开通 Q_2。

从 t_3 时刻开始，进入另半个工作周期，变换器的工作原理与上述半个周期类似，这里不再赘述。

电压增益特性是谐振变换器的一个重要特性，是设计变换器参数的重要依据，它与开关频率和负载有关。为了尽量提高谐振变换器的效率，一般使其工作在谐振频率点附近。此时，可以采用基波分量分析法对谐振变换器进行近似分析。基波分量分析法假设只有开关频率的基波分量才能传输能量，从而可以将谐振变换器简化为一个线性电路进行分析。

下面采用基波分量分析法对开关网络和整流滤波网络进行简化分析。

1) 开关网络的简化

开关网络的输入电压为 V_{in}，开关管 Q_1 和 Q_2 为 180°互补导通，则 A、B 两点间的电压是频率为开关频率的方波。对 v_{AB} 进行傅里叶分析，可得

$$v_{AB}(t)=\frac{V_{in}}{2}+\frac{2V_{in}}{\pi}\sum_{n=1,3,5,\cdots}\frac{1}{n}\sin\left(n\omega_s t\right) \tag{5.43}$$

其中，$\omega_s=2\pi f_s$ 为开关角频率。v_{AB} 的直流分量加在 C_r 上，交流分量加在谐振网络上。由式(5.43)可得，v_{AB} 的基波分量 v_{AB1} 和其有效值 V_{AB1} 分别为

$$v_{AB1}(t)=\frac{2V_{in}}{\pi}\sin\left(\omega_s t\right) \tag{5.44}$$

$$V_{AB1}=\frac{\sqrt{2}V_{in}}{\pi} \tag{5.45}$$

2) 整流网络的简化

当开关频率 f_s 接近谐振频率 f_r 时，变压器的原边电流 i_p 可近似认为是一正弦基波电流，其表达式为

$$i_p(t)=\sqrt{2}I_{p1}\sin\left(\omega_s t-\varphi\right) \tag{5.46}$$

其中，φ 为 i_p 对 v_{AB} 的相位差；I_{p1} 为 i_p 的有效值。

变压器副边电流 i_s 经过电容滤波，得到恒定的负载电流 I_o，于是有

$$I_o(t)=\frac{1}{T_s}\int_0^{T_s}n\left|i_p(t)\right|\mathrm{d}t=\frac{2\sqrt{2}n}{\pi}I_{p1} \tag{5.47}$$

由式(5.46)，可得 I_{p1} 为

$$I_{p1}=\frac{\pi}{2\sqrt{2}n}I_o \tag{5.48}$$

由式(5.46)和式(5.48)，可得 i_p 的基波分量 i_{p1} 为

$$i_{p1}(t)=\frac{\pi}{2n}I_o\sin\left(\omega_s t-\varphi\right) \tag{5.49}$$

变压器原边电压 v_p 是频率为开关频率的正负交变的方波，其幅值大小为 nV_o。故对 v_p 进行傅里叶分析得

$$v_p(t)=\frac{4nV_o}{\pi}\sum_{n=1,3,5,\cdots}\frac{1}{n}\sin\left(n\omega_s t-\varphi\right) \tag{5.50}$$

则 v_p 的基波分量 v_{p1} 及其有效值 V_{p1} 为

$$v_{p1}(t)=\frac{4nV_o}{\pi}\sin\left(\omega_s t-\varphi\right) \tag{5.51}$$

$$V_{p1}=\frac{2\sqrt{2}nV_o}{\pi} \tag{5.52}$$

从式(5.49)和式(5.51)可知，i_p 与 v_{p1} 同相，并且波形一致，因此可以将整流滤波电路等效为一个纯阻性电阻 R_{ac}，一般将此电阻称为交流等效电阻，其大小为

$$R_{ac}=\frac{v_{\mathrm{p1}}(t)}{i_{\mathrm{p}}(t)}=\frac{8n^2}{\pi^2}\frac{V_{\mathrm{o}}}{I_{\mathrm{o}}}=\frac{8n^2}{\pi^2}R_{\mathrm{Ld}} \tag{5.53}$$

3) LLC 谐振变换器的简化电路

根据以上分析可得半桥 LLC 谐振变换器的等效简化电路如图 5.44 所示，该简化电路的传递函数 $H(\mathrm{j}\omega_{\mathrm{s}})$ 为

$$H(\mathrm{j}\omega_{\mathrm{s}})=\frac{V_{\mathrm{p1}}}{V_{AB1}}=\frac{\mathrm{j}\omega_{\mathrm{s}}L_{\mathrm{m}}//R_{ac}}{\mathrm{j}\omega_{\mathrm{s}}L_{\mathrm{r}}+\dfrac{1}{\mathrm{j}\omega_{\mathrm{s}}C_{\mathrm{r}}}+\mathrm{j}\omega_{\mathrm{s}}L_{\mathrm{m}}//R_{ac}} \tag{5.54}$$

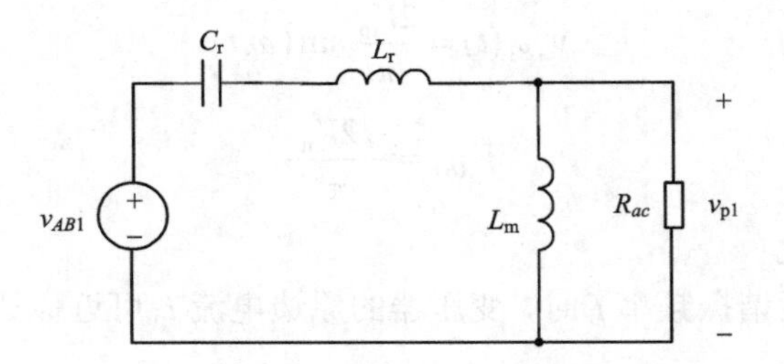

图 5.44　LLC 谐振变换器简化电路

定义半桥 LLC 谐振变换器的电压增益 M 为

$$M=\frac{nV_{\mathrm{o}}}{V_{\mathrm{in}}/2}=\frac{\pi V_{\mathrm{p1}}/2\sqrt{2}}{\pi V_{AB1}/2\sqrt{2}}=\frac{V_{\mathrm{p1}}}{V_{AB1}} \tag{5.55}$$

因此，对式(5.55)取模值，即可求得 LLC 谐振变换器的电压增益表达式为

$$M=\left\|H(\mathrm{j}\omega_{\mathrm{s}})\right\|=\left\|\frac{\mathrm{j}\omega_{\mathrm{s}}L_{\mathrm{m}}//R_{ac}}{\mathrm{j}\omega_{\mathrm{s}}L_{\mathrm{r}}+\dfrac{1}{\mathrm{j}\omega_{\mathrm{s}}C_{\mathrm{r}}}+\mathrm{j}\omega_{\mathrm{s}}L_{\mathrm{m}}//R_{ac}}\right\| \tag{5.56}$$

对式(5.56)进行适当数学变换，可得 LLC 谐振变换器的电压增益为

$$M=\frac{1}{\sqrt{\left\{\left[1-\dfrac{1}{\left(f_{\mathrm{s}}^{*}\right)^2}\right]Qf_{\mathrm{s}}^{*}\right\}^2+\left\{\left[1-\dfrac{1}{\left(f_{\mathrm{s}}^{*}\right)^2}\right]\dfrac{1}{\lambda}+1\right\}^2}} \tag{5.57}$$

其中，$\lambda=L_{\mathrm{m}}/L_{\mathrm{r}}$；$Q=Z_{\mathrm{r}}/R_{ac}$ 为谐振电路的品质因数，$Z_{\mathrm{r}}=(L_{\mathrm{r}}/C_{\mathrm{r}})^{0.5}$ 为特征阻抗；$f_{\mathrm{s}}^{*}=f_{\mathrm{s}}/f_{\mathrm{r}}$ 为标幺化开关频率。根据式(5.57)可得如图 5.45 所示的 LLC 谐振变换器的电压增益曲线。

如图 5.45 所示，以纯阻性曲线和直线 $f_{\mathrm{s}}^{*}=1$ 为界，可将整个工作区域划分为三个部分。

区域 1：在 $f_{\mathrm{s}}^{*}=1$ 以及纯阻性曲线右侧，电压增益 $M<1$，为降压模式，变换器呈感性，开关管工作在 ZVS 状态。

区域 2：在 $f_{\mathrm{s}}^{*}=1$ 的左侧以及纯阻性曲线右侧，电压增益 $M>1$，为升压模式，变换器呈感性，开关管工作在 ZVS 状态。

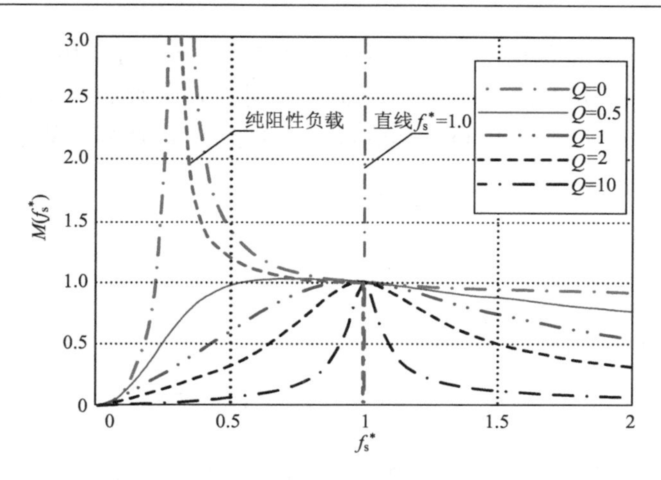

图 5.45　LLC 谐振变换器的电压增益曲线

区域 3：在f_s^*=1 以及纯阻性曲线左侧，此时变换器呈容性，开关管工作在 ZCS 状态。

当开关频率较高时，开关管一般选取 MOSFET，而 MOSFET 适合工作在 ZVS 状态，即图 5.45 中的区域 1 和区域 2。由以上分析可知，当 $f_s>f_r$ 时(区域 1)，副边整流二极管为硬关断，存在反向恢复损耗，因此，在设计参数时，可以让 LLC 谐振变换器工作于区域 2。

LLC 谐振变换器工作于谐振频率点时，变换器的电压增益与负载无关，且效率最高。因此为了使高压母线变换器的输出电压较平稳，并使其效率尽可能高，应使变换器的开关频率略低于谐振频率，这样可以实现原边开关管的 ZVS 和副边整流二极管的 ZCS。

3. DC-DC 恒流调节级

由于 DC-DC 恒流调节级需具有如下特性：①大电流；②输出电流纹波小。因此，可采用多相交错并联和耦合电感技术来提高电流输出能力，减小电流纹波。

1) 多相交错并联技术

交错并联技术可应用在为 LD 提供较大驱动电流的场合中。由于 LD 输入电压较低，需采用降压型 DC-DC 变换器。下面将以如图 5.46 所示的两相交错并联 Buck 变换器为例进行分析，其中开关管 Q_1、Q_2 的驱动信号相差 180°。若是 n 相交错并联，则驱动信号各相差 360°/n。i_{L1} 和 i_{L2} 分别为电感 L_1 和 L_2 的电流，i_o 为变换器的输出电流。

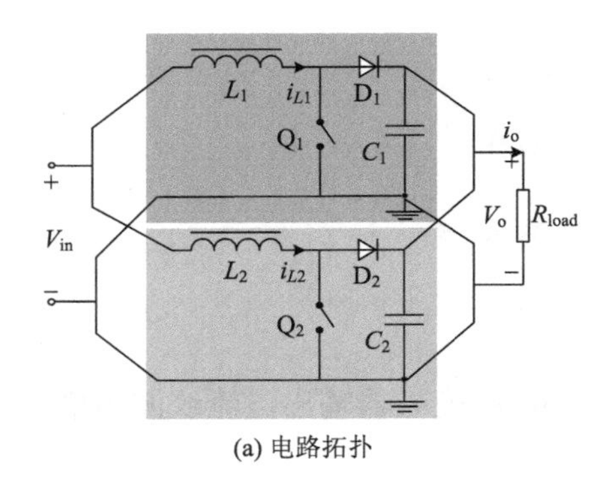

(a) 电路拓扑

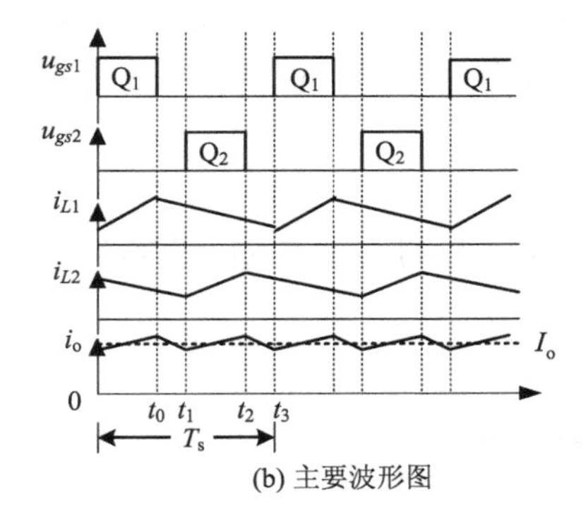

(b) 主要波形图

图 5.46　两相交错并联 Buck 变换器

以图 5.46(b)中 $D<0.5$ 的情况为例，对变换器工作模态的分析如下。

(1)阶段 1[0, t_0]：Q_1 开通，D_2 续流，Q_2、D_1 截止，L_1 储存能量，同时电流上升，C_o 充电，到达 t_0 时刻，L_1 的电流达到最大峰值，L_2 通过 D_2 继续释放能量。在此阶段：

$$\Delta i_{L1} = \frac{V_o}{Lf_s}(1-D) \tag{5.58}$$

$$\Delta i_{L2} = -\frac{V_o}{Lf_s}D \tag{5.59}$$

则该阶段总的输出电流纹波大小为

$$\Delta i_o = \Delta i_{L1} + \Delta i_{L2} = \frac{V_o}{Lf_s}(1-2D) \tag{5.60}$$

(2)阶段 2[t_0, t_1]：Q_1、Q_2 截止，D_1 和 D_2 续流，L_1 和 L_2 电流减小，C_o 放电。到 t_1 时刻，L_2 的电流达到最小值。在此阶段：

$$\Delta i_{L1} = \Delta i_{L2} = -\frac{V_o}{Lf_s}(0.5-D) \tag{5.61}$$

则该阶段总的输出电流纹波大小为

$$\Delta i_o = \Delta i_{L1} + \Delta i_{L2} = \frac{V_o}{Lf_s}(1-2D) \tag{5.62}$$

(3)阶段 3[t_1, t_2]：Q_2 开通，D_1 续流，Q_1、D_2 截止，L_2 储存能量，同时电流上升，C_o 充电，到达 t_2 时刻，L_2 的电流达到最大峰值，L_1 通过 D_1 继续释放能量。在此阶段：

$$\Delta i_{L1} = -\frac{V_o}{Lf_s}D \tag{5.63}$$

$$\Delta i_{L2} = \frac{V_o}{Lf_s}(1-D) \tag{5.64}$$

则该阶段总的输出电流纹波大小为

$$\Delta i_o = \Delta i_{L1} + \Delta i_{L2} = \frac{V_o}{Lf_s}(1-2D) \tag{5.65}$$

(4)阶段 4[t_2, t_3]：Q_1、Q_2 截止，D_1 和 D_2 续流，L_1 和 L_2 电流减小，C_o 放电。到 t_3 时刻，L_1 的电流达到最小值。此阶段方程与阶段 2 相同。

由以上分析可知，该阶段总输出电流的纹波大小为

$$\left|\Delta i_o\right| = \frac{V_o}{Lf_s}(1-2D) \tag{5.66}$$

而使用相同电感时，单 Buck 变换器的输出电流纹波为

$$\Delta i_o = \frac{V_o}{Lf_s}(1-D) \tag{5.67}$$

由式(5.66)和式(5.67)可得，两相交错并联 Buck 变换器输出电流纹波为单 Buck 变换器的 $K(K<1)$倍，即

$$K = \frac{1-2D}{1-D} \tag{5.68}$$

当 $0.5<D<1$ 时，分析过程与 $0<D<0.5$ 类似，最后可得

$$K=\frac{2D-1}{D} \tag{5.69}$$

以上数学分析证明了交错并联电路拓扑有利于总输出电流纹波的减小。

在变换器输出电压恒定的条件下，以式(5.68)为例，可得多相交错并联 Buck 变换器输出电流纹波 Δi_o 与占空比 D、交错并联相数 n 的关系如图 5.47 所示。

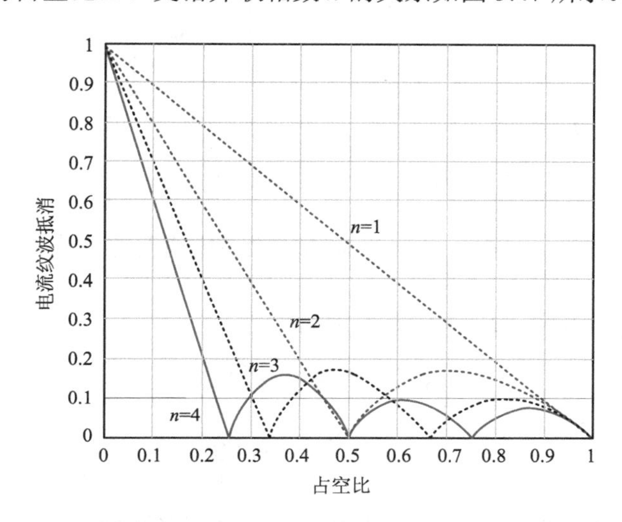

图 5.47　多相交错并联 Buck 变换器输出电流纹波 Δi_o 与占空比 D、交错并联相数 n 的关系图

通过图 5.47 可知，交错并联变换器的纹波抑制效果不仅与交错并联的模块数 n 有关，还与变换器的占空比 D 有关。要得到最优的输出电流纹波特性，需根据 ΔI_o 的表达式及输出功率、电压增益共同确定合理的 n 和 D。例如，$D=0.5$ 时，采用两模块交错并联拓扑可实现零纹波输出，而 $n=3$ 的交错并联拓扑输出电流纹波幅值和单模块相比减小了 2/3，为获得最优的输出电流纹波特性，n 相交错并联拓扑中单模块占空比 D 应等于或约等于 $j/n\,(j=1,2,\cdots,N-1)$。由输出电流零纹波条件可知，在占空比 D 确定的情况下，$n_{\min}=1/D$ 为实现零纹波输出的最小并联通道数，例如，$D=0.5$ 时，$n=2,4,8,\cdots$ 均可实现零纹波输出，此时 2 为实现零纹波特性的最小并联通道数。满足功率冗余的前提下，最好采用最小并联通道数 $n_{\min}$ 的拓扑结构。

2）磁集成技术

对于多路交错并联 Buck 变换器，有数个电感，各路电感中的绕组电压有相位差，可以利用磁集成技术将多个电感绕在同一个磁芯上，组成耦合电感，从而减少磁性元件的数量。同时，耦合电感在稳态时能增加电路中的等效电感，有利于减小系统输出纹波，在动态时等效电感减小，可以提高电源的动态特性。同时耦合电感也有利于消除电路中的共模噪声。

根据磁通作用的不同，可以将磁集成分为正向耦合方式和反向耦合方式，图 5.48 给出电感耦合的两路交错并联 Buck 变换器。其中，v_1 和 v_2 分别为两路电感绕组上的电压，i_{L1} 和 i_{L2} 分别为流过两路电感绕组的电流，i_o 为输出电流。L_1 和 L_2 分别为两路电感绕组的自感值，M 是两路电感绕组的互感值。假设耦合电感两路绕组是对称的，有 $L_1=L_2=L_{cp}$。定义

耦合系数为 $\alpha=M/L_{cp}$，其值越大，耦合越强。当 $\alpha=0$ 时，电感非耦合，独立电感值为 L_{nc}。假设耦合前后电感自感值不变，即 $L_{cp}=L_{nc}$。

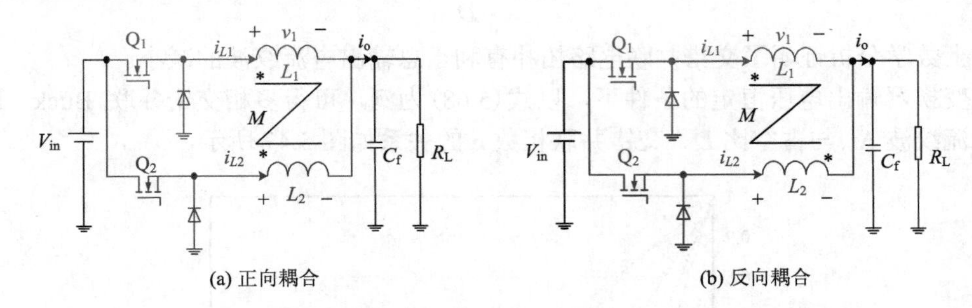

图 5.48　电感耦合的两路交错并联 Buck 变换器

当变换器稳定工作时，一般可从电流脉动和磁芯磁通两方面分析耦合电感对变换器的影响。

从电流脉动角度来分析，根据图 5.48 可知：

$$v_1 = L_1\frac{\mathrm{d}i_{L1}}{\mathrm{d}t} \pm M\frac{\mathrm{d}i_{L2}}{\mathrm{d}t} \tag{5.70}$$

$$v_2 = L_2\frac{\mathrm{d}i_{L2}}{\mathrm{d}t} \pm M\frac{\mathrm{d}i_{L1}}{\mathrm{d}t} \tag{5.71}$$

当两路电感绕组正向耦合时，M 前取正号；当它们反向耦合时，M 前取负号。

由式(5.70)和式(5.71)得

$$v_1 - \alpha v_2 = \left(1-\alpha^2\right)L_{cp}\frac{\mathrm{d}i_{L1}}{\mathrm{d}t} \tag{5.72}$$

以 $0<D<0.5$ 为例，对如图 5.48 所示的两路交错并联 Buck 变换器进行分析，根据图 5.46 所示的波形图可知，该变换器存在三种开关模态：①Q_1 导通，Q_2 关断；②Q_1 和 Q_2 均关断；③Q_1 关断，Q_2 导通。下面分析在这三种情况下 L_1 对应的等效电感表达式。

假设 Buck 变换器工作在连续模式，那么有

$$V_o = DV_{in} \tag{5.73}$$

当 Q_1 导通，Q_2 关断时，$v_1=V_{in}-V_o$，$v_2=-V_o$，将它们和式(5.73)代入式(5.72)可得

$$v_1 = V_{in} - V_o = L_{eq1}\frac{\mathrm{d}i_{L1}}{\mathrm{d}t} \tag{5.74}$$

其中

$$L_{eq1} = \frac{1-\alpha^2}{1+\dfrac{D}{1-D}\alpha}L_{cp} \tag{5.75}$$

当 Q_1 和 Q_2 均关断时，$v_1=-V_o$，$v_2=-V_o$，将它们和式(5.75)代入式(5.74)可得

$$v_1 = -V_o = L_{eq2}\frac{\mathrm{d}i_{L1}}{\mathrm{d}t} \tag{5.76}$$

其中

$$L_{eq2} = (1+\alpha)L_{cp} \tag{5.77}$$

当 Q_1 关断，Q_2 导通时，$v_1=-V_o$，$v_2=V_{in}-V_o$，将它们和式(5.77)代入式(5.76)可得

$$v_1=-V_o=L_{eq3}\frac{di_{L1}}{dt} \tag{5.78}$$

其中

$$L_{eq3}=\frac{1-\alpha^2}{1-\dfrac{1-D}{D}\alpha}L_{cp} \tag{5.79}$$

采用相同的思路，可推导对应开关模态时 L_2 对应的等效电感表达式。最终可得，当 Q_1 导通，Q_2 关断时，L_1 绕组的等效电感为 L_{eq1}，L_2 绕组的等效电感为 L_{eq3}；当 Q_1 和 Q_2 同时关断时，L_1 绕组和 L_2 绕组的等效电感均为 L_{eq2}；当 Q_1 关断，Q_2 导通时，L_1 绕组的等效电感为 L_{eq3}，L_2 绕组的等效电感为 L_{eq1}。

从图 5.49 中可以看出，当 $D\leqslant 0.5$ 时，每路电感的电流脉动幅值均由 L_{eq1} 决定，为

$$\Delta i_{L\_pp\_cp}=\frac{V_{in}-V_o}{L_{eq1}}Dt_s \tag{5.80}$$

当 $D\leqslant 0.5$ 时，如图 5.49 所示，输出电流脉动量等于其在$[t_1, t_2]$区间内的脉动量，为

$$\Delta i_{o\_pp\_cp}=2\frac{V_o}{L_{eq2}}(0.5-D)t_s=\frac{V_o}{L_{eq2}}(1-2D)t_s \tag{5.81}$$

当电路中电感正向耦合时，互感 $M>0$，即 $\alpha>0$，因此有

$$L_{eq1}=\frac{1-\alpha^2}{1+\dfrac{D}{1-D}\alpha}L_{cp}<L_{nc} \tag{5.82}$$

$$L_{eq2}=(1+\alpha)L_{cp}>L_{nc} \tag{5.83}$$

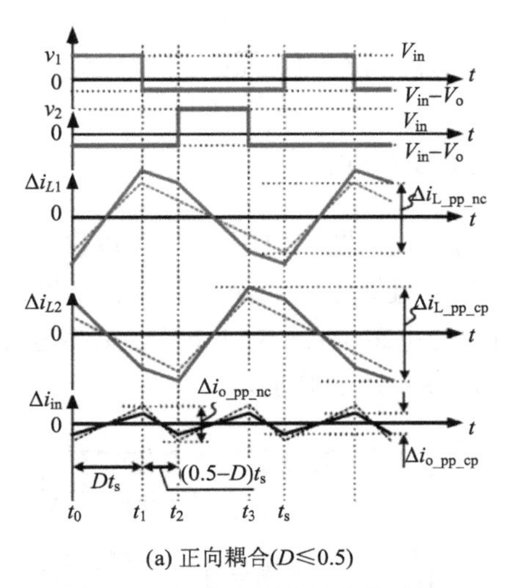

(a) 正向耦合($D\leqslant0.5$)

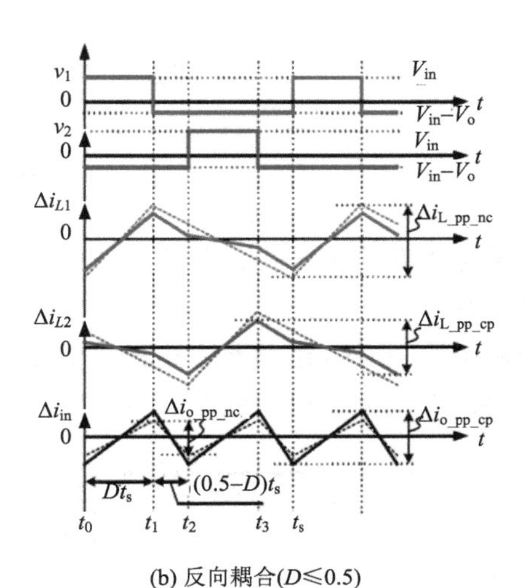

(b) 反向耦合($D\leqslant0.5$)

图 5.49　电感耦合的交错并联 CCM Buck 变换器电感两端电压和脉动电流波形

由此可知，相比独立电感，电感正向耦合后，等效电感 L_{eq2} 的增大，使得输出电流脉动减小。等效电感 L_{eq1} 的减小，使得电感电流脉动增加。具体电流脉动波形如图 5.49 所示，其中，实线为采用耦合电感的电流波形，虚线为采用独立电感的电流波形。

当电路中电感反向耦合时，互感 $M<0$，即 $\alpha<0$，若 α 满足以下条件：

$$\alpha<\frac{D}{1-D} \tag{5.84}$$

则有

$$L_{\mathrm{eq1}}=\frac{1-\alpha^2}{1+\dfrac{D}{1-D}\alpha}L_{\mathrm{cp}}>L_{\mathrm{nc}} \tag{5.85}$$

$$L_{\mathrm{eq2}}=(1+\alpha)L_{\mathrm{cp}}<L_{\mathrm{nc}} \tag{5.86}$$

由此可知，相比独立电感，电感反向耦合后，等效电感 L_{eq2} 的减小，使得输出电流脉动增加。等效电感 L_{eq1} 的增加，使得电感电流脉动降低。

通过反向耦合的等效电感表达式(5.85)和式(5.86)及其成立条件式(5.84)可以发现，耦合系数 α 必须满足一定的条件，上面的分析才能成立。图 5.50 是归一化电感与耦合系数的关系图。为获得反向耦合电感的上述特性，要求将耦合电感设计在图 5.50 中 $L_{\mathrm{eq1}}/L>1$ 的区域。从图 5.50 可知，为了保证对于所有的占空比变化情况，等效电感 L_{eq1} 都能大于 L，耦合系数不能选得太大。实际中，可以通过合理设计耦合系数和自感值，使输入电流脉动在耦合前后不变，则等效增加每路绕组的电感值以降低电感电流脉动，提高变换器效率。

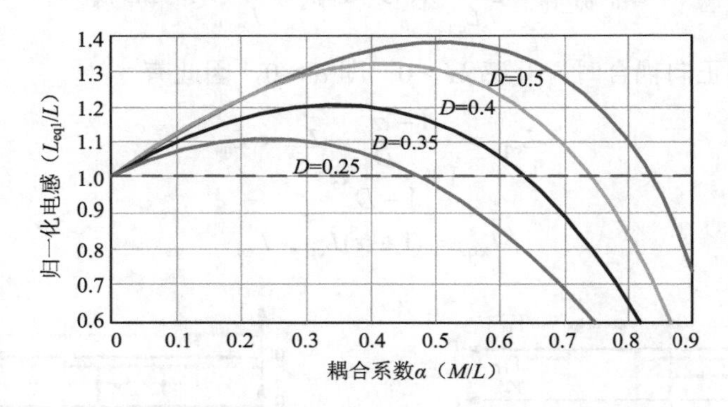

图 5.50　归一化电感与耦合系数关系图

从磁通的角度来分析，两相耦合电感的磁柱绕制方式如图 5.51 所示。可以看出，在正向耦合电感中(图 5.51(a))，磁芯边柱中与两路电感绕组均匝链的磁通(虚线)是互相加强的，中柱磁通(实线)相当于边柱磁通相减；而反向耦合电感中(图 5.51(b))，磁芯边柱中与两路电感绕组均匝链的磁通互相抵消，中柱磁通是边柱磁通的叠加。

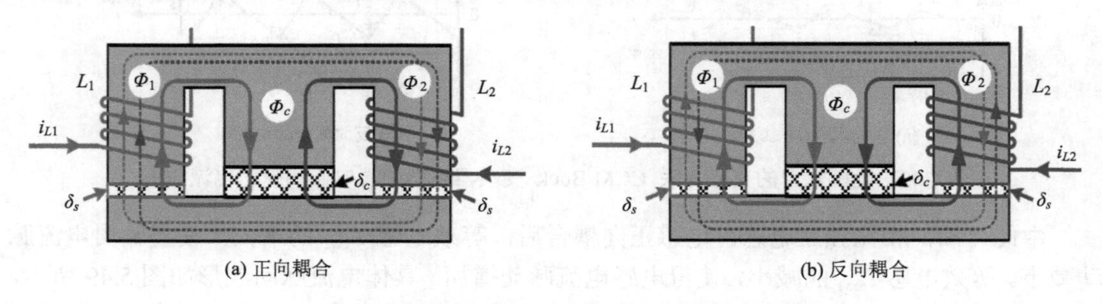

图 5.51　耦合电感的磁芯和绕组结构以及磁通示意图

图 5.52 给出电感正向耦合和反向耦合时，磁芯边柱和中柱的磁通波形(D≤0.5)。由于加在绕组两端的电压有 180°的交错，因此边柱磁通波形也有 180°的相位差。电感正向耦合时(图 5.52(a))，边柱磁通中的耦合磁通相加，直流分量 ϕ_{s_dc} 和交流分量 ϕ_{s_ac} 都较大。中柱磁通中的直流分量虽然完全抵消，但交流分量的幅值 ϕ_{c_ac} 较大。电感反向耦合时(图 5.52(b))，边柱中的磁通相减，部分直流磁通分量 ϕ_{s_dc} 相互抵消。同时，由于交错并联的抵消作用，中柱磁通交流分量的幅值 ϕ_{c_ac} 相比边柱磁通交流分量幅值 ϕ_{c_ac} 有所降低。在高输入功率且输入电流中包含较大直流分量的应用场合，磁芯中的直流分量一般较大，正向耦合时磁芯边柱中的磁通较大，易导致磁芯饱和，而中柱磁通脉动幅值较大，损耗增加。因此，交错并联 Buck 变换器中的耦合电感多采用反向耦合。

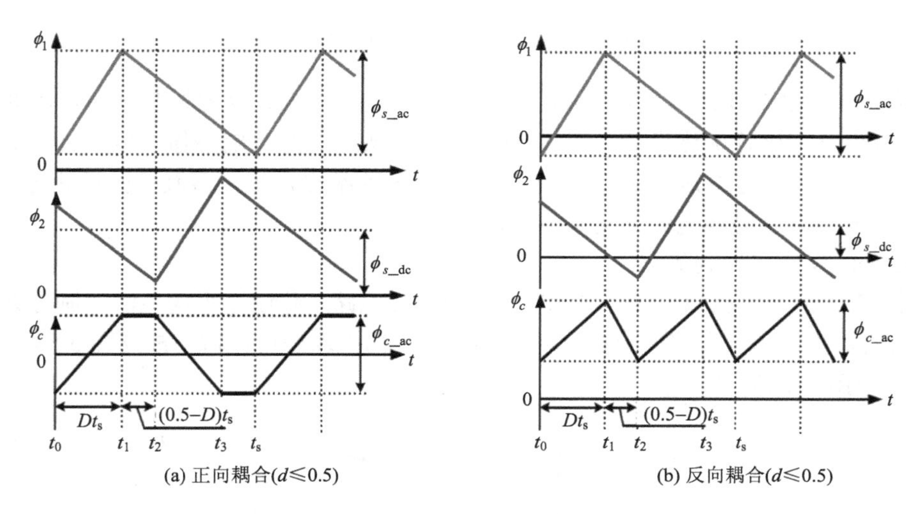

(a) 正向耦合(d≤0.5)　　(b) 反向耦合(d≤0.5)

图 5.52　耦合电感中的磁通波形

4. 末级脉冲电流单元

1) 拓扑结构

如 5.4.1 节中所述，激光器工作于脉冲模式下可获得较高的效率，为此激光器驱动电源的输出级可采用脉冲电源单元替换恒流单元。基于有源功率解耦的思想，图 5.53 给出了一种激光器脉冲电流源架构。其中 DC-DC 变换器的输出电流为一个平直的直流电流 I_{dc}，以提供脉冲电流 i_o 中的直流分量，其拓扑可以为多相交错并联结构。双向 DC-DC 变换器并联在 DC-DC 变换器的输出端，其输出电流 i_b 等于脉冲电流 i_o 中的交流分量。在电源需要输出电流脉冲时，DC-DC 变换器和双向 DC-DC 变换器同时向激光器提供功率；当电源不需要输出脉冲时，双向 DC-DC 变换器吸收 DC-DC 变换器输出的能量，并存储在储能电容 C_b 中，以便在需要输出下一个电流脉冲时提供必要的功率。由此可见，双向 DC-DC 变换器起到了储能电容的作用，通过控制双向 DC-DC 变换器可以处理电源输入功率和输出功率之间不平衡的问题。该电源架构具有以下优点。

(1) 提供脉冲功率的储能电容转移到了双向 DC-DC 变换器的高压侧，通过控制可以提高储能电容 C_b 上脉动电压的平均值，可以减小 C_b 的容值，有利于电源功率密度的提升。

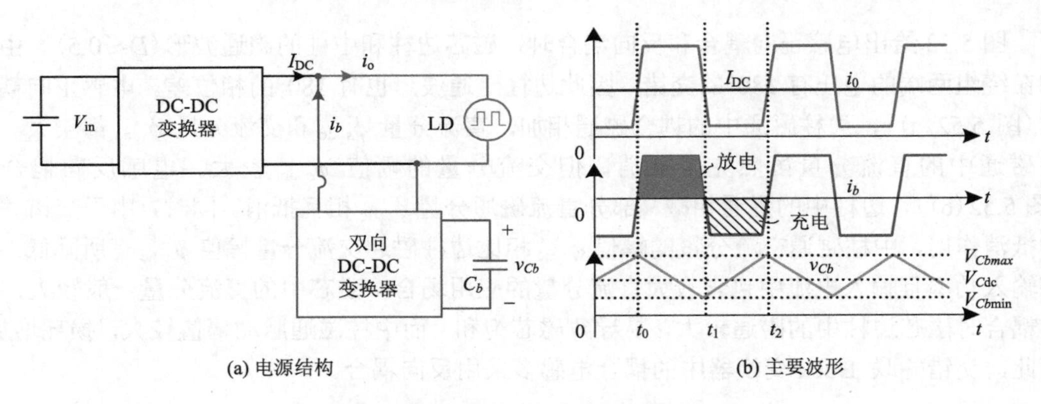

(a) 电源结构　(b) 主要波形

图 5.53　激光器驱动电源输出级脉冲单元

(2) 由于 DC-DC 变换器和双向 DC-DC 变换器分别拥有独立的控制环路，因此可以根据各自的特点分别进行优化设计。例如，DC-DC 变换器的滤波电感值可以设计得大些，开关频率取得小些，以提高其效率；而双向 DC-DC 变换器的滤波电感值可以设计得小些，开关频率取得大些，以提高电源的动态响应。

2) DC-DC 变换器控制策略

如图 5.54 所示，假设 DC-DC 变换器采用 Buck 电路，并通过平均电流控制方式来调节 Buck 电路的输出电流。为方便分析，将双向变换器视为理想电流源，根据图 5.54 可以得到如图 5.55 所示的控制框图。

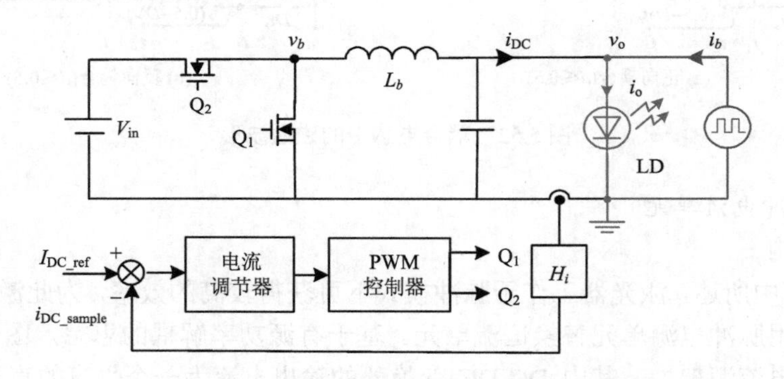

图 5.54　Buck 变换器平均电流控制电路原理图

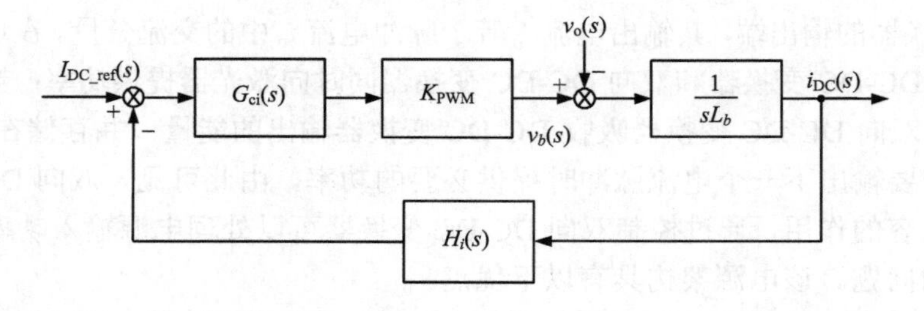

图 5.55　Buck 变换器平均电流控制框图

图 5.55 中 $G_{ci}(s)$ 为电流调节器的传递函数，K_{PWM} 为 PWM 调制器的传递函数，其表达式为

$$K_{PWM} = \frac{V_{in}}{V_m} \tag{5.87}$$

其中，V_{in} 为输入电压；V_m 为锯齿波的幅值。

由图 5.55 可以推导出 Buck 变换器输出电流 $i_{DC}(s)$ 的闭环传递函数为

$$i_{DC}(s) = \frac{1}{H_i(s)} \frac{T_i(s)}{1+T_i(s)} I_{DC\_ref}(s) - \frac{\frac{1}{sL}}{1+T_i(s)} v_o(s) \tag{5.88}$$

其中，I_{DC_ref} 为电流基准；v_o 是 Buck 变换器的输出电压；H_i 是 Buck 电感电流的采样系数；$T_i(s)$ 为电流环的开环增益，其表达式为

$$T_i(s) = \frac{H_i(s) G_{ci}(s) K_{PWM}}{sL_f} \tag{5.89}$$

由式(5.89)可知，i_{DC} 是 I_{DC_ref} 和 v_o 的函数。其中 I_{DC_ref} 为直流分量，而在实际中，v_o 除了有直流分量外，还叠加了脉冲信号频率处的交流分量。若要使 i_{DC} 良好地跟踪 I_{DC_ref}，应保证环路增益在 I_{DC_ref} 频率处的幅值足够大，即变换器在直流处具有足够高的环路增益幅值。要使 i_{DC} 不受 v_o 的影响，除了保证在直流处具有足够高的环路增益幅值外，还应保证环路增益在脉冲信号频率处的幅值足够大。为此，在满足系统稳定性的前提下，开关变换器的开关频率须大于脉冲信号频率的 100 倍，以保证变换器在脉冲信号频率处具有足够高的环路增益。

以上分析表明，若变换器开关频率不能满足大于 100 倍脉冲信号频率的约束条件，变换器的输出电流 i_{DC} 会受到输出电压 v_o 的影响，使得输出电流 i_{DC} 中包含较大的脉冲信号频率处的交流分量。因此，为了避免上述情况的发生，如图 5.56 所示，可在变换器的控制电路中引入电压前馈的概念，即从图 5.56 中的 $v_o(s)$ 端引入系数为 $1/K_{PWM}$ 的通路至 PWM 调制器的输入端，从而抵消式(5.88)中与 v_o 相关的部分，以达到抑制 v_o 对 i_{DC} 影响的目的。

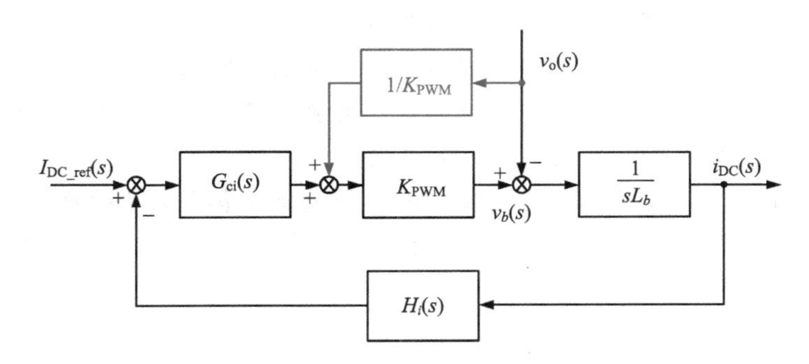

图 5.56　输出电压前馈控制框图

3) 双向变换器控制策略

假设采用 Buck/Boost 变换器作为半导体激光器脉冲电源中的双向变换器，并采用如图 5.57 所示的双闭环控制。其中，电压外环控制高压侧储能电容电压 v_{Cb} 的平均值，从而

使得储能电容 C_b 上脉动电压的最低值始终高于低压侧电压 v_o，以保证 Buck/Boost 双向变换器能正常工作。电流内环采用平均电流控制，使 Buck/Boost 变换器的输出电流能跟踪电流内环的给定，从而得到图 5.53 中的脉冲电流 i_b。电流内环的给定是由脉冲电流的基准 i_{pulse_ref} 和电容 C_b 的电压误差信号 v_{pi_out} 按一定比例相加后得到的。值得指出的是，在实际应用中，由于 Buck/Boost 变换器效率不为 100%，因此电压调节器的输出将含有一定的直流分量，从而使得电流内环的给定不是一个纯交流分量。

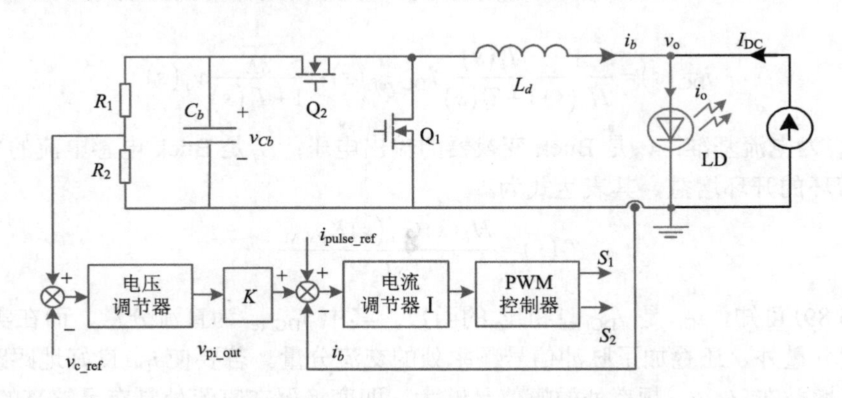

图 5.57　Buck/Boost 变换器控制电路原理图

习　题

1. 请简述激光无线电能传输的基本原理。

2. 请简述激光无线电能传输系统与光伏发电系统的异同，并分别列举各自适用的场合。

3. 激光无线传能系统主要由哪些模块组成？请简要绘制系统的基本结构图。

4. 激光器与光伏电池都有哪些种类？它们的主要区别是什么？

5. 为什么要对激光器和光伏电池进行波长匹配？如果不匹配会产生什么问题？

6. 半导体激光器产生激光需要满足什么条件？

7. 半导体激光器主要的驱动方式有哪些？它们分别有什么特点？适用于哪些场合？

8. 在激光无线电能传输过程中，系统的损耗主要由哪几部分构成？光伏阵列输出损耗的主要原因是什么？如何降低光伏阵列的输出损耗？

9. 光伏阵列的最大功率点跟踪方法有哪些？简要阐述各个方法的原理。

10. 相比连续激光，在使用脉冲激光进行无线能量传输时，需要注意哪些问题？

第 6 章　无线电能传输技术的应用

6.1　消费/医疗电子无线供电

在消费/医疗电子领域，WPT 技术最早应用于电动牙刷、智能手表、MP3、手机和植入式医疗设备等小功率场合。随着 WPT 技术的成熟和普及，其应用的领域逐渐扩展到中大功率家电设备。相比传统有线式供电方式，消费/医疗电子设备采用 WPT 技术具有诸多优点：①免插拔，无电火花，避免电源线腐蚀、老化带来的触电风险，用电安全性高；②即放即用，一个发射器兼容多种无线设备，便利性高；③整洁美观，密封性好，具有较好的防水防潮能力；④有利于实现电子设备的自动化和智能化。

6.1.1　小功率电子设备

目前，小功率消费电子无线供电主要采用磁感应式 WPT 技术，图 6.1 给出了基于磁感应式 WPT 技术的小功率电子设备无线充电器结构框图。系统主要由高频逆变电路、发射/接收侧补偿电路、发射线圈、接收线圈以及整流滤波电路等部分构成。其中，系统发射端与接收端尺寸通常为 2～10cm，传输距离一般为毫米级。

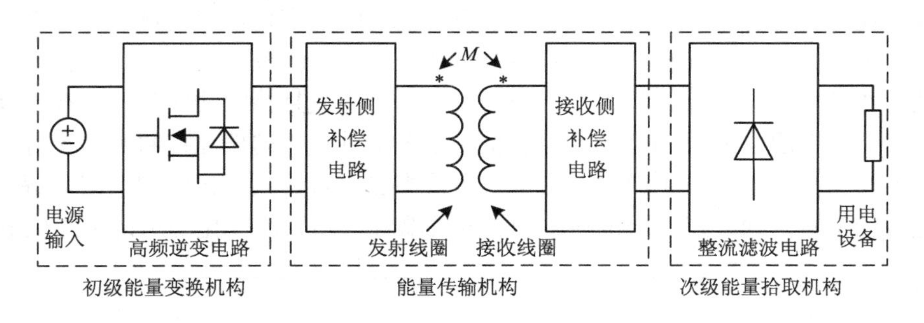

图 6.1　采用磁感应式 WPT 技术的电子设备无线充电器结构框图

在小功率消费电子无线充电场合，对发射侧充电平台与接收侧消费电子设备的摆放位置要求不应过于严格，无线充电器要满足抗偏移性的要求。而且，在实际应用场合中，可能会存在需要同时给多个电子产品充电的情况，这就要求无线充电器能够同时给多个负载提供电能。

为解决电子产品无线充电时设备偏移带来的充电效率降低的问题，图 6.2 给出了三种典型的无线充电线圈抗偏移方式。

图 6.2(a)为磁铁吸引定位抗偏移方式，此种定位方式需要设备端的磁铁和充电器端的磁铁通过相反的磁性互相吸引，从而使设备端和充电端定位在固定的位置，以保证接收线圈和发射线圈的圆心正好相对。同时，这种定位还可以保证发射线圈和接收线圈之间的距离一定，进而有效地保证功率传输的效率。

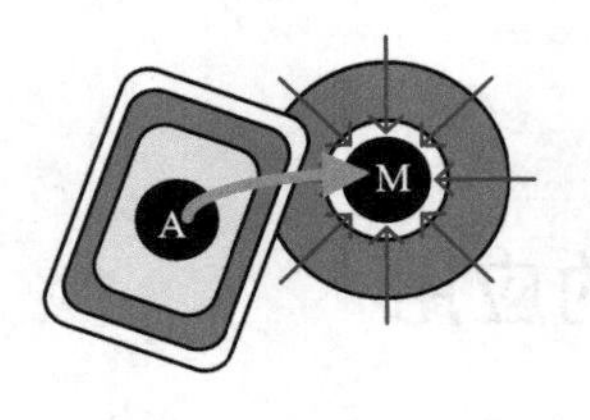

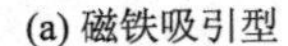
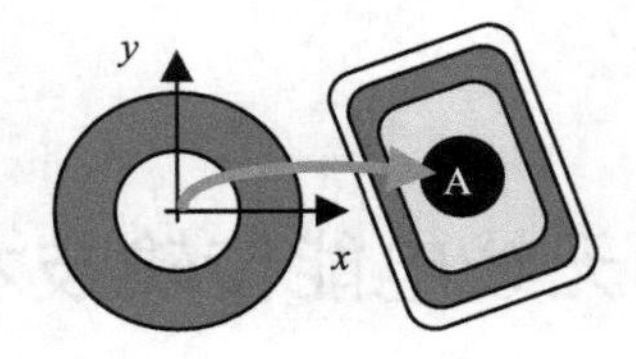

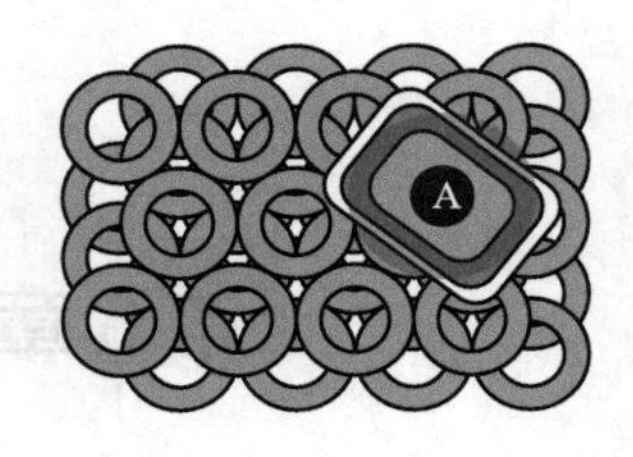

(a) 磁铁吸引型　　(b) 可移动线圈型　　(c) 线圈阵列型

图 6.2　三种抗偏移方式

图 6.2(b)为可移动线圈定位抗偏移方式，通过检测发射线圈与接收线圈的耦合度，发射线圈会随着接收线圈的位置变化而调整，直到发射线圈和接收线圈中心对齐并实现最大功率传输。该方案在保证高效率前提下允许充电设备在一定范围内任意移动，增加了充电设备的位置自由度。

图 6.2(c)为线圈阵列定位抗偏移方式，充电发射端由多个线圈构成的阵列组成，在充电时通过检测发射阵列中各线圈与接收端线圈的耦合度，从而筛选出耦合度最高的发射线圈对接收端进行供电。该方式可以使得充电设备无论处于何种方向，总有一个发射端线圈与设备的接收线圈接近全耦合，有效提高了设备充电的自由度。

在实际应用中，存在对多个设备充电的场景，目前普遍采用如图 6.3 所示的发射线圈阵列来实现多设备同时供电。将阵列中的线圈进行分组并构成不同的充电区域，通过控制不同组的线圈是否切入系统，即可实现多负载无线电能传输，但此时多个收发线圈间会出现交叉耦合现象。一方面，交叉耦合会造成系统输入阻抗变化，引起谐振频率偏移和谐振频率分裂；另一方面，交叉耦合会影响各个负载之间的功率分配比例，一定情况下负载可能无法获得额定功率。对于接收线圈之间的交叉耦合不变且接收线圈与发射线圈耦合状态保持相对固定的情况，采用 SP 和 PS 结构的多负载无线电能传输系统将具有更好的功率分配特性；当交叉耦合状态发生改变时，可在系统中加入可切换阻抗匹配网络来解决耦合状态改变造成的影响，通过在匹配电路中加入开关器件，随系统变化动态调整匹配电路。

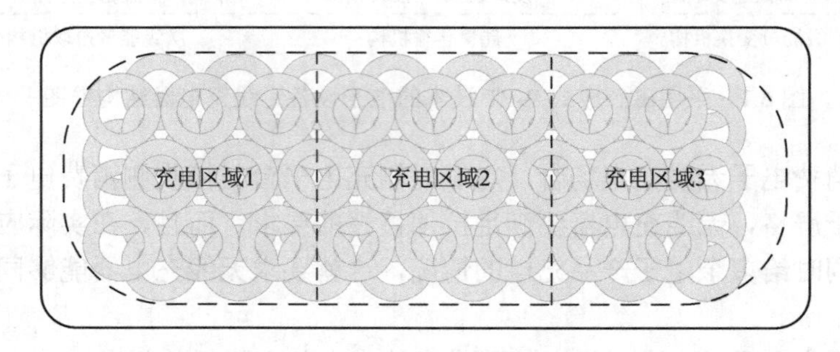

图 6.3　发射阵列分组示意图

在小功率植入式医疗设备(implantable medical device，IMD)领域，为解决传统锂电池供电带来的续航时间有限且更换困难等问题，可采用 WPT 技术在不破坏生物组织的条件下为植入设备提供长期稳定的供电，从而有效地克服了传统电池带来的问题。

相比电磁波，超声经皮能量传输(ultrasonic transcutaneous energy transfer，UTET)具有

以下优点。

(1) 超声波在人体组织中表现出更低的衰减特性，而电磁波会被重要器官(特别是心脏和脑组织)显著吸收。因此，使用超声波除了能获得更高的传能效率外，更重要的是能保证传能时减少组织加热升温，从而保证人体安全。

(2) 超声波具有方向性好、穿透能力强的特点，且压电陶瓷等换能器尺寸小、成本低、便于布置，故 UTET 系统普遍比其他 WPT 方式更小巧灵活，这使得植入设备可以实现更小的尺寸和更深的植入深度。

基于上述优点，UTET 技术是目前 IMD 领域应用较多的方法之一。图 6.4 给出了面向 IMD 的 UTET 系统整体结构图，系统主要由体外超声波发射机和体内超声波接收机两部分组成。经皮能量传输需要外部超声发射机紧密贴合在皮肤表面且正对着植入的超声接收机，外部高频逆变驱动模块输出高频交流电激励超声发射换能器产生几百千赫到几兆赫的超声波，该超声波经过组织传输到体内的超声接收换能器转换回高频交流电，再经过整流滤波稳压模块供给电源管理模块，由电源管理模块对体内医疗设备进行供电。

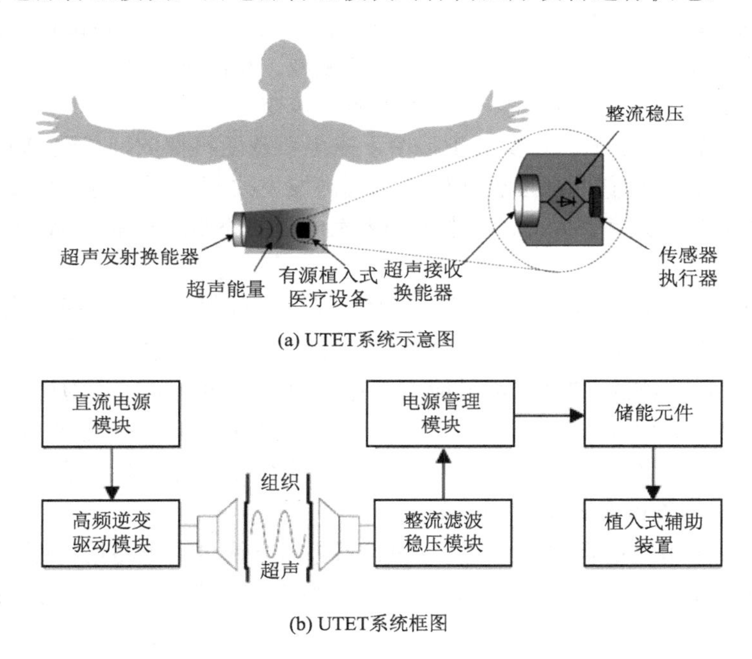

(a) UTET系统示意图

(b) UTET系统框图

图 6.4　面向植入式医疗设备的超声经皮能量传输系统整体结构图

由于压电元件的声阻抗约为 35MRayl，而软组织的平均声阻抗约为 1.5MRayl，两者声阻抗严重不匹配，在压电元件和软组织之间的边界层上反射系数达到了 90%以上。为了避免传输功率的损失，如图 6.5 所示，在声阻抗不同的两种介质之间插入其他介质材料，以实现声阻抗的匹配或过渡，从而增加超声波的透射。所选的匹配材料一般要求具有较小的声衰减系数，以使在工作频率下产生较低的损耗。特别地，在 UTET 系统中的匹配层材料还需要满足生物相容性的要求。

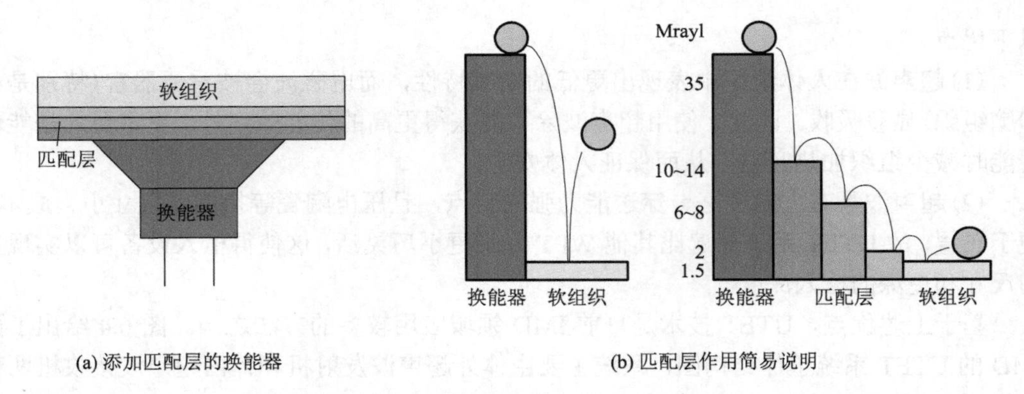

(a) 添加匹配层的换能器　　(b) 匹配层作用简易说明

图 6.5　换能器声阻抗匹配示意图

6.1.2　中大功率家用电器

随着小功率移动电子设备无线充电的市场化和普及程度的提高，国内外企业逐渐将无线电能传输技术应用到中大功率家用电器(家电)领域。相比于小功率消费电子领域，WPT技术在中大功率家电领域应用时，需适应以下两个转变。

(1) 接收端放置自由度大。在实际生活中，家电负载随机摆放，导致 WPT 系统的发射端和接收端线圈的相对位置和角度会在较大范围内发生改变，可能超出线圈自我调节的范围，从而影响电能传输效率。为此，在中大功率家电无线充电场合需要 WPT 系统具备相当的抗偏移特性。

(2) 空间传输安全性要求高。同样是由于家电负载的随机摆放，电能无线传输过程中的安全性容易受障碍物的影响。例如，当电能以电磁波的形式传输时，若遇到金属障碍物，金属障碍物会在高频电磁场中因涡流效应而迅速升温，从而造成安全隐患。因此在家电无线充电领域需要 WPT 系统在工作时能有效检测异物的存在，以保证电能传输的安全性。

考虑到家电领域无线供电的特点，特别是对距离和方向的需求，目前中大功率家用电器无线供电一般采用磁耦合式 WPT 技术。

图 6.6 给出了采用磁耦合式 WPT 技术的家用电器无线供电电路结构框图，包括功率因数校正(power factor correction, PFC)、高频逆变、发射侧补偿电路、发射线圈、接收线圈、

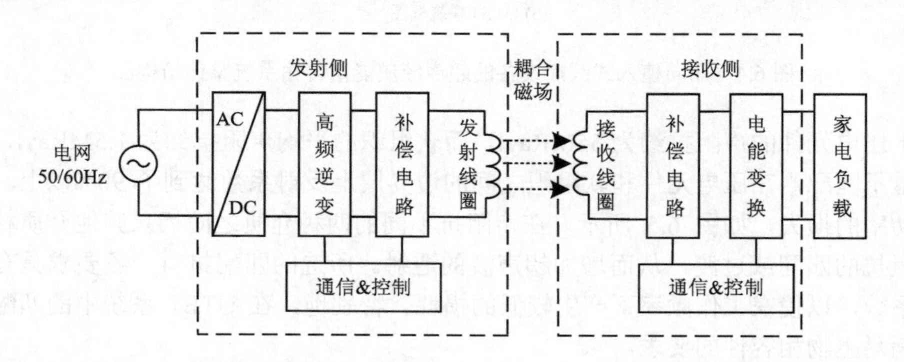

图 6.6　采用磁耦合式 WPT 技术的家用电器无线供电电路结构框图

接收侧补偿电路、接收侧电能变换电路以及两侧的通信和控制电路等。电网工频交流电经 PFC 和高频逆变等功率变换环节后，形成高频交流电，激励发射线圈产生高频交变磁场，接收端在此高频磁场中拾取能量并通过电能变换电路对不同家电负载进行相应的电压和功率调节。

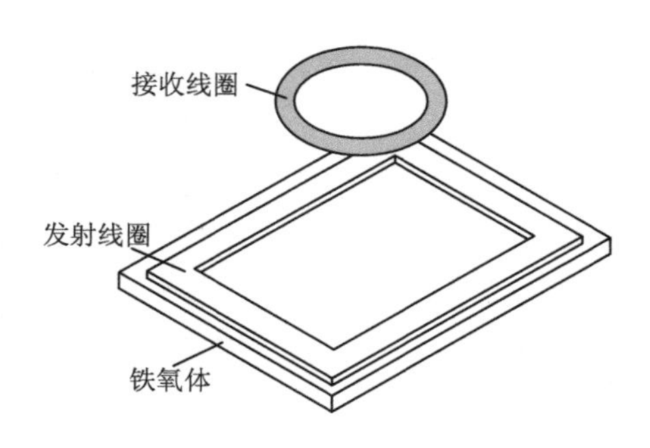

图 6.7　两线圈结构示意图

为了提高家电无线电能供电系统的传输效率及位置鲁棒性，耦合机构设计是关键。对于家庭使用，耦合机构不应过于复杂，且应兼顾高效，目前无线家电耦合机构主要为两线圈结构，如图 6.7 所示。

两线圈结构设计简单，主要用于对安装形式无特殊要求、即放即用的家电。为了提高两线圈无线家电抗偏移能力，往往采用非对称平面双线圈结构，其中接收线圈采用尺寸较小的平面盘式线圈，而发射线圈则采用尺寸较大的矩形线圈结构。该结构可以保证收发线圈在一定的间距和偏移情况下，其耦合系数基本不变。值得注意的是，当发射线圈内径大于接收线圈外径时，尽管耦合系数在一定范围内对线圈间距变化和偏移不敏感，但线圈之间平均耦合系数较低。另外，若接收线圈内径增大，则线圈间的平均耦合系数增大，但对间距和偏移变化更敏感。

金属异物(刀具、锡等)位于正在工作的发射线圈上时，交变电磁场会使其产生涡流损耗，导致温度升高，系统效率下降，影响系统稳定性，尤其对于功率较大的无线厨房电器，易导致发热或着火。因此，异物检测(foreign object detection, FOD)是家电无线供电系统的一项重要技术。

基于系统参数的金属异物检测方法成本低、空间占用小、结构简单，但是其检测精度和灵敏度较低，限制检测效果的因素较多。能量检测法如图 6.8 所示，其通过实时监测输入功率和输出功率得到系统损耗 P_{loss}，当异物接近磁场时，会引入额外的能量损耗 P_{foreign}，在这种情况下，系统损耗 $P_{\mathrm{loss}}+P_{\mathrm{foreign}}$ 将大于预设的损耗阈值，从而中止能量传输。这一方法操作简单，已经被无线充电联盟用于 Qi 标准的异物检测，但是在大功率场合灵敏度不高，且系统中损坏的组件(如 MOSFET)也可以使功率损耗超出阈值，因此该方法仅适用于可正常工作的 WPT 系统。对于功率较大的无线家电，多采用如图 6.9 所示的辅助线圈检测方法。该方法通常将检测线圈放置于发射线圈上方，检测线圈被施加高频激励信号产生磁场或借助能量线圈产生的磁场耦合。当金属异物出现时，其上涡流会造成空间磁通变化，从而导致辅助线圈的等效阻抗和电压发生变化而被检测到，其灵敏度较高。此外，还可利用雷达等传感器设备进行异物检测，其基本原理是当雷达波遇到异物会发生反射，通过发射和反射的雷达波可判断目标点与异物之间的距离，对异物的位置和类型进行检测。该检测方法通常可以同时检测活体异物及金属异物，但由于传感器种类繁多，如何根据实际应用需求，在成本、使用环境及传感器使用寿命等多种因素影响下，选择合适的传感器或将多种传感器组合使用，成为该类技术所需解决的主要问题。表 6.1 对目前家电无线供电系统的异物检测方法进行了归纳对比。

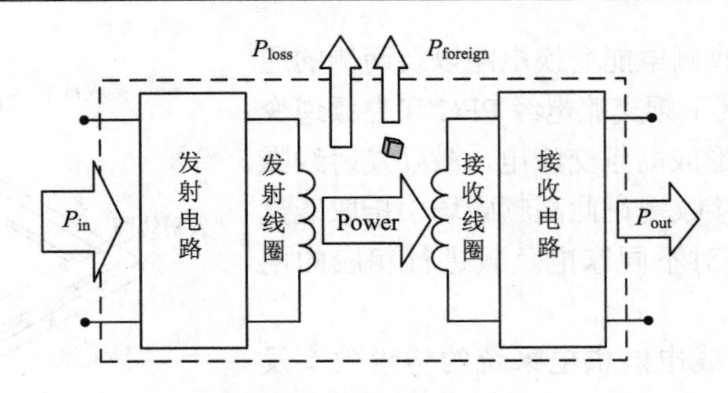

图 6.8　能量检测法示意图

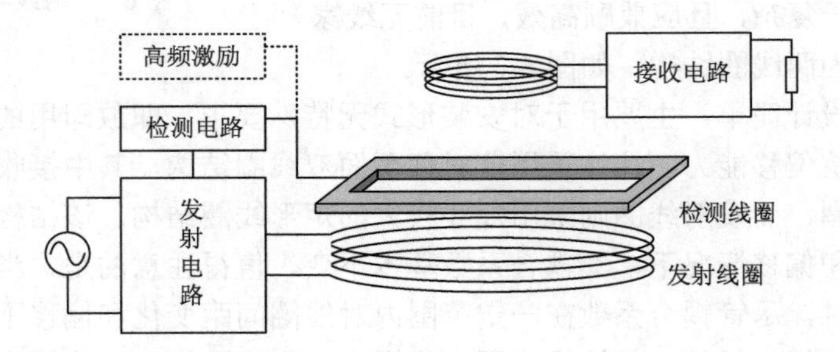

图 6.9　辅助线圈法示意图

表 6.1　家电无线供电系统异物检测方法对比

检测方法		优点	缺点	应用场景
检测电路参数	检测发射线圈电压、电流、频率，接收线圈品质因数	实现简单，成本低，无须额外设备	准确性易受接收线圈偏移、负载变动影响，小金属异物难以检测，功率传递过程不能检测	中小功率家电
检测能量	判断功率损耗变化量	效果较好，功率传输过程实时检测	功率等级较高时难以检测出较小的金属异物，需要通信	中小功率家电
辅助线圈	检测磁场变化	结构简单，适合大功率场合，实时检测	受发射线圈磁场分布影响，存在检测盲区	大功率家电
利用传感器	红外传感器、压力传感器、光学传感器、温度传感器等	准确性高，不受异物大小影响，可进行活体异物检测	成本高，集成度有限	各功率等级家电

6.2　轨道交通无线供电

近年来，以电能为动力来源的电动汽车等轨道交通工具得到快速推广。相比于传统接触式供电，无线充电没有电气连接，具有操作方便、维护成本低、防水防尘、可实现全自动充电过程等优点，有效提升了电气化轨道交通工具的充电便捷性和安全性。电气化轨道交通工具无线充电主要有静态和动态两种供电模式，其中，静态无线供电是一种较成熟的充电方式，指交通工具停放在充电位置上进行充电，如电动汽车家庭慢充或充电站快充等；动态无线供电则实现了交通工具的“边跑边充”，通过实时补充电能解决了续航里程焦虑问题，同时也可以降低车载电池的容量。

6.2.1　电动汽车静态无线供电

目前，电动汽车多采用磁场耦合式无线电能传输技术来实现静态无线供电。图 6.10 给出了电动汽车无线充电系统典型示意图，包括电力电子变换器、发射侧补偿网络、发射线圈、接收线圈、接收侧补偿网络、高频整流滤波电路和电池负载等部分。

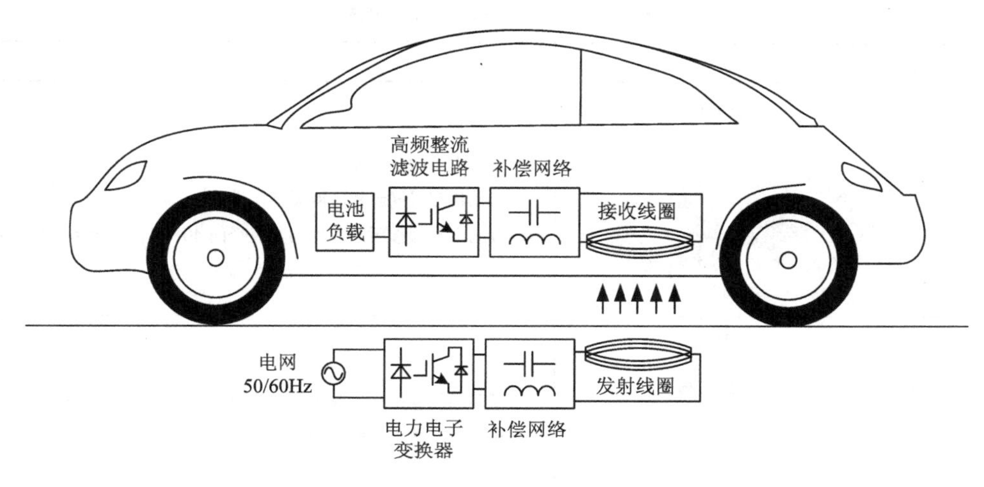

图 6.10　电动汽车静态无线供电系统示意图

图 6.11 给出了一种典型的电动汽车磁场耦合式 WPT 系统电路图，其中，补偿电路采用 LCC-S 型。该系统具体工作原理为电网交流电经整流滤波电路(或功率因数校正电路)后转化为直流电，再经高频逆变电路将直流电压转换为高频交流电压激励发射线圈；线圈收发侧谐振频率与高频交流电频率相同，当发生谐振时，能量由发射侧传输至接收侧，再经过整流滤波电路后对车载电池充电。系统中的磁耦合机构、补偿网络和电力电子变换器直接影响输出功率、传输效率、成本、偏移容忍度以及电磁辐射等系统特性，因此在系统设计时需综合考虑。

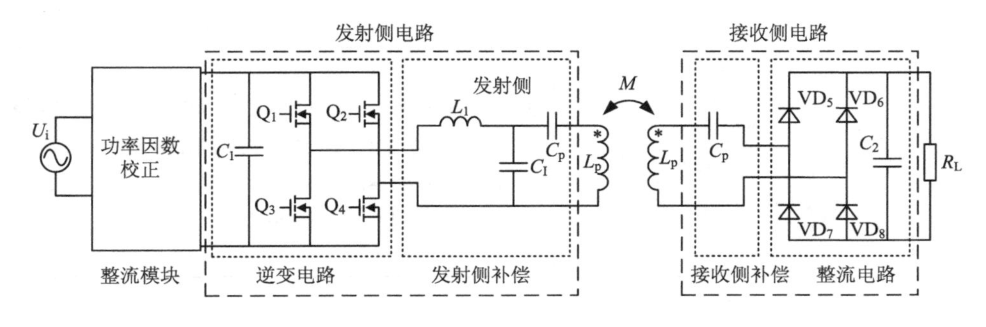

图 6.11　电动汽车静态无线供电系统电路图

1．磁耦合机构

线圈结构对耦合机构的传输性能起关键作用，不同结构可以实现不同性能。表 6.2 列出了常用的电动汽车静态磁耦合机构。其中，DD 型线圈相比于螺线管型线圈和平面圆形线圈，其磁场利用率、线圈之间耦合和抗偏移能力较强，但DD型线圈不能与单线圈混用，存在磁场零点。DDQ型线圈在DD型线圈的基础上加以改进，有效解决了磁场零点的问题，但增加了系统损耗。BP型线圈在实现DDQ型线圈类似功能的前提下，其用铜量更少，损耗更低。

表 6.2　常用的静态磁耦合机构

类别	形状	特性
圆型	金属屏蔽 铁磁材料 线圈	广泛应用于电动汽车无线充电； 各方向偏移容忍度一致，即无方向性； 当线圈的水平偏移距离大约为其直径的40%时，互感系数存在零点
方型	金属屏蔽 铁磁材料 线圈	扩大了磁通耦合范围，减少了边缘漏磁； 比圆型线圈具有更好的横向偏移容忍度，便于集成
空间螺旋型	铁磁材料 线圈	小巧、轻便； 纵向偏移容忍度高； 磁场分布于线圈两侧，不利于屏蔽； 磁通利用率低，漏磁较大，导致系统效率降低
流量管型	铁磁材料 线圈	水平偏移容忍度高，耦合系数与圆型线圈相当； 磁场高度大约为接收线圈长度的一半； 磁场分布于线圈两侧，不利于屏蔽； 磁通利用率低，漏磁较大，导致系统效率降低
DD 型	金属屏蔽 铁磁材料 线圈	磁场仅分布于线圈一面，极大地减小了背面漏磁，提高了系统效率； 相比于圆型、方型单线圈具有更好的横向偏移能力； 磁场高度是圆型线圈的2倍，与H型线圈相当，大约为线圈长度的一半，更适合于气隙间距大的场合
DDQ 型	金属屏蔽 铁磁材料 线圈	在DD型线圈的基础上增加了Q线圈； 在x、y轴方向都具有较高的偏移容忍度，可以与平面单线圈混用； 作为发射线圈需要两个逆变电路，作为接收线圈需要两个整流电路，结构较复杂，增加了系统损耗，用铜量多，损耗增加

续表

类别	形状	特性
BP 型	金属屏蔽 铁磁材料 线圈	具有与 DDQ 型线圈类似的优点，但用铜量减少了 25.17%； 作为发射线圈需要两个逆变电路，作为接收线圈需要两个整流电路； 需要位置和磁链传感器以及复杂的控制策略； 旋转偏移容忍度差，角度偏移 30°，耦合系数降低 13%

线圈材料对耦合机构传输性能也起到了非常关键的作用，表 6.3 给出了各种线圈材料特性。

表 6.3　线圈材料特性

材料	特性
单根铜线	存在趋肤效应和邻近效应
利兹线	由多股极细、独立绝缘的铜线编织而成，有效解决了趋肤效应和邻近效应
超导材料	具有零电阻特性，减少电能在传输过程中的能量损耗，提高系统效率；存在交流损耗；具有完全抗磁性
超材料	提高系统传输效率，增大传输距离；提高 WPT 系统的抗偏移性； 改善电磁干扰问题，屏蔽特定磁场，减少电磁场对外的泄漏

2. 补偿网络

补偿网络是实现无线电能传输系统谐振的关键，其利用谐振工作方式，补偿漏感和激磁电感，减小电路的无功负荷，保证电能的高效传输。基本的补偿网络有四种，分别为 SS、SP、PS、PP。在这四种补偿网络中，SS 补偿和 SP 补偿由于发射侧补偿元件为串联，发射侧应采用电压源型逆变电路，谐振网络的输入为电压源；PS 补偿和 PP 补偿由于发射侧补偿元件为并联，为避免并联元件的两端电压被箝位，发射侧需采用电流源型逆变电路，谐振网络的输入为电流源。

对这四种补偿网络的输入阻抗特性进行研究，可得出谐振网络实现输入阻抗纯阻性的补偿电容取值公式，见表 6.4。其中 L_1、L_2 分别表示非接触变压器的发射侧、接收侧自感，C_1、C_2 分别表示发射侧、接收侧补偿电容，ω 表示角频率，M 表示互感系数。

表 6.4　补偿网络实现单位功率因数的谐振电容公式

拓扑类型	发射侧补偿电容 C_1	接收侧补偿电容 C_2
SS	$\dfrac{1}{\omega^2 L_1}$	$\dfrac{1}{\omega^2 L_2}$
SP	$\dfrac{1}{\omega^2\left(L_1-\dfrac{M^2}{L_2}\right)}$	$\dfrac{1}{\omega^2 L_2}$

续表

拓扑类型	发射侧补偿电容 C_1	接收侧补偿电容 C_2
PS	$\dfrac{L_1}{\left(\dfrac{\omega^2 M^2}{R_L}\right)^2+\omega^2 L_1^2}$	$\dfrac{1}{\omega^2 L_2}$
PP	$\dfrac{L_1-\dfrac{M^2}{L_2}}{\left(\dfrac{M^2 R_L}{L_2^2}\right)^2+\omega^2\left(L_1-\dfrac{M^2}{L_2}\right)^2}$	$\dfrac{1}{\omega^2 L_2}$

从表 6.4 可知，SS 型的发射侧补偿电容值 C_1 仅与频率和自感有关，与线圈之间的互感和负载无关，不受距离和负载的影响，可用在发射侧、接收侧存在相对运动和多负载的系统。SP 型的发射侧补偿电容值 C_1 与发射侧、接收侧线圈的互感相关，且 M 越大，C_1 也越大，因此 SP 型适用于发射侧、接收侧相对静止和负载变化较大的系统。PS 型和 PP 型的发射侧补偿电容值 C_1 既受到发射侧、接收侧线圈互感的影响，同时也受到负载的影响，因此发射侧采取并联补偿的结构更适合于发射侧、接收侧相对静止且负载相对固定的系统。

在补偿网络中，电容和电感的任意组合可实现多种复合拓扑结构，常用的有 LCC-S、LCC-LCC、LCL-S、LCL-P、LCL-LCL、SPS 等。其中，LCL 型补偿拓扑用于发射侧补偿时，可实现发射侧电流与负载、耦合系数解耦，即恒流输出；LCL-S 可实现负载端恒压输出；LCL-P 和 LCL-LCL 可实现负载端恒流输出。

3. 电力电子变换器

在电动汽车无线充电系统中，AC-DC-AC 变换器是应用最为广泛的结构，图 6.12 是典型的电动汽车无线充电用 AC-DC-AC 变换器结构框图，前级为功率因数校正电路，实现整流和调压；后级为高频逆变电路，为发射线圈提供高频电源，该结构可以实现对电源侧功率因数、输出功率、软开关等多目标参数的控制，但功率变换级数多，效率较低。

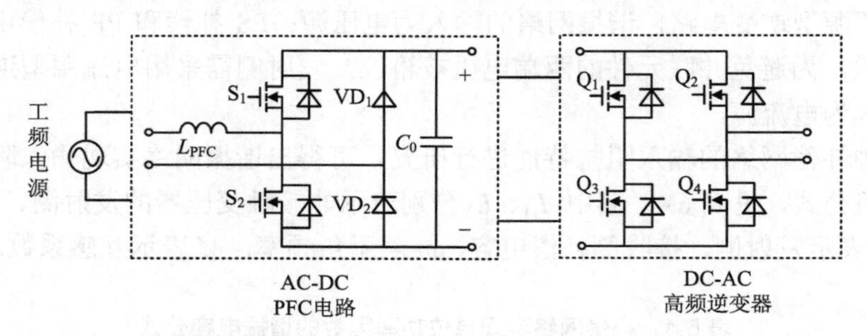

图 6.12　电动汽车无线充电用 AC-DC-AC 变换器结构框图

6.2.2 电动汽车动态无线供电

近年来，电动汽车动态无线供电也在高速发展，与静态无线供电技术不同，动态无线供电技术通过在地面下铺设一定长度供电线圈，可实现电动汽车不停车充电。电动汽车动态无线供电系统多采用磁场耦合式 WPT，其基本结构如图 6.13 所示。尽管电动汽车静态和动态无线供电系统都采用磁场耦合式 WPT，但从结构上看，电动汽车动态无线供电系统的发射线圈需要特殊设计。

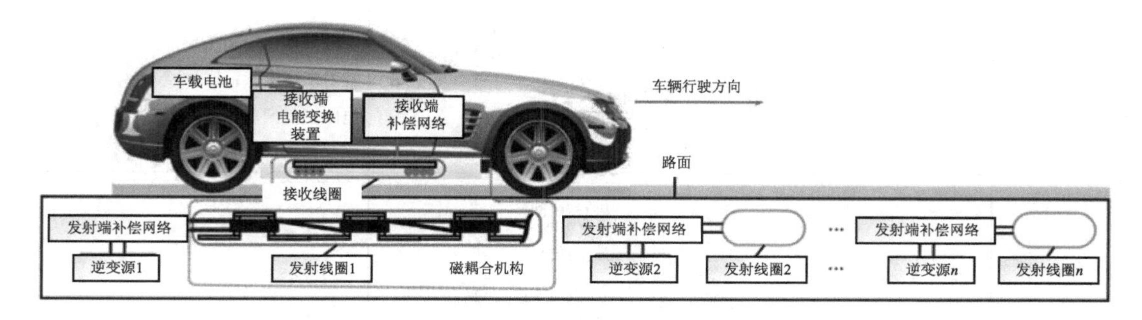

图 6.13　电动汽车动态无线充电系统基本结构

在电动汽车动态无线供电系统中，为了保证移动时接收线圈能够与发射线圈高度耦合，其磁耦合结构需要进行精心设计。目前，一般根据发射端和接收端延长方向(车辆行驶方向)的尺寸关系将动态磁耦合机构分为阵列轨道型和长轨道型。其中，阵列轨道型磁耦合机构的发射端由一系列线圈组成，单个线圈长度与接收端线圈接近。发射端线圈分别独立供电，只有当接收端位于其正上方时，才开启工作，因此具有漏磁场范围小和效率高的优点。但同时增加了位置检测和切换控制电路的复杂度，提高了硬件成本。长轨道型磁耦合机构的发射端线圈长度大于接收端线圈长度，车辆行驶在发射端上方时，可以持续供电，无须频繁地切换控制。这种结构电路组成少，配电网络和控制方式简单。但发射端开启的时间较长，导致损耗增加，效率下降。此外，按照发射端线圈产生磁场特征的不同，还可将磁耦合机构分为单极型线圈结构与双极型线圈结构。表 6.5 分别给出了阵列轨道和长轨道的结构示意图及其主要特性。

表 6.5　动态无线供电系统磁耦合机构结构类型及特性

结构类型	线圈类型	结构示意图	特性
阵列轨道	单极型	磁芯；接收端线圈；电流方向；主磁通方向；发射端线圈；Z；X；O；Y	结构简单； 电磁辐射比较严重； 存在输出波动和功率零点
	双极型(横)	磁芯；接收端线圈；电流方向；主磁通方向；发射端线圈；电流方向；Z；X；O；Y	输出波动较小； 侧移能力差
	双极型(纵)	磁芯；接收端线圈；电流方向；电流方向；主磁通方向；发射端线圈；Z；X；O；Y	侧移能力较强； 存在输出波动和功率零点

续表

结构类型	线圈类型	结构示意图	特性
长轨道	单极型	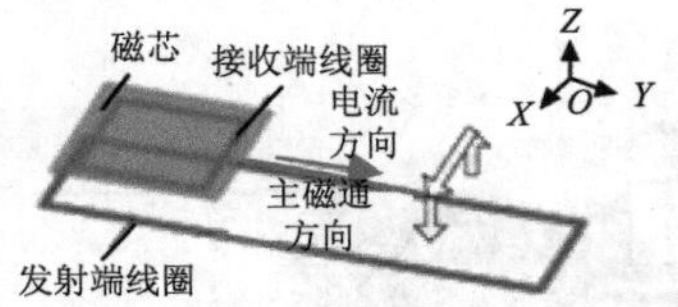	结构简单，输出稳定； 发射端宽度大； 电磁辐射严重
	双极型(横)	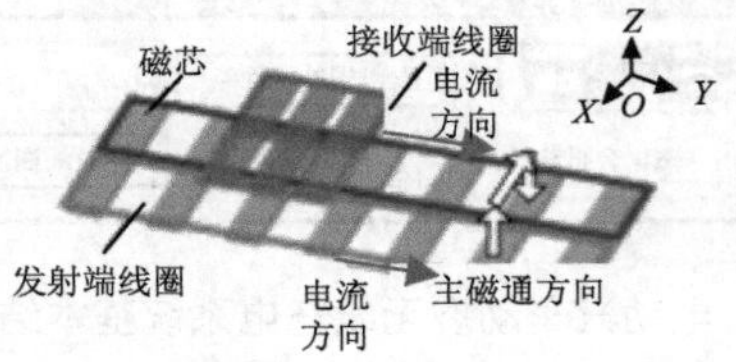	结构简单，输出稳定； 电磁辐射小； 侧移能力差
	双极型(纵)	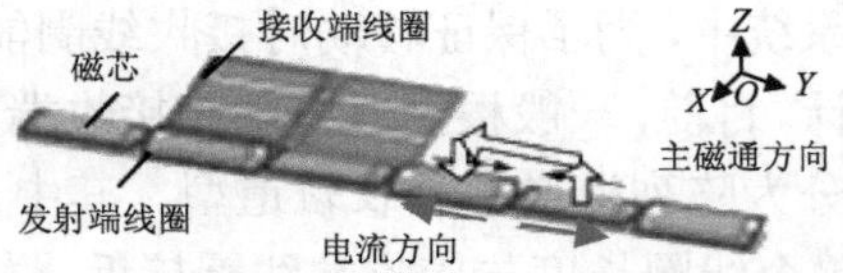	发射端窄，侧移能力强，传输距离远； 存在输出波动和功率零点

为了增强发射端和接收端之间的耦合性能，提升传输效率，通常采用增加磁芯的方式，如何设计低成本、高耦合性能的磁芯构型成为当前的研究重点。表 6.6 对各类磁芯构型的特性进行了对比总结。对于阵列轨道结构，通常选择条型磁芯，以降低磁耦合机构成本；对于长轨道结构，磁芯结构通常为 W 型或 U 型，以减少漏磁，增强耦合性能。

表 6.6　动态无线供电系统磁芯结构类型及特性

磁芯构型	应用结构	特性
条型	阵列轨道单极型、双极型线圈	增强耦合性能，降低成本和重量
E 型	单极型长轨道	增强耦合性能，减少漏磁； 成本较高、尺寸较宽
W 型	单极型长轨道	增强耦合性能，减少漏磁，降低成本； 尺寸较宽
U 型	横向双极型长轨道	增强耦合性能，减少漏磁； 成本较高、尺寸较宽、侧移能力弱
I 型	纵向双极型长轨道	增强耦合性能，提升侧移能力，减小发射端宽度，减少漏磁； 输出存在波动
S 型	纵向双极型长轨道	进一步减小发射端宽度，提升侧移能力，降低成本； 输出存在波动，耦合性能下降

6.3　水下设备无线供电

人类对海洋资源的开发和利用离不开各种水下设备的应用。目前，水下设备的主要供电方式为打捞上岸更换电池或在水下通过湿插拔接口进行充电，存在自动化水平低、维护成本高以及容易短路等问题，限制了水下设备的续航水平和执行任务的能力。

将 WPT 技术应用在海洋领域，能够提高水下设备充电的安全性、可靠性、灵活性和隐蔽性。然而，水下 WPT 技术通过海水这一特殊介质进行能量传递还面临着较大的挑战。表 6.7 为空气与水下电磁参数对比，从表中可以看出，空气和海水的相对磁导率几乎相等，所以高频交变电流在线圈中产生的磁场大小非常相近，但由于海水是良导体，高频电磁场会在海水中产生涡流导致热损耗，从而降低能量传输效率；另外，海水温度、压力、盐度以及水流冲击等水下环境扰动，会影响系统耦合状态，进而影响系统传输性能。

表 6.7　空气与水下电磁参数对比

介质	相对介电常数 ε_r	相对磁导率	电导率/(S/m)
空气	1.0000585	1	0
淡水	78.5	0.999991	0.01
海水	81.5	0.999991	4

水下 WPT 技术的应用非常广泛，包括海洋资源勘探、海底地震监测、水下机器人控制、水下通信等，其典型应用案例包括水下自主航行器(autonomous underwater vehicle, AUV)无线供电技术以及船舶无线供电技术。

6.3.1　AUV 无线供电技术

AUV 是水下无人航行器(unmanned underwater vehicle，UUV)的一种，属于新型水下无人平台，可携带多种传感器和任务模块，具有自主性、隐蔽性、环境适应性、可部署性等优点，可应用于海底勘探、水下救援、情报搜集等民用和军事场合。通常情况下，AUV 都需要脱离母船执行任务，因此对其续航能力有很高的要求。传统供电方式常采用能量密度高的锂离子电池作为动力能源。然而，这种电池系统所携带的能量十分有限，无法满足 AUV 长时间续航的要求。因此，为了提高 AUV 续航能力和自主性，采用水下充电的方法十分有必要。目前基于 AUV 的水下充电方法主要是通过插拔式的方法为锂电池补充电能，但是在水下应用插拔式充电存在两个缺陷：一是插拔过程中，金属插件的接触会出现漏电、腐蚀等情况，甚至还有短路的风险，极大地影响系统的安全性；二是电缆长度有限，AUV 只能返回母船充电，工作范围受限。而使用 WPT 技术对 AUV 进行供电，不仅可以保证充电的安全性，还可以提高充电的灵活性，有效解决传统插拔式充电问题。

图 6.14 给出了利用磁场耦合式 WPT 技术对 AUV 进行无线电能供给的示意图和系统框图。从图中可以看出，该系统主要包括直流电源、高频逆变电路、补偿网络、收发线圈、整流滤波电路以及负载。具体实现方案是将海底基站的电能进行高频逆变，输出至发射线圈，接收线圈与发射线圈产生耦合谐振以实现电能的转移，将接收到的交流电能整流滤波后得到直流电能，从而为蓄电池等负载提供电能补给，最终实现从海底基站到 AUV 的无接触式电能传输。

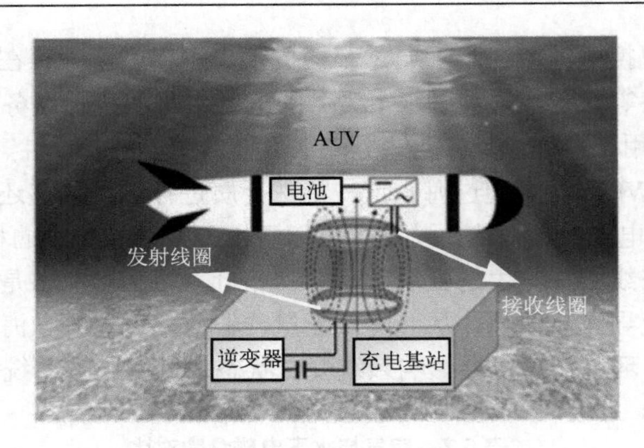

(a) AUV无线充电示意图

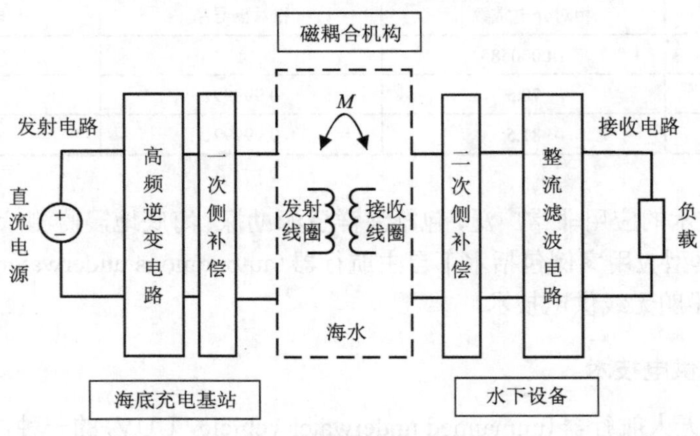

(b) 无线充电系统框图

图 6.14　AUV 进行无线电能供给的示意图和系统框图

如图 6.14 所示，应用于 AUV 的磁耦合机构是由两个线圈构成的，其中发射线圈安装在充电平台上，接收线圈安装在 AUV 上。在这种收发线圈间隙大的结构中，会存在较大的漏感，耦合系数较低，因此对磁耦合机构的结构进行优化设计是提升无线电能传输效率和传输能力的关键。表 6.8 给出了几种水下常采用的磁耦合结构对比。

表 6.8　不同类型的磁耦合结构及特性

磁耦合机构类型	结构	特性
特殊磁耦合机构及锥形线圈		磁芯结构轴对称，可以相对旋转，传输效率高； 安装在 AUV 头部时会对导航和声呐系统造成一定影响
同轴型磁耦合机构		发射端与接收端线同轴，传输效率提高，可靠性增强； 耦合器设计复杂，工作频率不匹配时能量传输效率降低

续表

磁耦合机构类型	结构	特性
PM 型磁芯磁耦合机构	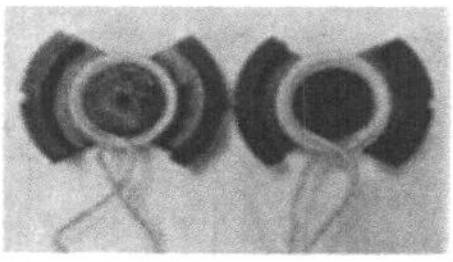	提高能量传输效率，降低 AUV 结构复杂性； 传输距离有限，磁芯设计复杂，成本高
罐形磁芯磁耦合机构	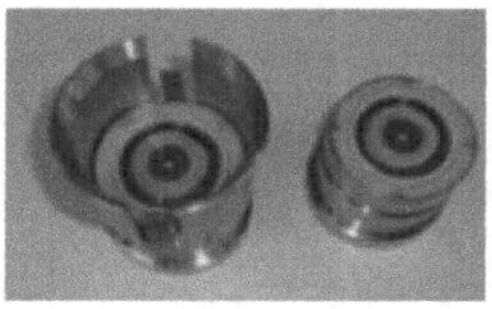	将高频磁场限制在磁芯柱体内，形成磁屏蔽效果，耦合系数提高； 对收发位置的准确度要求较高
环形磁耦合机构	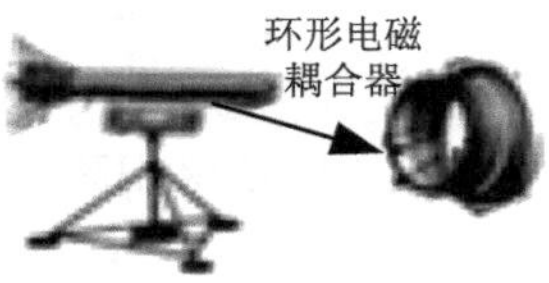 环形电磁耦合器	增强耦合性能，减小涡流损耗； 需对 AUV 腹部进行改动，通用性有待提高
半封闭式磁耦合机构	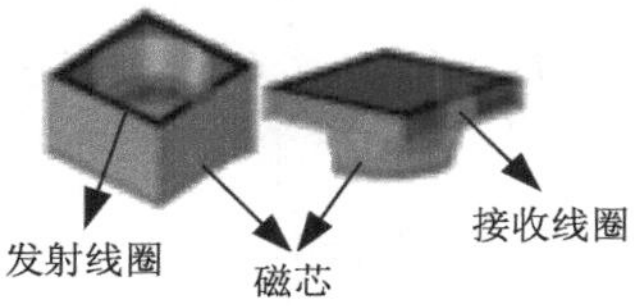 发射线圈 磁芯 接收线圈	改善磁耦合性能，减少进入 AUV 的电磁辐射； 半封闭结构缺乏对称性，影响湍流条件下的电能传输
三相磁耦合机构		降低 AUV 内部电磁传感器易损性，增强耦合能力； 三相结构易旋转失调，影响互感

由表 6.8 可以看出，在磁耦合机构的设计中，需要综合考虑多方面因素，包括耦合性能、安装对接需求以及实际应用场合等，目前这些磁耦合机构往往只能满足特定结构下 AUV 的无线电能传输要求，综合性能无法达到最优。因此，需要对磁耦合机构的设计理论及结构进行优化，以满足不同结构下的 AUV 无线电能供给需求。

此外，由于磁场耦合式 WPT 系统的能量发射端与接收端无直接接触，在水下洋流的冲击下，收发位置容易发生偏移和倾斜，并且大多数 AUV 定位精度低，姿态控制困难，所以在充电过程中线圈错位难以避免，这将导致系统发射线圈和接收线圈之间的互感变化，进而影响电能的稳定传输。因此，为提升系统的抗偏移能力，可以采用如图 6.15 所示的混合补偿拓扑。

该拓扑由补偿拓扑 A 和补偿拓扑 B 组成，当系统发射线圈和接收线圈发生偏移时，互感 M_A 和 M_B 会随之减小。利用补偿拓扑 A 的增益正比于互感以及补偿拓扑 B 的增益反比于互感的特性，合理设计参数，使得在一定偏移范围内，两拓扑的增益之和基本不变。图 6.16 给出了该混合补偿拓扑的电路结构图，图中补偿拓扑 A 和补偿拓扑 B 分别采用 SS

型补偿和 LCC-S 型补偿，构成 SS 与 LCC-S 串联型混合补偿拓扑，可实现偏移情况下系统输出功率的相互弥补，保证功率的稳定传输。

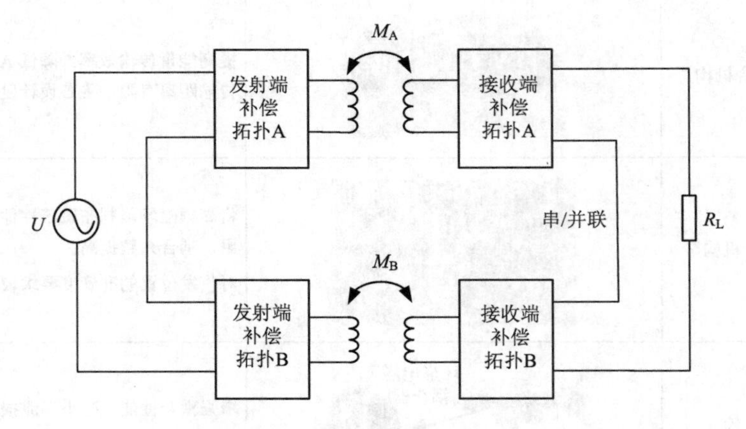

图 6.15　混合补偿拓扑的结构框图

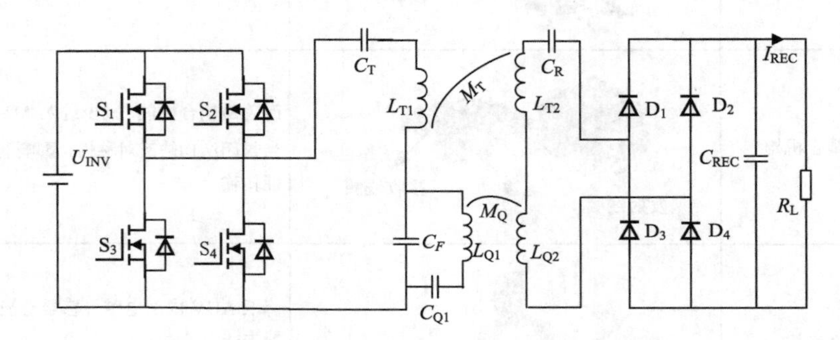

图 6.16　混合补偿拓扑的电路结构图

6.3.2　船舶无线供电技术

传统船舶在港口停靠后，通常使用自身的燃油发电机发电，以满足制冷、照明、通信等要求。这种发电方式不仅会造成大量碳排放，同时还会产生氮氧化物、硫氧化物、挥发性有机物等污染物，对港口附近的空气和水域造成严重污染。在这种情况下，采用岸电技术来推动船舶行业的节能减排显得十分重要。通过岸电技术将船舶接入陆地电网，直接从电网获得电力，可以从根本上减少碳排放和污染问题，提高能源利用效率。但是传统有线岸电技术存在电缆易磨损、漏电、设施成本高等缺点，WPT 技术凭借其可靠性高、灵活性强等特点在船舶充电领域具有更广阔的发展和应用前景。目前，船舶领域应用的 WPT 技术主要为电场耦合式 WPT。

电场耦合式 WPT 是一种通过电场传输无线电能的方法。图 6.17 给出了该电能传输方法的系统框图，该系统主要包括逆变器、补偿网络、整流器以及电容耦合器等，其中电容耦合器由至少两对电极板组成。具体实现方案为发射端直流电压经逆变电路转化为高频交流电压，为发射侧电极板供电，接收侧电极板通过耦合电场获取能量，然后根据需求对电能进行变换并输出至负载。另外，在接收侧和发射侧分别设置补偿网络可使电路工作在谐振状态，实现开关器件谐振软开关，降低开关损耗，从而进一步提高系统传输效率。

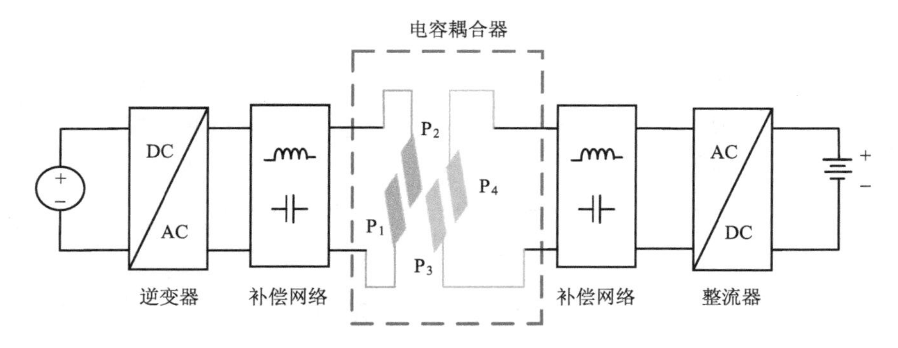

图 6.17　电场耦合式 WPT 系统框图

图 6.17 中的电容耦合器由 P_1、P_2、P_3、P_4 四块电极板组成，其中 P_1、P_2 两块电极板连接到发射端，P_3、P_4 两块电极板连接到接收端，各极板之间的电容对传输效率有很大影响。图 6.18 中给出了该二端口耦合器的电路图及其 π 形等效网络，其中 C_{P1}、C_{P2} 为自电容，C_M 为互电容，C_{in1}、C_{in2} 为端口的等效电容。它们之间的相互关系为

$$
\begin{aligned}
C_{P1} &= C_{in1} - C_M \\
C_{P2} &= C_{in2} - C_M
\end{aligned}
\tag{6.1}
$$

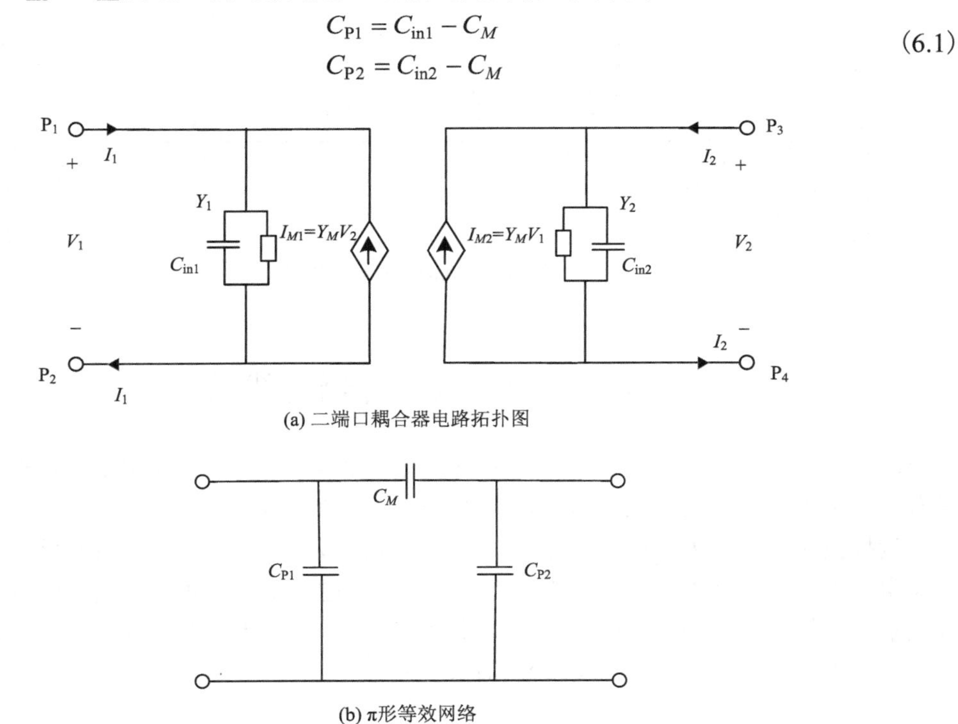

图 6.18　二端口耦合器电路图及其 π 形等效网络

四极板电容耦合器的自电容和互电容随传输距离变化的关系曲线如图 6.19 所示，可以发现随着传输距离的增加，互电容会明显减小，而自电容增大，功率传输能力降低。

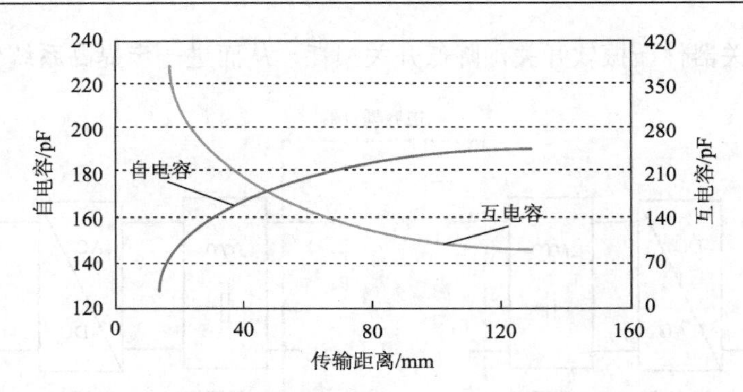

图 6.19　耦合器等效电容随传输距离的变化曲线

此外，在船舶充电中，负载为电池组，常采用恒流充电策略，同时考虑到船舶无线充电所需功率往往较大，所以需要对水下电场耦合 WPT 系统选择合适的高阶补偿网络。图 6.20 给出了一种 M-M 型补偿网络拓扑，其具有恒流输出特性。图中 L_1、L_2、L_3、L_4 为谐振电感，分别在发射侧和接收侧形成互感 M_{12}、M_{34}，C_{f1}、C_{f2} 为谐振电容。

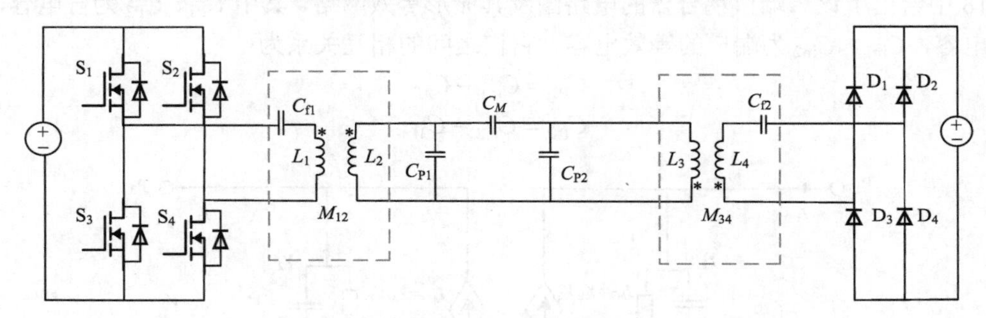

图 6.20　M-M 型补偿网络

6.4　航空航天飞行器无线供电

以无人机、卫星为代表的电气化航空航天飞行器由于自身载荷限制，机载储能装置容量有限，续航时间和工作范围受到较大的制约。目前，这类电气化飞行器使用的充电方式主要为插拔充电或者更换电池等接触式充电模式，效率低下，而且在特殊领域难以直接接触充电。无线电能传输技术的出现，为解决上述问题提供了一种新思路：通过中远距离无线电能传输技术，可为巡航中的飞行器进行“在线”自主无线电能补给，从而延长整体巡航范围，大大提高了飞行器的灵活性和机动性。

6.4.1　无人机蜂群供电技术

随着无人机蜂群技术的发展，无人机蜂群在农业、环境监测、物流配送和国防等领域逐渐得到应用。目前，为解决无人机蜂群的续航问题，一种具有潜力的方式是采用微波无线电能传输技术来实现无人机蜂群多机同时“在线”动态充电。

在无人机蜂群动态无线充电场景中，由于无人机数量较多且位置变化各不相同，为满足多目标动态供电需求：一方面，需要微波无线电能传输系统根据无人机位置的变化情况，对波束指向做出实时调整，实现动态目标的跟踪；另一方面，需要构造相互独立的多波束传输路径，减少波束之间的相互干扰。

在微波无线电能传输系统中，相控阵天线是微波辐射和接收电磁波的装置。天线的辐射场主要分为辐射近场和辐射远场两个区域。考虑到天线辐射近场和远场区域的特性以及系统动态目标跟踪的需求，目前多采用方向回溯的方法实现微波功率的自适应聚焦。方向回溯式微波传能在天线辐射近场和远场中的原理如图 6.21 所示。当系统传输功率时，移动目标会向空间中发射一个导引信号，发射端的阵列天线捕获到导引信号后，对导引信号的相位进行共轭处理，使发射功率方向与导引信号相反，从而实现波束自适应聚焦到移动目标的功能。如图 6.21 (a) 所示，当无人机处于天线的远场范围时，相邻发射单元接收到的导引信号相差固定的相位差 $\Delta\varphi$，因此经过相位共轭处理之后，相邻发射天线的功率信号相差固定的相位差 $-\Delta\varphi$，从而实现对远场目标的聚焦功能。当无人机处于天线的近场范围时，如图 6.21 (b) 所示，θ_n（该相位差由发射天线单元与导引信号等相位面之间的距离决定）经过相位共轭处理之后，相邻发射单元接收到的导引信号相位相差 $-\theta_n$，从而实现对近场目标的聚焦功能。

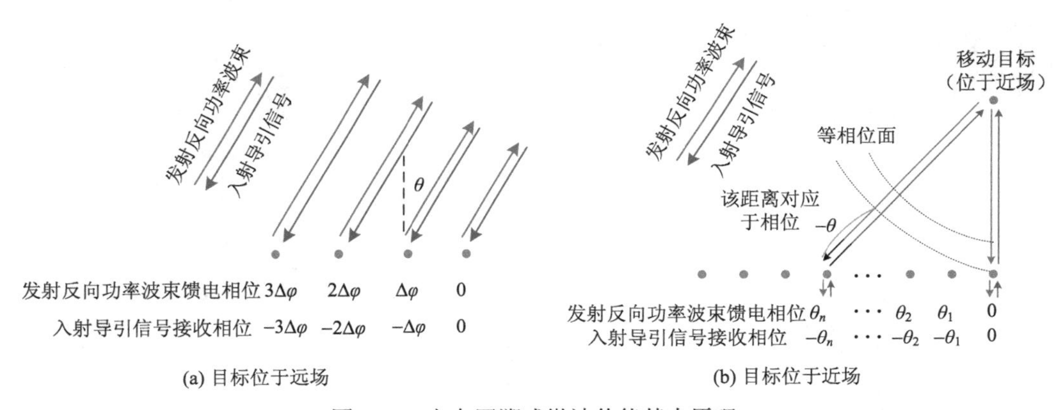

图 6.21　方向回溯式微波传能基本原理

图 6.22 给出了回溯式微波无线电能传输系统电路结构的简化示意图。从图中可以看出，当系统发射天线单元捕获到接收端发送的 2.9GHz 的导引信号时，会将该导引信号送入由滤

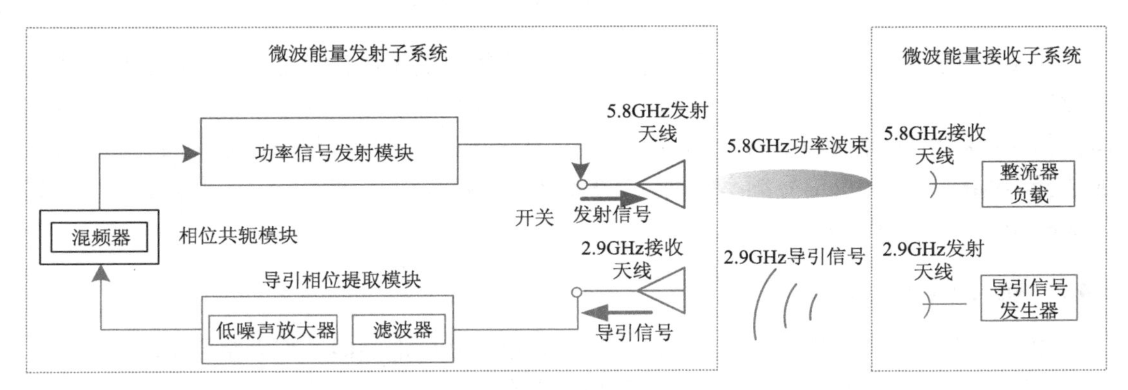

图 6.22　微波无线能量收发系统结构

波器和低噪声放大器构成的导引信号相位提取模块中，分别对导引信号进行滤波和放大(滤除 2.9GHz 以外的频率，减少对后级的干扰，同时放大 2.9GHz 导引信号功率以满足后级电路的要求)。然后，相位提取模块输出的 2.9GHz 信号经过相位共轭模块，将相位翻转 180°并与高频本征信号进行混频，得到的 5.8GHz 输出信号经过功率信号发射模块后，将产生 5.8GHz 反向功率波束馈入发射天线进行发射。

为实现相互独立的多波束传输路径，目前采用频分多波束的聚焦方案对多个无人机进行供电，如图 6.23 所示。假设有 n 个目标，每个目标均会发送一个不同频率的导引信号(f_1, f_2,⋯, f_n)。微波发射端接收到不同频率的导引信号后，经过导引信号处理模块产生 n 个不同频率的微波功率信号，一个频率的信号单独给一个目标供电，由于回溯式方案自适应聚焦的特性，每一个频率的发射波束可以精准指向该频率对应的无人机目标。

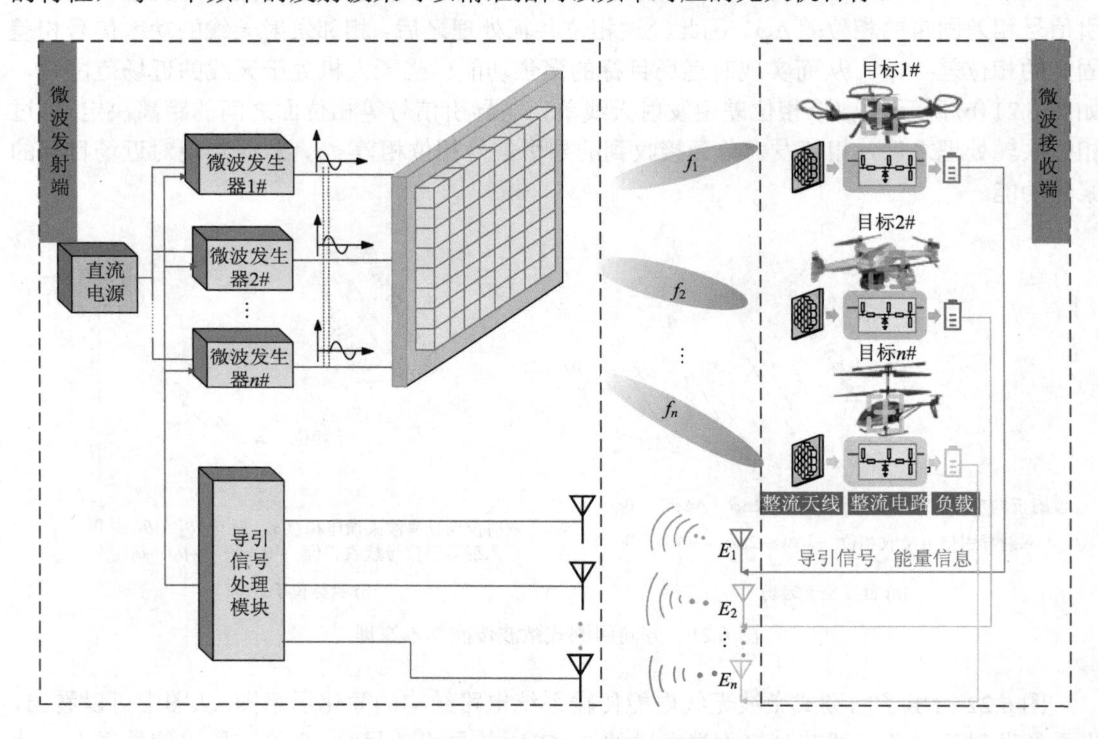

图 6.23　频分多波束聚焦方案

在实际应用中，各个导引信号和功率微波束的频率点应在天线工作频段内选取，考虑到收发天线带宽有限，导引信号和功率微波束应选择窄带信号。例如，当导引信号和功率微波的中心频率分别为 2.9GHz 和 5.8GHz 时，若存在三个目标，频分多波束的频率间隔一般选择 10MHz，即导引信号频率分别为 2.91GHz、2.9GHz 和 2.89GHz，功率微波频率分别为 5.81GHz、5.8GHz 和 5.79GHz。

6.4.2　航天器供电技术

如近地卫星等航天器的电能仅来源于光伏发电和蓄电池储能，受太空特殊环境限制，一旦星载供电系统出现故障，地面人为干预能力有限，将直接影响卫星在轨寿命，属于灾难性在轨故障。因此，为满足在轨卫星不间断供电的需求，一种潜在有效的途径是采用远距离无线电能传输技术为供电系统失效的卫星重新建立电源供给。

在远距离无线电能传输技术中，由于激光无线电能传输技术具有能量密度高、定向性好、太空传输损耗小等特点，可实现电能在自由空间中精准无线传输，很好地契合了在轨卫星对广域、小型化不间断供电的需求。图 6.24 为激光无线电能传输技术在轨应用的示意图，其中能源卫星(激光发射端)利用激光器将电能转换成激光为工作卫星(激光接收端)提供百瓦级以上的能量，而工作卫星通过高聚能型光伏阵列将激光转换回电能使用。

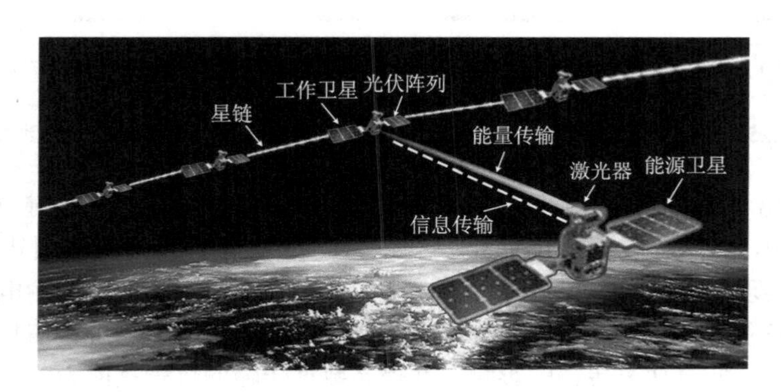

图 6.24　LWPT 技术在轨应用示意图

在激光无线电能传输系统中，要实现远距离的电能传输离不开收发两端的通信控制。而激光是能量与信息的良好载体，因此在激光无线电能传输系统中引入能信同传技术，可使能量资源短缺的卫星在捕获能量的同时解码信息，从而为卫星间的能量与信息互联提供新途径。目前，能信一体化激光无线电能传输系统的架构依据传输激光的模式可分为连续式和脉冲式。

图 6.25 给出了连续式能信一体化激光无线电能传输系统的架构和关键电气参数波形。在连续式架构中，连续型的主激光束主要实现能量的传输，同时也是信息的载波。信息则通过调制电路向激光器中注入调制电流的方式加载在主激光束上，从而实现能量和信息通过共享同一通道进行传输。而在接收端，解调电路将信息从光伏阵列输出电流中提取出来，完成能量与信息的解耦。

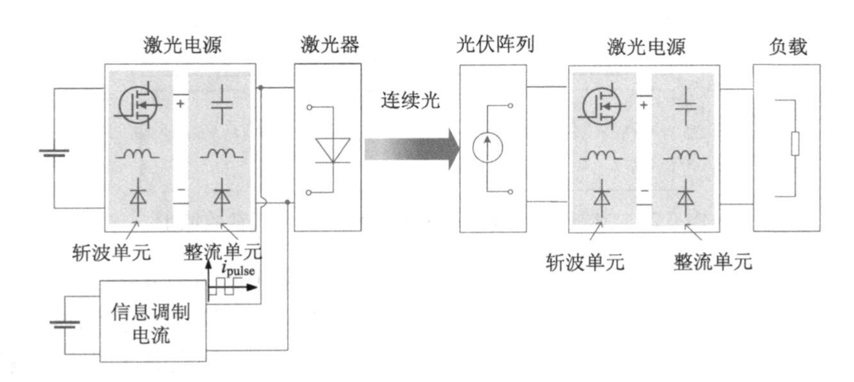

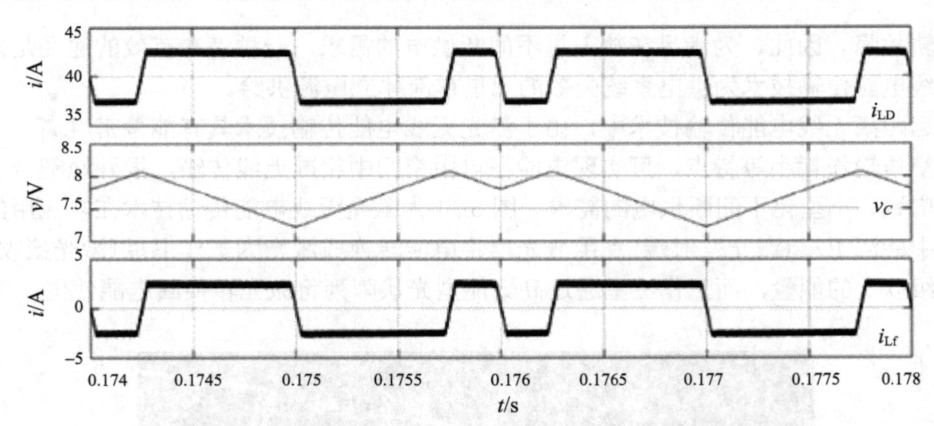

图 6.25　连续式能信一体化激光无线电能传输系统的架构和关键电气参数波形

图 6.26 给出了脉冲式能信一体化激光无线电能传输系统的架构和关键电气参数波形。在脉冲式架构中，由于离散化的脉冲激光可控变量更多，因此可以在不额外增加调制/解调电路的情况下实现能信同传。如调整脉冲激光的脉宽或幅值可以调整传输电能的大小，而脉冲激光的频率独立于脉宽等电能传输的调节变量，通过频率调制可将信息加载在脉冲激光上，同时还能降低对功率传输的影响，并提高数据传输的抗干扰能力。而频率变化能直接通过接收端光伏侧电路中的电感电流纹波幅值大小来反映，从而简化信息解调过程。

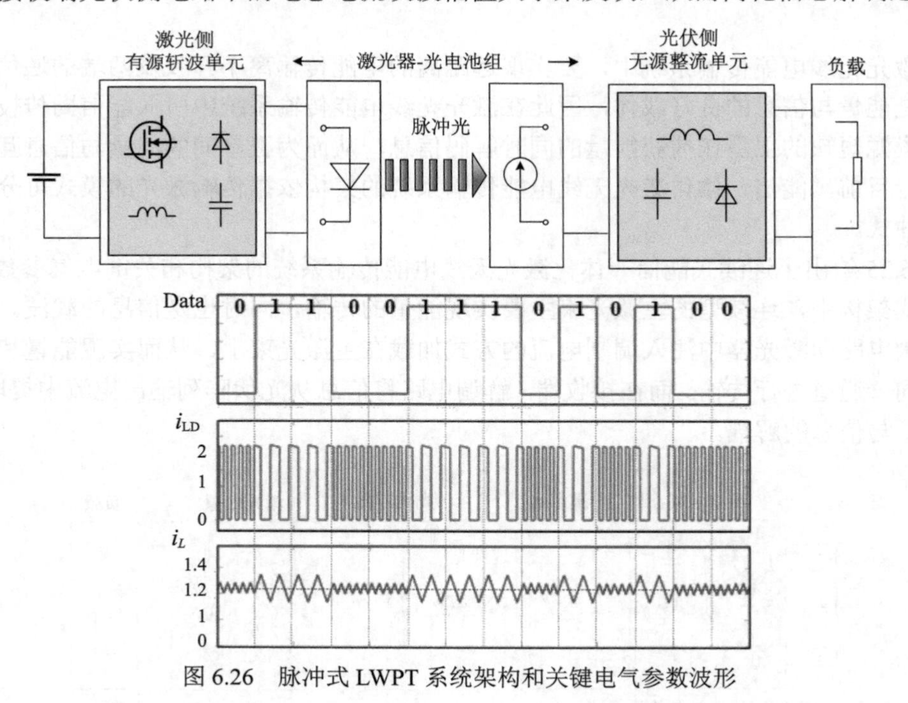

图 6.26　脉冲式 LWPT 系统架构和关键电气参数波形

进一步，借鉴正交频分复用技术的思想，通过多个脉冲调制激光束复合传输的方式，可将脉冲式能信一体化激光无线电能传输系统拓展为多通道能量/信息传输体系，以进一步提升传输功率和通信速率。图 6.27 给出了多通道脉冲式能信一体化激光无线电能传输系统的架构和关键电气参数波形。从图中可以看到，为提高通信速率，系统工作时将需要传输的数据分解成多个子数据段，不同子数据段通过不同频率调制后的脉冲激光同时传输，而多光束能量在光伏阵列上合成也提高了系统传输功率。在光伏接收侧，光伏阵列输出电流 i_{pv} 为不同频率信号叠加后的脉冲电流，通过解调电路对 i_{pv} 中不同频率成分进行提取并进行幅值判断，即可将数据信息解调出来。

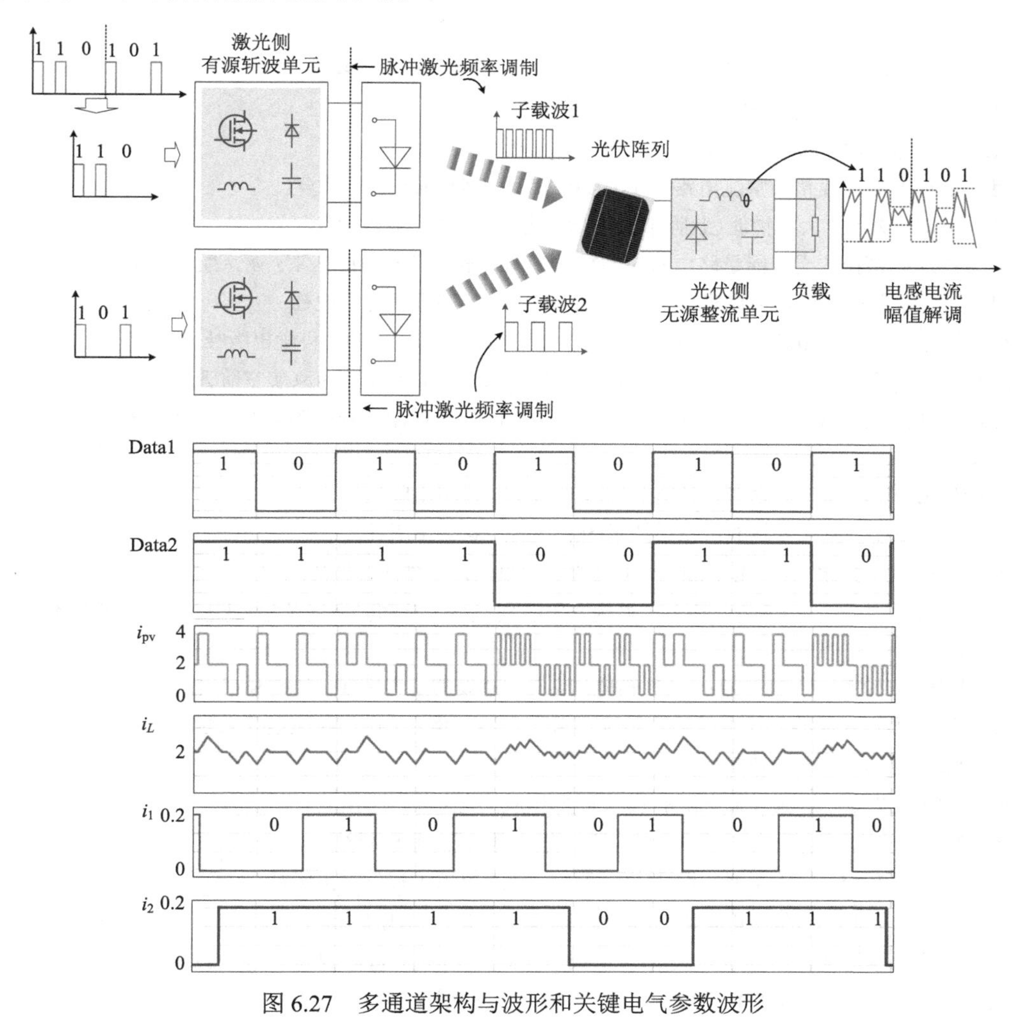

图 6.27　多通道架构与波形和关键电气参数波形

习　题

1. 相比于传统有线输电方式，无线电能传输技术有哪些优点？
2. 无线电能传输技术主要应用在哪些方面？
3. 当前应用于家用电器的主要是哪种 WPT 技术？简述其结构和工作原理。
4. 分别简述电动汽车静态和动态无线供电的过程。
5. 简述水下设备无线供电的发展方向。
6. 中距离悬浮式航空器无线充电研究的核心问题有哪些？
7. 航空远距离和深空设备的无线供电主要采用哪种 WPT 技术？为什么？

参 考 文 献

戴欣, 孙跃, 唐春森, 等, 2017. 无线电能传输技术[M]. 北京: 科学出版社.
邓亚峰, 2013. 无线供电技术[M]. 北京: 冶金工业出版社.
丁道宏, 1998. 电力电子技术[M]. 北京: 电子工业出版社.
龚文翔, 2020. 微波无线传能整流电路的研究[D]. 南京: 南京航空航天大学.
芶秉聪, 胡海云, 2011. 大学物理(上册)[M]. 2 版. 北京: 国防工业出版社.
韩正全, 2020. 磁谐振式无线能量路由器的多频脉宽调制策略研究[D]. 南京: 南京航空航天大学.
胡长阳, 1985. D 类和 E 类开关模式功率放大器[M]. 北京: 高等教育出版社.
黄卡玛, 陈星, 刘长军, 2021. 微波无线能量传输原理与技术[M]. 北京: 科学出版社.
惠琦, 2019. 微波无线电能传输系统功率定向发射技术研究[D]. 南京: 南京航空航天大学.
姜丽, 金科, 周玮阳, 2016. 一种实现功率信息双传输的半导体激光器驱动电源[J]. 电工技术学报, 31(6): 118-125.
金科, 阮新波, 2014. 绿色数据中心供电系统[M]. 北京: 科学出版社.
金科, 周玮阳, 2022. 激光无线能量传输技术[M]. 北京: 科学出版社.
康华光, 2013. 电子技术基础: 模拟部分[M]. 6 版. 北京: 高等教育出版社.
李梦莹, 王薪, 王雪琪, 等, 2020. 基于可重构寄生阵列的封闭空间微波能量传输[J]. 空间电子技术, 17(5): 11-19.
林为干, 赵愉深, 文舸一, 等, 1994. 微波输电, 现代化建设的生力军[J]. 科技导报, 12(3): 31-34.
刘艺, 2019. 基于超声波的无线电能传输系统技术研究[D]. 南京: 南京航空航天大学.
阮新波, 2021. 电力电子技术[M]. 北京: 机械工业出版社.
阮新波, 严仰光, 2000. 直流开关电源的软开关技术[M]. 北京: 科学出版社.
王兆安, 刘进军, 2009. 电力电子技术[M]. 5 版. 北京: 机械工业出版社.
谢处方, 邱文杰, 1985. 天线原理与设计[M]. 西安: 西北电讯工程学院出版社.
邢丽冬, 潘双来, 2015. 电路理论基础[M]. 3 版. 北京: 清华大学出版社.
杨庆新, 张献, 李阳, 等, 2014. 无线电能传输技术及其应用[M]. 北京: 机械工业出版社.
杨雪霞, 2015. 微波技术基础[M]. 2 版. 北京: 清华大学出版社.
杨雪霞, 黄文华, 2018. 微波输能技术[M]. 北京: 科学出版社.
张波, 黄润鸿, 疏许健, 2018. 无线电能传输原理[M]. 北京: 科学出版社.
张鑫, 2021. 三端口磁谐振式无线能量路由器建模与运行控制[D]. 南京: 南京航空航天大学.
中国科协学会学术部, 2012. 无线电能传输关键技术问题与应用前景[M]. 北京: 中国科学技术出版社.
钟顺时, 1991. 微带天线理论与应用[M]. 西安: 西安电子科技大学出版社.
周玮阳, 2018. 激光无线电能传输系统关键技术研究[D]. 南京: 南京航空航天大学.
周玮阳, 金科, 2013. 无人机远程激光充电技术的现状和发展[J]. 南京航空航天大学学报, 45(6): 784-791.
周玮阳, 金科, 2017. 激光无线能量传输用低纹波半导体激光器驱动电源[J]. 中国科技论文, 12(11): 1252-1256.
HUI Q, JIN K, ZHU X R, 2020. Directional radiation technique for maximum receiving power in microwave

power transmission system[J]. IEEE transactions on industrial electronics, 67(8): 6376-6386.

JIN K, ZHOU W Y, 2019. Wireless laser power transmission: a review of recent progress[J]. IEEE transactions on power electronics, 34(4): 3842-3859.

LIU F X, YANG Y, DING Z, et al., 2018. A multi-frequency superposition methodology to achieve high efficiency and targeted power distribution for a multi-load MCR WPT system[J]. IEEE transactions on power electronics, 33(10): 9005-9016.

LIU F X, YANG Y, JIANG D, et al., 2017. Modeling and optimization of magnetically coupled resonant wireless power transfer system with varying spatial scales[J]. IEEE transactions on power electronics, 32(4): 3240-3250.

XIAO Y W, JIN K, ZHU X R, 2021. Design of a self-switching rectifier circuit for microwave power transmission[C]//2021 IEEE applied power electronics conference and exposition (APEC). Phoenix. IEEE: 2556-2559.

ZHANG H, JIN K, ZHOU W Y, 2022. Simultaneous wireless power and data transmission for laser power transfer system based on frequency-shift keying modulation method[C]//2022 IEEE applied power electronics conference and exposition (APEC). Houston. IEEE: 1874-1877.

ZHOU W Y, JIN K, 2017. Optimal photovoltaic array configuration under Gaussian laser beam condition for wireless power transmission[J]. IEEE transactions on power electronics, 32(5): 3662-3672.

ZHOU W Y, JIN K, ZHANG R, 2022. A fast-speed GMPPT method for PV array under Gaussian laser beam condition in wireless power transfer application[J]. IEEE transactions on power electronics, 37(8): 10016-10028.

ZHU X R, JIN K, HUI Q, et al., 2021. Long-range wireless microwave power transmission: a review of recent progress[J]. IEEE journal of emerging and selected topics in power electronics, 9(4): 4932-4946.